W0342302

Weltenzyklopädie der Flugzeuge

Weltenzyklopädie der Flugzeuge

Band 3

Hubschrauber von den Anfängen bis heute

Herausgegeben von Giorgio Apostolo
Deutsche Bearbeitung von Hanfried Schliephake

Südwest Verlag München

In allen Übersichts- und den maßstäblichen Größenvergleichstafeln beziehen sich die in den Klammern stehenden Buchstaben auf das Herstellerland.

Die Buchstaben bedeuten:
CDN – Kanada; **CS** – Tschechoslowakei; **D** – Deutschland (Deutsches Reich/BRD); **E** – Spanien; **F** – Frankreich; **GB** – Großbritannien; **I** – Italien; **J** – Japan; **NL** – Niederlande; **PL** – Polen; **UdSSR** – Sowjetunion; **USA** – Vereinigte Staaten von Amerika.

Auf der maßstäblichen Größenvergleichstafel der Seiten 24–27 sind die Hubschrauber im Maßstab 1 : 210 dargestellt.

Hergestellt bei ERVIN s.r.l., Rom
Gesamtleitung: Adriano Zannio
Mitarbeit: Serenella Genoese Zerbi

Farbige Abbildungen: Amedeo Gigli
Schwarzweißabbildungen und farbige Dreiseitenrisse:
Marcello Giuseppini, Valeria Matricardi, Benedetto Tari

Die Fotografien folgender Hubschrauber auf den Seiten 126 bis 136 wurden veröffentlicht mit der freundlichen Genehmigung von Helicopter International: Agusta A129, Bell 400 Twin Ranger, Bell XV-15, Bell-Boeing JVX, Brennan Helicopter, Cierva CR LTH-1, Hillman 360, Weir W.5

Copyright © 1984 by Arnoldo Mondadori Editore S.p.A., Mailand
Alle Rechte vorbehalten. Eine Wiedergabe in irgendwelcher Form, auch auszugsweise, ist nur mit schriftlicher Genehmigung des Verlages gestattet.

Übersetzung ins Deutsche: Rosemarie Schliephake

Italienische Originalausgabe:
Atlante enciclopedico degli Elicotteri Civili e Militari del Mondo da Leonardo a oggi

© 1984 Arnoldo Mondadori Editore S.p.A., Mailand
Alle Rechte der deutschen Ausgabe (1985) bei
Südwest Verlag GmbH & Co.KG, München
Schutzumschlag: Manfred Metzger
Druck und Bindung: Officine Grafiche Arnoldo Mondadori, Verona
Printed in Italy

ISBN 3-517-00851-6

Vom gleichen Herausgeber liegt vor:
WELTENZYKLOPÄDIE DER FLUGZEUGE
Band I: Militärflugzeuge von 1914 bis heute
Band II: Zivilflugzeuge von den Anfängen bis heute
erschienen in

Italien	ARNOLDO MONDADORI EDITORE, Mailand
Deutschland	SÜDWEST VERLAG, München
Frankreich	FERNAND NATHAN EDITEUR, Paris
Großbritannien	JANE'S PUBLISHING Co., London (für UK und ex-Commonwealth)
Spanien	ORVESA EDITORIAL, Madrid
USA	RAND McNALLY & Co., Chicago (für USA und Kanada)

Inhalt

P - S

U - W

Osteuropa

Weitere Hubschrauber

Anhang

Vorwort

Auf den ersten Blick ist nicht zu erkennen, daß der Hubschrauber trotz seiner scheinbaren Schwerfälligkeit und ohne die elegante Linienführung anderer Luftfahrzeuge ein höchst komplexes und bemerkenswertes Fluggerät ist, nicht nur unentbehrliches Transportmittel im militärischen und zivilen Bereich, sondern bewährt auch bei polizeilichen Aufgaben, bei der Verkehrsüberwachung und der Luftrettung. Während der sechs Jahrzehnte, die seit dem ersten erfolgreichen Flug eines Hubschraubers vergangen sind, hat man mit unglaublicher Schnelligkeit Fortschritte gemacht; sie wurden in diesem Buch aufgezeichnet. So reicht die Geschichte des Hubschraubers, eine Folge rapiden technologischen Fortschritts, von Breguets zerbrechlichem Flugschrauber bis hin zu dem siebzigsitzigen gigantischen *Mil Mi-26,* dem eleganten *Augusta A109* und dem Hochgeschwindigkeits-Kampfhubschrauber *Hughes AH-64 Apache.* Dabei wird klar, daß der Drehflügler mit der erreichten Fluggeschwindigkeit von über 300 km/h, seiner Fähigkeit, auch die sperrigsten und schwersten Lasten zu transportieren, und mit seiner erstaunlichen Vielseitigkeit überhaupt allen ihm gegebenen Möglichkeiten gerecht wird.

Diese dem Hubschrauber gewidmete Enzyklopädie vervollständigt die dreiteilige Ausgabe der »Weltenzyklopädie der Flugzeuge«. Die beiden bereits erschienenen Bände behandelten jeweils die Entwicklungsgeschichte der Militär- und Zivilluftfahrt. Der Band beginnt einleitend in großen Zügen mit der Entwicklungsgeschichte des Drehflüglers und verfolgt die Versuche von Erfindern, Tüftlern und Wissenschaftlern, die sich bemühten, die Voraussetzungen des senkrecht startenden und landenden Fluggeräts zu schaffen.

In dem Kapitel über die Pioniere wird ein weiter Bogen gespannt von Leonardo da Vincis »Helikopter«-Entwurf, über La Ciervas Autogiro, der viele Jahrhunderte später folgte, bis zur Entwicklung der ersten erfolgreichen Hubschrauber aus der Zeit vor dem Zweiten Weltkrieg.

Einen Überblick über die nach 1945 gemachten Fortschritte bietet das Kapitel über zivile- und militärische Hubschrauber, das ergänzt wird durch detailierte Angaben der einzelnen Baumuster, die in alphabetischer Reihenfolge bei den jeweiligen Herstellern erscheinen. Jeder Hubschrauber ist in Farbe abgebildet, oftmals als Dreiseitenriß, damit ein klarer und umfassender Eindruck von Konstruktion und Erscheinungsbild gewonnen wird. Perspektivische Zeichnungen vervollständigen das Bild und erwecken diese faszinierenden Drehflügelflugzeuge geradezu zum Leben.

Die wichtigsten technischen Daten jedes beschriebenen Hubschraubers, die maßstäbliche Größenvergleichs-Übersicht einer Anzahl ziviler- und militärischer Typen, Tabellen über die Entwicklung von Fluggeschwindigkeiten und Reichweiten sowie ein Fototeil, der von den Anfängen bis zu den modernsten Modellen reicht, runden das Bild ab. Mit diesem Band wird jedem, der sich beruflich oder aus Liebhaberei mit der Luftfahrt beschäftigt, ein hervorragendes und umfassendes Nachschlagewerk in die Hand gegeben.

Die Pioniere

Lange bevor sich die Wissenschaft ernsthaft mit Flugmaschinen befaßt hatte, waren bereits theoretische Studien über das Hubschrauber-Prinzip angestellt worden. Kein Geringerer als Leonardo da Vinci hat als erster auf die Möglichkeiten des vertikalen Fluges hingewiesen und 1493 seine berühmte Entwurfsskizze einer »Spiralschraube« angefertigt. Erst im letzten Jahrhundert wurden die lange verschwundenen Tagebuchblätter da Vincis mit seinen Konstruktionszeichnungen durch einen Zufall wieder entdeckt. Sein Hubschrauberentwurf bestand aus einer Plattform, in deren Mitte an einem senkrechten Mast eine spiralenförmige Fläche befestigt war, die durch einen einfachen federmechanischen Antrieb in Umdrehung versetzt werden sollte.
Leonardo schrieb dazu, man solle diesen schraubenförmigen »helix« (griech.) Flügel »pteron« (griech.) aus gestärktem Leinen anfertigen, und bei entsprechender scharfer Umdrehung der Spirale würde sich das ganze Instrument in die Luft erheben. Aber das »schraubenförmige Instrument« ist zu seiner Zeit, und auch in den darauffolgenden Jahrhunderten nur ein Entwurf geblieben.
Der erste sichere historische Beweis für die Anfertigung eines auf dem Hubschrauberprinzip basierenden Modells datiert aus dem Jahre 1784, als zwei französische Mechaniker, Launoy und Bienvenue, ein geniales Spielzeug entworfen hatten. Dieses bestand aus einem Schaft, an dessen beiden Enden jeweils zwei Propeller aus vier großen Vogelflügelfedern, die als Hubschrauben dienten, in einem Korken leicht angestellt eingesteckt waren. Die Kraft wurde der Spannung eines Bogens entnommen. Bei gegenläufigem Drehsinn der Hubschrauben stieg das Gerät so lange in die Höhe, bis der Bogen entspannt war, dann sank es langsam zum Boden zurück.
Das Problem des vertikalen Fluges sollte noch ein weiteres Jahrhundert auf Zeichnungen und mehr oder weniger funktionierende Modelle beschränkt bleiben. Eine ganze Anzahl von Leuten war jedoch leidenschaftlich an diesem Problem interessiert, darunter auch Sir George Cayley, der »Vater der britischen Luftfahrt«, der 1843 eine Art »Convertiplane« mit zwei seitlich auf Auslegern montierten verstellbaren Koaxialrotorpaaren für den Senkrecht- und zwei Druckpropellern für den Horizontalflug entwarf. Dieses seltsame Fluggerät war zwar anderen zeitgenössischen Entwürfen weit voraus, aber da Sir George für seinen »Luftwagen« keine geeignete Antriebskraft finden konnte, kam er über das Entwurfsstadium nicht hinaus.
Die Wahl der Antriebskraft ist von jeher das Hauptproblem der Hubschrauber gewesen. Die Dampfmaschine war bereits erfunden, aber ihre Kapazität war begrenzt und ihr Leistungsgewicht untragbar. Nur der Hartnäckigkeit einiger »Flugpioniere« ist es zu verdanken, daß trotzdem einige Entwürfe zum Fliegen kamen, wie zum Beispiel die mit Federkraft getriebenen Modelle von Bright (1861) und Castel (1878), die mit kleinen Dampfmaschinen angetriebenen Koaxialhubschraubermodelle des Franzosen Ponton d' Amécourt (1863) und des Deutschen Achenbach (1874) sowie die Serie von Modellen in unterschiedlicher Bauweise, die Alphonse Pénaud (1870) mit verschiedenen Antriebssystemen erprobte.
Eine der genialsten Lösungen fand Enrico Forlanini, der 1877 ein erfolgreiches Hubschraubermodell baute. Dieses bestand aus zwei übereinander angeordneten, gegenläufigen Luftschrauben, deren obere von einer kleinen Zweizylinder-Dampfmaschine angetrieben wurde, während die untere fest mit der Maschine verbunden war, um die Eigendrehung weitmöglichst aufzuheben. Der Dampf wurde in einer Hohlkugel erzeugt, und weil die Heizungsanlage zu schwer war, mußte sie am Boden zurückgelassen werden und diente dem Modell gleichzeitig als Podest. Mit dem aufgespeicherten Dampf erreichte das 3,5 kg schwere Modell eine Höhe von fast 13 m und hielt sich bis zu 20 Sekunden in der Luft.
Aber der eigentliche Hubschrauber ließ noch auf sich warten. Er erschien mehr oder weniger gleichzeitig mit dem Flugzeug auf der Bildfläche, als Volumard, der wegen seines geringen Gewichts von 68 kg als Pilot ausgewählt worden war, sich am 24. August 1907 auf einem Platz bei Douai in Nordfrankreich tatsächlich vom Boden löste. Mit dem von Louis und Jacques Bréguet unter der Mitwirkung von Professor Charles Richet gebauten *Gyroplane N°1*, erreichte er lediglich eine Höhe von 60 cm. Der Flugschrauber war noch so unstabil, daß er von vier Mann im Gleichgewicht gehalten werden mußte. Aber es war das erste Mal, daß sich ein bemanntes mechanisches Fluggerät mit Hilfe von Hubschrauben senkrecht vom Boden erhob, obgleich man noch nicht von einem freien Flug sprechen konnte.

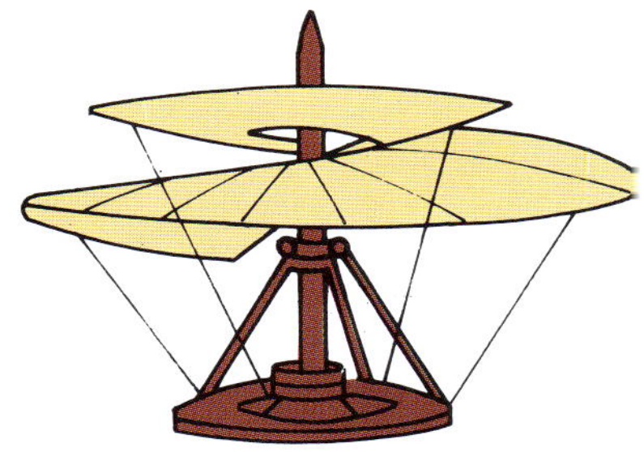

1493 – Entwurf eines Hubschraubers von Leonardo da Vinci. Mit Hilfe der »Spiralschraube« sollte der senkrechte Aufstieg erfolgen.

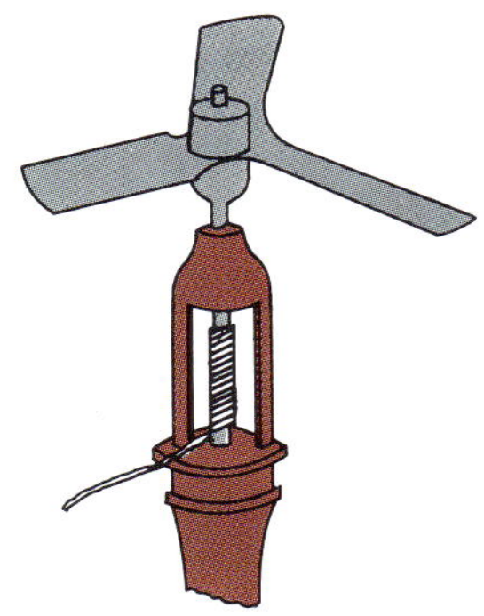

1843 – Vertikalflugmodell von Sir George Cayley, dem großen englischen Flugwissenschaftler.

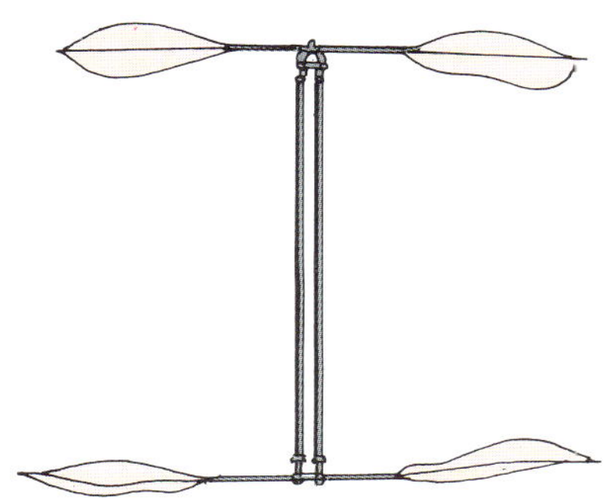

1870 – Einfaches, durch gedrillte Gummischnüre angetriebenes Hubschraubermodell mit gegenläufigen Rotoren von Alphonse Pénaud.

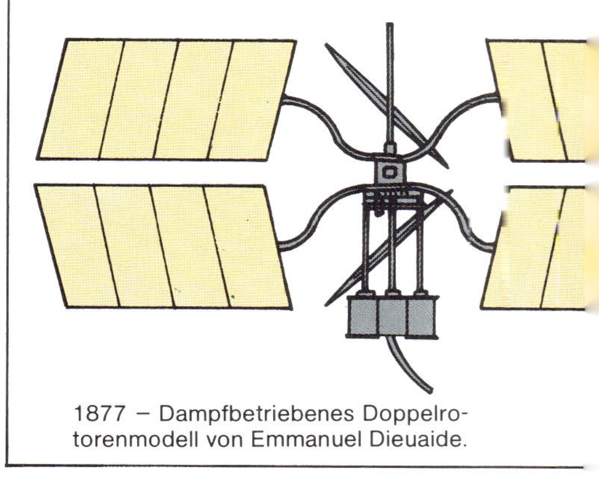

1877 – Dampfbetriebenes Doppelrotorenmodell von Emmanuel Dieuaide.

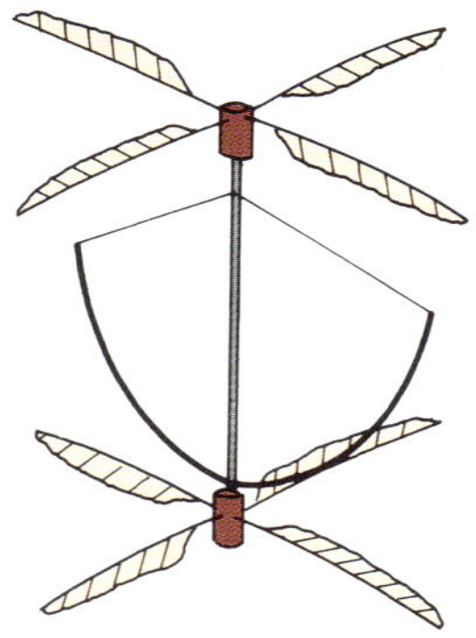

1784 – Hubschraubermodell von Launoy und Bienvenu, ausgestellt in der französischen Akademie der Wissenschaften.

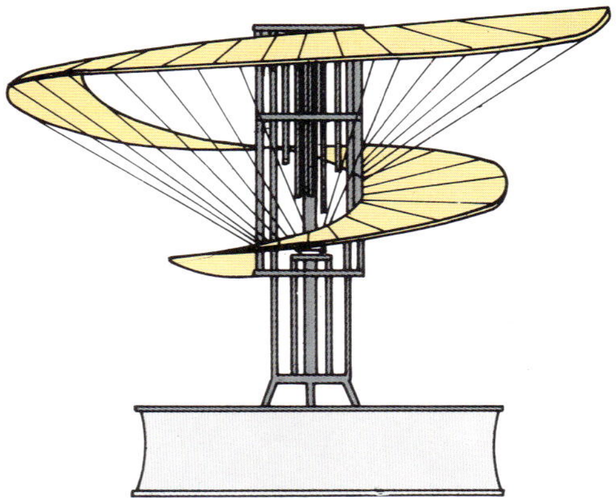

1818 – Hubschrauberentwurf von Adolphe de Lambertye.

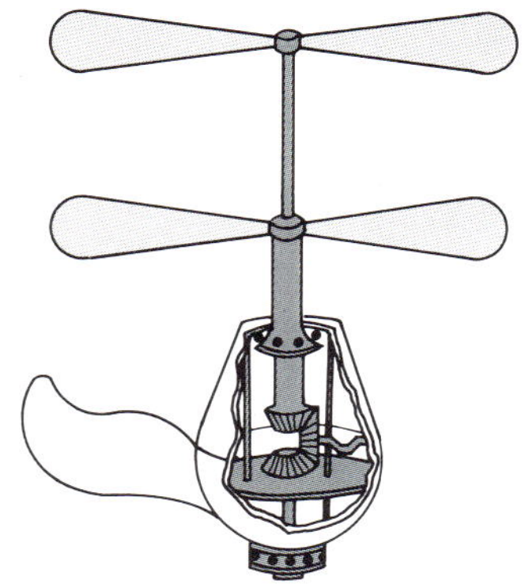

1861 – Kleines, aus Leichtmetall hergestelltes Koaxialhubschraubermodell von Henry Bright.

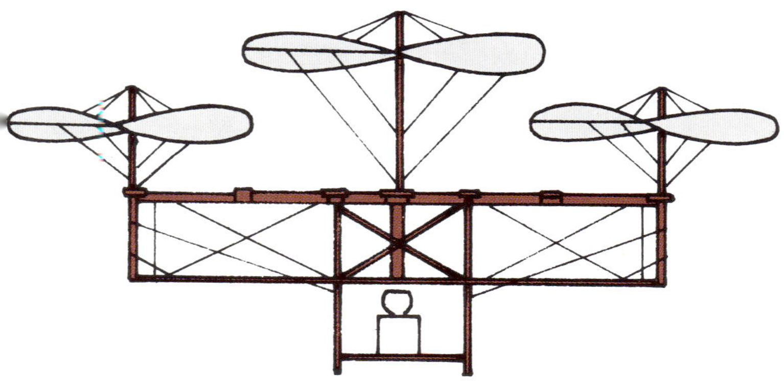

1845 – Drei-Rotoren-Hubschraubermodell von Cossus.

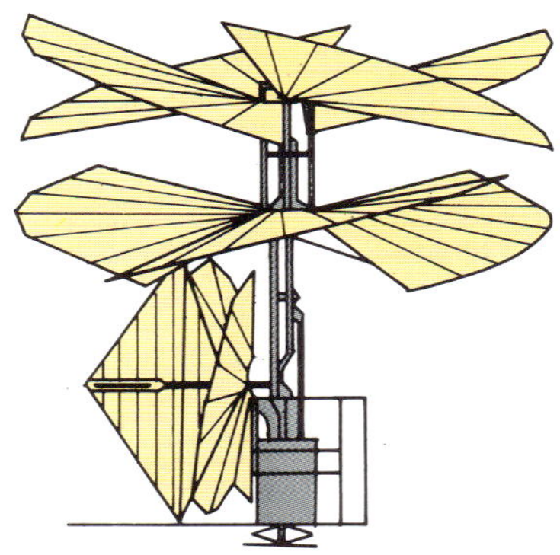

1861 – Modell von Ponton d'Amécourt mit zwei großen gegenläufigen Hubschrauben in koaxialer Bauform.

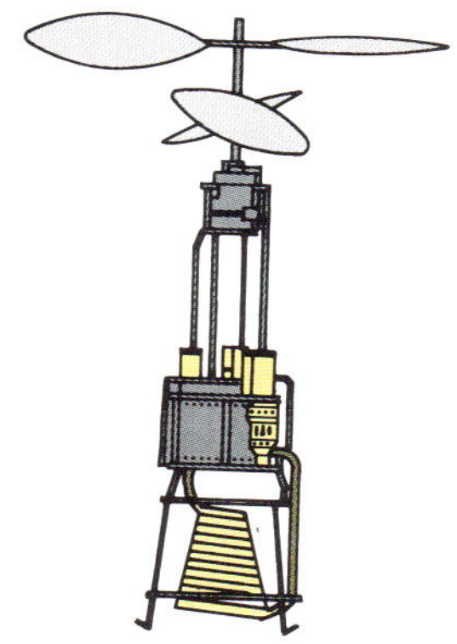

1862 – Eine dampfbetriebene Ableitung des Koaxialhubschraubers von Ponton d'Amécourt.

1871 – Mit Schwarzpulver angetriebenes Hubschraubermodell der Franzosen Pomés und de la Pauze.

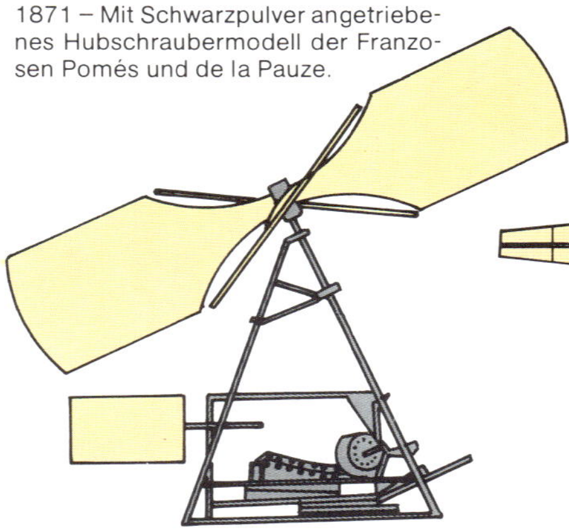

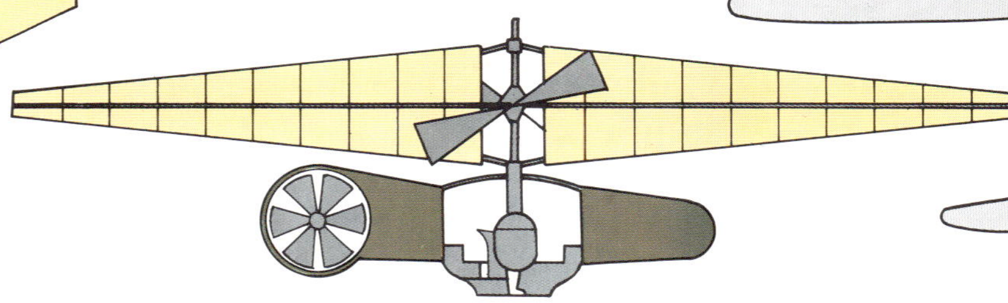

1874 – Dieses von Fritz und Wilhelm Achenbach gebaute dampfbetriebene Hubschraubermodell besaß erstmals neben dem Hauptrotor einen Heckrotor für den Drehmomentausgleich.

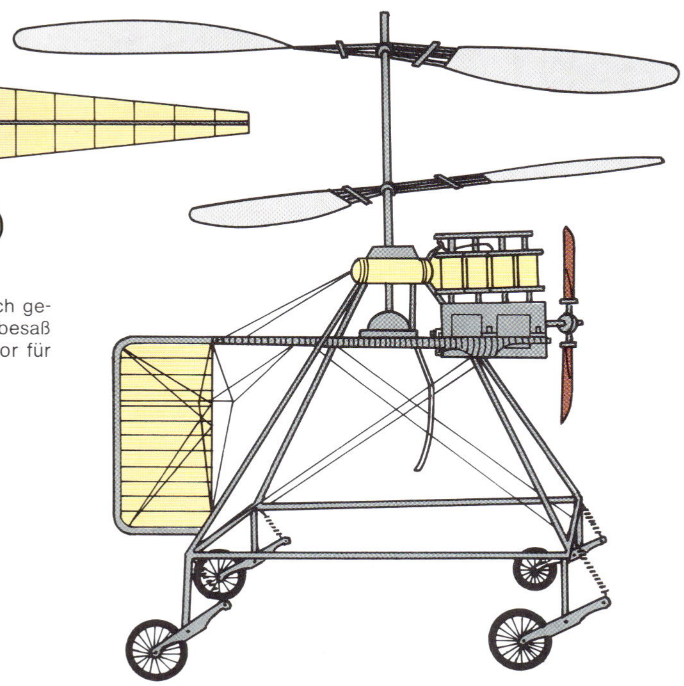

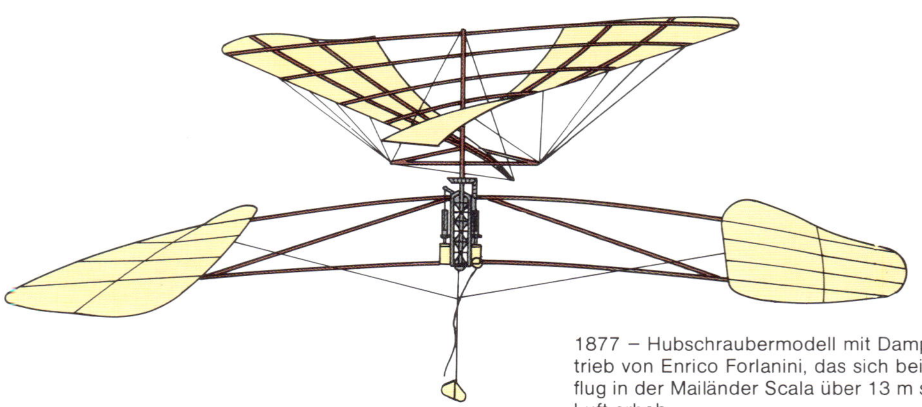

1877 – Hubschraubermodell mit Dampfmaschinenantrieb von Enrico Forlanini, das sich beim Vorführungsflug in der Mailänder Scala über 13 m senkrecht in die Luft erhob.

1877 – Das zweite von Vuitton gebaute Autogiro besaß einen von einem kleinen Motor angetriebenen Zugpropeller, einen Zweiblattrotor und ein vierrädriges Fahrgestell.

1907 – Der Hubschrauber von Paul Cornu, dem der erste freie Aufstieg und Schwebeflug von 30 cm Höhe über dem Boden und 20 Sekunden Dauer gelang. Der Antrieb der Tandemrotoren erfolgte durch einen 24-PS (17,6 kW)-*Antoinette*-Motor.

Der etwa 578 kg schwere *Bréguet-Richet*-Hubschrauber besaß einen 45-PS(33 kW)-*Antoinette*-Motor, und die vier vierblättrigen Drehflügelpaare hatten einen Durchmesser von 8 m. Ein Jahr später erschien der *Gyroplane N°.2* mit einem stärkeren 55-PS(40,4 kW)-*Renault*-Motor und zwei seitlich angeordneten leicht nach vorn geneigten zweiblättrigen Drehflügelpaaren mit etwas geringerem Durchmesser, wodurch der Schub für die Vorwärtsbewegung erreicht werden sollte. Im Spätsommer 1908 wurde dieses Luftfahrzeug bei einer harten Landung in einem Rübenfeld fast gänzlich zerstört. Man baute es aber wieder zusammen und nahm im darauffolgenden Frühjahr die Flugversuche noch einmal auf.

Außer den Bréguets befaßte sich Paul Cornu, ein Fahrradfabrikant aus Lisieux, mit dem Bau von Hubschraubern. Es gelang ihm, ein zweiflügeliges, von einem wassergekühlten 24-PS(17,6 kW)-*Antoinette*-Motor angetriebenes Fluggerät zu bauen, das man das »fliegende Fahrrad« nannte. Diesen Namen verdankte es seinen zwei großen Speichenrädern, an denen die kurzen, wie Paddel geformten Rotorblätter, mit einem Durchmesser von 6 m, befestigt waren, die sich durch Riemenantrieb gegenläufig bewegten. In dem zentralen Gerüst waren der Motor, der Pilotensitz und der Benzintank untergebracht. Der gesamte Apparat wog etwas über 250 kg. Man unternahm verschiedene Startversuche, darunter auch den berühmt gewordenen, bei dem es Paul Cornus Bruder gelang, in einer Höhe von 30 cm fast 20 Sekunden in der Luft zu bleiben. So war es Cornu, dem am 13. November 1907 in Coquainvilliers bei Lisieux der erste offiziell anerkannte »freie« Hubschrauberflug gelungen war.

Ungefähr zu dieser Zeit tauchte erstmals ein Name auf, der in der Geschichte des Hubschraubers eine entscheidende Rolle spielen sollte, Igor Iwanowitsch Sikorsky. Während eines Besuches in Frankreich kaufte er einen 25 PS-(18,3 kW)Drei-Zylinder-*Anzani*-Motor, den er mit nach Rußland nahm, wo er in Kiew seinen ersten Helikopter baute. Aber da der Prototyp sich als zu schwer für die Leistungsfähigkeit des Motors erwies, gelang ihm kein einziger Start, worauf der junge Sikorsky seine Aufmerksamkeit den Flächenflugzeugen zuwandte. Erst 30 Jahre später baute er wieder Hubschrauber.

In Großbritannien war erst 1916 mit dem Bau eines Drehflüglers begonnen worden, obwohl Louis Brennan bereits 1884 die Entwurfsarbeit für den *Brennan-Helicopter* in Angriff genommen hatte. Nachdem die Verhandlungen mit dem »Ministry of Munitions« und dem »Royal Aircraft Establishment« in Farnborough, wo der Hubschrauber gebaut und erprobt werden sollte, abgeschlossen waren, ging die Vollendung der Konstruktion unter strenger Geheimhaltung vonstatten, und am 22. Dezember 1921 fanden mit dem Ingenieur Robert Graham als Pilot, hinter verschlossenen Türen die ersten gefesselten Senkrechtstarts statt. Ein Jahr später machte der *Brennan-Helicopter* kurze Flüge von 18 bis 27 m in Höhen bis zu 1,5 m; aber am 2. Oktober 1925 schlug das Schicksal zu. Während des siebenten kleinen Fluges geriet die Maschine plötzlich in ungefähr 1 m Höhe außer Kontrolle, schlug mit den Rotoren am Boden auf und ging zu Bruch.

Genau zu diesem Zeitpunkt gelangte Juan de la Cierva mit seinem vielversprechenden *Autogiro* nach England, worauf das offizielle Interesse am *Brennan-Helicopter* schlagartig erlosch. Schließlich wurden im März 1926 die öffentlichen Gelder gestrichen, und Louis Brennan wandte sich im Alter von 74 Jahren anderen Erfindungen zu.

Eine weniger komplexe, aber gleich schwere Maschine wie die von Sikorsky, fast eine 1922er Version der berühmten *Bréguet N°. 1* von 1907, wurde in den Vereinigten Staaten von dem russischen Emigranten George de Bothezat im Auftrag des US Army Air Corps gebaut. Dem 1610 kg schweren Fluggerät mit einem 220-PS(161,8 kW)-*Le Rhône*-Umlaufmotor gelang es am 18. Dezember 1922 in Dayton, sich in einer Höhe von 1,80 m für 1 min 42 s in der Luft zu halten, wobei allerdings die Steuerung und die Stabilität erhebliche Schwierigkeiten bereiteten. Aber das US Army Air Corps war mehr an Autogiros interessiert und strich die Mittel für de Bothezat, woraufhin dieser seine Versuche einstellen mußte.

Autogiros sind im Grunde genommen Flugzeuge ohne Tragflächen, bei denen die Funktion der Flügel durch eine in Eigendrehung versetzte Tragschraube übernommen wird: Die Tragschraube wird nicht angetrieben, sie beginnt von selbst zu drehen, wenn der übliche vorn eingebaute Flugmotor zu arbeiten beginnt. 1919 war der Spanier Juan de la Cierva auf das Tragschrauberprinzip gekommen. Er hatte ganz einfach den Rotorkopf mit den fest anmontierten Rotorblät-

1907 – Der komplizierte *Gyroplane N°. 1* von Louis und Jacques Bréguet, der unter der Mitwirkung von Richet gebaut worden war, verfügte zum Antrieb der vier Rotoren über einen 45-PS(33 kW)-*Antoinette*-Motor.

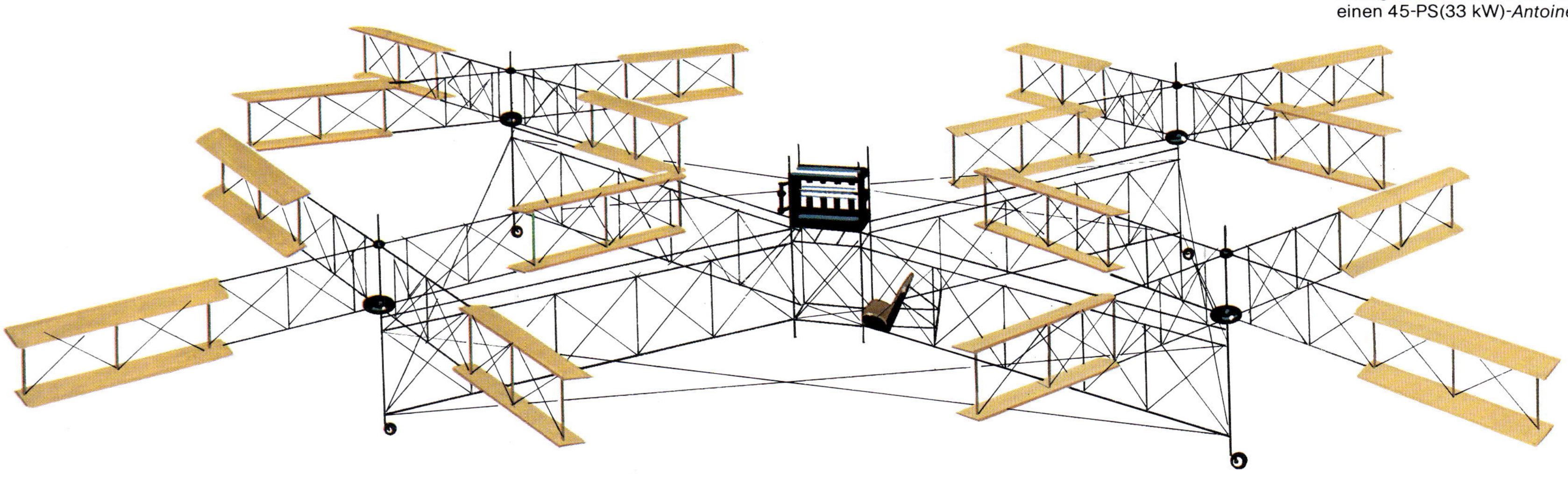

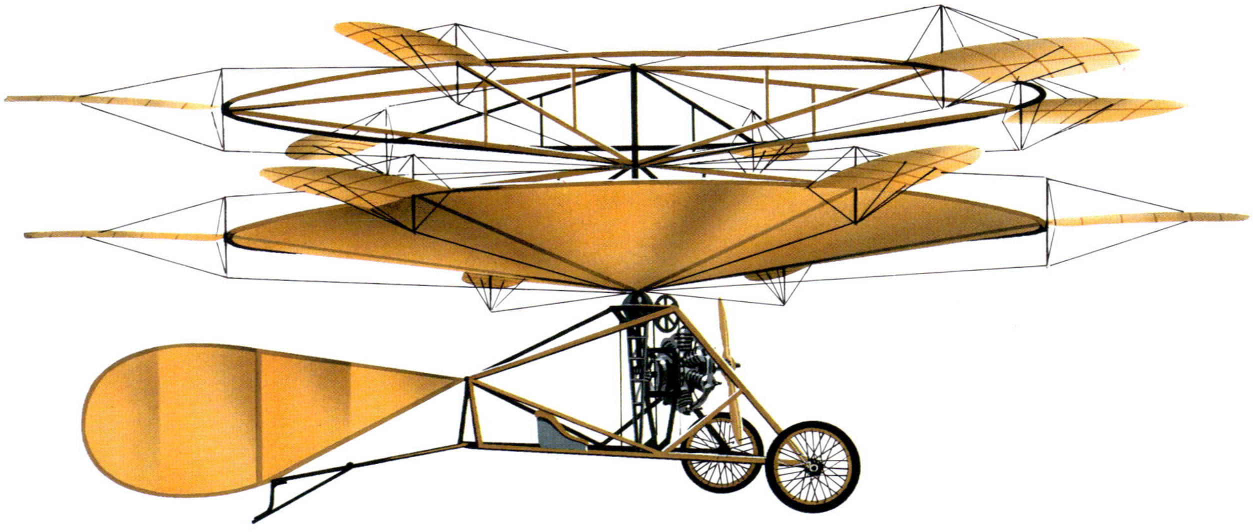

1912 – Koaxialhubschrauber von Jakob Christian Ellehammer mit gegenläufigen Rotoren sowie der von dem Italiener Crocco vorgeschlagenen zyklischen Blattverstellung; er flog erstmals in Kopenhagen.

tern auf ein Strebengestell über vorhandene Flugzeugrümpfe gelagert und mit diesen merkwürdigen Fluggeräten experimentiert. Anfangs kippten diese, sobald sie in Bewegung gesetzt wurden, einfach um, ohne sich auch nur im geringsten vom Boden abzuheben. Aber Ende 1922 kam Cierva der Gedanke, die Rotorblätter nicht mehr starr, sondern gelenkig am Rotorkopf zu befestigen. Die Gelenke zwischen Blattwurzel und Nabe fertigte er aus Bambus. Mit dieser genialen Erfindung der Schlaggelenke glich er die unterschiedlichen Auftriebswerte aus, die dadurch entstehen, daß das nach vorn drehende Rotorblatt schneller angeströmt wird als das rücklaufende und so mehr Auftrieb erzeugt. Durch die Schlaggelenke konnte nun das vorlaufende Blatt nach oben ausweichen und dadurch weniger Auftrieb erzeugen, während das rücklaufende Blatt nach unten auswich und so mehr Auftrieb erzeugte. Da die Gelenke keine Momente übertragen können, war auch die seitliche Kipptendenz beseitigt. Cierva hat damit wesentlich zur Verwirklichung des Hubschrauberprinzips beigetragen.

Mit dem ersten mit Schlaggelenken ausgerüsteten Autogiro Ciervas, dem *C.4*, gelang dem Piloten Gomez Spencer am 9. Januar 1923 in der Nähe des Flugplatzes Cuatro Vientos bei Madrid eine Rundflugstrecke über 4 Kilometer Länge mit einer Durchschnittsgeschwindigkeit von 60 km/h. Das Muster besaß einen Vierblattrotor und einen 100-PS(73,5 kW)-*Le Rhône*-Umlaufmotor. Ihm folgte schon bald

1924 – Dritter großer Hubschrauber des spanischen Marquis Pateras Pescara, mit dem er einen Streckenrekord über 736 m aufstellte. Die Koaxialrotoren wurden von einem 180-PS(132,4 kW)-*Hispano-Suiza-Motor* angetrieben.

1924 – Der zweite, recht kompliziert wirkende Hubschrauber des französischen Ingenieurs Etienne Oehmichen, mit dem ihm der erste Hubschrauber-Rekordflug von 14 min über einen 1 km Rundkurs gelang. Oehmichen setzte seine Hubschrauberversuche bis 1938 fort.

1934 – Das *Cierva C.30*-Autogiro war der bekannteste Tragschrauber vor dem Zweiten Weltkrieg. In England wurden von *A.V. Roe* und in Frankreich von *Lioré-Olivier* ca. je 100 *C.30* und in Deutschland von *Focke-Wulf* über 40 in Lizenz gebaut.

Entwicklung der Cierva-Autogiros

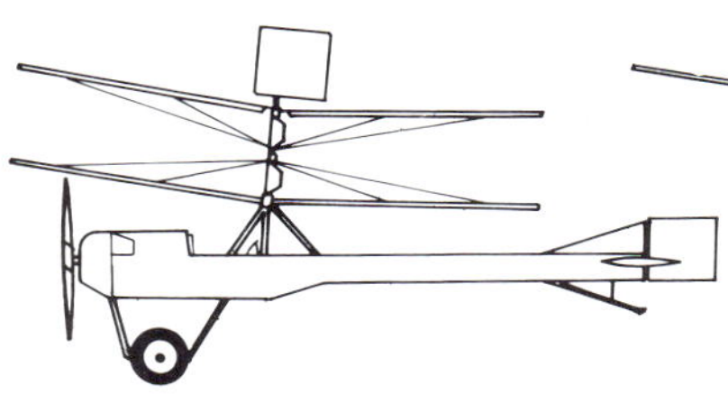

1920 – *Cierva C.1*, mit zwei Rotoren.

1923 – *Cierva C.4*.

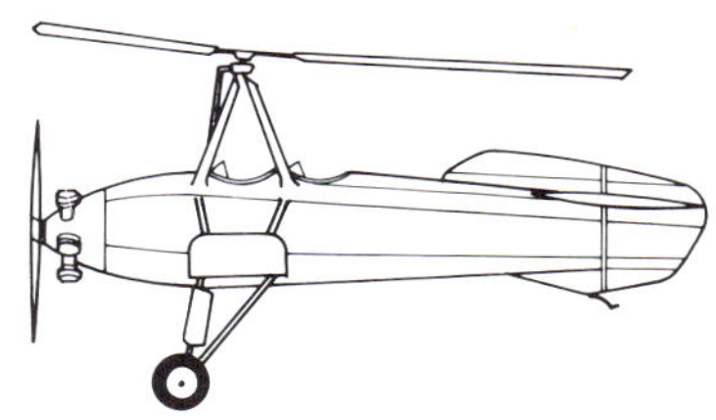

1929 – *Cierva C.19*, Zweisitzer.

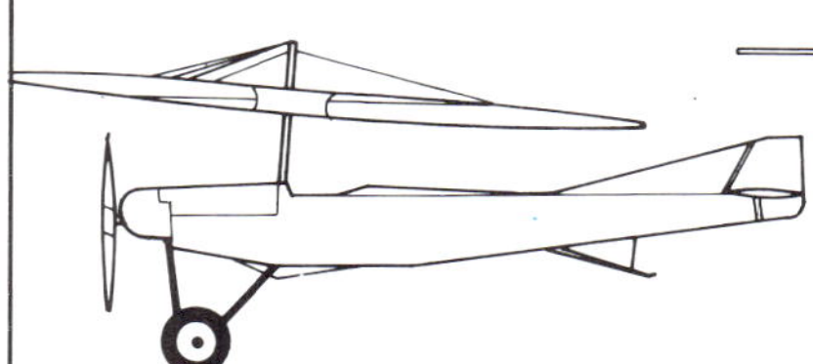

1921 – *Cierva C.2*.

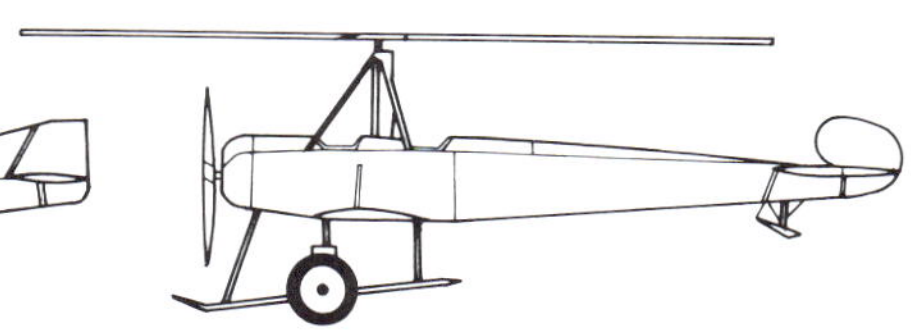

1924 – *Cierva C.6, (Avro 574)*.

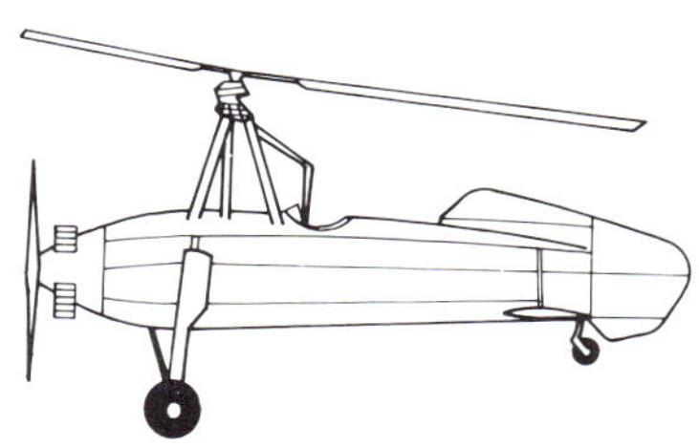

1931 – *Cierva C.19 Mk.V*, Einsitzer.

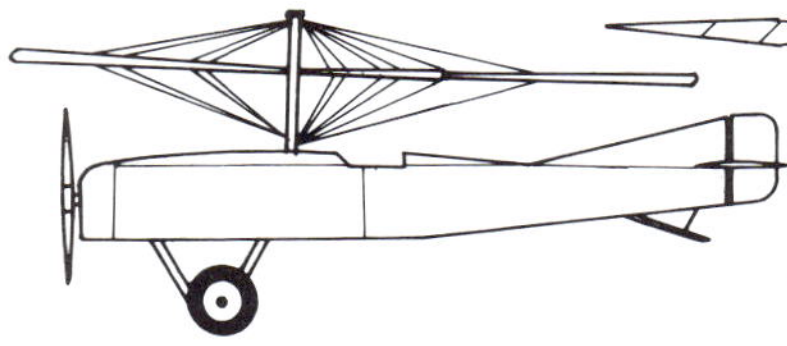

1922 – *Cierva C.3*.

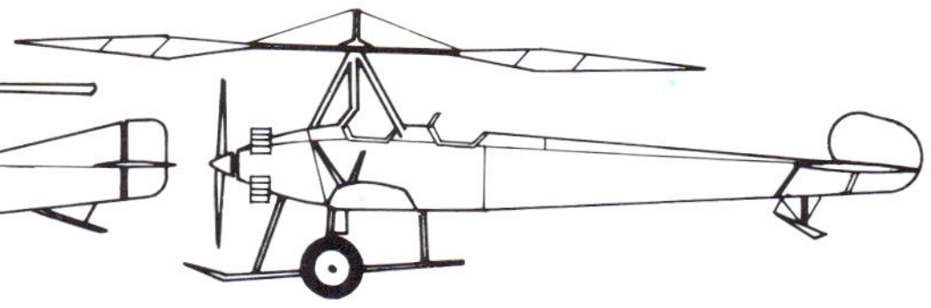

1927 – *Cierva C.8, (Avro 598)* mit Vierblattrotor.

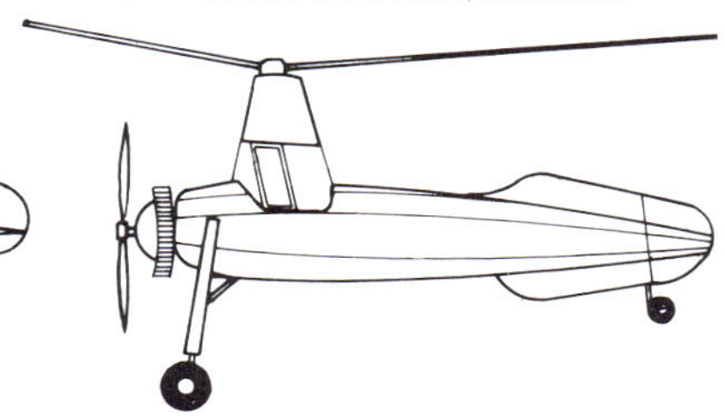

1937 – *Cierva C.40*, Zweisitzer mit geschlossener Kabine.

der *C.5* mit einem Dreiblattrotor und der aus einem *Avro-504*-Rumpf aufgebaute *C.6* mit einem Vierblattrotor. Dieses Muster führte er am 15. Oktober 1923 im englischen Farnborough vor. 1926 verlegte Cierva seinen Wohnsitz nach England, wo er mit Unterstützung von Air Commodore Lord Weir in Hanword die *Cierva Autogiro Company Ltd.* gründete. 1927 lernte Cierva selbst fliegen, und im Jahr darauf, am 18. September 1928, flog er mit einem verbesserten *C.6*, dem *C.8L*, erstmalig vom Londoner Flughafen Croydon nach Paris Le Bourget und führte damit die erste Kanalüberquerung mit einem Tragschrauber erfolgreich durch.
Ende der 20er und Anfang der 30er Jahre wurden eine Anzahl von Lizenzen zum Bau des Cierva-Autogiros an verschiedene etablierte Flugzeugfirmen wie *Avro, de Havilland, Parnall* und *Westland* vergeben, von denen die meisten allerdings nach Ciervas Tod – er kam am 9. Dezember 1936 beim Absturz einer Verkehrsmaschine in London ums Leben – das Interesse verloren. Eine Ausnahme bildete die schottische Maschinenfabrik *G & J Weir*, die 1932 in ihrer Glasgower Fabrik eine Luftfahrtabteilung mit dem Ziel gegründet hatten, kleine Cierva-Autogiros in Lizenz zu entwickeln.
Den Anfang machte man mit dem einsitzigen *Cierva C.28*, der die neue Bezeichnung *Weir W.1* und als Antrieb einen 40-PS(29,4 kW)-*Douglas Dryad*-Motor erhielt. Der *W.1* flog erstmals im Mai 1933. Ihm folgte 1934 der ähnliche aber ver-

1930 – Dieser von Corradino D'Ascanio gebaute italienische Hubschrauber stellte 1930 drei Weltrekorde über Flugstrecke, Flugdauer und Flughöhe auf. Sein gegenläufiger Koaxialrotor wurde von einem 85-PS(62,5 kW)-*Fiat A50*-Motor angetrieben.

1933 – Einer der ersten, von dem russischen Flugpionier Iwan P. Bratuchin im »Zentralen Aero- und Hydrodynamischen Institut« (ZAGI) gebauten Hubschrauber, mit einem Vierblattrotor und einem Zweiblatt-Heckrotor.

besserte *W.2,* mit dem ein neues Rotor-System mit veränderlichen Anstellwinkel für Sprungstarts erprobt wurde. Bei den *W.3*- und *W.4*-Tragschraubern vervollkommnete man das Sprungstart-Prinzip noch weiter, durch Verwendung eines luftgekühlten 4-Zyl.-*Weir*-Reihenmotors von 50 PS(36,7 kW) Volleistung, der eine Zweiblatt-Tragschraube für den Start über eine Kupplung antrieb. Sie besaßen ein dreifaches Seitenleitwerk, und ihre Steuerung um Quer- und Längsachse erfolgte kollektiv durch Neigen der Tragschraubennabe.

1937 beschloß die Firma, sich voll auf die Hubschrauberentwicklung zu konzentrieren, woraus der erste erfolgreiche britische Hubschrauber resultierte, der einsitzige *W.5*. Er besaß einen *W.4*-Rumpf und hatte nebeneinander angeordnete Rotoren, eine Anordnung, die schon mit Erfolg bei dem *Focke-Wulf Fw 61*-Hubschrauber verwendet worden war. Am 7. Juni 1938 machte der *W.5* in Dalrymple, Ayrshire, seinen Erstflug, dabei erfolgte jetzt die Steuerung um die Längsachse durch zyklische- und nicht durch kollektive Blattsteuerung, der senkrechte Auf- bzw. Abstieg wurde durch Veränderung der Motordrehzahl erreicht.

Das gleiche Prinzip wandte man bei dem zweisitzigen Hubschrauber *W.6* an, der einen wesentlich stärkeren 205-PS(150,7 kW)-*de Havilland Gypsy Major*-Reihenmotor und einen Dreiblattrotor von 7,62 m Durchmesser besaß, mit einer Gelenkkonfiguration, die mit der später von Sikorsky verwendeten identisch war. Der *W.6* flog zum erstenmal im Oktober 1939, aber der Ausbruch des Zweiten Weltkrieges führte im Juli 1940 praktisch zur Einstellung des Projekts. Während des Krieges wurden zwei weitere Entwürfe geplant, aber nicht weiter verfolgt. Dabei handelte es sich um den *W.7* mit faltbaren Auslegern für Einsätze von Bord eines Schiffes aus, und um den *W.8* mit Blattspitzenantrieb, aus dem später der *W.9* entstand, der 1945 von einem wieder in Betrieb genommenen Werk Ciervas gebaut wurde.

Der Krieg gebot auch Ciervas größtem Rivalen in England, Raoul Hafner, Einhalt, der 1931 sein Heimatland Österreich verlassen hatte, um in England einen Gönner für seine Tragschrauber-Forschungs- und Entwicklungsarbeiten zu suchen und ihn auch in Major Coates, einen Baumwoll-Millionär fand. Bei Hafners Autogiro erfolgte der Drehmomentausgleich anfangs durch im Rotorwind liegende Stabilisierungsflächen, darüber hinaus waren seine Steuerung und der Rotorkopf, gegenüber dem für Sprungstarts ausgelegten Rotorkopf von Cierva, wesentlich verbessert. Bei seiner dritten Tragschrauber-Konstruktion, dem *AR III,* waren die drei Rotorblätter durch Kardangelenke so am Rotorkopf befestigt, daß sie nicht nur nach oben und unten ausschlagen, sondern außerdem in Drehrichtung voraus- oder nacheilend schwingen konnten. Eine Besonderheit des Rotorkopfes war, daß sich die horizontalen Achsen der drei Kardanstücke mit der Drehachse des gesamten Rotors schnitten und so Biegemomente vermieden werden konnten. Die Änderung der Anstellwinkel der Blätter wurde durch eine »Spinne« bewerkstelligt. Durch Betätigen eines Handhebels konnte der Pilot den Anstellwinkel der Blätter über diese Spinne vergrößern oder verkleinern.

Die *Pitcairn Autogiro Company* war 1929 in Willowgrove, Pennsylvania, gegründet worden, nachdem Harold Pitcairn in Großbritannien Juan de la Cierva besucht hatte, um die Lizenz für die Auswertung der Cierva-Patente in den Vereinigten Staaten zu erhalten. Aufgrund dieser Vereinbarung wurden innerhalb der nächsten zehn Jahre eine Reihe von Autogiros unter dem Namen *Pitcairn* produziert, dann übernahm die mächtige *Firestone & Rubber Company* die Gesellschaft. Das erste Modell, der *PCA-1* von 1930, basierte auf dem Rumpf eines früheren *Pitcairn Mailwing*-Doppeldeckers mit dem Rotor-System einer *Cierva C.19* und der Möglichkeit, den Rotor am Boden durch Ablenkung des Luftschraubenstrahls vorzudrehen. Von diesem Muster wurde nur ein Exemplar gebaut, aber dieses führte zu dem wesentlich verbesserten *PCA-2* von 1931, einem zweisitzigen Tragschrauber mit einem 300-PS(220,6 kW)-*Wright J6-9*-Sternmotor. Der *PCA-2* wurde der erste in den Vereinigten Staaten für kommerzielle Zwecke zugelassene Autogiro. Er stellte auch einen offiziellen Höhenrekord von 5612 m auf. Insgesamt wurden 24 *PCA-2* gebaut, von denen einige unter der Bezeichnung *XOP-1,* für Deckslande- und -Startversuche von Schiffen aus, an die US Navy gingen. Die maßstäbliche Verkleinerung des *PCA-2* führte zu dem *PAA-1,* der über einen 125-PS(92 kW)-*Kinner 3-5*-Motor als Antrieb verfügte und einen Vierblattrotor besaß, der zur Stabilitätserhöhung nach vorn und hinten geneigt werden konnte. Den zirka 20 für den zivilen Markt produzierten *PAA-1* folgten die *PA-18* mit einem 165-PS(121,3 kW)-*Kinner R-5*-Motor, die zu einem Stückpreis von 6750 Dollar, einschließlich der Pilotenschulung, angeboten wurden. Zwischen März 1932 und Ende 1933 sind 19 dieser *PA-18*-Tandemsitzer hergestellt worden.

Im Oktober 1932 brachte *Pitcairn* den größten in Amerika gebauten Autogiro heraus, den Viersitzer *PA-19,* der von einem 420-PS(309 kW)-*Wright Whirlwind R975-E3*-Sternmotor angetrieben wurde und einen Vierblattrotor, mit einer vom Führersitz aus verstellbaren Trimmung, aufwies. Pitcairns kontinuierliche Entwicklungen während der 30er Jahre führten zu verschiedenen Varianten, einschließlich der *PA-20* (1932), *PA-21* (1932), *PA-22* (1933), *PA-24* (1932), *PA-33* (1935), *PA-34* (1936), *PA-35* (1937) und *PA-36* (1938).

Der *PA-36* zeichnete sich durch einen 165-PS(121,3 kW)-*Warner Scarab*-Sternmotor aus, der in der Mitte des stromlinienförmigen Ganzmetall-Kabinenrumpfes montiert war und über einen direkt gesteuerten Rotorkopf für Sprung-

starts verfügte, der es dem Drehflügler ermöglichte, senkrecht über ein Hindernis von 9 m Höhe zu starten und, ohne an Höhe zu verlieren, in den Normalflug überzugehen.
Der letzte von Pitcairn gebaute Drehflügler war der *PA-39,* der auf dem früheren *PA-18* mit direkt gesteuertem Rotorkopf basierte. Er war 1941 von der British Air Commission als bordgestützter Versuchsautogiro zur U-Boot-Bekämpfung in Auftrag gegeben worden. Sieben *PA-39* wurden gebaut, aber der Verlust von drei Exemplaren während der Verschiffung nach Europa sowie das zunehmende allgemeine Interesse an Hubschraubern führte zur Einstellung weiterer Entwicklungen.
Zur selben Zeit wie Cierva arbeiteten die Amerikaner Charles H. Karman und Emil Berliner sowie der Italiener Crocco und der Holländer von Baumhauer an neuen Drehflüglern. Aber die Probleme, die ein Hubschrauber in bezug auf Aerodynamik und Konstruktion, Flugstabilität und Steuerbarkeit stellte, waren so zahlreich und komplex, daß trotz aller Anstrengungen die am 8., 10. und 13. Oktober 1930 von dem italienischen Major Nello Marinelli aufgestellten Weltrekorde mit einem *Ascanio*-Hubschrauber über eine Flugdauer von 8 min 45 s, eine Flugstrecke von 1078 m und eine Höhe von nur 18 m, erst sechs Jahre später überboten wurden. Allerdings verfügte der von Corradino D'Ascanio für die drei Weltrekorde entworfene und gebaute Koaxialhubschrauber mit zwei gegenläufigen Rotoren von 10,70 m Durchmesser bereits über die Merkmale eines modernen Helikopters. So konnte während des Umlaufs der Auftrieb der Rotorblätter und somit die Flugstabilität durch kleine Flächen an den Blatthinterkanten verändert und der Rotor bei Triebwerksausfall auf Autorotation umgestellt werden, außerdem waren die Rotorblätter mit dem Rotorkopf durch Schlag- und Schwenkgelenke verbunden. Drei kleine Verstellpropeller nach drei Richtungen erleichterten darüber hinaus die Steuerung. Angetrieben wurde das Ganze von einem 85-PS(62,5 kW)-*Fiat A50*-Motor. Dank der sorgfältigen Forschungsarbeit konnte D'Ascanios Helikopter mit dieser geringen Antriebskraft seine großartigen Leistungen erzielen.
Von allen Ländern, in denen damals gleichzeitig experimentiert wurde, war die Sowjetunion besonders aktiv. Der Italiener Vittorio Isacco war 1929 von Großbritannien aus, wo er ohne Erfolg seine ersten Hubschrauber gebaut hatte, in die Sowjetunion gegangen und in das »Zentrale Aero- und Hydrodynamische Institut« (ZAGI), dem wissenschaftlichen Forschungszentrum der UdSSR, eingetreten. Dort entwickelte er in Zusammenarbeit mit Isaakson ein Gerät, das jahrelang der Welt größter Hubschrauber sein sollte. Der Durchmesser des Rotors dieser 3 180 kg schweren Maschine betrug 27,30 m, vier 120-PS(88,2 kW)-Motoren waren für den Hauptrotor und ein 300-PS(220,6 kW) starker Motor für den Zugpropeller installiert. Nachdem der *Helicogyre* 1935 fertiggestellt worden war, verließ Isacco aus unbekannten Gründen die UdSSR und setzte seine Arbeit in Frankreich fort. Der Prototyp selbst ist nie zum Fliegen gekommen.
Das Projekt des Russen Tscheremuchin führte dagegen zum Erfolg. Er selber flog am 14. August 1931 seine *ZAGI-1-EA,* deren vierblättriger Rotor mit zyklischer Blattverstellung von zwei 120-PS(88,2 kW)-*M-2*-Umlaufmotoren angetrieben wurde und der am Bug und Heck je einen dreiblättrigen Propeller für den Drehmomentenausgleich besaß.
Der gleichen Formel hatte sich ein weiterer russischer Flugzeugkonstrukteur bedient, dessen Name lange mit Hubschraubern in einem Atemzug genannt werden sollte: Iwan Pawlowitsch Bratuchin.
Dann trat plötzlich ein Mann wieder ins Rampenlicht der Öffentlichkeit und brachte die Hubschrauberentwicklung ein gutes

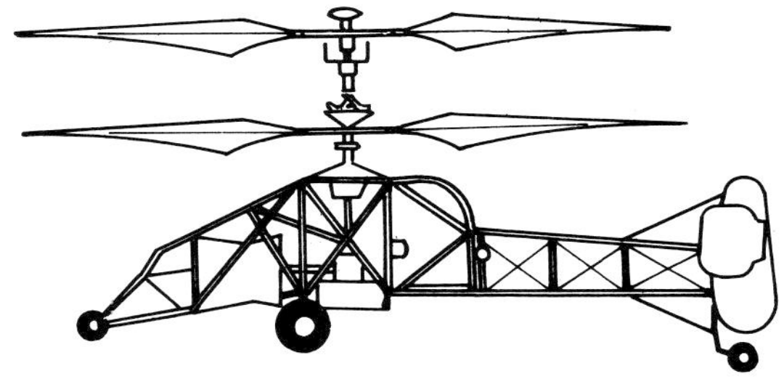

1933 – Der Experimental-Hubschrauber *Gyroplane Laboratoire* von Bréguet und Dorand mit unverkleidetem StahlrohrRumpfgerüst und einem gegenläufigen Koaxialrotor.

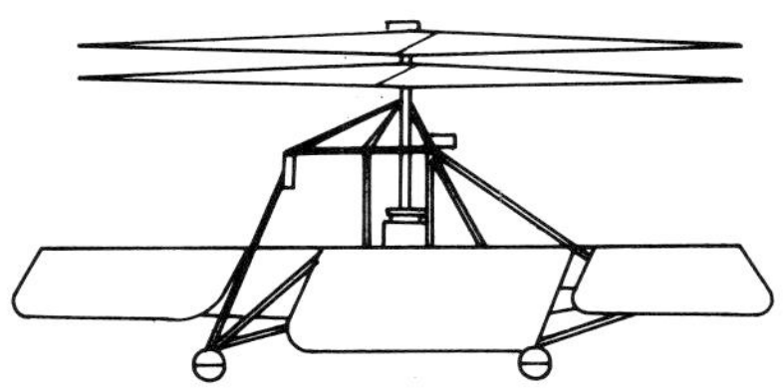

1928 – Koaxialhubschraubermodell des Ungarn Oskar von Asboth mit gegenläufigen Zweiblattrotoren.

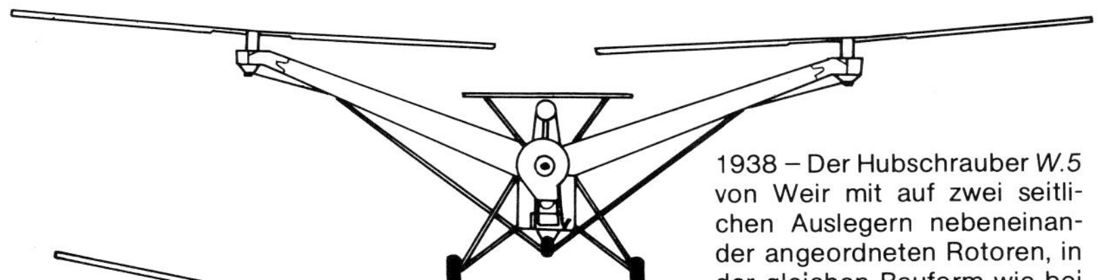

1938 – Der Hubschrauber *W.5* von Weir mit auf zwei seitlichen Auslegern nebeneinander angeordneten Rotoren, in der gleichen Bauform wie bei dem *Focke Fw 61.*

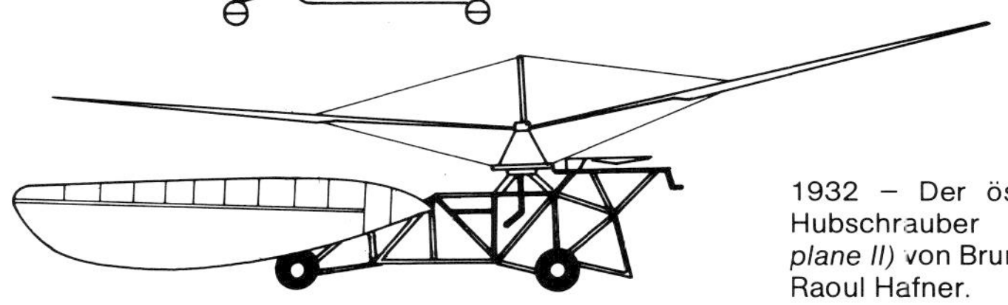

1932 – Der österreichische Hubschrauber *R 2 (Revoplane II)* von Bruno Nagler und Raoul Hafner.

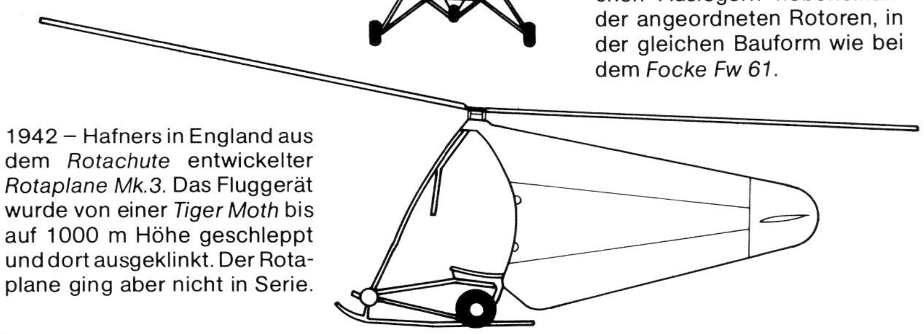

1942 – Hafners in England aus dem *Rotachute* entwickelter *Rotaplane Mk.3.* Das Fluggerät wurde von einer *Tiger Moth* bis auf 1000 m Höhe geschleppt und dort ausgeklinkt. Der Rotaplane ging aber nicht in Serie.

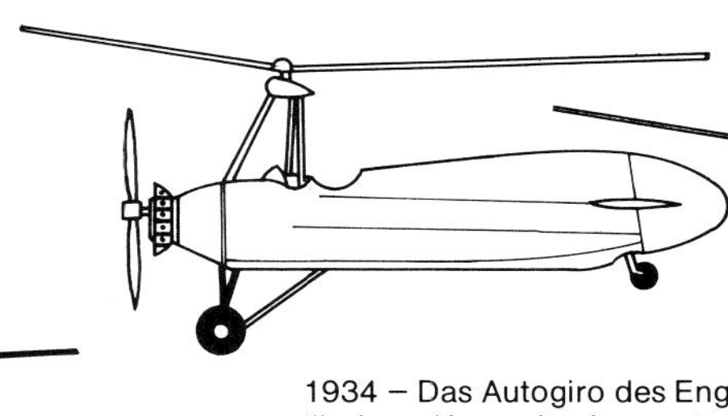

1935 – Hafners *Gyroplane AR III,* ein konstruktiv verbessertes Cierva-Autogiro.

1943 – Eine Weiterentwicklung des *Rotaplanes,* der *Rotabuggy;* ein Jeep mit einem abnehmbaren Rotorsystem und Leitwerk für den Flugzeugschlepp.

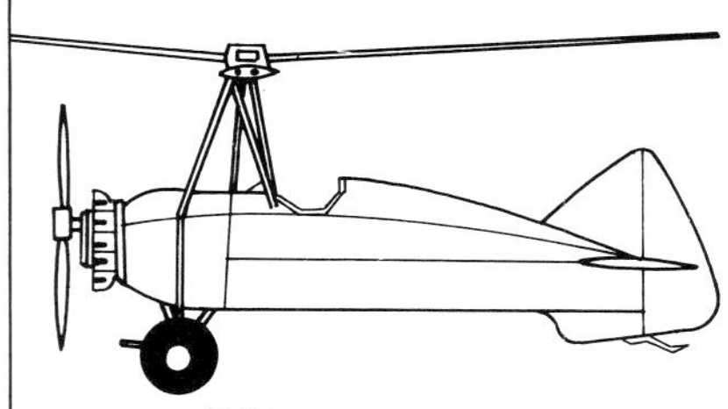

1934 – Das Autogiro des Engländers Kay mit der ersten praktischen Ausführung einer kollektiven Rotorblatt-Verstellung. Der Antrieb erfolgte durch einen 75-PS(55,1 kW)-*Pobjoy*-Motor.

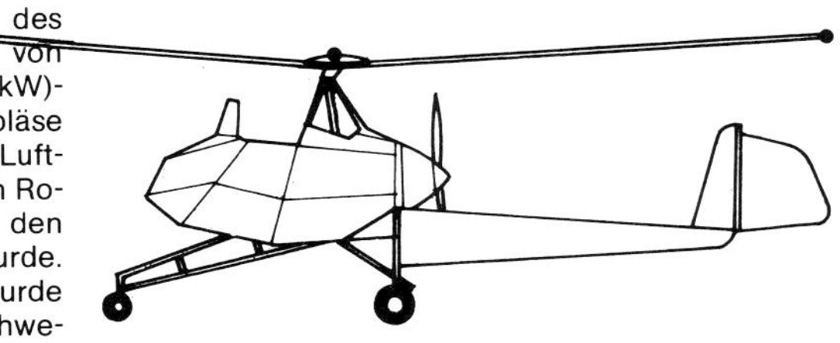

1945 – Erste drehmomentenfreie Hubschrauber-Konstruktion mit Reaktionsantrieb des Österreichers Friedrich von Doblhoff. Ein 140-PS(103 kW)-*Argus*-Motor trieb ein Gebläse an, welches ein Kraftstoff-Luftgemisch durch die hohlen Rotorblätter preßte, das an den Blattspitzen gezündet wurde. Der Blattspitzenantrieb wurde nur für den Start, den Schwebeflug und die Landung verwendet, für den Horizontalflug sorgte ein Druckpropeller.

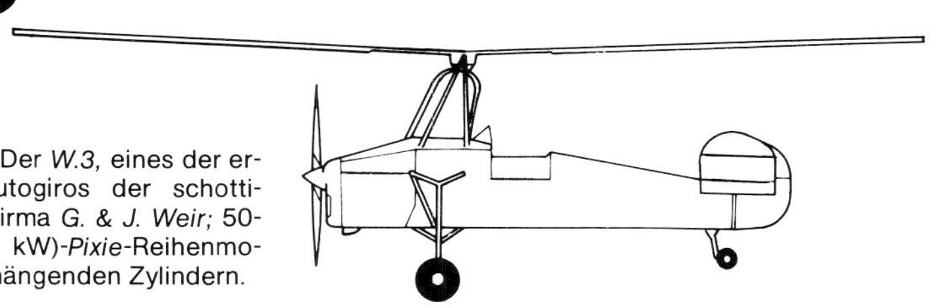

1936 – Der *W.3,* eines der ersten Autogiros der schottischen Firma *G. & J. Weir;* 50-PS(36,7 kW)-*Pixie*-Reihenmotor mit hängenden Zylindern.

Stück voran, Louis Bréguet. Nachdem er sich zwischen 1929 und 1930 intensiv mit dem Studium der Flugstabilität von Drehflüglern befaßt hatte, gründete er 1931 zusammen mit René Dorand das *Syndicat d'Etudes du Gyroplane*. Dort wurde der Versuchshubschrauber *Gyroplane Laboratoire* entwickelt, dessen offener Gitterrumpf auf einem breiten Fahrgestell mit zusätzlichen Stützrädern vorn und hinten ruhte und der am Heck über ein normales Leitwerk verfügte. Ein 350-PS(257,4 kW)-*Hispano 90*-Sternmotor trieb zwei Zweiblattrotoren in Koaxialanordnung gegenläufig an. Die Blatteinstellwinkel konnten zyklisch (periodisch) zur Steuerung im

1934 – Das Experimental-Autogiro *C.29* von *Westland* war eine Ableitung eines Cierva-Modells. Die geschlossene Kabine bot Platz für vier Personen. Das Projekt wurde wegen ernsthafter Schwingungs-Probleme aufgegeben.

1934 – Das Cierva-Autogiroprinzip wurde in den USA von der Firma *Kellett* im *KD-1* übernommen.

1942 – Das *Kellett YO-60*-Autogiro setzte die US-Army für Beobachtungsflüge ein. Die Zweimann Besatzung, Pilot und Beobachter, saßen in einem verkleideten Cockpit hintereinander. Angetrieben wurde es von einem 300 PS(220,6 kW) Jacobs-Sternmotor.

1936 – Der *Focke Fw 61*-Hubschrauber hatte zwei nebeneinander, auf seitlichen Auslegern montierte Dreiblattrotoren, die gegenläufig von einem 150-PS(110,3 kW)-*Sh14B*-Sternmotor angetrieben wurden. Die Zelle war der Rumpf eines *Fw 44 Stieglitz*-Doppeldeckers, die verkürzte Luftschraube diente als Kühlventilator für den Motor. Zwischen 1936 und 1939 stellte der Hubschrauber eine Anzahl Weltrekorde auf.

Horizontalflug, und kollektiv (nicht periodisch) zur Steuerung im Vertikalflug verstellt werden. Schlag- und Schwenkgelenke erhöhten darüber hinaus die Flugstabilität. Am 26. Juni 1935 machte er seinen Erstflug und stellte danach eine Reihe von Weltrekorden für Hubschrauber auf: 1936 erreichte Testpilot Maurice Claisse die Rekordhöhe von 158 m, erzielte den Dauerflugrekord von 1 h 2 min 5 s über die Entfernung von 44 km in geschlossener Bahn und erreichte eine Geschwindigkeit von 44,7 km/h. Während des Krieges wurde dieser Hubschrauber in Villacoublay mitsamt seinem Hangar zerstört.
Inzwischen hatte die Entwicklung des Autogiro einen ziemlich fortschrittlichen technologischen Standard erreicht, woraus einige außergewöhnliche Modelle resultierten wie beispielsweise der 1932 von *de Havilland* gebaute zweisitzige Kabinen-Tragschrauber *C.24* sowie als Prototyp der große viersitzige *Westland C.29*, der jedoch wegen seiner übermäßigen Vibrationen bald wieder aufgegeben wurde. Inzwischen hatte auch *Cierva* ein System entwickelt (direkte Steuerung der Tragschrauben durch Kippen der Rotorebene durch einen hängenden Steuerknüppel), nach dem Autogiros senkrecht abheben und danach schnell in den Horizontalflug übergehen konnten sowie ein Verfahren zur Ausführung von gesteuerten Autorotations-Landungen. Diese technischen Neuerungen fanden in dem serienmäßig für die Royal Air Force hergestellten Tragschrauber Verwendung. Die RAF setzte ungefähr 30 dieser *Cierva C.30* mit Namen *Rota* zur Beobachterschulung und zur Radarvermessung ein. Außer von *Avro* in England wurde dieses Baumuster auch unter der Bezeichnung *C.301* mit einem 175-PS(128,7 kW)-*Salmson*-Sternmotor in Frankreich von *Lioré-Olivier* hergestellt sowie von *Focke-Wulf* in Deutschland unter der Bezeichnung *Heuschrecke* mit dem 150-PS(110,3 kW)-*Siemens Sh 14A*-Sternmotor.
Wallace *Kellet* war der erste, der in den Vereinigten Staaten *Cierva*-Autogiros in Lizenz baute. 1934 brachte er den *KD-1* heraus, einen Tandem-Sitzer mit einem faltbaren Dreiblattrotor. Einige Jahre später wurde der *KD-1* in einen Einsitzer umgebaut und verschiedentlich eingesetzt, u.a. von der Eastern Air Lines, erst in Washington und später in Philadelphia im regelmäßigen Postdienst. Die unter der Bezeichnung *YO-60* entwickelte militärische Version unterschied sich hauptsächlich durch einen 300 PS(220,6 kW) leistenden *Jacobs R-915*-Motor und durch ein mit Plexiglas verkleidetes Cockpit. Dieser für Beobachtungsflüge entwickelte Tragschrauber wurde Anfang 1942 in geringer Stückzahl gefertigt. Die japanische Firma *K.K. Kayaba Seisakusho* entwickelte, aus dem 1939 von der japanischen Regierung gekauften *KD-1A* eine Ausführung mit Reihenmotor, die später als *Kabaya Ka-1* erschien. Ihr 240-PS(176,5 kW)-*Kobe*-Reihenmotor war eine Lizenzversion des deutschen Flugtriebwerks *Argus As 10C*.
Deutschland hatte bis dahin zur Hubschrauberentwicklung keinen nennenswerten Beitrag geleistet. Das änderte sich jedoch schlagartig, als Professor Henrich Focke 1936 seinen *Fw 61* herausbrachte und damit den ersten wirklich brauchbaren Hubschrauber in der Geschichte der Luftfahrt vorstellte. Für seine Konstruktion hatte er den Rumpf eines *Focke-Wulf Fw 44 Stieglitz* übernommen. Der ebenfalls übernommene 160-PS(117,6 kW)-*Siemens Sh 14 B*-Sternmotor gab seine Leistung über ein Winkelgetriebe an die Rotoren ab und wurde von einer kleinen Gebläseluftschraube gekühlt. Die Dreiblatt-Zwillingsrotoren waren zu beiden Seiten des Rumpfes auf Stahlrohrauslegern montiert. Durch seine spezielle Struktur konnte der *Fw 61* für ein Autogiro gehalten werden, aber er besaß eindeutig alle Eigenschaften eines Hubschraubers. Er konnte senkrecht starten und landen, vorwärts, seitwärts und rückwärts fliegen, was ihm durch die Verstellbarkeit der Anstellwinkel der Rotorblätter ermöglicht wurde. Sein Erstflug wurde am 26. Juni 1936 von Ewald Rohlfs durchgeführt. Zwischen 1937 und 1939 stellte der *Fw 61* u.a. folgende, von der F.A.I. offiziell anerkannte Weltrekorde auf: 1 h 20 min 49 s Dauer, mit Rückkehr zum Ausgangspunkt (25.06.37), 122,5 km/h Geschwindigkeit über 20 km Strecke (26.06.37), 80,6 km Entfernung in geschlossener Bahn (26.06.37), 230,2 km Entfernung in gerader Linie (20.06.38) und 3 427 m Höhe über Ausgangspunkt (29.01.39). Diese Zahlen vermitteln einen

1939 – Der erste von Igor Sikorsky in den USA entworfene und gebaute Hubschrauber, *VS-300*. Zu Anfang war das Stahlrohr-Rumpfgerüst noch unverkleidet. Der Hubschrauber war in der klassischen Bauform mit einem Haupt- und einem Heckrotor konzipiert und besaß einen 100-PS(73,5 kW)-*Franklin*-Motor.

1941 – Der *Focke Achgelis*-Hubschrauber *Fa 223 Drache* war eine vergrößerte Ableitung des *Fw 61* und mit einem in der Mitte des Rumpfes angeordneten 1000-PS(735,5 kW)-*Bramo*-Sternmotor ausgerüstet worden. Er konnte sechs Personen bei einer maximalen Startmasse von 4 300 kg befördern und flog im Horizontalflug über 200 km/h. Der Hubschrauber sollte in Großserie hergestellt werden.

Eindruck, wie weit die Hubschrauberentwicklung damals gediehen war. Im Februar und März 1938 demonstrierte Hanna Reitsch überzeugend die hervorragende Manövrierfähigkeit des *Fw 61* durch allabendliche Schauflüge in der Berliner Deutschlandhalle.
Der Krieg stoppte die Weiterentwicklung dieser vielversprechenden Hubschrauberkonstruktion. Auch der fünf- bis sechssitzige Verkehrshubschrauber *Fa 266,* für den sich die Lufthansa interessiert hatte, konnte nicht mehr fertiggestellt werden. Inzwischen war die Kunde von den deutschen Erfolgen auch in die Vereinigten Staaten gedrungen, wo sich Igor Sikorsky, nach seinen vielen Mißerfolgen mit Hubschraubern, nur noch mit dem Bau von großen Transatlantik-Flugbooten beschäftigte. Sikorsky hatte nie das Interesse am Senkrechtflug verloren und wurde durch den *Fw 61* angeregt, es noch einmal mit Hubschraubern zu versuchen. Der daraus resultierende *VS-300* mit einem Haupt- und Heckrotor hob am 14. September 1939 erstmals vom Boden ab, allerdings aus Sicherheitsgründen noch mit Halteseilen gefesselt, am 13. Mai 1940 erfolgte schließlich der erste freie Flug. Der Hubschrauber war so ausgelegt, daß an ihm laufend grundlegende Änderungen vorgenommen werden konnten. Zunächst besaß er ein offenes Stahlrohr-Rumpfgerippe, das auf einem weiten Dreirad-Fahrwerk ruhte. Im Bug befand sich der offene Führersitz, am Heckende saßen auf Auslegern jeweils eine horizontal rotierende kleine Luftschraube. Der dreiblättrige Hauptrotor wurde von einem 100-PS(73,5 kW)-*Franklin*-Motor angetrieben. Igor Sikorsky erprobte den *VS-300* selbst und machte zahlreiche Flüge vor einer Kommission der amerikanischen Streitkräfte, die nach eigenen Tests sehr beeindruckt war.
Nachdem der Krieg für Deutschland offensichtlich länger dauern würde, wuchs der Bedarf an Hubschraubern, und man beabsichtigte 1941 für die Wehrmacht eine Serie von 100 *Focke Achgelis Fa 223*-Lastenhubschrauber zu bauen. *Fa 223* war die Bezeichnung für die militärische Version des geplanten Verkehrshubschraubers *Fa 226 Hornisse.* Sein Triebwerk, ein 9-Zyl.-Sternmotor *BMW Bramo Fafnier 323 Q3-301* (Hubschrauber-Sonderausführung) mit 1000 PS(735,5 kW) Startleistung, war in der Mitte der Zelle eingebaut worden. Von den 1941 in Auftrag gegebenen Hubschraubern wurden bis zur Zerstörung des Werkes Hoykenkamp Mitte 1942 drei Maschinen fertiggestellt, im Januar darauf wurde die Produktion im Werk Laupheim wieder aufgenommen. Am 19. Juli 1944 wurde auch dieses Werk durch Bombenangriff zerstört. Insgesamt sollen nur 17 *Fa 223 E Drache* fertiggestellt worden sein, von denen die meisten vor Kriegsende auf Werkflugplätzen zerstört wurden. Einen erbeuteten die Engländer, ein weiterer, der aus erbeuteten oder geretteten Bestandteilen zusammenmontiert worden war, tauchte 1948 unter der Bezeichnung *S.N.C.A.S.E. SE 3000* in Frankreich auf, zwei landeten in der Tschechoslowakei und einige in der Sowjetunion, wo sie in Bratuchins Konstruktionsbüro Verwendung fanden.
Schon der *Fw 61* hatte die Konstruktion des 1944 erschienenen *Omega II*-Hubschraubers beeinflußt. Anfangs war dieser noch mit zwei amerikanischen *Pratt & Whitney*-Motoren ausgerüstet, später verwendete man größere Rotoren und einheimische 500-PS(367,7 kW)-*Iwtschenko AI-26W*-Motoren, aber erst der *Omega IV* flog 1947 zufriedenstellend.
In Amerika gab es nur wenige Entwürfe, die vom Focke-Achgelis-Konzept beeinflußt worden waren, darunter *Platt LePage XR-1A,* der 1941 der US Army vorgeführt wurde. Dieser Helikopter war größer als

1940 – Der erste der russischen *Omega*-Hubschrauberfamilie hatte zwei an weiten Stahlrohr-Auslegern seitlich des Rumpfes in Gondeln montierte 500-PS(367,7 kW)-Triebwerke, die unabhängig voneinander je einen Dreiblattrotor antrieben. Die Bauform entsprach der der *Fw 61* mit Nebeneinanderanordnung der Rotoren.

1939 – Der Versuchshubschrauber *Flettner Fl 265* besaß zwei ineinanderkämmende Zweiblattrotoren mit entgegengesetztem, synchronisiertem Drehsinn, die von einem *Sh 14B*-Sternmotor angetrieben wurden. Sechs V-Muster sind 1939/40 gebaut und von der Kriegsmarine erprobt worden.

1942 – Der *Focke Achgelis Fa 330 Bachstelze* war ein kleiner, antriebsloser, einsitziger Schlepp-Tragschrauber mit einem Dreiblattrotor, von dem vor Kriegsende noch etwa 200 fertiggestellt worden sind. Er wurde vom fahrenden U-Boot an einem 60 bis 150 m langen Seil auf Höhe geschleppt und diente so als Beobachtungsplattform.

sein deutsches Vorbild. Sein Gewicht betrug 2 300 kg, der 450-PS(331 kW)-*Pratt & Whitney*-Motor war eingebaut in der Mitte des Rumpfes, der dem eines Flugzeugs glich und große Leitwerksflächen besaß. Pilot und Beobachter waren in zwei vollsichtverglasten Cockpits untergebracht. Die beiden Dreiblattrotoren hatten einen Durchmesser von 9,30 m und lagerten auf stromlinienförmigen Auslegern.

Einer der Wegbereiter, die aus dem Autogiro den modernen Hubschrauber verwirklichten, war Anton Flettner. Sein erster Drehflügler von 1932 war der Vorläufer vieler Konstruktionen, die 1939 in dem *Fl 265* gipfelten, der sofort die Aufmerksamkeit der Kriegsmarine auf sich zog, die ihn zur U-Boot-Bekämpfung einsetzen wollte. Inzwischen war aber ein noch fortschrittlicheres Modell fast fertiggestellt worden, der *Fl 282 Kolibri* mit einem ineinanderkämmenden Doppelrotorsystem, von dem das Reichsluftfahrtministerium 30 Vorserienmaschinen mit größter Dringlichkeit bestellte. Am 30. Oktober 1941 fand der Jungfernflug des *Kolibri* mit Ludwig Hofmann am Steuer statt. Der Führersitz dieses aerodynamisch gut durchdachten Hubschraubers war teilweise als vollkommen geschlossene, vollverglaste Kabine gestaltet worden. Später, um Zeit zu sparen, blieb er halb offen mit niedriger seitlicher Plexiglasverkleidung oder als ein völlig offener Pilotensitz. Insgesamt wurden 24 *Fl 282* gebaut und ab 1942 bei der Kriegsmarine von Schiffen aus in der Ostsee und im Mittelmeer eingesetzt. Andere bewährten sich bei der Artilleriebeobachtung und als Aufklärer sowie beim Kampf um Berlin; sie waren somit die ersten wirklich brauchbaren und einsatzfähigen militärischen Hubschrauber der Welt.

Als die alliierten Streitkräfte immer weiter im Reichsgebiet vorrückten, sollten alle *Fl 282* zerstört werden, damit sie nicht in die Hände des Gegners fallen würden. Trotzdem gelang es den Amerikanern, einige zu erbeuten. Zu der Zeit befanden sich noch zwei weitere Maschinen im Entwicklungsstadium, der verbesserte *Fl 285*-Hubschrauber, der zwei kleine Bomben tragen sollte, und der *Fl 339*, ein 1300 bis 1500 kg schwerer Mehrzweck-Hubschrauber, der mit einem 240-PS(176,5 kW) *Argus As 10C*-Triebwerk ausgerüstet war und auch das charakteristische ineinanderkämmende, seitlich angeordnete Rotor-System besaß, das gleich nach dem Krieg von Kellet kopiert wurde.

Während des Zweiten Weltkrieges erschien in Deutschland auch der erste Düsen-Hubschrauber, der von Baron Friedrich von Doblhoff entwickelt worden war. Nach einem gefesselten Testflug im September 1943 startete Dipl.-Ing. August Stepan im Herbst 1943 in Wiener Neustadt mit dem *WNF 342 V1* zum ersten freien Flug, der acht Minuten dauerte, wobei Schwebeflüge zwischen 1 bis 3 m Höhe durchgeführt wurden. Der Hubschrauber besaß einen Reaktionsantrieb des Rotors, wobei die Rotordrehung durch an den Blättern befindliche Blattspitzendüsen erfolgte. Da dadurch auf die Zelle kein Drehmoment übertragen wurde, konnte auf einen Heckrotor verzichtet werden. Mit Hilfe eines Gebläses wurde durch die hohlen Rotorblätter ein Kraftstoff-Luftgemisch gepreßt, das an den Blattspitzen gezündet wurde und dann durch die Düsen schuberzeugend austrat. Bedingt durch den hohen Treibstoffverbrauch wurde das vierte V-Muster völlig umkonstruiert. Der Blattspitzenantrieb wurde lediglich für Start, Schwebeflug und Landung benutzt, während der Vorwärtsflug durch einen normalen, auskuppelbaren Druckpropeller erfolgte, der von einem 140-PS(103 kW)-*Siemens Sh 14A*-Sternmotor angetrieben wurde, wobei sich die Rotorblätter in Eigenrotations-Blattstellung (als Tragschraube) frei drehen konnten. Die Richtungssteuerung erfolgte durch den Luftstrom eines kleinen Hilfspropellers. Dieser Hubschrauber fiel im April 1945 in Zell am See in die Hände der Amerikaner.

Deren großes Interesse an Hubschraubern hatte sich bestätigt, als sie 1941, beeindruckt durch den Erfolg von Sikorskys *VS-300,* einen Versuchs-Hubschrauber unter der Bezeichnung *XR-4* von der *Vought-Sikorsky Company* zur Flugerprobung übernahmen. Der *XR-4* hatte einen bespannten Stahlrohr-Rumpf, ein verglastes Cockpit mit zwei nebeneinanderliegenden Sitzen und einen 185-PS(136 kW)-*Warner R550*-Sternmotor, der den Dreiblatt-Hauptrotor und den Heckrotor antrieb. Nach seinem erfolgreichen Erstflug am 13. Januar 1942 und weiteren 20 Erprobungsflügen im Werk wurde er im Flug nach Wright Field in Ohio überführt, wobei er die 1100 km lange Strecke in 11 Etappen mit einer Durchschnittsgeschwindigkeit von 90 km/h zurücklegte. Sikorsky arbeitete damals gleichzeitig an zwei weiteren Projekten. Eine Version, der *XR-6(VS-316B),* besaß einen stromlinien-

1941 – Der *Flettner Fl 282 Kolibri* wurde von der Kriegsmarine als Beobachtungshubschrauber zum Aufspüren von feindlichen U-Booten in der Ostsee und im Mittelmeerraum eingesetzt. Auch das deutsche Heer zeigte Interesse an diesem Fluggerät zur Nahaufklärung für Panzerverbände. Von den 1000 in Auftrag gegebenen *Kolibris* konnten gerade 24 fertiggestellt werden.

1942 – Nach den erfolgreichen Flugerprobungen mit dem *VS-300* baute Sikorsky den zweisitzigen Hubschrauber *R-4 (VS-316)*, der mit einem 185-PS(136 kW)-*Warner R-550-I*-Sternmotor ausgerüstet war. 130 *R-4*-Hubschrauber wurden während des Krieges gebaut.

1943 – Der *R-6* war eine Weiterentwicklung des *R-4* mit einem stromlinienförmigen Rumpf und einem stärkeren 235-PS(172,8 kW)-*Franklin*-Boxermotor und ebenfalls zwei nebeneinanderliegenden Sitzen. Insgesamt sind 225 *R-6*-Hubschrauber gebaut worden.

1943 – Der erste von Bell entworfene und gebaute Hubschrauber, das *Model 30*, hatte als besonderes Merkmal den Zweiblatt-Gelenkrotor mit dem rechtwinklig dazu angeordneten Stabilisierarm. Unglücklicherweise führten übermäßig starke Schwingungen zum Verlust des Prototyps. Aber schon bei den nachfolgenden Modellen konnten diese Schwierigkeiten beseitigt werden.

1944 – Der *XR-8*-Versuchshubschrauber unterschied sich völlig von den anderen Kellett-Projekten. Seinen beiden ineinandergreifenden Vierblattrotoren verdankte er den Spitznamen »egg beater« (Schaumschläger).

förmigen Rumpf, aber die gleichen mechanischen Teile wie der *R-4*. Der *XR-6*-Prototyp machte am 15. Oktober 1943 seinen Erstflug und stellte am 2. März 1944 während eines Fluges von Washington nach Dayton Weltrekorde über Entfernung (624 km), Flugdauer (4 h 53 min) und Flughöhe (1524 m) auf. Der *R-6* wurde in die Serienproduktion gegeben, die die *Nash Kelvinator Corp.* übernahm, weil Sikorsky mit dem *VS-327* beschäftigt war, einem zweisitzigen Beobachtungs-Hubschrauber, dessen Prototyp *XR-5* am 18. August 1943 erstmals flog. Diese Maschine, größer als ihre Vorgänger, wies immer noch die klassischen Sikorsky-Linien mit einem Dreiblatt-Hauptrotor und einem Heckrotor auf. Nach fünf Prototypen bestellte die US Army Air Force 24 Vorserienmuster *YR-5A* und 100 *R-5A*. Bis Ende des Zweiten Weltkrieges wurden mehr als 400 *Sikorsky*-Hubschrauber der Baureihen *R-4*, *R-5* und *R-6* ausgeliefert. In der Zwischenzeit war auch *Bell Aircraft*, die damals die *P-39 Airacobra*- und *P-63 Kingcobra*-Jagdflugzeuge bauten, unter die Hubschrauber-Produzenten gegangen. Ende 1942 erschien der erste Bell Helikopter, *Model 30*, dessen Prototyp erstmals im Juni 1943 flog. Er wurde von einem 165-PS(121,3 kW)-*Franklin*-Motor angetrieben, besaß einen bespannten Rumpf mit offenem Führersitz sowie ein Radfahrwerk. Interessant war der Zweiblattrotor mit dem rechtwinklig darunter angeordneten Stabilisierungsbalken, der ein Merkmal vieler Bell-Versionen werden sollte.

Ende 1943 erschien auch Frank Nicholas Piasecki auf der Szene. Er war zuvor an der Entwicklung des *Platt LePage XR-1* beteiligt gewesen und hatte 1943 ein »Forum für Drehflügel-Entwicklungen« gegründet, dessen erster Entwurf der einsitzige Hubschrauber *PV-2* mit einem faltbaren Dreiblatt-Hauptrotor und einem Heckrotor war. Angetrieben wurde dieser knapp 500 kg schwere Hubschrauber von einem 90-PS(66,2 kW)-*Franklin*-Motor. Der junge Konstrukteur flog die Maschine selbst mehrere Male mit sensationellem Erfolg, aber das Projekt wurde nicht weiter verfolgt, weil Piasecki den Auftrag zum Bau eines großen Marine-Hubschraubers, den *PV-3* mit Tandem-Rotoranordnung, erhielt. Im März 1945 machte Piasecki den Jungfernflug mit der *PV-3*, der ersten »Fliegenden Banane«.

1944 machte in Amerika ein weiterer Hubschrauberkonstrukteur von sich reden, Stanley Hiller, der im Alter von 18 Jahren den ersten amerikanischen Hubschrauber mit koaxialem Rotorsystem entwarf und baute. Aber Hiller war mit seiner Maschine, dem *Hillercopter*, nicht zufrieden und entwickelte verschiedene Systeme ohne großen Erfolg, bis auch ihm mit einem leichteren und wirtschaftlicheren Hubschrauber der gleichen Kategorie wie der *Bell 47*, mit einem Haupt- und Heckrotor sowie von ihm erfundenen Rotormatic-System, der große Durchbruch gelang.

1943 – Der einsitzige *PV-2* von Frank Piasecki hatte einen Dreiblatthauptrotor, der zur besseren Unterbringung in einer normalen Autogarage nach hinten gefaltet werden konnte. Damals war dieses Fluggerät ein sensationeller Publikumsmagnet.

1944 – Der *Hillercopter*, der erste in Amerika gebaute flugfähige Koaxialhubschrauber mit gegenläufigen Zweiblattrotoren, wurde von seinem Konstrukteur Stanley Hiller persönlich getestet. Der Zweisitzer war mit einem 150-PS(110,3 kW)-*Lycoming*-Motor ausgerüstet.

1944 – Eines der letzten Hubschrauberprojekte der englischen *Cierva Company*, der *W.9*, verwendete anstelle des Heckrotors für den Drehmomentenausgleich ein Luftdüsensystem am Rumpfheck.

Zivil- und Militär-Hubschrauber

Anfang der 50er Jahre gab es im Westen nur elf bedeutende Firmen, die Hubschrauber bauten: fünf in den Vereinigten Staaten, drei in Großbritannien und drei in Frankreich. Neben den »Großen« existierte noch eine Reihe von kleineren Betrieben, die recht interessante und fortschrittliche Drehflügler entwickelten.
Die Entwicklung der holländischen *Kolibrie*-Reihe in den 50er Jahren mag als typisches Beispiel dafür gelten, daß man, um die Konstruktion so einfach wie möglich halten zu können, Staustrahltriebwerke (an den Blattspitzen ihrer Zweiblattrotoren) als Antrieb verwendete. Spanien hat ebenfalls einige interessante und geniale Projekte entwickelt, von denen jedoch keines zur Serienherstellung gelangte.
Zwei Länder in Osteuropa, die Tschechoslowakei und Polen, haben einen nicht zu verachtenden Beitrag geleistet; die staatliche tschechische Industrie hat interessante eigene Modelle entwickelt, und Polen, das durch den Lizenzbau von Zivil- und Militärhubschraubern für die UdSSR einiges an Erfahrung sammeln konnte, hat erfolgreiche Weiterentwicklungen der sowjetischen Lizenzbauten herausgebracht.
In Kanada und Südamerika hat man sich gelegentlich mit der Konstruktion von Drehflügelflugzeugen befaßt, während aus China diesbezüglich so gut wie nichts bekannt wurde.
In den 60er Jahren erfuhr die europäische Hubschrauberindustrie einen gewaltigen Aufschwung. In Frankreich wurde dieser Zweig der nach Kriegsende daniederliegenden Luftfahrtindustrie wiederbelebt, als Louis Bréguet sich erneut der Helikopterforschung zuwandte. Die daraus gewonnenen neuen Erkenntnisse konnten zum großen Teil in die Tat umgesetzt werden. Die wichtigsten Ergebnisse waren die Gründung von *Aérospatiale* aus *Sud-Aviation,* die ihrerseits aus der Zusammenlegung von *Sud-Est* und *Sud-Ouest* entstanden war und die Verwendung von Gasturbinen als ein leichtes, sehr kraftvolles Antriebsmittel. Das damals noch verhältnismäßig kleine Motorenwerk *Turboméca* hatte diesen ungeheuer fortschrittlichen Antrieb für Hubschrauber entwickelt.
Aérospatiale, deren Name fast als Synonym für die französische Hubschrauberentwicklung gelten kann, konnte auf die gesamte 30jährige Erfahrung all der Firmen zurückgreifen, aus deren Verschmelzung sie entstanden war. Im Jahr 1951 wurden die ersten *Alouette*-Hubschrauber gebaut, und 1953 erschienen die düsengetriebenen *Djinn,* die als erste Serienhubschrauber der Welt das Kaltstrahl-Antriebsprinzip verwendeten. Zu den *Djinn* gesellten sich schon bald die neuen, verbesserten *Alouette II* und die *Alouette III.* Von den einigen hundert gefertigten *Alouette*-Hubschraubern wurden die meisten von Streitkräften aus aller Welt gekauft.
Aus der Zusammenarbeit der *Westland Aircraft Ltd.* mit der französischen Hubschrauberindustrie entstanden als französisch-britische Gemeinschaftsproduktion die drei Typen *Puma, Gazelle* und *Lynx.* Bei diesen Hubschraubern führte man einige technische Neuerungen ein wie zum Beispiel den ummantelten Heckrotor, der die Verletzungsgefahr durch Rotorblätter, wenn sich die Maschine am Boden befand, ausschließen sollte. Einen weiteren Schritt in die Zukunft bedeutete die Verwendung von Verbundwerkstoffen für die Rotorblätter und von Titan für den Rotorkopf. Zur selben Zeit bereicherte *Sud-Aviation* den Markt für schwere Transporthubschrauber um ein Modell, das den kleineren Typen an Erfolg nicht nachstehen sollte, den *Super Frelon.*
Die französischen Hersteller haben sich immer bemüht, ihre Hubschrauber nach dem Prinzip »so einfach und so zuverlässig wie möglich« zu bauen, was jedoch niemals auf Kosten ihrer hervorragenden Leistungsfähigkeit ging. *Aérospatiale* ist heute, nach *Sikorsky* (mit 12000), mit 8300 Beschäftigten der zweitgrößte Hubschrauberproduzent der Welt. Trotz eindrucksvoller Verkaufszahlen auf dem militärischen Sektor hat man auch der Konstruktion von Hubschraubern für kommerzielle Zwecke viel Aufmerksamkeit geschenkt und die weltweit viel beachteten ein- bzw. zweimotorigen *Ecureuil* sowie den zweimotorigen Mehrzweckhubschrauber *Dauphin* herausgebracht.
Die während des Krieges von den deutschen Konstrukteuren wie Friedrich von Doblhoff, Henrich Focke und Anton Flettner erarbeiteten technischen Fortschritte kamen nach Kriegsende den Amerikanern und Russen zugute. Von Doblhoff setzte 1946 seine Arbeit in den USA fort.
Mit dem Jungfernflug des Versuchshubschraubers *Bölkow Bo 46* im Jahr 1964 hatte die Wiederaufnahme der Hubschrauber-Forschung und -Entwicklung in der Bundesrepublik Deutschland ihren ersten Höhepunkt erreicht. Trotz seiner Kompliziertheit wies dieser Hochgeschwindigkeits-Versuchsdrehflügler einige bedeutsame technische Neuerungen auf, besonders das Schwenkrotorsystem mit den fünf aus Glasfaserkunststoff hergestellten Rotorblättern.
Aus wirtschaftlichen Gründen werden von der Bundeswehr relativ wenig eigene Hubschrauberkonstruktionen verwendet. Sowohl das Heer als auch die Luftwaffe fliegen hauptsächlich in Lizenz gebaute amerikanische Hubschrauber. Das Standardmodell ist der von *Dornier* in Lizenz gebaute *Bell Model 205 (UH-1D),* während der Truppentransporter *CH-53G* ebenfalls in Lizenz von *VFW-Fokker* gefertigt wurde.
Der einzige eigenständige, erfolgreiche deutsche Hubschrauber ist der von *MBB (Messerschmitt-Bölkow-Blohm)* entwickelte *BO 105,* der ursprünglich für den zivilen Sektor bestimmt, später in militärischen Versionen angeboten wurde. Der *BO 105* hat seine Leistungsfähigkeit und seine hohe Manövrierfähigkeit hervorragend bewiesen, die er in erster Linie dem gelenklosen Rotorsystem mit seinen aus glasfaserverstärktem Kunststoff gefertigten Rotorblättern verdankt. Basierend auf den Erfahrungen, die man während der Konstruktion des *BO 105* gewonnen hat, wurde gemeinsam mit der japanischen Firma *Kawasaki* der *BK 117* entwickelt, der sowohl für die deutsche als auch für die japanische Hubschrauber-Industrie als Ausgangspunkt neuer, für den zivilen Markt bestimmter Entwicklungen gelten kann.
In Großbritannien haben die Hubschrauberpioniere gleich nach Beendigung des Zweiten Weltkrieges begonnen, die Drehflügelflugzeugindustrie zu reorganisieren. Raoul Hafner wurde Chefkonstrukteur bei *Bristol Aeroplane Co.* und entwickelte zuerst den leichten Hubschrauber *Bristol 171 Sycamore* und danach den 14sitzigen Verkehrshubschrauber mit Tandemrotoranordnung *Type 173.* Eine ähnliche Position nahm Dr. J. A. J. Bennett bei der Firma *Fairey Aviation* ein, wo er sich mit der Weiterentwicklung der Ciervaschen Vorkriegs-Autogiros befaßte und verschiedene kleine *Gyrodyne*-Drehflügler konstruierte sowie den großen *Rotodyne*-Verbundhubschrau-

ber, der mit über 40 Passagieren für einen Intercity-Flugverkehr ausgelegt war. O.L.L. Fitzwilliams ging zu *Westland,* wo unter seiner Leitung diese Firma zum drittgrößten Hubschrauberhersteller der Welt mit heute 7000 Beschäftigten, aufstieg. C.G. Pullin wurde leitender Direktor der neuen *Cierva Autogiro Company,* die aus der früheren *G & W Weir* hervorgegangen war. Diese Firma fusionierte später mit *Saunders Roe.* Unter der Bezeichnung *W.14* entstand unter Pullin und Weir ein kleiner Hubschrauber mit Haupt- und Heckrotor, der von *Saunders Roe* als *Skeeter* herausgebracht wurde.
1959–60 wurde auch *Saunders Roe* auf Regierungsbeschluß von *Westland* übernommen.
Aber die wirkliche Hubschrauber-Revolution nahm erst mit der Einführung der Wellenleistungs-Gasturbine ihren Anfang. Die Firma *Westland,* die auch die Lizenz für den Bau von *Sikorsky*-Hubschraubern in England besaß, wirkte hier bahnbrechend, indem sie begann, diese Maschinen von Kolbentriebwerken auf Wellenleistungsturbinen umzustellen. Den Anfang machte sie mit dem in Lizenz gefertigten *Sikorsky S-58,* dessen 9-Zylinder-Sternmotor in bezug auf Zuverlässigkeit, Wartung und Verbrauch als unzulänglich galt.
Die umgerüsteten neuen *Wessex*- und später auch die älteren *Whirlwind*-Mehrzweckhubschrauber waren jahrelang Standard-Ausrüstung der RAF und der Royal Navy und galten auch marktwirtschaftlich als Erfolg, da sie in großer Zahl weltweit exportiert werden konnten. Auch die sehr vielseitig einsetzbaren *Scout* der British Army bzw. *Wasp* der Royal Navy wurden erst kürzlich durch modernere Baumuster ersetzt.
Die Erfolgsstory der britischen Hubschrauber fand ihr vorläufiges Ende mit dem Erscheinen der beiden neuesten Mitglieder der Westland-Familie. Der *Lynx* ist der erste allein von *Westland* entwickelte Hubschrauber, der den Anforderungen für einen Mehrzweckhubschrauber für Land- und See-Einsätze entspricht, und der größere, *Westland 30,* ist mehr für den zivilen Markt, insbesondere für den Offshore-Flugbetrieb, bestimmt.
Nach den Experimenten D'Ascanios von 1930 hatte die italienische Hubschrauberindustrie bis zur Zeit nach dem Zweiten Weltkrieg keine nennenswerten Fortschritte gemacht. Lediglich ein paar Individualisten, die ihren Traum von einem Universal-Transporthubschrauber verwirklichen wollten, führten immer wieder Versuche durch, ohne sich allerdings der Schwierigkeiten bewußt zu werden, die einem solchen Projekt innewohnten. Die Projekte von Bordoni, Gianni und Manzolini fanden jedenfalls bei der Industrie keinen Anklang, und so waren die ersten nach dem Krieg in Italien fliegenden Hubschrauber zwei amerikanische *Bell 47,* die das italienische Landwirtschaftsministerium 1949 gekauft hatte, um sie auf Sardinien gegen Moskitos einzusetzen. Mit der Ankunft dieser beiden Maschinen begann man sich plötzlich in Italien lebhaft für Drehflügler zu interessieren, und die damals eher unbekannte Firma *Agusta* bemühte sich bei *Bell* um die Erteilung einer Produktionslizenz für *Model 47.* Seit der Zusammenarbeit von *Agusta* mit der führenden amerikanischen Firma *Bell* nahm der italienische Betrieb einen solchen Aufschwung, daß er innerhalb weniger Jahre zu den »Großen« dieser Branche zählte und heute über 7000 Beschäftigte aufweist.
Während *Agusta* weiterhin in Serie Hubschrauber für die italienischen Streitkräfte, Polizei und Feuerwehren fertigte, gab es vereinzelte Versuche anderer italienischer Hersteller, Drehflügler zu entwickeln, wie den *Aer Lualdi L.55,* den originellen *Fiat 7002* mit einem neuen Kaltluftreaktionsantrieb, und den kleinen, aber leistungsstarken und wirtschaftlichen *Silvercraft SH-4.*
Abgesehen von der Lizenzproduktion von *Hughes*-Hubschraubern bei *Breda-Nardi* ist die Geschichte der italienischen Hubschrauberindustrie im wesentlichen die der Firma *Agusta.* Außer Lizenzfertigungen, die jetzt auch, neben *Bell,* Modelle von *Sikorsky* und *Boeing Vertol* einschließen, hat *Agusta* einige interessante eigene Entwürfe entwickelt, zuletzt den mit zwei Allison-Turbinen ausgerüsteten eleganten *A109 Hirundo,* einen bequemen und zuverlässigen Mehrzweckhubschrauber, und als neuestes Produkt den Panzerabwehrhubschrauber *A129 Mangusta (Mongoose).*
Am 8. Dezember 1945, nur wenige Monate nach Kriegsende, hat der erste *Bell*-Hubschrauber, *Model 47,* seinen Jungfernflug absolviert. Dieser einfache und vielseitige kleine Hubschrauber mit einem Haupt- und einem Heckrotor leitete damit die Entwicklung eines der größten Hubschrauberwerke Amerikas (heute mit 6000 Beschäftigten) ein, die ihren Anfang in einer kleinen Werkstatt in Buffalo, N.Y., genommen hatte.
Im Zeitraum von nur wenigen Jahren entwickelten die Amerikaner neue und zunehmend fortschrittlichere Helikopter, die von den leichtgewichtigen *Hiller UH-12* und den *Hughes 269,* den mittelgroßen *Sikorsky S-55* und *S-58* bis hin zu den »Fliegenden Bananen« von Piasecki reichten. Sie alle wurden nicht nur von ihren Entwicklungsfirmen in großen Stückzahlen gebaut, sondern auch weltweit von verschiedenen Lizenznehmern. Bei allen Einsätzen, gleich ob auf zivilem oder militärischem Sektor, haben sich diese Hubschrauber hervorragend bewährt und so das Vertrauen, das zivile Unternehmer und Militärs in den 50er Jahren in die Drehflügler investiert hatten, gerechtfertigt. Auch die lange und erfolgreiche Karriere von *Bell 204* und *205* basiert auf diesem Vertrauen. Wie bereits erwähnt, wurden nun auch Wellenleistungs-Gasturbinen in Modellen eingebaut, die ursprünglich mit Kolbentriebwerken ausgerüstet waren, wie *Sikorsky S-55* und *S-58.*
Die großen Transporthubschrauber, angefangen von dem aus dem Piasecki-Entwurf hervorgegangenen *Vertol* mit Tandemrotoren, bis zu der klassischen Form des mit einem Haupt- und Heckrotor ausgestatteten *Sikorsky S-64,* erschienen in den 60er Jahren. Obwohl ursprünglich nach militärischen Forderungen entworfen, wurden sie alle schon bald unentbehrlich, wo immer man sie einsetzte. Die Hochgeschwindigkeits-Kampfhubschrauber der *Cobra*-Serie sind dagegen rein militärischen Zwecken vorbehalten geblieben. Die bei ihren weitverbreiteten Einsätzen in Südostasien gesammelten Erfahrungen führten zu den Spezifikationen für den ersten wirklichen amerikanischen Angriffshubschrauber *Hughes AH-64 Apache.*
Auch *Chinook,* der taktische Transporthubschrauber der US-Army, war in großer Anzahl in Vietnam vertreten. Dieser außerordentlich erfolgreiche Hubschrauber ist inzwischen auch in einer zivilen Version erhältlich.
Tatsächlich konzentriert sich die amerikanische Hubschrauberindustrie zunehmend auf dem zivilen Markt, der bis vor einigen Jahren als für Drehflügelflugzeuge unergiebig angesehen wurde. Beide, der zweimotorige *Bell 222* wie auch das zweimotorige Konkurrenzmuster *Sikorsky S-76,* wurden in großen Stückzahlen verkauft. Sie wurden von Anfang an für den zivilen Markt konstruiert, sind für den Instrumenten-, d.h. Schlechtwetterflug zugelassen und speziell für den Mittelstrecken- und Offshore-Flugbetrieb ausgelegt.
Die Sowjetunion war anfangs auf dem Gebiet der Drehflügelflugzeuge weniger produktiv, da sich ihre staatlich gelenkte Luftfahrtindustrie mehr auf die Entwicklung und Herstellung leistungsfähiger Transportflugzeuge konzentriert hatte. So blieb sie bis in die 50er Jahre weit hinter der westlichen Hubschrauberentwicklung zurück. Zu diesem Zeitpunkt änderte sich die Situation, und sie konnte bis Anfang der 60er Jahre den Vorsprung der Amerikaner einholen.
Am Anfang beschränkte sie sich hauptsächlich auf die Fertigung von mittleren und schweren Transporthubschraubern, aber Ende der 60er und Anfang der 70er Jahre begann sie mit der Verwendung in der Luftlande- und Kampfhubschrauberrolle zu experimentieren. Die ersten erfolgreichen Versuche unternahm man mit dem *Mil Mi-8* und erreichte mit dem außergewöhnlich kampfstarken *Mi-24* einen vorläufigen Höhepunkt.
Die Typenpalette der von Michail Leontjewitsch Mil konstruierten Transporthubschrauber beginnt mit dem 1948/49 erschienenen *Mi-1,* der auch in Polen in Lizenz als *SM-1* gefertigt wurde, gefolgt von den *Mi-2* und *Mi-4.* Die ersten Modelle waren noch amerikanischen Hubschraubern sehr ähnlich, während die Schwerlasthubschrauber *Mi-6,* der *Mi-10* und die Kranhubschrauber-Version der *Mi-6,* wesentlich von diesen vergleichbaren Mustern abwichen. Obwohl sie im militärischen Bereich eingesetzt werden sollten, eigneten sie sich wegen ihrer außergewöhnlichen Nutzlastkapazität darüber hinaus hervorragend für eine Reihe von anderen Aufgaben.
Auch der Welt größter Hubschrauber, der 105 t schwere *Mi-12,* ist eine russische Konstruktion. Die sowjetischen Seestreitkräfte verwenden in verstärktem Maße Hubschrauber des Konstrukteurs Nikolai Iljitsch Kamow, dessen erster und bedeutendster, der *Ka-25,* etwa der gleichen Kategorie wie der amerikanische *Sikorsky SH-3D* und der französische *Super Frelon* angehört. Von diesem Koaxialhubschrauber mit seiner kompakten Form sind ca. fünf Hauptversionen im Einsatz, die vom einfachen Bordhubschrauber über die U-Boot-Abwehr bis zum Such- und Rettungsdienst reichen.
Der Hubschrauber hat bis heute ein beachtliches Leistungsniveau erreicht, was die Ergebnisse der gültigen Entfernungs-, Höhen- und Geschwindigkeitsrekorde beweisen: 3561,55 km, 12442 m, 355,845 km/h. Anhand dieser Zahlen läßt sich der Fortschritt, den man bisher erzielt hat, ablesen, nichtsdestoweniger liegen diese Rekorde weit unter denen, die das Starrflügelflugzeug seit dem ersten Flug der Gebrüder Wright im Jahr 1903 aufgestellt hat. Daraus folgend haben sich einige Konstrukteure bemüht, ein Luftfahrzeug zu entwickeln, das sowohl die Konstruktionselemente eines Starr- als auch eines Drehflügelflugzeugs enthält, um so die charakteristischen Eigenschaften beider Luftfahrzeuge zu vereinigen. Diese bezeichnet man als Hybrid- bzw. Compoundflugzeuge, als Verbundhub- und Kombinationsflugschrauber.
Aber diese charakteristischen Eigenschaften der Starrflügelflugzeuge und Hubschrauber lassen sich nicht leicht miteinander in Einklang bringen. Zum Beispiel benötigen Hubschrauber mit Tragflächen ein konventionelles Leitwerk am Heck. Dann stellt sich das hauptsächlich in der Übergangsphase vom Schwebe- in den Horizontalflug sehr schwierige Problem der Steuerbarkeit, und schließlich führt das ganze Drehflügelelement, besonders der komplexe Rotorkopf des Hubschraubers, beim Verbundflugzeug zu beträchtlichen Gewichts- und aerodynamischen Nachteilen. Eine ganze Reihe von Flugzeugherstellern hat sich mit der Entwicklung von Compoundflugzeugen befaßt, aber obgleich die erzielten Resultate an sich recht positiv sind, können sie die Erwartungen sehr oft nicht erfüllen.
Auch innerhalb der VTOL (Vertical Take-off and Landing)-Kategorie sind viele neuartige Luftfahrzeuge entstanden, bei denen der herkömmliche Rotor von ummantelten Bläsern oder Mantelpropellern ersetzt wurde. Darüber hinaus wurde mit Kippflügel- und Kipprotorflugzeugen experimentiert, von denen letztere am vielversprechendsten erscheinen. Obwohl die einzelnen Firmen den Nachweis der Durchführbarkeit all dieser Entwicklungen erbracht haben, sind die Projekte für den allgemeinen Einsatz bis jetzt noch nicht ausgereift.

Maßstäblicher Größenvergleich einer Auswahl von Zivil- und Militärhubschraubern

Gyrodyne Rotorcycle (USA)

Dornier Do 32 (D)

Wallis WA-116F (USA)

Bensen B-8M (USA)

NHI H-3 Kolibrie (NL)

Fairey Ultra Light (GB)

Avian 2/180 Gyroplane (CDN)

SO.1221 Djinn (F)

Fairey Gyrodyne (GB)

Robinson R-22 (USA)

Umbaugh Model 18 (USA)

Nord 500 (F)

AISA Autogiro GN (E)

Hughes Model 300 (USA)

Hughes Model 500D (USA)

Kamow Ka-18 (UdSSR)

SO 1110 Ariel (F)

Brantly B-305 (USA)

Silvercraft SH-4 (I)

Kaman HH-43B Huskie (USA)

Kamow Ka-26 (UdSSR)

Aerotecnica AC-14 (E)

Z-35 (CS)

Bratuchin Omega (UdSSR)

HC-102 Helibaby (CS)

Hiller H-23D (USA)

Bölkow Bo.105C (D)

Agusta A 106 (I)

Fairchild Hiller Model FH-1100 (USA)

Westland Scout AH Mk.I (GB)

Spitfire Mk.II (USA)

Bell XV-3 (USA)

SA.341C Gazelle (F)

Bell Model 47G-3B (USA)

SE 3130 Alouette II (F)

Breguet G.IIE Gyroplane (F)

Piasecki H-25A (USA)

Kamow Ka-25K (UdSSR)

MBB/Kawasaki BK 117 (D)

Bell Model 206A JetRanger (USA)

Kawasaki KH-4 (J)

SA 315B Lama (F)

SA 3160 Alouette III (F)

AS 350 Ecureuil (F)

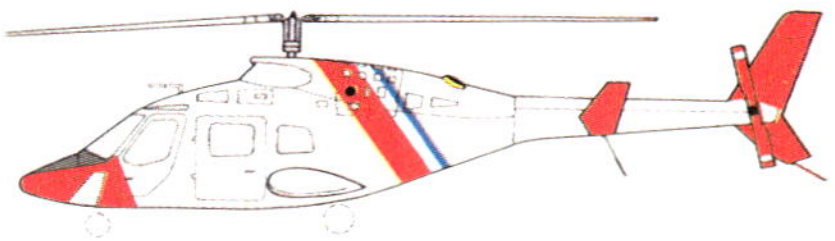

Bell Model 222 (USA)

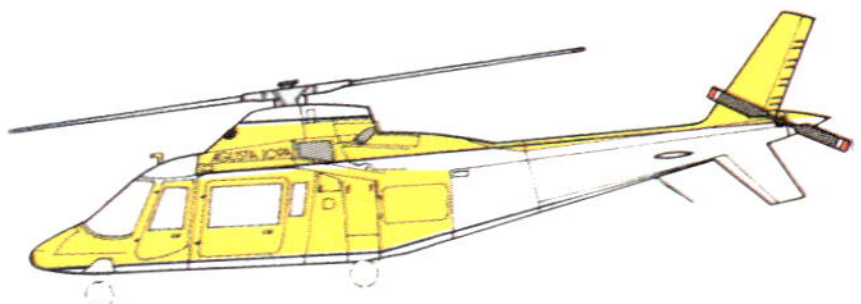

Agusta A 109A Hirundo (I)

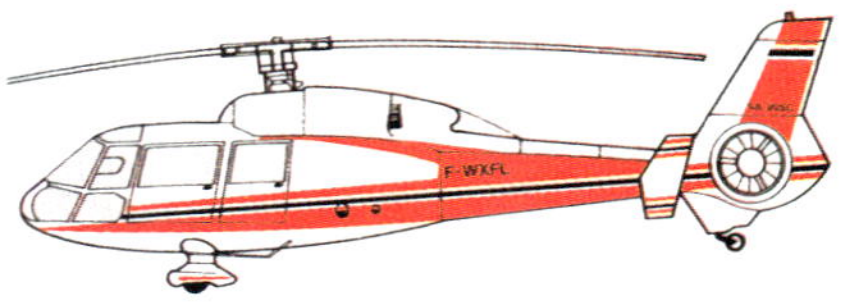

SA 365C Dauphin 2 (F)

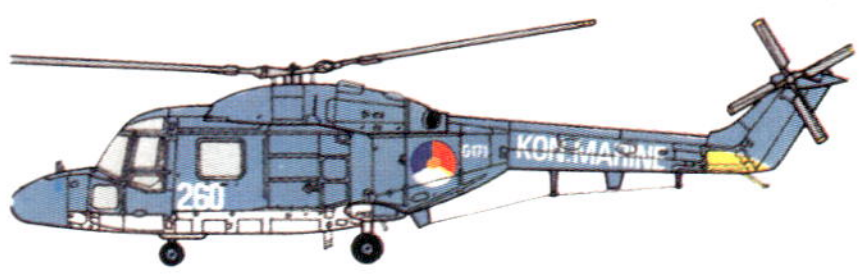

Westland Lynx Mk.25 (GB)

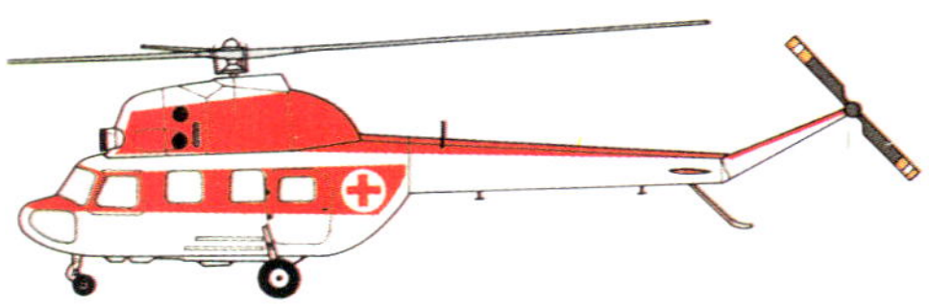

Mil Mi-2 (UdSSR)

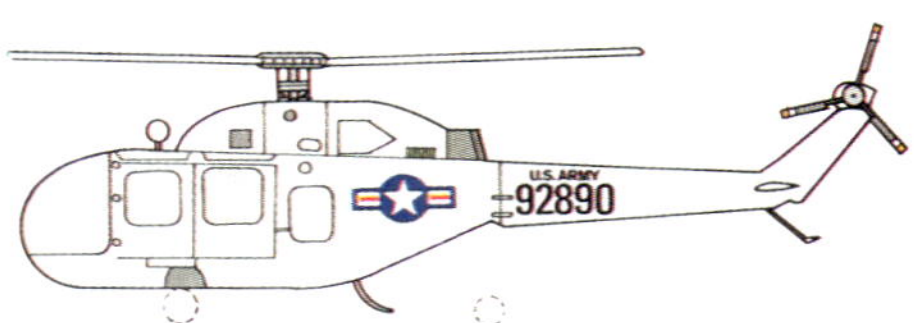

Sikorsky S-59 (USA)

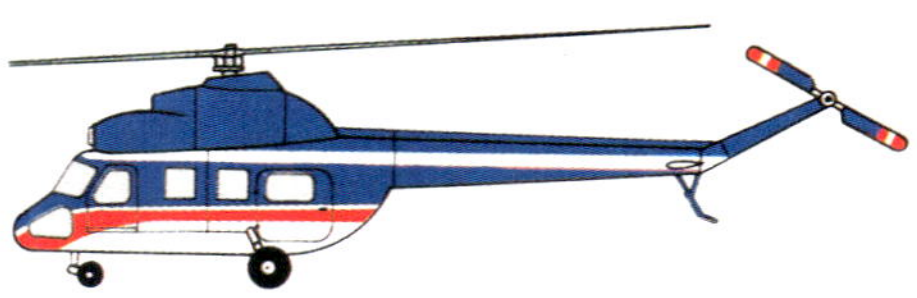

WSK-PZL Kania/Kitty Hawk (PL)

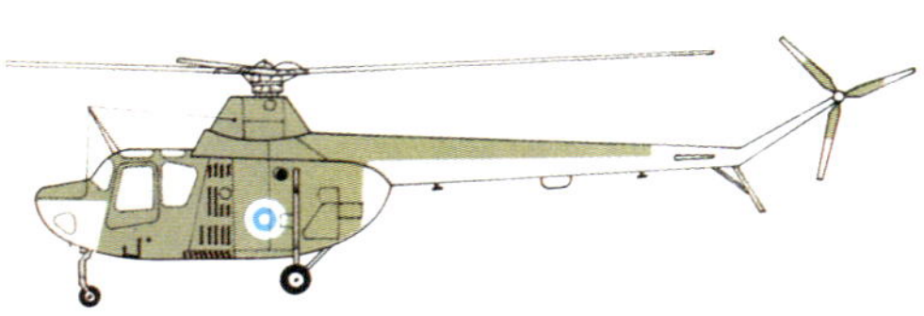

Mil Mi-1 (UdSSR)

Bell X-22A (USA)

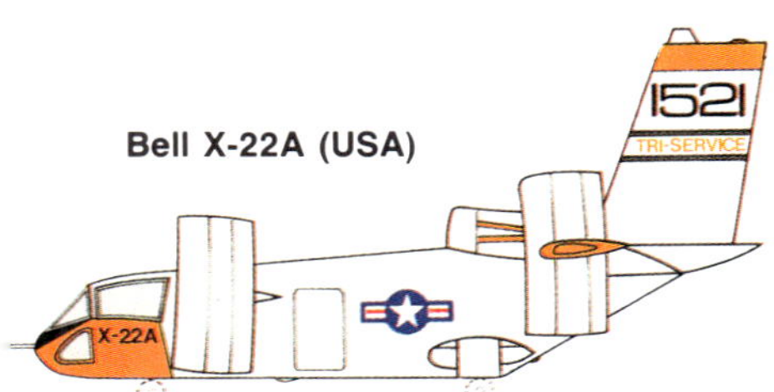

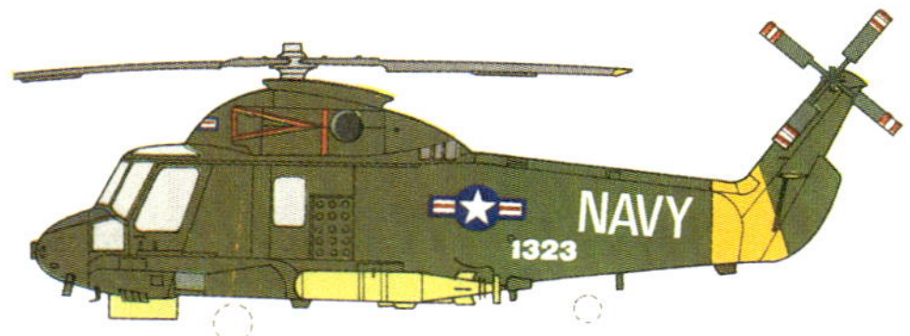

Kaman SH-2F Seasprite (USA)

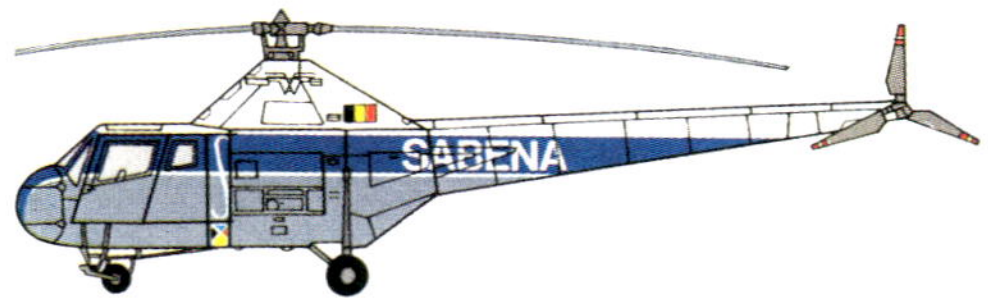

Westland Widgeon (GB)

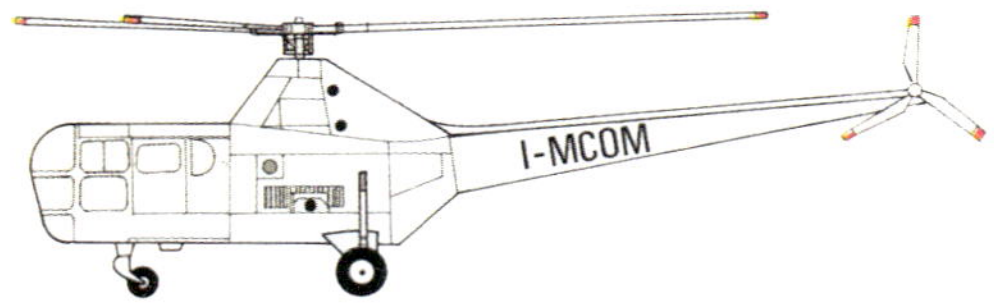

Sikorsky S-51 (USA)

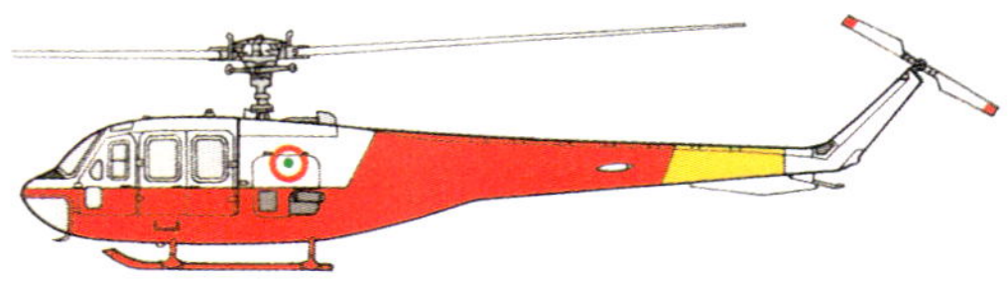

Agusta A 102 (I)

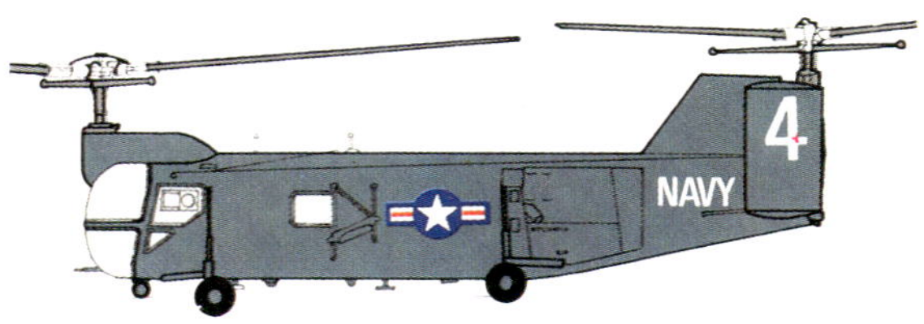

Bell HSL-1 (USA)

Bell UH-1D (USA)

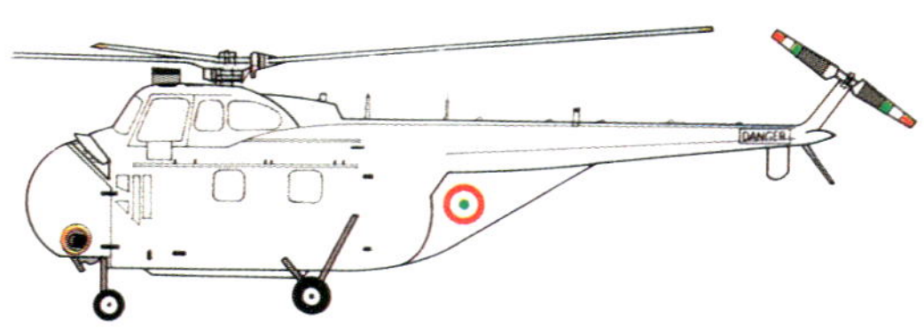

Sikorsky H-19C (USA)

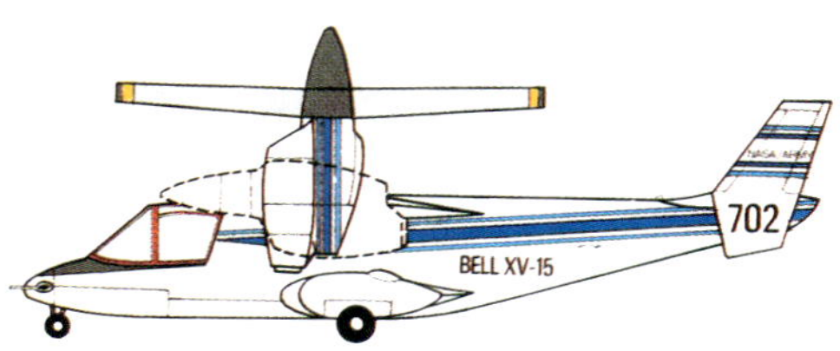

Bell XV-15 (USA)

Bell UH-1N (USA)

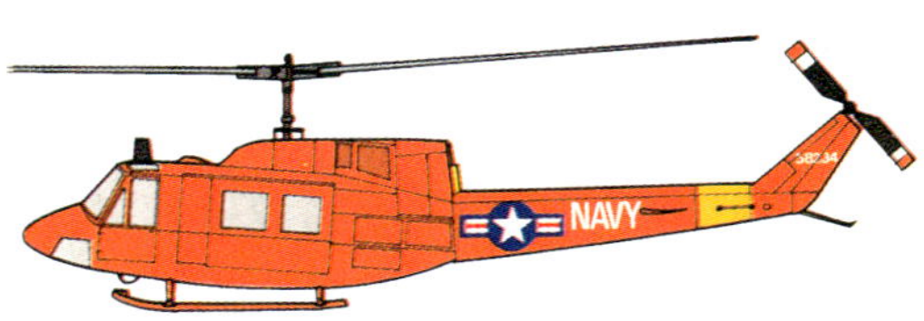

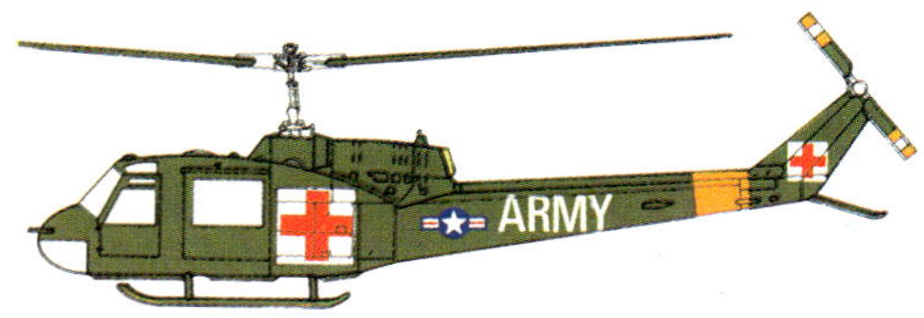

Bell HU-1A (USA)

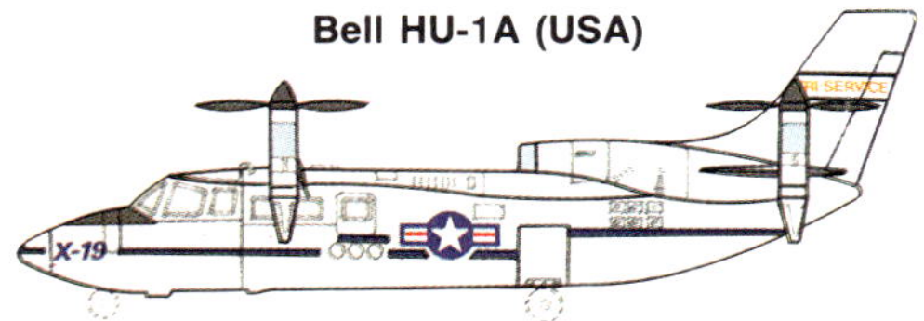

Curtiss-Wright X-19 (USA)

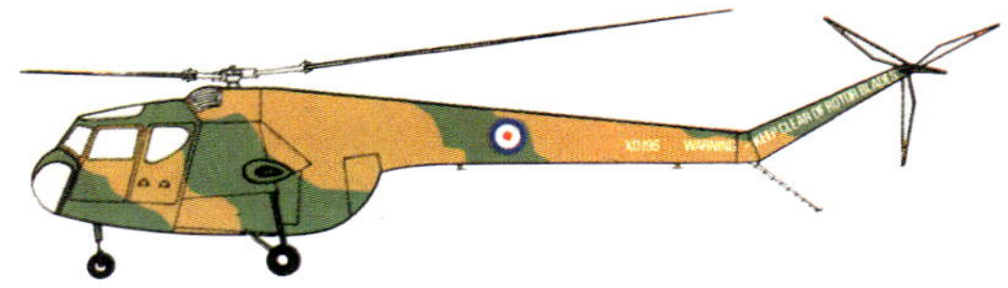

Bristol 171 Mk.13 Sycamore (GB)

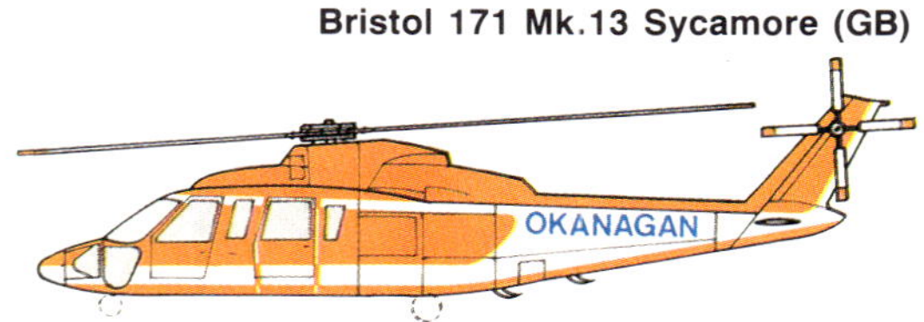

Sikorsky S-76 (USA)

Westland Whirlwind HC Mk.10 (GB)

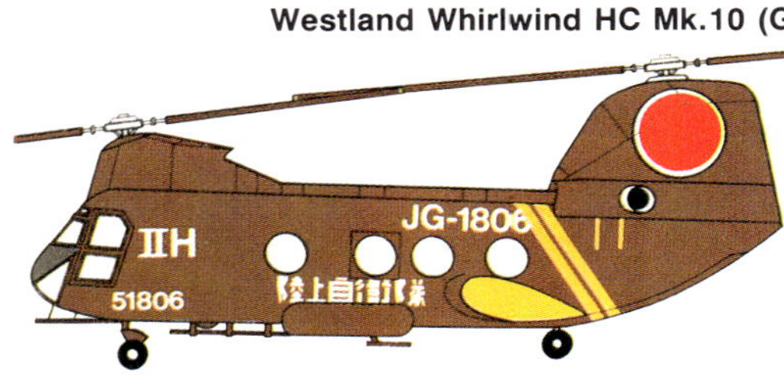

Boeing Vertol CH-46A (USA)

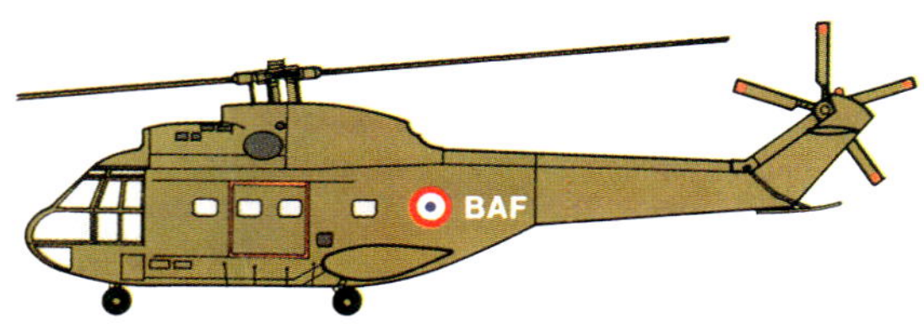

SA 330H Puma (F)

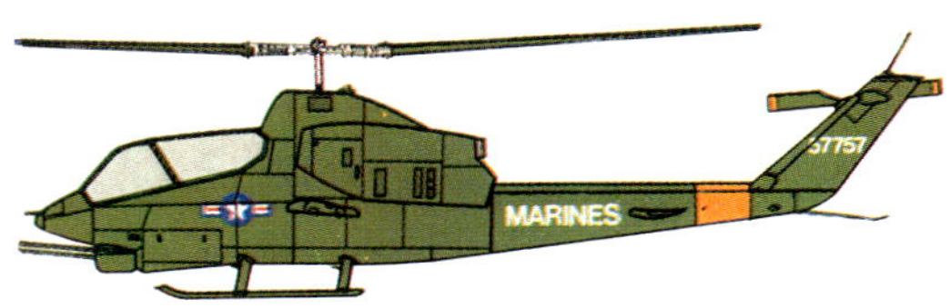

Bell AH-1J SeaCobra (USA)

Sikorsky S-58 (USA)

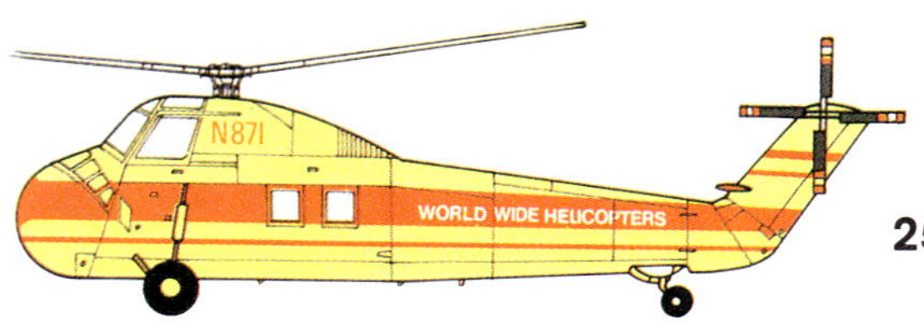

Maßstäblicher Größenvergleich einer Auswahl von Zivil- und Militärhubschraubern

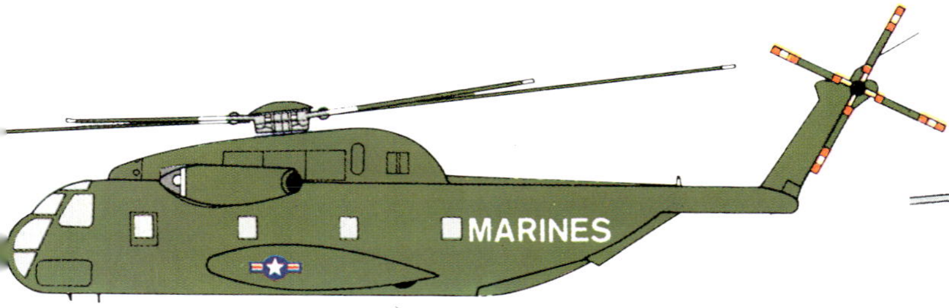

Sikorsky CH-53A (USA)

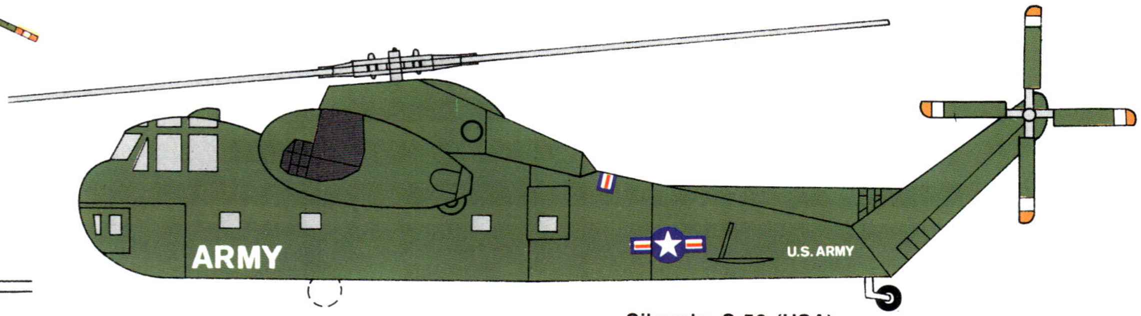

Sikorsky S-56 (USA)

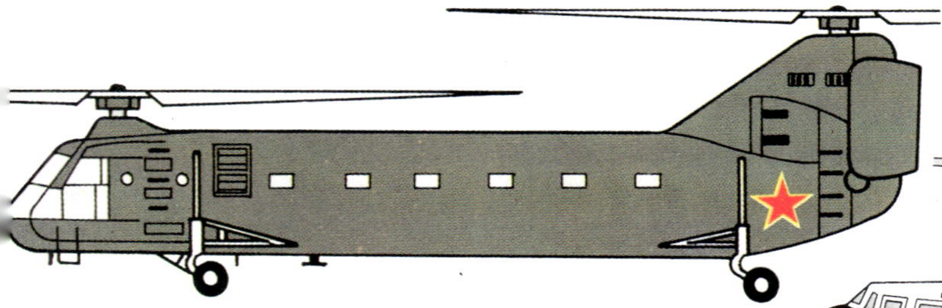

Jakowlew Jak-24U (UdSSR)

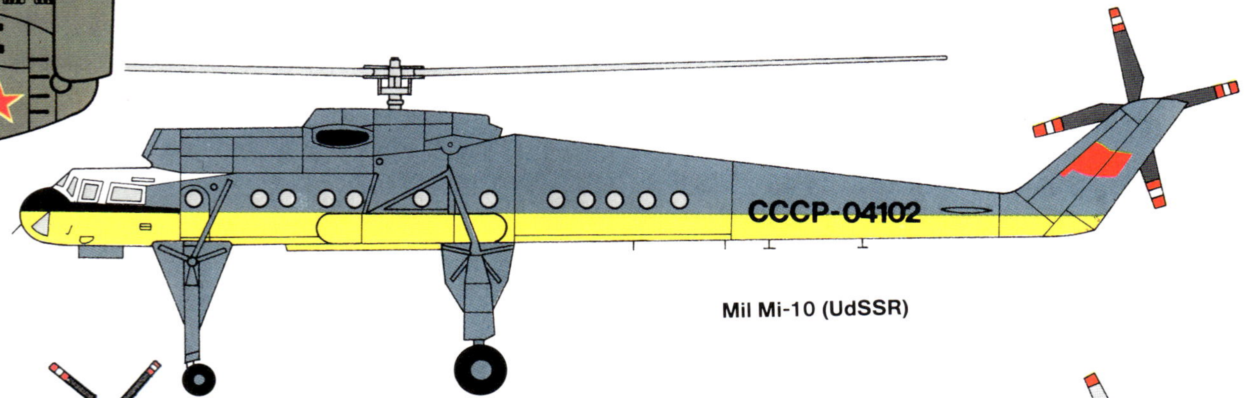

Mil Mi-10 (UdSSR)

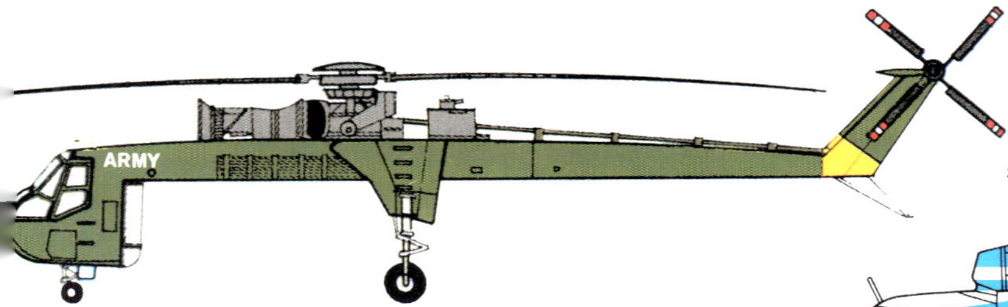

Sikorsky CH-54A (USA)

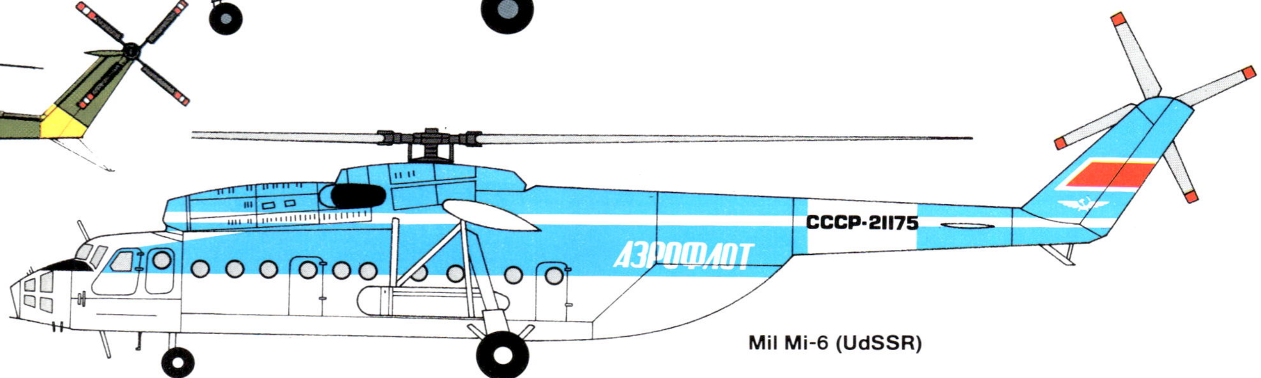

Mil Mi-6 (UdSSR)

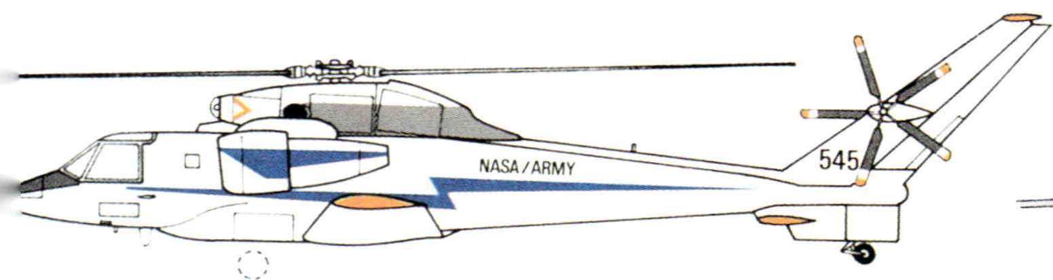

Sikorsky S-72 (USA)

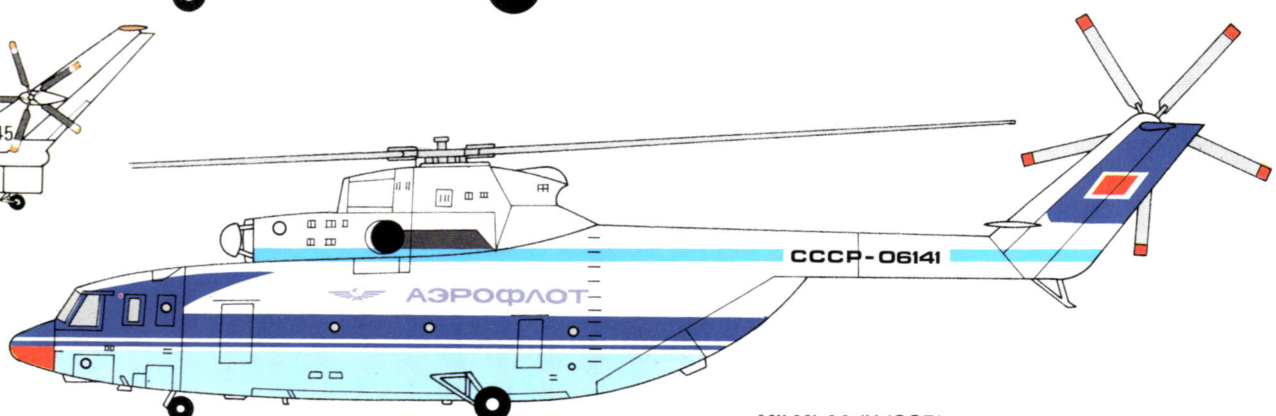

Mil Mi-26 (UdSSR)

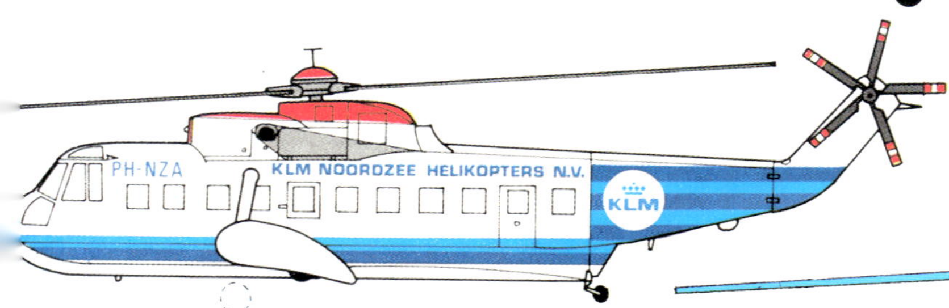

Sikorsky S-61N (USA)

Mil Mi-12 (UdSSR)

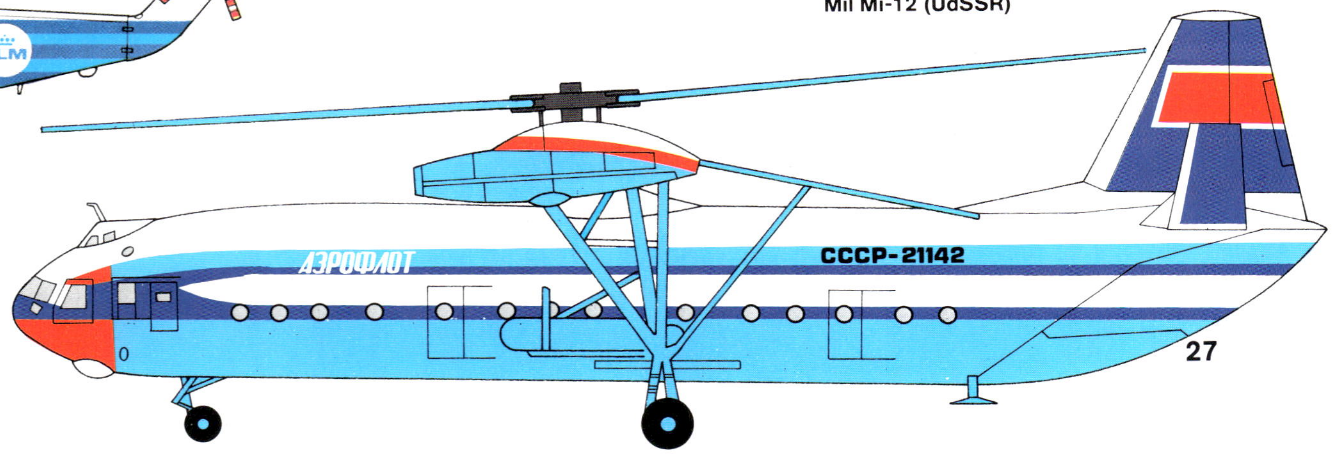

Bau-/Erscheinungsjahr der bedeutendsten Zivil- und Militärhubschrauber 1947-1957

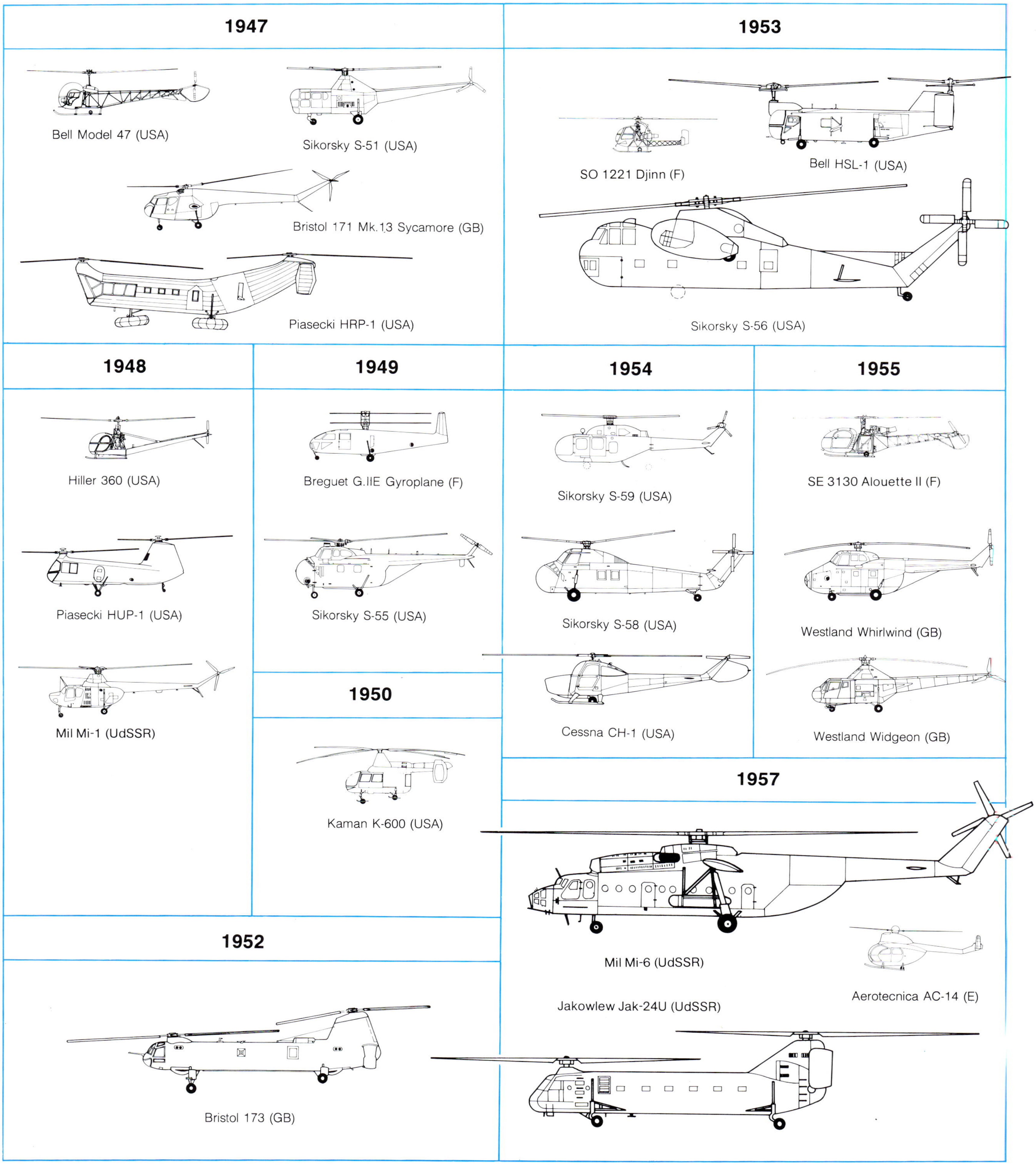

Bau-/Erscheinungsjahr der bedeutendsten Zivil- und Militärhubschrauber 1958-1964

1958

Saro Skeeter AOP Mk.12 (GB)

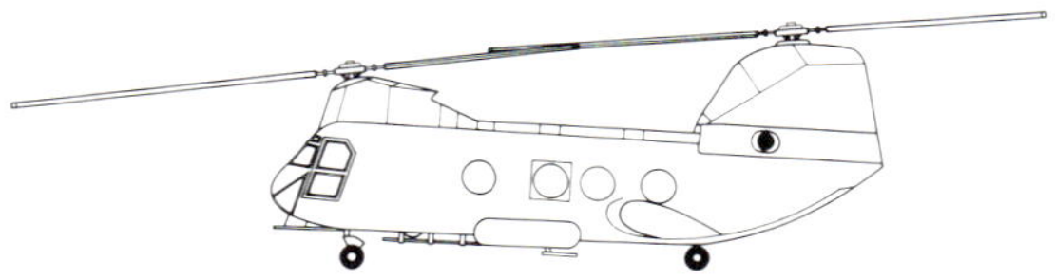

Boeing Vertol Model 107 (USA)

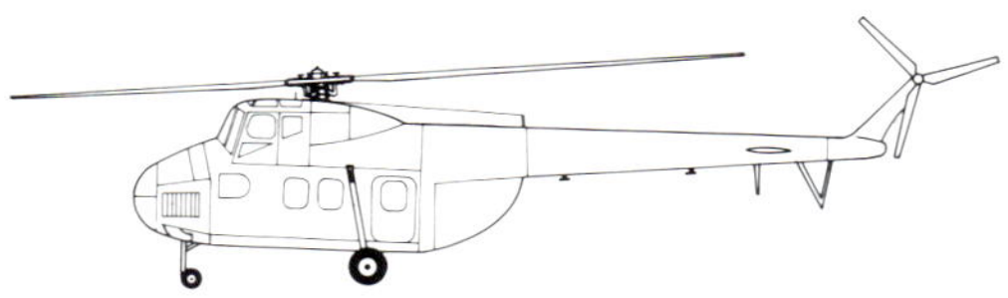

Mil Mi-4P (UdSSR)

1959

SA 3160 Alouette III (F)

1960

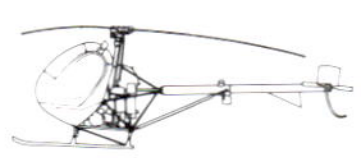

Hughes Model 300 (USA)

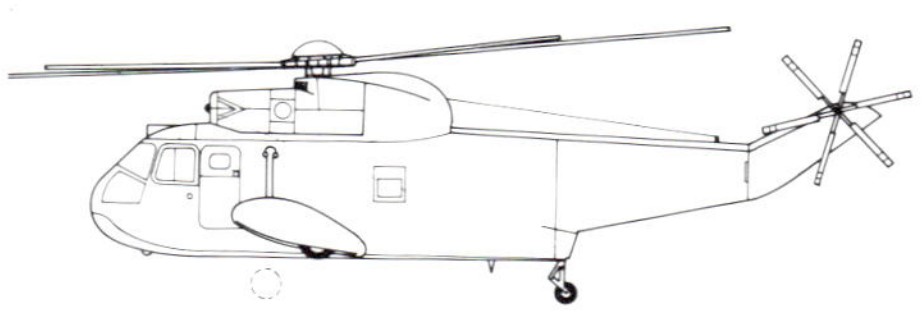

Sikorsky S-61 (USA)

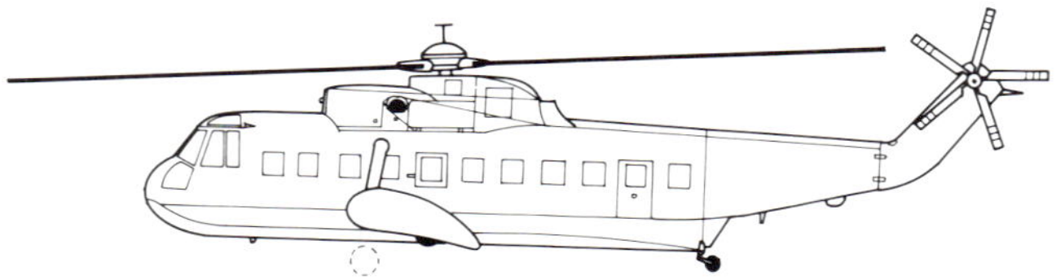

Sikorsky S-61N (USA)

1961

Westland Scout AH Mk.1 (GB)

Mil Mi-2 (UdSSR)

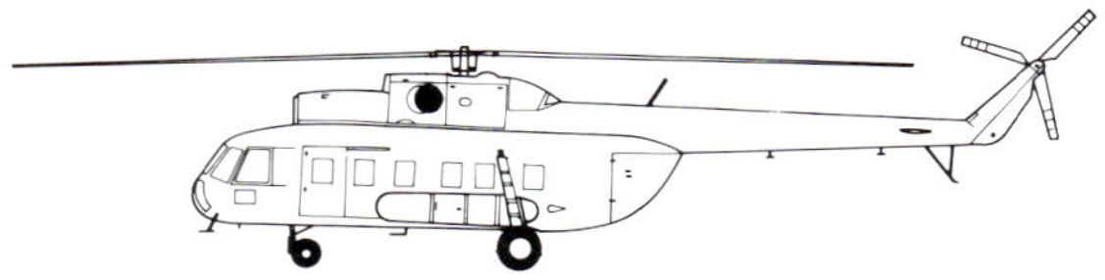

Mil Mi-8 (UdSSR)

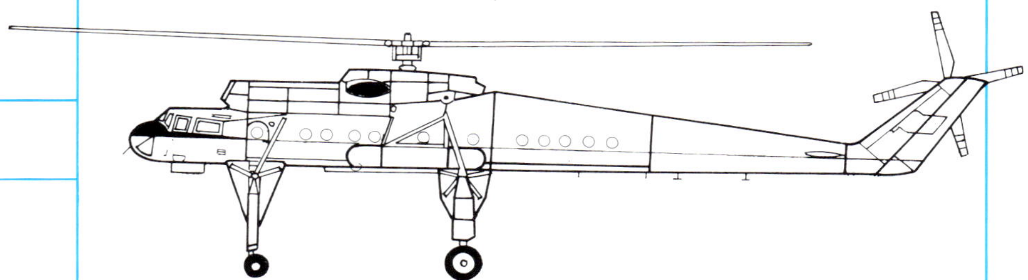

Mil Mi-10 (UdSSR)

1962

Kawasaki KH-4 (J)

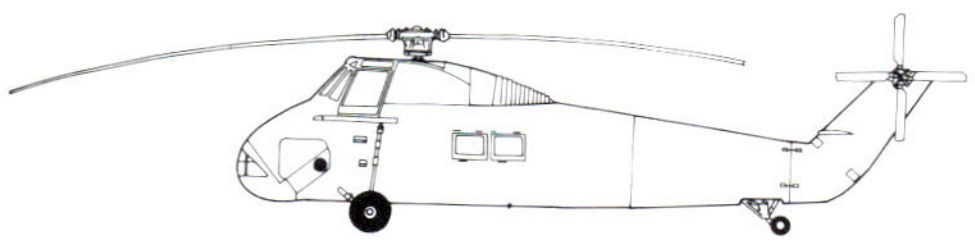

Westland Wessex HC Mk.2 (GB)

1963

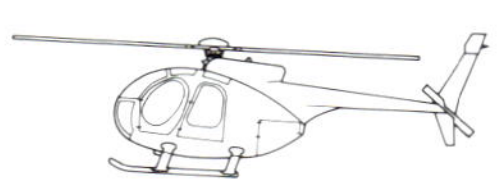

Hughes Model 369 (USA)

Bell Model 205 (USA)

1964

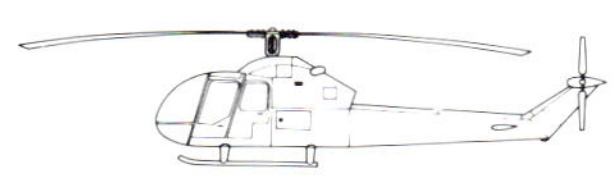

Fairchild Hiller Model FH-1100 (USA)

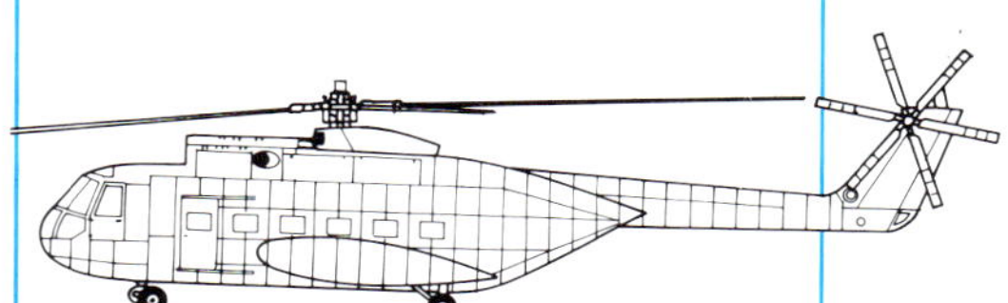

Agusta A 101G (I)

Bau-/Erscheinungsjahr der bedeutendsten Zivil- und Militärhubschrauber 1965-1969

1965

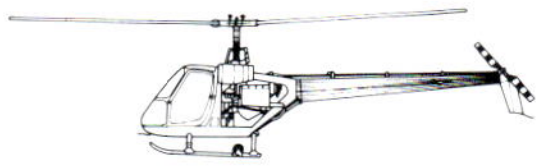
Silvercraft SH-4 (I)

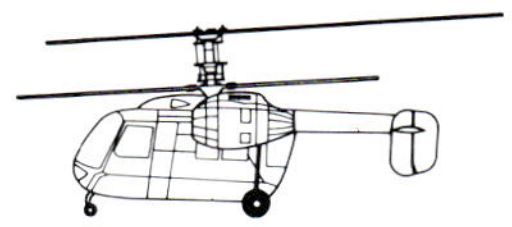
Kamow Ka-26 (UdSSR)

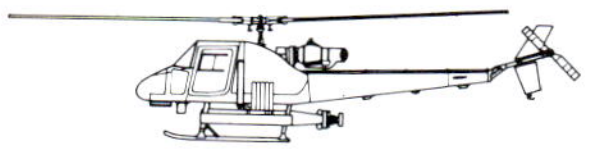
Agusta A 106 (I)

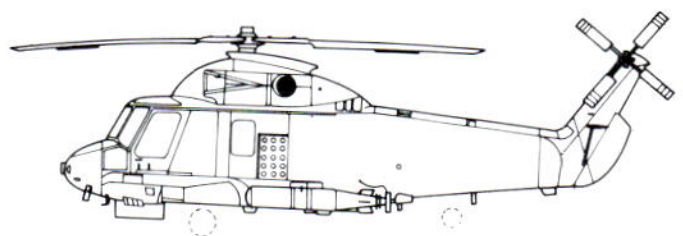
Kaman K-20 Seasprite (USA)

Kamow Ka-25 (UdSSR)

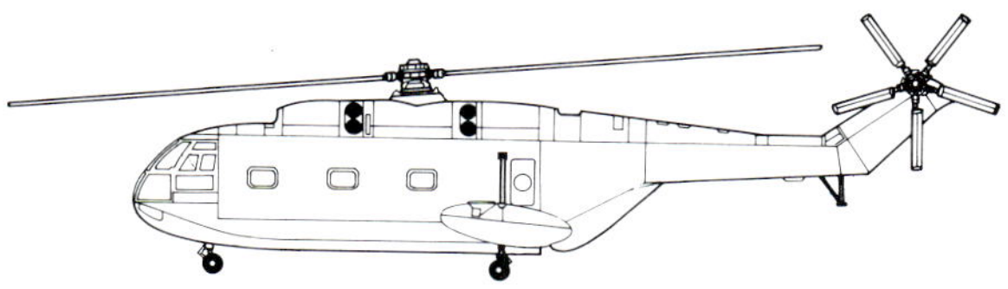
SA 321G Super Frelon (F)

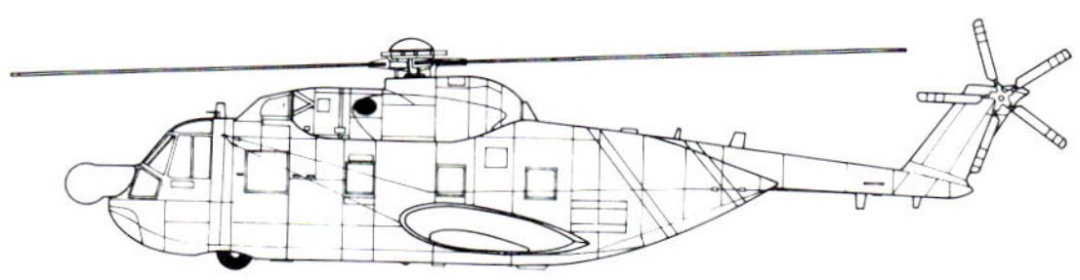
Sikorsky S-61R (USA)

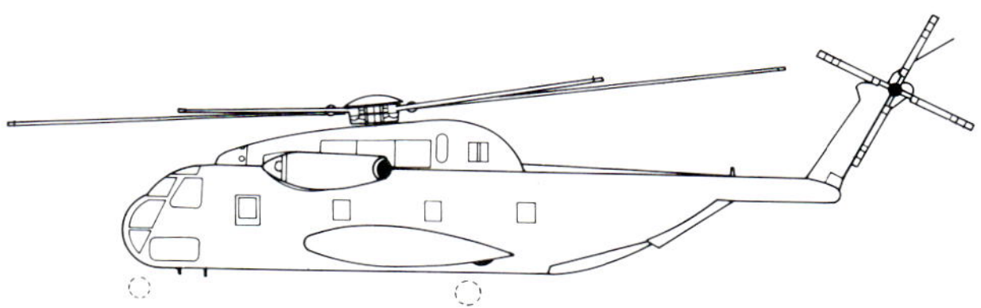
Sikorsky S-65A (USA)

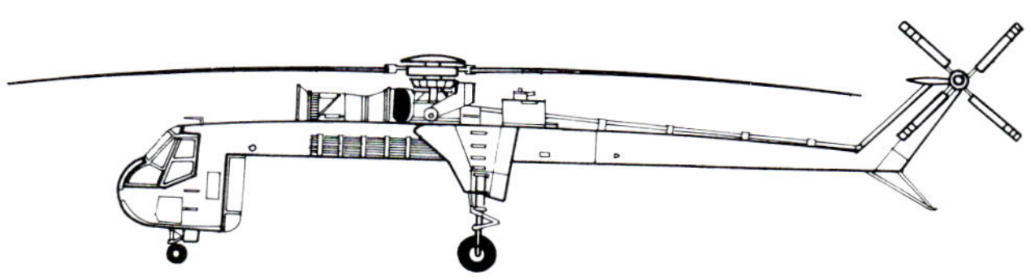
Sikorsky S-64 Skycrane (USA)

1968

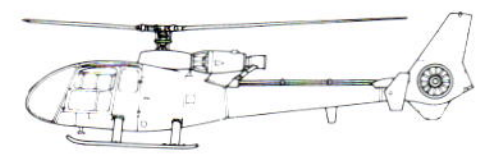
SA 341 Gazelle (F)

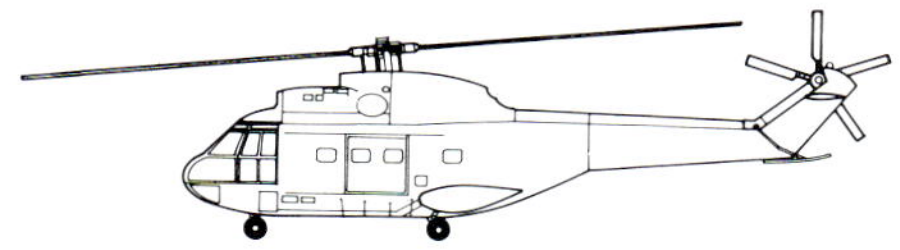
SA 330H Puma (F)

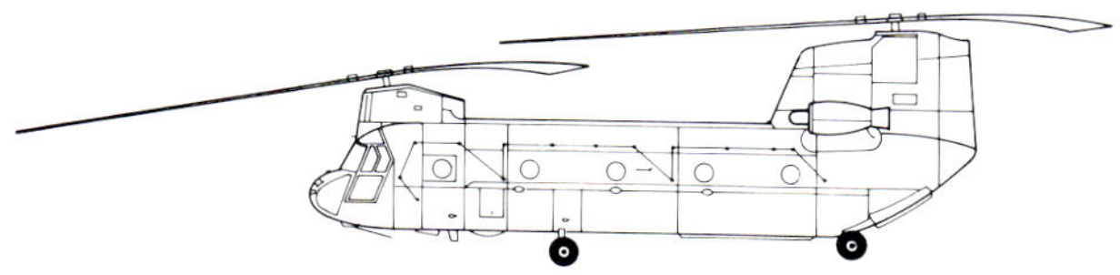
Boeing Vertol CH-47C Chinook (USA)

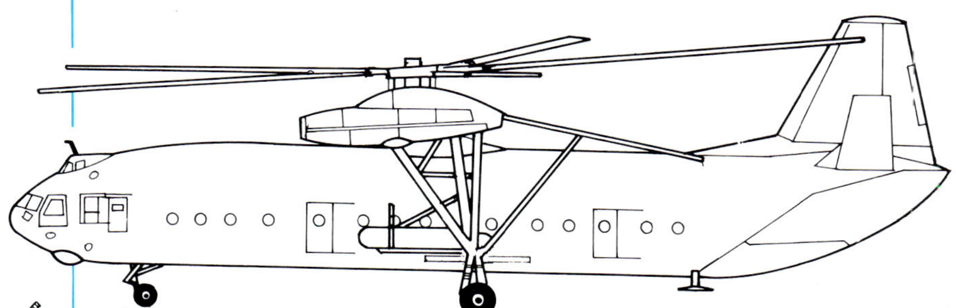
Mil Mi-12 (UdSSR)

1966

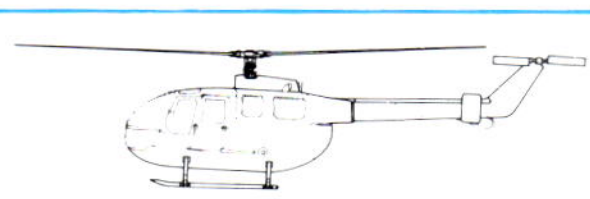
Bölkow BO 105 (D)

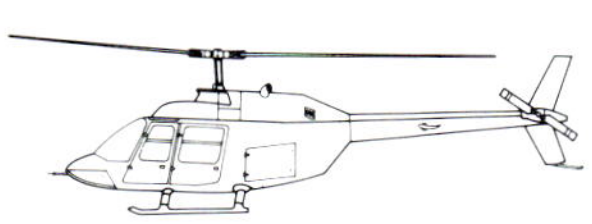
Bell Model 206A JetRanger (USA)

1967

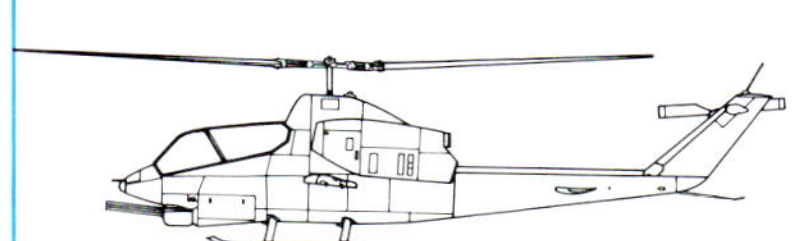
Bell Model 209 (USA)

1969

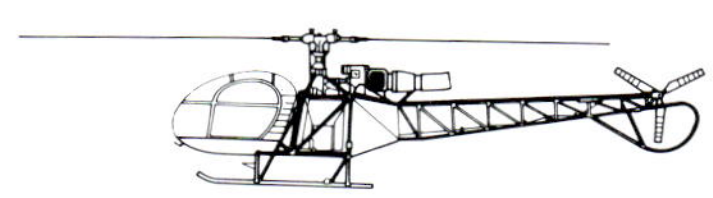
SA 315 Lama (F)

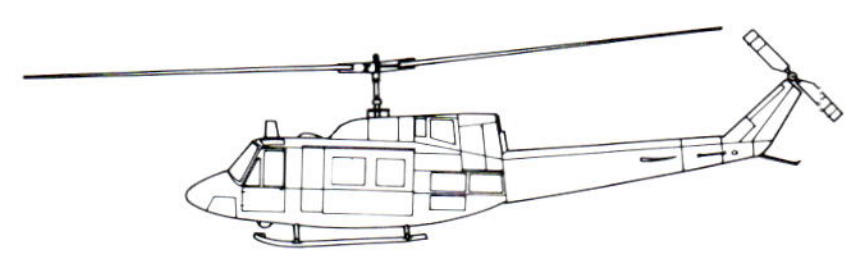
Bell Model 212 (USA)

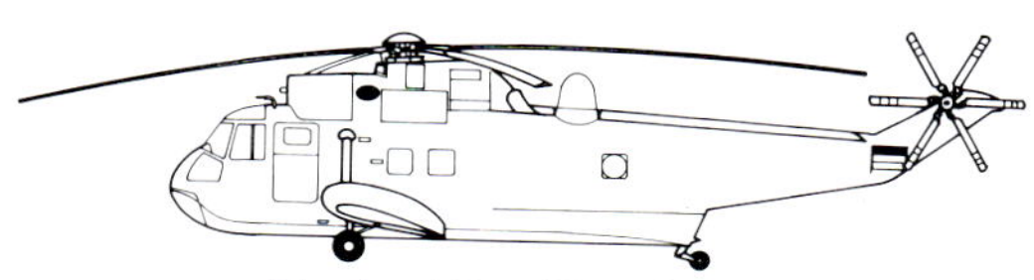
Westland Sea King (GB)

1970

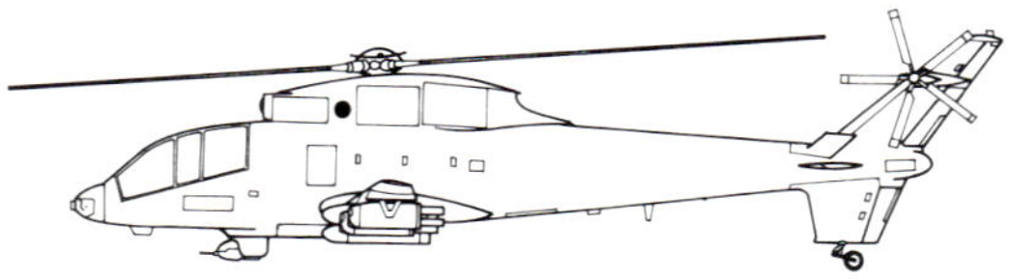

Sikorsky S-67 Blackhawk (USA)

1971

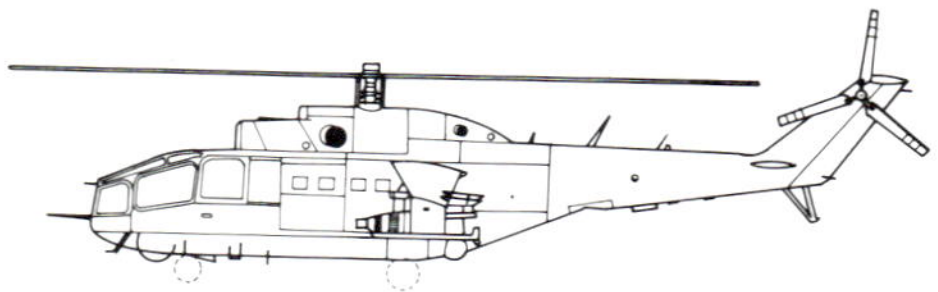

Mil Mi-24 (UdSSR)

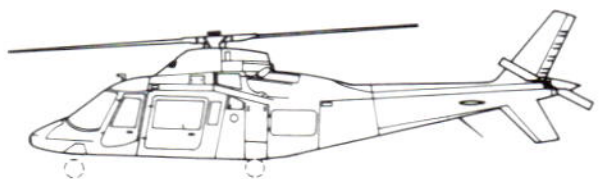

Agusta A 109 Hirundo (I)

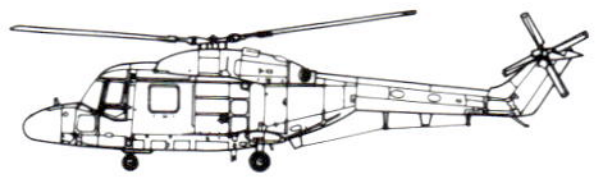

Westland Lynx (GB)

1973

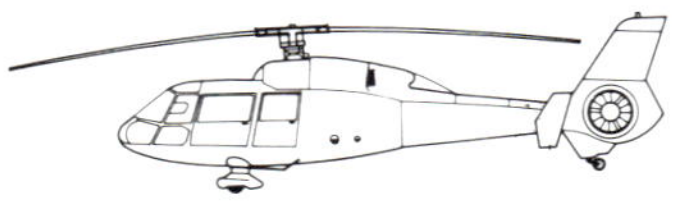

SA 365 Dauphin (F)

1974

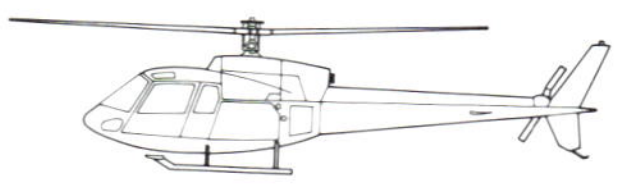

AS 350 Ecureuil (F)

1975

Robinson R-22 (USA)

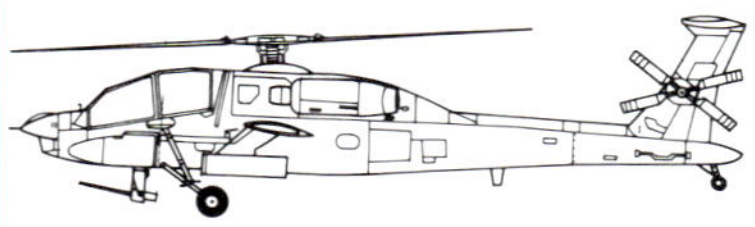

Hughes AH-64A Apache (USA)

1976

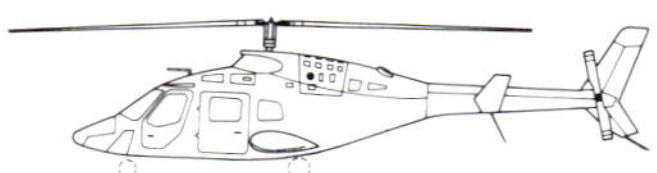

Bell Model 222 (USA)

1977

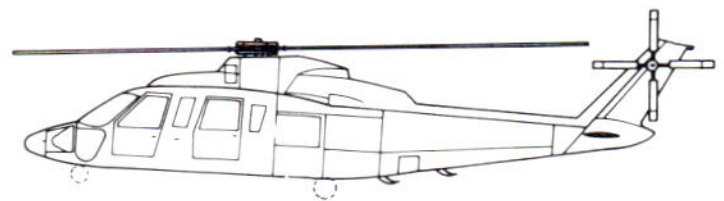

Sikorsky S-76 (USA)

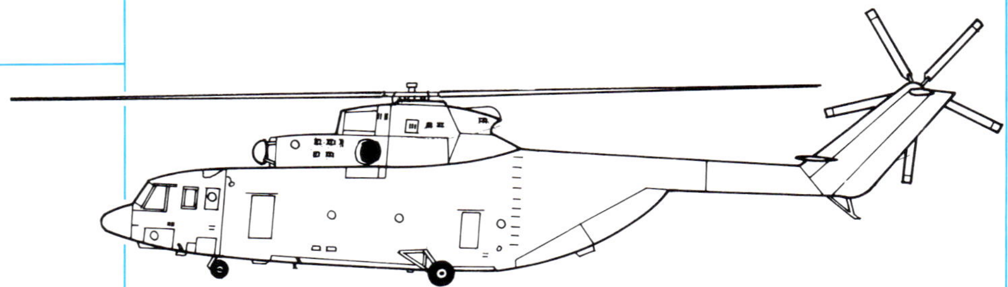

Mil Mi-26 (UdSSR)

1978

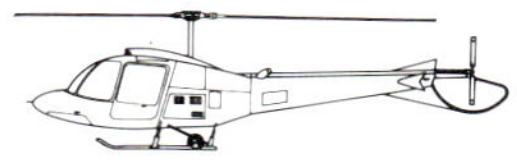

Spitfire Mk.II (USA)

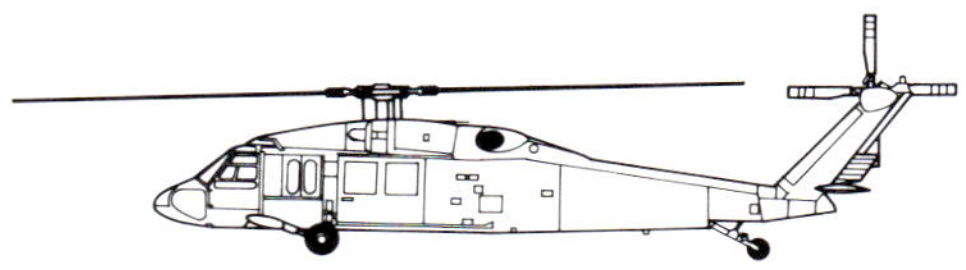

Sikorsky UH-60A Black Hawk (USA)

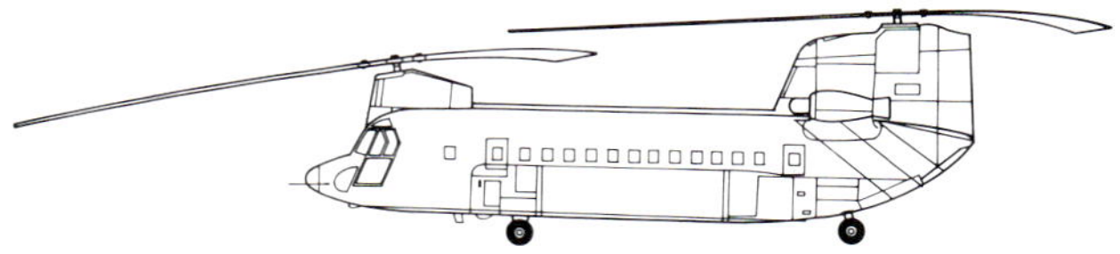

Boeing Vertol Model 234 (USA)

1979

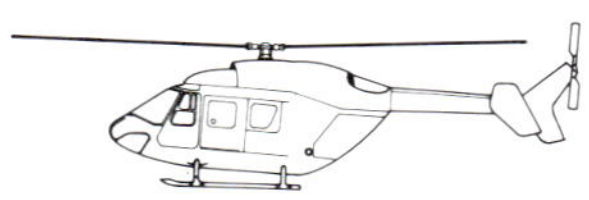

MBB/Kawasaki BK 117 (D)

Westland WG-30 (GB)

1980

AISA Autogiro GN (E)

Entwicklung der Hubschrauber-Fluggeschwindigkeiten von 1944 bis heute

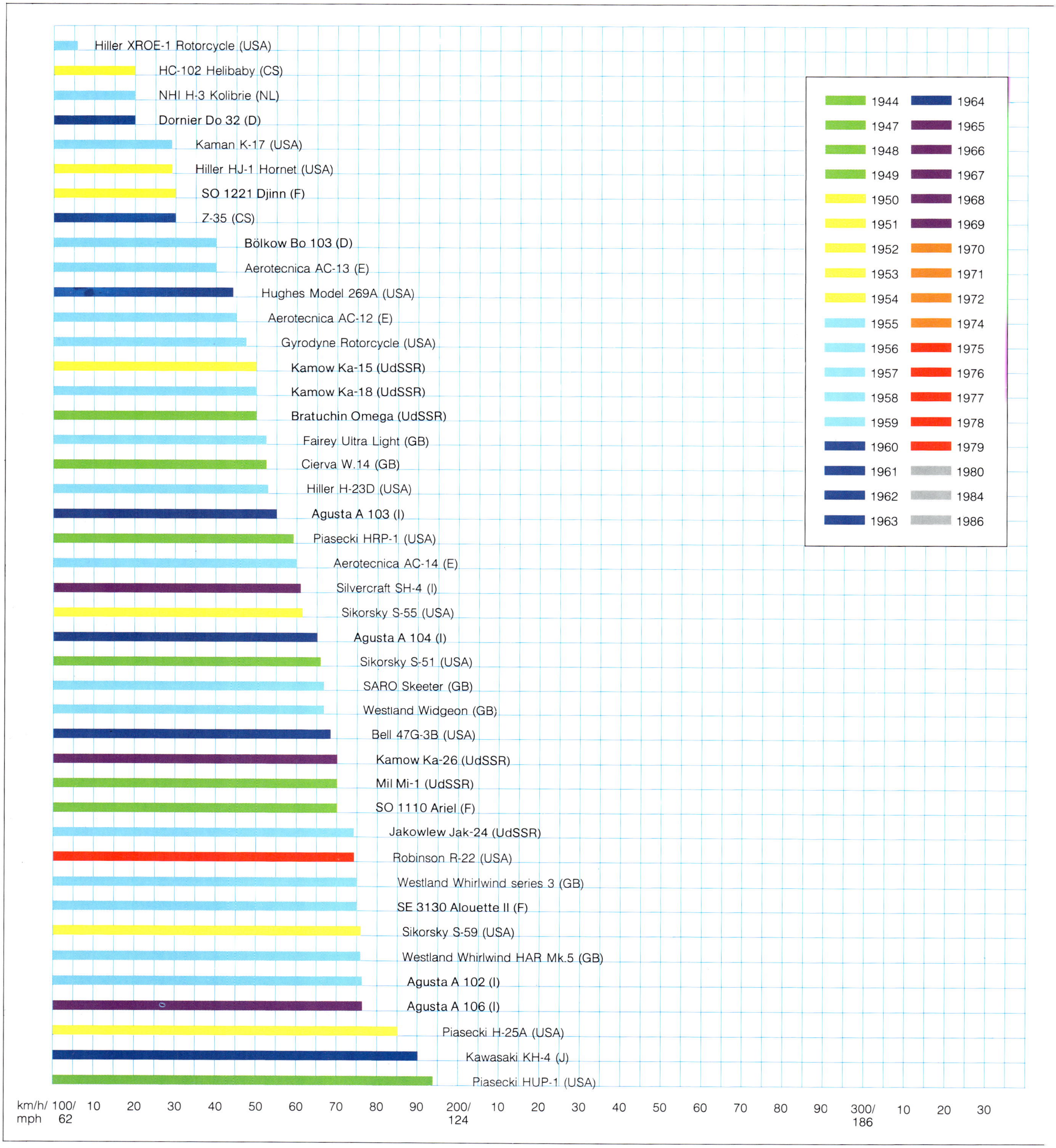

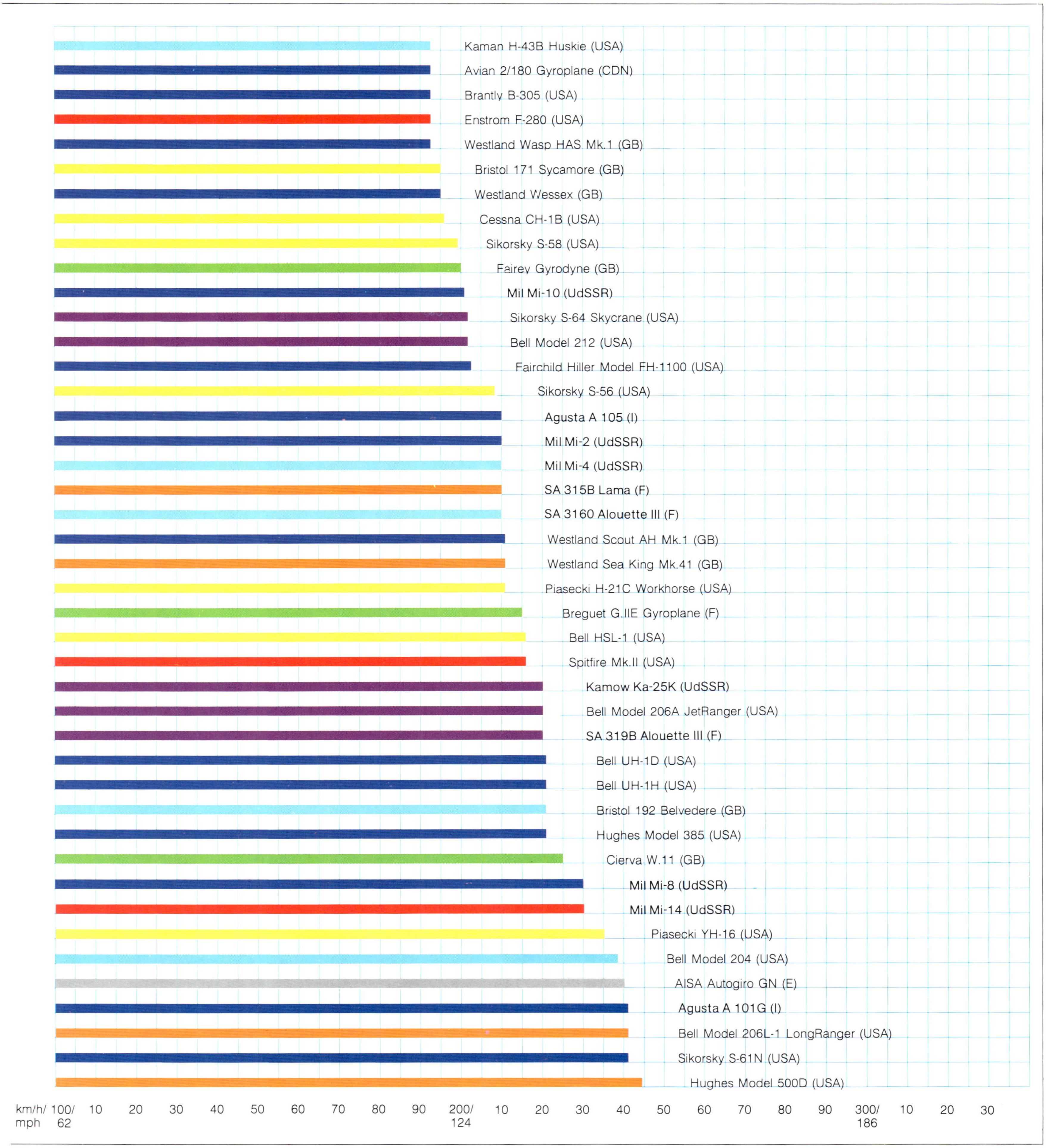
Kaman H-43B Huskie (USA)
Avian 2/180 Gyroplane (CDN)
Brantly B-305 (USA)
Enstrom F-280 (USA)
Westland Wasp HAS Mk.1 (GB)
Bristol 171 Sycamore (GB)
Westland Wessex (GB)
Cessna CH-1B (USA)
Sikorsky S-58 (USA)
Fairey Gyrodyne (GB)
Mil Mi-10 (UdSSR)
Sikorsky S-64 Skycrane (USA)
Bell Model 212 (USA)
Fairchild Hiller Model FH-1100 (USA)
Sikorsky S-56 (USA)
Agusta A 105 (I)
Mil Mi-2 (UdSSR)
Mil Mi-4 (UdSSR)
SA 315B Lama (F)
SA 3160 Alouette III (F)
Westland Scout AH Mk.1 (GB)
Westland Sea King Mk.41 (GB)
Piasecki H-21C Workhorse (USA)
Breguet G.IIE Gyroplane (F)
Bell HSL-1 (USA)
Spitfire Mk.II (USA)
Kamow Ka-25K (UdSSR)
Bell Model 206A JetRanger (USA)
SA 319B Alouette III (F)
Bell UH-1D (USA)
Bell UH-1H (USA)
Bristol 192 Belvedere (GB)
Hughes Model 385 (USA)
Cierva W.11 (GB)
Mil Mi-8 (UdSSR)
Mil Mi-14 (UdSSR)
Piasecki YH-16 (USA)
Bell Model 204 (USA)
AISA Autogiro GN (E)
Agusta A 101G (I)
Bell Model 206L-1 LongRanger (USA)
Sikorsky S-61N (USA)
Hughes Model 500D (USA)
km/h/ mph
100/ 62
10
20
30
40
50
60
70
80
90
200/ 124
10
20
30
40
50
60
70
80
90
300/ 186
10
20
30

Entwicklung der Hubschrauber-Fluggeschwindigkeiten von 1944 bis heute

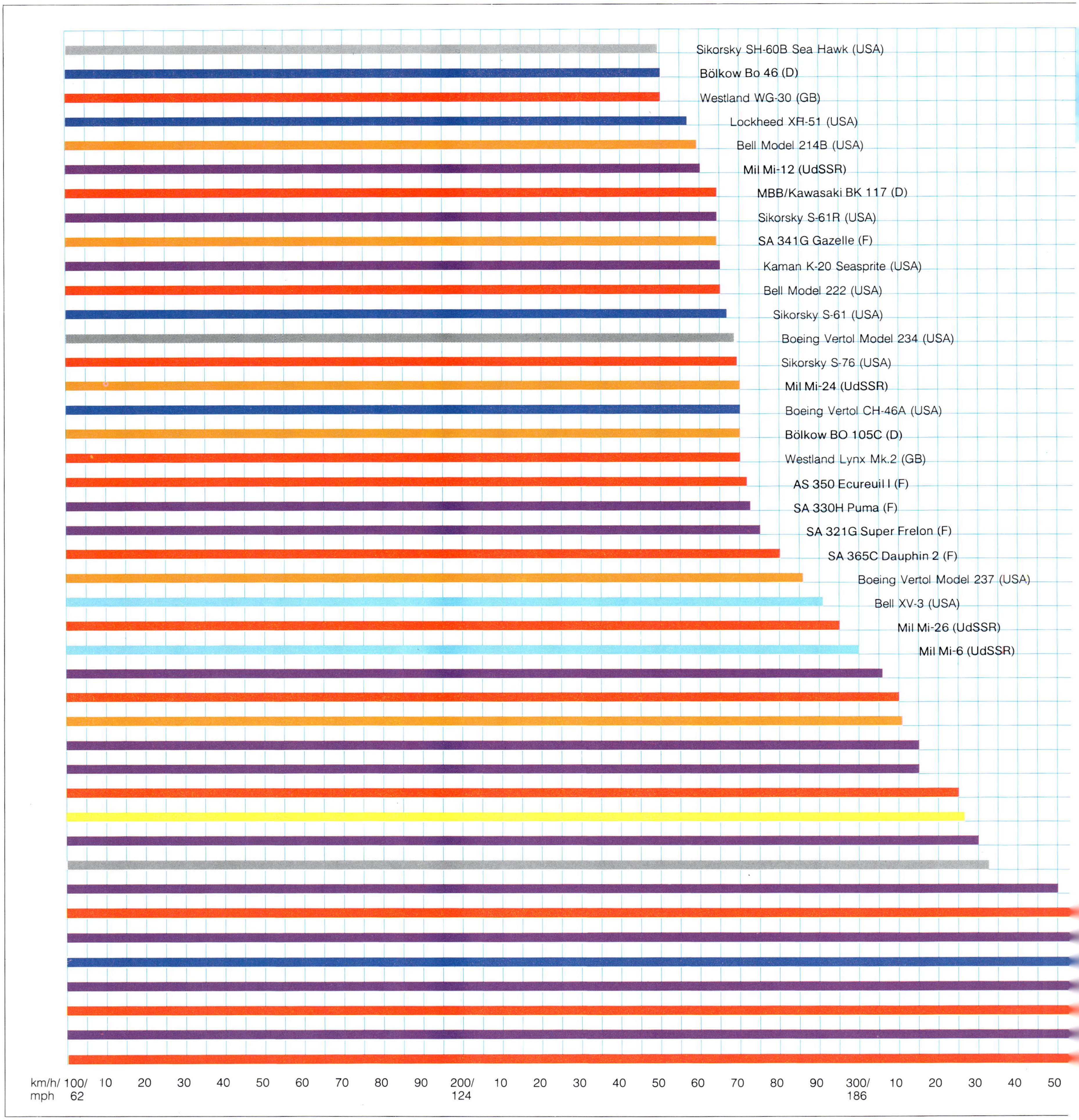

1944
1947
1948
1949
1950
1951
1952
1953
1954
1955
1956
1957
1958
1959
1960
1961
1962
1963
1964
1965
1966
1967
1968
1969
1970
1971
1972
1974
1975
1976
1977
1978
1979
1980
1984
1986
Boeing Vertol Model CH-47C Chinook (USA)
Agusta A 109 Hirundo (I)
Sikorsky S-67 Blackhawk (USA)
Sikorsky S-65 Super Stallion (USA)
Sikorsky S-65A (USA)
Bell Model 409 (USA)
McDonnell XV-1 (USA)
Bell AH-1J SeaCobra (USA)
EH-101 (GB-I)
Nord 500 (F)
Sikorsky UH-60A Black Hawk (USA)
Piasecki 16H Pathfinder (USA)
Kamow Ka-22 (UdSSR)
Bell X-22A (USA)
Hughes AH-64A Apache (USA)
Lockheed AH-56 Cheyenne (USA)
Sikorsky S-72 (USA)
70
80
90
400/ 248
10
20
30
40
50
60
70
80
90
500/ 310
10
20
30
40
50
60
70
80
90
600/ 372
10

Entwicklung der Hubschrauber-Reichweiten von 1944 bis heute

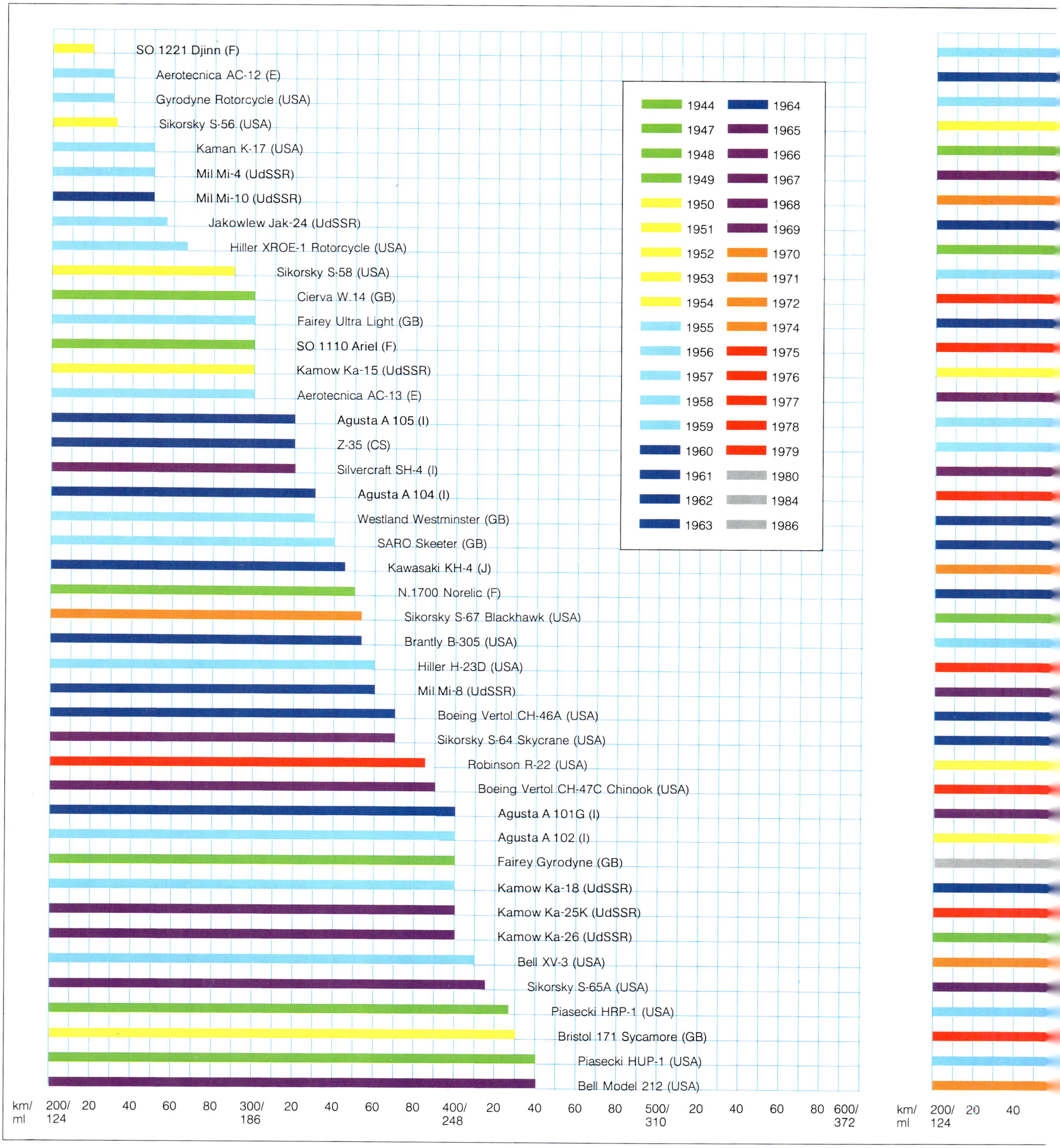

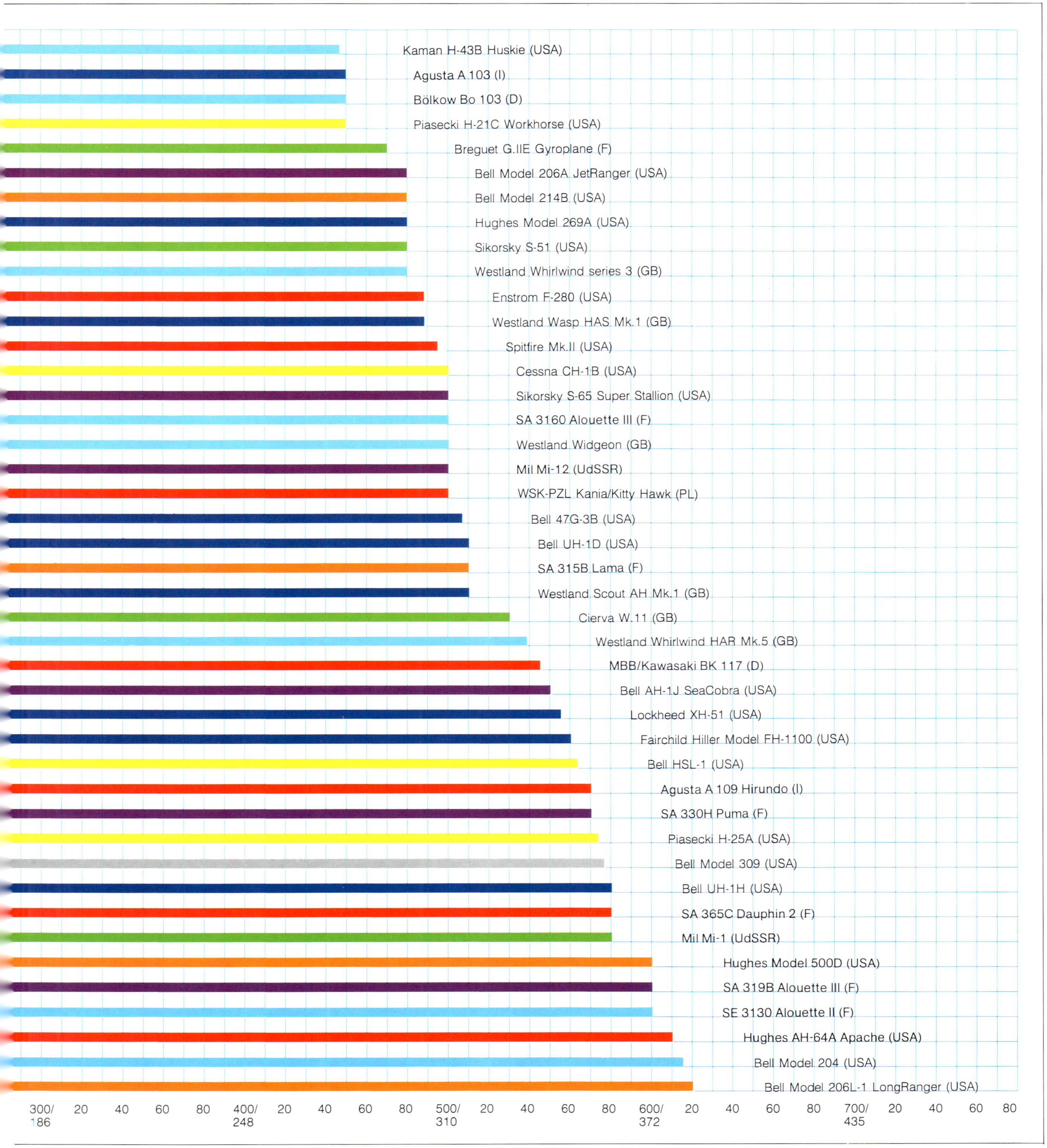

Kaman H-43B Huskie (USA)
Agusta A 103 (I)
Bölkow Bo 103 (D)
Piasecki H-21C Workhorse (USA)
Breguet G.IIE Gyroplane (F)
Bell Model 206A JetRanger (USA)
Bell Model 214B (USA)
Hughes Model 269A (USA)
Sikorsky S-51 (USA)
Westland Whirlwind series 3 (GB)
Enstrom F-280 (USA)
Westland Wasp HAS Mk.1 (GB)
Spitfire Mk.II (USA)
Cessna CH-1B (USA)
Sikorsky S-65 Super Stallion (USA)
SA 3160 Alouette III (F)
Westland Widgeon (GB)
Mil Mi-12 (UdSSR)
WSK-PZL Kania/Kitty Hawk (PL)
Bell 47G-3B (USA)
Bell UH-1D (USA)
SA 315B Lama (F)
Westland Scout AH Mk.1 (GB)
Cierva W.11 (GB)
Westland Whirlwind HAR Mk.5 (GB)
MBB/Kawasaki BK 117 (D)
Bell AH-1J SeaCobra (USA)
Lockheed XH-51 (USA)
Fairchild Hiller Model FH-1100 (USA)
Bell HSL-1 (USA)
Agusta A 109 Hirundo (I)
SA 330H Puma (F)
Piasecki H-25A (USA)
Bell Model 309 (USA)
Bell UH-1H (USA)
SA 365C Dauphin 2 (F)
Mil Mi-1 (UdSSR)
Hughes Model 500D (USA)
SA 319B Alouette III (F)
SE 3130 Alouette II (F)
Hughes AH-64A Apache (USA)
Bell Model 204 (USA)
Bell Model 206L-1 LongRanger (USA)
300/ 186
20
40
60
80
400/ 248
20
40
60
80
500/ 310
20
40
60
80
600/ 372
20
40
60
80
700/ 435
20
40
60
80

Entwicklung der Hubschrauber-Reichweiten von 1944 bis heute

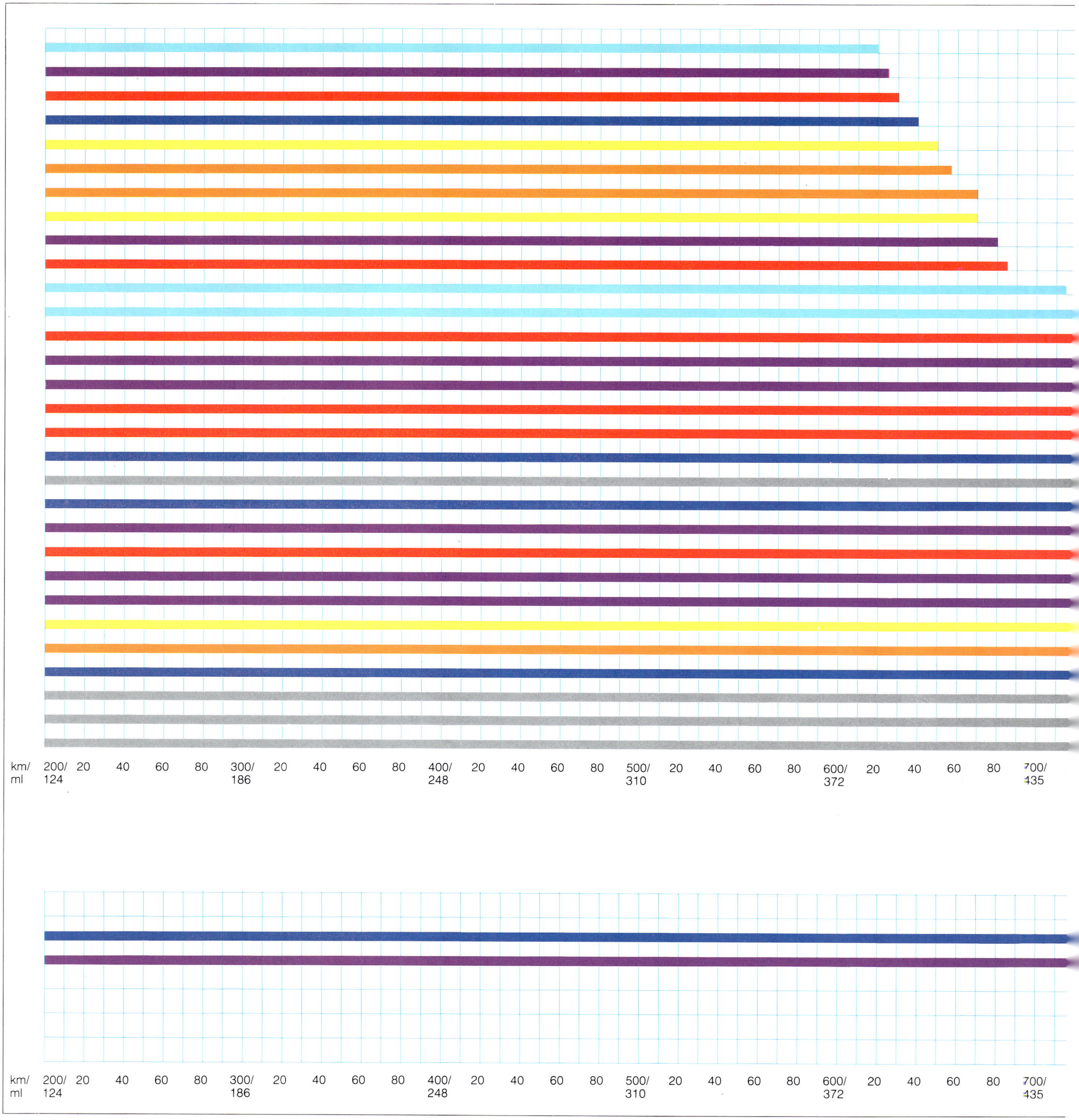

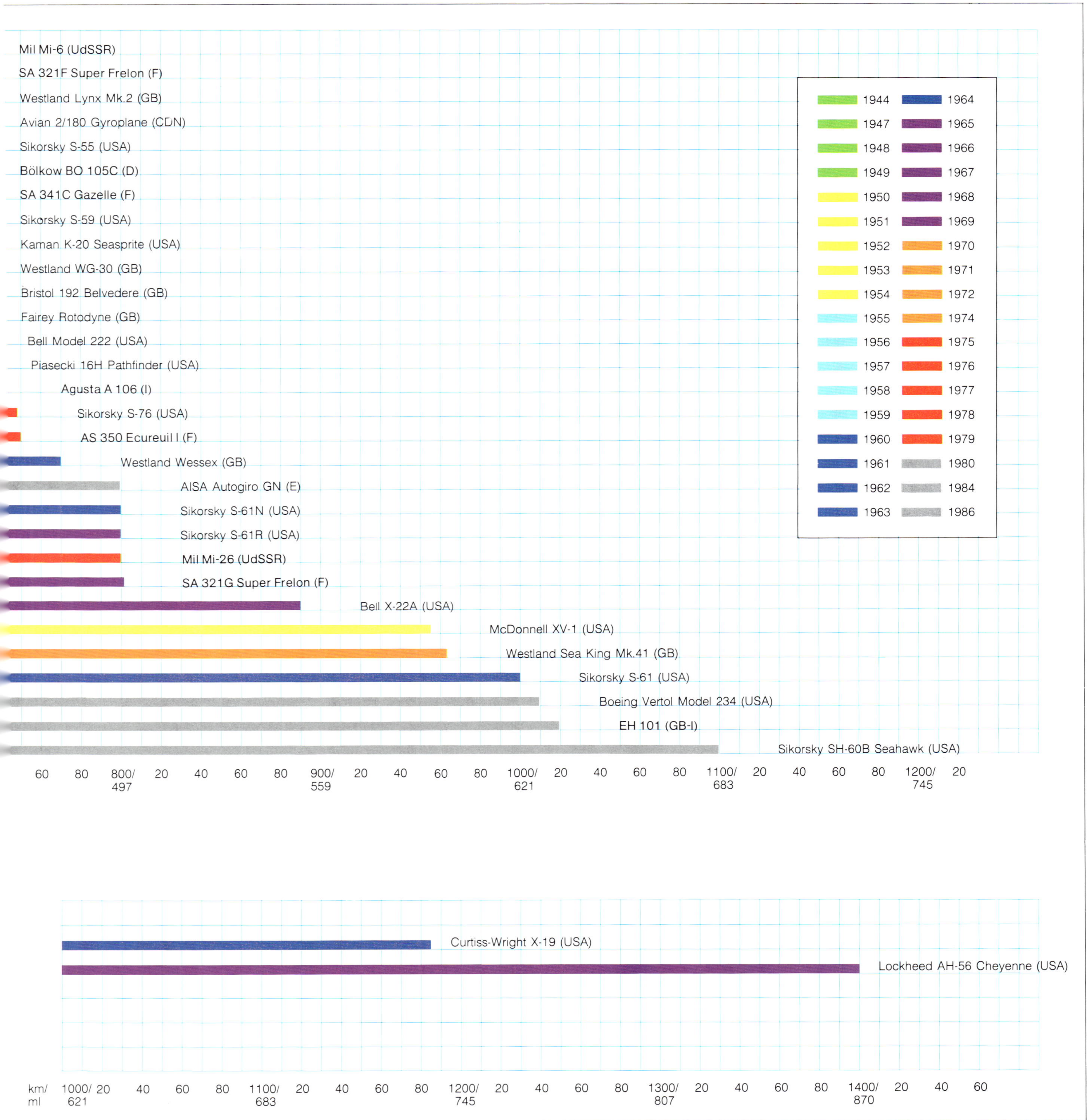

Mil Mi-6 (UdSSR)
SA 321F Super Frelon (F)
Westland Lynx Mk.2 (GB)
Avian 2/180 Gyroplane (CDN)
Sikorsky S-55 (USA)
Bölkow BO 105C (D)
SA 341C Gazelle (F)
Sikorsky S-59 (USA)
Kaman K-20 Seasprite (USA)
Westland WG-30 (GB)
Bristol 192 Belvedere (GB)
Fairey Rotodyne (GB)
Bell Model 222 (USA)
Piasecki 16H Pathfinder (USA)
Agusta A 106 (I)
Sikorsky S-76 (USA)
AS 350 Ecureuil I (F)
Westland Wessex (GB)
AISA Autogiro GN (E)
Sikorsky S-61N (USA)
Sikorsky S-61R (USA)
Mil Mi-26 (UdSSR)
SA 321G Super Frelon (F)
Bell X-22A (USA)
McDonnell XV-1 (USA)
Westland Sea King Mk.41 (GB)
Sikorsky S-61 (USA)
Boeing Vertol Model 234 (USA)
EH 101 (GB-I)
Sikorsky SH-60B Seahawk (USA)
1944 1947 1948 1949 1950 1951 1952 1953 1954 1955 1956 1957 1958 1959 1960 1961 1962 1963
1964 1965 1966 1967 1968 1969 1970 1971 1972 1974 1975 1976 1977 1978 1979 1980 1984 1986
60 80 800/ 497 20 40 60 80 900/ 559 20 40 60 80 1000/ 621 20 40 60 80 1100/ 683 20 40 60 80 1200/ 745 20
Curtiss-Wright X-19 (USA)
Lockheed AH-56 Cheyenne (USA)
km/ ml 1000/ 621 20 40 60 80 1100/ 683 20 40 60 80 1200/ 745 20 40 60 80 1300/ 807 20 40 60 80 1400/ 870 20 40 60

A

Aérospatiale, *siehe* Seite 93
American Helicopter XH-26 Jet Jeep, *siehe* Seite 121

Aerotecnica
Aerotecnica S.A. (Spanien)

Die Firma *Aerotecnica* wurde in Spanien gegründet, um die 1952 von Jean Cantinieau für die französische Firma *Matra* begonnenen Entwurfsarbeiten eines Drehflüglers fortzusetzen. Die spanische Regierung erwarb die Konstruktionsrechte für den *Cantinieau*-Hubschrauber und überließ den Vertrag der Firma *Aerotecnica*.

Aerotecnica AC-12/13/14

1955 nahm die spanische Firma Aerotecnica die Weiterentwicklung des von dem französischen Ingenieur Cantinieau entwickelten Hubschrauberprojektes *M.C. 101* auf. Der Bau zweier Prototypen des Modells *AC-12* (Erstflug am 20. Juli 1956) wurde von den spanischen Luftstreitkräften finanziert, die auch schließlich zwölf Maschinen erwarben. Das Triebwerk dieses Hubschraubers war direkt über der Kabine angeordnet, die Kraftübertragung glich der eines Automobils mit einem Untersetzungsgetriebe. Der Dreiblatt-Metallrotor hatte Holme und Rippen aus Duralumin, und die Oberflächen der Blattvorderkanten bestanden zum Teil aus Fiberglas. Der dreiblättrige Heckrotor war ebenfalls aus Metall. Die zweisitzige Kabine besaß eine Doppelsteuerung. Eine turbinengetriebene Variante des *AC-12* befand sich im Entwicklungsstadium, als Aerotecnica 1962 den Betrieb stillegte. In dem Baumuster *AC-13* wurde der *Lycoming*-Kolbenmotor durch eine *Turboméca Artouste*-Turbine ersetzt und der Heckrotor entfernt, seine Aufgabe übernahmen ein Teil (ca. 10 kp) der Abgase der Turbine, die durch den Rumpfausleger zu einer Düse am Rumpfheck geleitet wurden. Zwei Prototypen des *AC-13A* wurden in Frankreich von der Firma *S.N.C.A. du Nord* unter der Bezeichnung *Nord 1750 Norelfe* für Studienzwecke gebaut. Der *AC-13* ging nicht in Serie.
Der *AC-14*, eine Ableitung einer der beiden *AC-13*-Prototypen, besaß einen größeren Rumpf mit einer Kabine, die Platz für einen Piloten und vier Passagiere auf drei hinteren Sitzen bot. Sein Erstflug erfolgte am 16. Juli 1957. Genau wie bei dem *AC-12* war die 400-WPS(294,2 WkW)-*Turbo-*

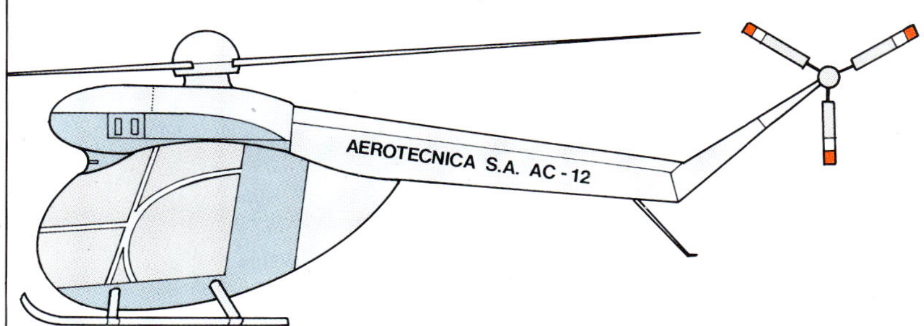

Aerotecnica AC-12 – 1956

AC-12
Hersteller: Aerotecnica S.A.
Verwendungszweck: 2-sitziger Mehrzweckhubschrauber
Baujahr: 1956
Antrieb: *Lycoming 0-360-B2A*, 168 PS (123,5 kW)
Rotorkreisdurchmesser: 8,50 m
Rumpflänge: 7,55 m
Länge über alles: –
Höhe über alles: 2,75 m
Rüst-/Startmasse: 500 kg/820 kg
Höchstgeschwindigkeit: 145 km/h
Schwebeflughöhe mit/ohne Bodeneffekt: 2400 m/4000 m
Reichweite: 230 km

AC-13
Hersteller: Aerotecnica S.A.
Verwendungszweck: 2-sitziger Mehrzweckhubschrauber
Baujahr: 1957
Antrieb: *Turboméca Artouste I*, 260 WPS (191,2 WkW)
Rotorkreisdurchmesser: 9,37 m
Rumpflänge: 7,48 m
Höhe über alles: 2,75 m
Rüstmasse: 574 kg
Startmasse: 880 kg
Höchstgeschwindigkeit: 140 km/h
Schwebeflughöhe mit/ohne Bodeneffekt: 2650 m/6065 m
Reichweite: 300 km

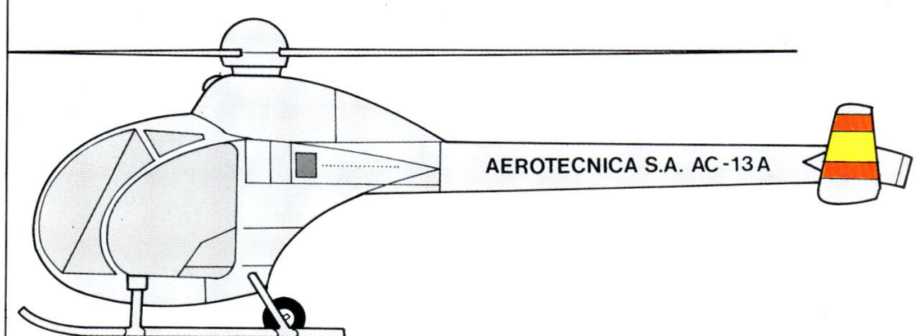

Aerotecnica AC-13 – 1957

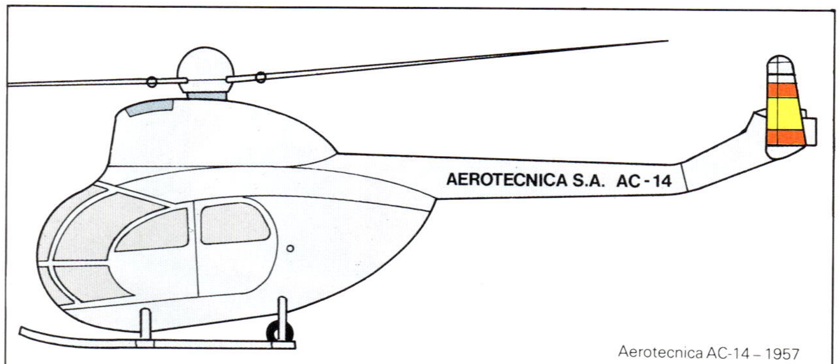

Aerotecnica AC-14 – 1957

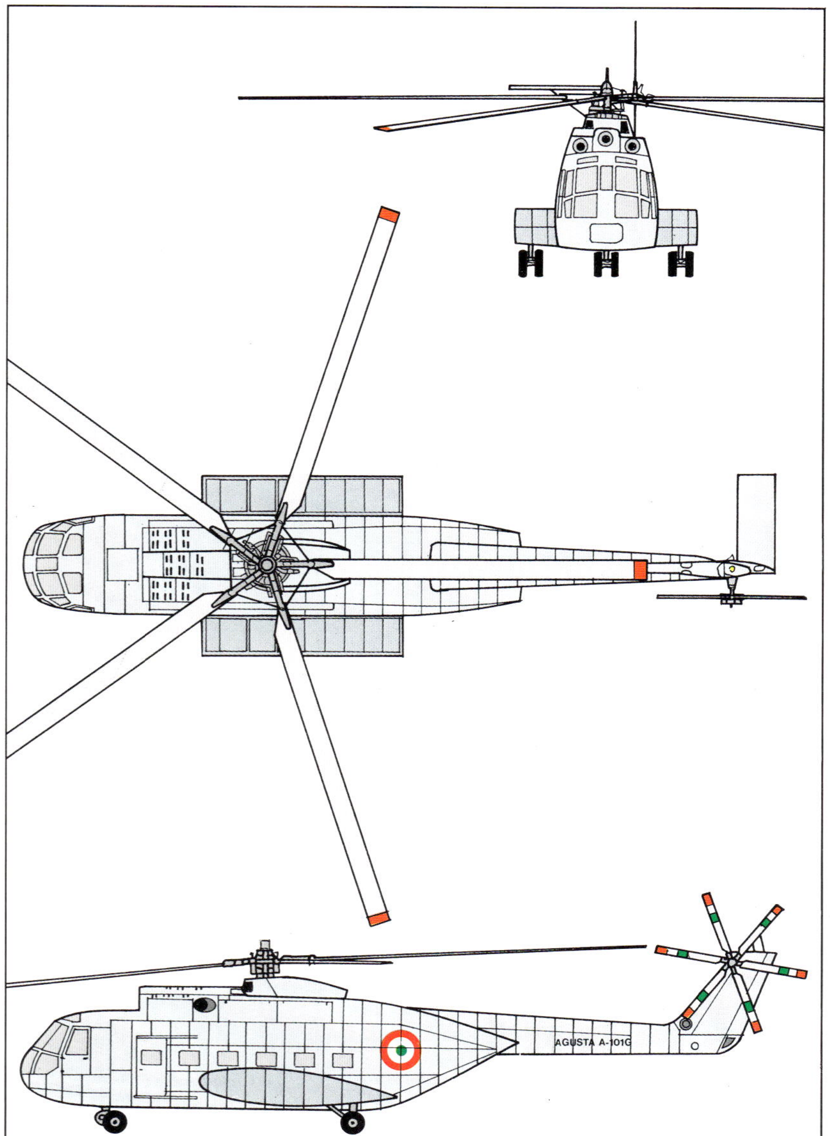

Agusta A 101 G – 1964

AC-14
Hersteller: Aerotecnica S.A.
Verwendungszweck: 5-sitziger Mehrzweckhubschrauber
Baujahr: 1957
Antrieb: *Turboméca Artouste IIB1*, 400 WPS (294,2 WkW)
Rotorkreisdurchmesser: 9,67 m
Rumpflänge: 8,02 m
Höhe über alles: 3,10 m
Rüst-/Startmasse: 620 kg/1200 kg
Höchstgeschwindigkeit: 160 km/h
Schwebeflughöhe mit Bodeneffekt: 4900 m
Reichweite: 300 km

méca Artouste IIB1-Turbine oberhalb der Kabine installiert, und die Abgase der Turbine zur Steuerung im Schwebe- und Langsamflug ausgenutzt worden; die schwenkbaren Austrittsdüsen befanden sich dazu am Heck des Rumpfes. Die Steuerung im Reiseflug erfolgte durch zwei kleine Seitenleitwerke. Auch der *AC-14* verfügte über Landekufen. Zehn Hubschrauber des Typs *AC-14* wurden unter der Bezeichnung *EC-XZ-14* gebaut.

Agusta
Costruzioni Aeronautiche Giovanni Agusta S.p.A. (Italien)

Schon in jungen Jahren hatte sich Giovanni Agusta mit dem Bau von Flugzeugen beschäftigt. Im Jahr 1910 flog er in Capua bei Neapel seinen ersten Flugapparat. Am Vorabend des Ersten Weltkrieges zog Agusta nach Norditalien, wo er neben Giovanni *Caproni* arbeitete. Nach Kriegsende gründete er die Flugzeugfirma in Cascina Costa, die noch heute seinen Namen trägt. Neben seinem Werk auf dem Flughafen Malpensa bei Mailand gründete er 1923 zwei neue Werke in Tripolis und Bengasi.
Während der 20er Jahre baute Agusta eine Reihe von sehr kleinen Sport- und Wettbewerbsflugzeugen, darunter die von einem 15-PS(11 kW)-*Anzani*-Motor angetriebene *Ag.3.* Giovanni Agusta starb 1927, und seine Frau Giuseppina übernahm die Leitung der Firma.
Nach dem Krieg wurde 1950 in Cascina Costa wieder mit dem Flugzeugbau begonnen. 1952 erwarb man von *Bell Aircraft* eine Lizenz für den Bau des *Bell 47.* Bis 1958 hatte man bei Agusta genug Erfahrungen gesammelt, um Eigenentwicklungen in Angriff zu nehmen, wie den *A 101G,* den *A 102,* den *A 104* und den *A 105,* aber keiner dieser Hubschrauber ging in Großserie.
1965 begann die Firma mit dem Bau der *Bell 205,* dem ein Jahr darauf der *AB 206 Jet Ranger* folgte. Dann gelang es Agusta, die Lizenzrechte für die Herstellung des *Sikorsky SH-3D* und durch seine Partnerfirma *Elicotteri Meridionali* die Herstellungsrechte für den Tandemrotor-Hubschrauber *Boeing Vertol CH-47C* zu erhalten. Auch der zweimotorige *Bell 212* wurde von Agusta gebaut, er ging zur gleichen Zeit in die Produktion wie der *AS 61-R* SAR- sowie der schiffsgestützte *AB 212*-U-Jagd-Hubschrauber. Von dem letzteren wurde Agustas Eigenentwurf *A 109 Hirundo* abgeleitet. Seit 1973 untersteht die Agusta-Gruppe der öffentlich-rechtlichen Institution *EFIM.* Während ihrer langen und wechselhaften Tätigkeit in der Luftfahrt hat die Agusta-Gruppe bis 1984 schon mehr als 4500 zivile und militärische Hubschrauber gebaut.

A 101G
Hersteller: Costruz. Aeron. G. Agusta
Verwendungszweck: Transporthubschrauber
Baujahr: 1964
Antrieb: 3 *Rolls-Royce Bristol Gnome H1400,* je 1400 WPS(1029,7 WkW)
Rotorkreisdurchmesser: 20,40 m
Rumpflänge: 16,39 m
Länge/Höhe über alles: 20,15 m/6,56 m
Rüst-/Startmasse: 6850 kg/12900 kg
Höchstgeschwindigkeit: 230 km/h
Schwebeflughöhe mit/ohne Bodeneffekt: 3450 m/4600 m
Reichweite: 400 km
Zuladung: 35 vollausgerüstete Soldaten oder 5000 kg Last. Besatzung 2 Piloten

Agusta A 101

Filippo Zappatas Projekt *Agusta A 101D* wurde im April 1958 auf der Mailänder Messe in Form eines noch unfertigen Modells vorgestellt. Im Laufe des Jahres 1959 begann das ehrgeizige italienische Hubschrauber-Projekt immer mehr Gestalt anzunehmen, aber da das Werk in Cascina Costa mit Arbeit voll ausgelastet war, gingen die Entwicklungsarbeiten nur langsam voran. Am 19. Oktober 1964 fand dann schließlich, mit dem Cheftestpiloten Ottorino Lancia am Steuer, der Erstflug statt, dem wieder eine sehr lange Entwicklungsperiode, unter Leitung der Ingenieure Bellavita und Lovera folgte, die über 400 Flugstunden, zusätzlich zu den Standläufen, einschloß. An Leistungsfähigkeit war der *A 101* dem französischen *Super Frelon* unterlegen, aber er war zweifellos stabiler, war vibrationsärmer und besaß eine größere Rumpfkapazität. Die neuartige Antriebskraft bestand aus drei *Bristol-Siddeley-Gnome*-Turbinen.
Der erste Prototyp des *Agusta*-Helikopters erfuhr während seiner Entwicklungszeit mehrere sichtbare äußere Veränderungen. So wurden u.a. zu beiden Seiten des Rumpfes an abgeänderten und vergrößerten Verkleidungen ein Bugradfahrwerk mit Zwillingsbereifung installiert.
Der Hubschrauber machte Einsatzerprobungen, die schnelles Be- und Entladen durch die zwei vorderen Schiebetüren und die Heckladerampe einschlossen. Er konnte neben den beiden Piloten 35 vollausgerüstete Soldaten oder bis zu 5000 kg Nutzlast tragen. Interessierte ausländische Gruppen begutachteten den Hubschrauber bei ihren Besuchen in Cascina Costa oder im Juni 1966 auf der Turiner Luftfahrtschau, wo er sich durch seine Größe wesentlich von den anderen *Agusta*-Modellen abhob. Im Herbst 1966 erlangte der Hubschrauber seine Serienreife, aber danach gingen weitere zwei Jahre verloren. In dieser Zeit mußte der Prototyp das gesamte Testprogramm durchlaufen, wie das Aufzeichnen von mechanischen Spannungen an den verschiedenen Strukturteilen, Trimmungs-Kontrollen, Prüfung der statischen und dynamischen Festigkeit und Ermüdungstests an einer großen Anzahl von Einzelteilen. Auf der nächsten Turiner Luftfahrtschau erschien der Hubschrauber wieder, diesmal mit Sichtschutzanstrich, wo er mit einer maximalen Startmasse von 13500 kg vorgeflogen wurde. Im Herbst 1968 kam der *A 101G* nach Pratica di Mare bei Rom zur weiteren Erprobung, die im Sommer 1971 endgültig zum Abschluß führte; zu diesem Zeit-

punkt war der Hubschrauber jedoch bereits hoffnungslos veraltet.
Inzwischen hatte Agusta den überarbeiteten *A 101H* herausgebracht, dessen Rumpf und einige seiner dynamischen Bauteile umgestaltet worden waren. Der Rumpf war um 3 m vergrößert worden, bei gleichem Rotor, und die Triebwerke durch die stärkeren *General Electric T58-10* ersetzt worden. Aber auch dieses Programm wurde zugunsten der Lizenzherstellung ausländischer, bewährter Hubschrauber von *Sikorsky* und *Boeing Vertol* gestrichen.

Agusta A 102

Aus einem alten 1956 nach Italien gelieferten *Bell Model 48,* hatte Agusta einen Hubschrauber mit den gleichen mechanischen Teilen, Antrieb und Abmessungen, aber einem völlig neuen Rumpf entwikkelt. Hinter den beiden Pilotensitzen war in dem ca. 2,70 m breiten Rumpf Platz für bis zu neun Passagiere. Das ursprüngliche vierrädrige Fahrgestell war durch Kufen ersetzt worden.
Der Prototyp des *A 102* flog erstmals am 3. Februar 1959 und wurde auf dem Pariser Luftfahrt-Salon des gleichen Jahres in militärischen Farben ausgestellt. Aber *Agusta* hatte den *AB 102* auch für den wachsenden zivilen Markt in Italien vorgesehen, und die Fluggesellschaft *Elivie,* die bereits mit *AB 47J*-Hubschraubern Flüge zwischen Neapel und den Inseln durchführte, erwarb im Frühjahr 1961 zwei *A 102* für einen regulären Flugdienst zwischen dem Zentrum von Turin und dem Mailänder Flughafen. Aber bald ließen die neuen, von Turbinen angetriebenen Hubschrauber den *A 102* als veraltet erscheinen.

Agusta A 103

Dieser Einsitzer war für Verbindungs- und Beobachtungsflüge sowie für landwirtschaftliche Aufgaben entworfen worden. Er hatte eine klassische Konfiguration mit Zweiblattrotor und rechtwinklig dazu angeordneten Stabilisierungsbalken; sein Erstflug fand im Oktober 1959 statt. Nur eine Maschine wurde gebaut. Antrieb: Agusta MV GA.70, 80 PS(58,8 kW). Rotorkreisdurchmesser: 7,40 m. Länge über alles: 6,10 m. Höhe über alles: 2,20 m. Rüstmasse: 260 kg. Startmasse: 440 kg. Höchstgeschwindigkeit: 155 km/h. Schwebeflughöhe mit/ohne Bodeneffekt: 2 000 m/3 900 m. Reichweite: 450 km.

Agusta A 104 Helicar

Dieser leichte Zweisitzer, der von dem einsitzigen *A 103* abgeleitet wurde, war als Verbindungs- und Schulhubschrauber entworfen worden. An seine Vollsicht-Kabine schloß sich ein Heckausleger in Schalenbauweise aus einer Aluminiumlegierung an, an dessen Ende der Heckrotor befestigt war. Der Erstflug fand im Dezember 1960 statt. Der *A 104* kam über das Prototypen-Stadium nicht hinaus. Antrieb: Agusta MV A120, 140 PS(103 kW). Rotorkreisdurchmesser: 7,95 m. Rumpflänge: 6,35 m. Höhe über alles: 2,35 m. Rüstmasse: 380 kg. Startmasse: 640 kg. Höchstgeschwindigkeit: 165 km/h. Schwebeflughöhe mit Bodeneffekt: 3 000 m. Reichweite: 330 km.

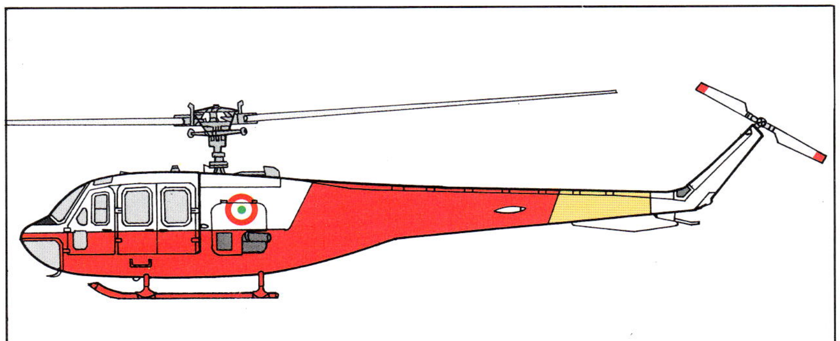

Agusta A 102 – 1959

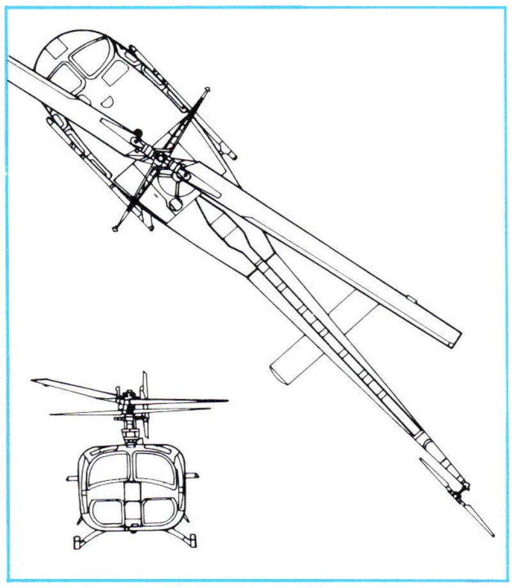

A 102
Hersteller: Costruz. Aeron. G. Agusta
Verwendungszweck: 10-sitziger Transporthubschrauber
Baujahr: 1959
Antrieb: *Pratt & Whitney R-1340,* 600 PS (441,3 kW)
Rotorkreisdurchmesser: 14,50 m
Rumpflänge: 12,60 m
Länge über alles: 17,92 m
Höhe über alles: 3,23 m
Rüstmasse: 1800 kg
Startmasse: 2725 kg
Höchstgeschwindigkeit: 177 km/h
Reisegeschwindigkeit: 160 km/h
Schwebeflughöhe mit Bodeneffekt: 2460 m
Schwebeflughöhe ohne Bodeneffekt: 3900 m
Reichweite: 400 km

A 105B
Hersteller: Costruz. Aeron. G. Agusta
Verwendungszweck: 4-sitziger Mehrzweckhubschrauber
Baujahr: 1965
Antrieb: *Turboméca-Agusta TAA 230,* 350 WPS(257,4 WkW)
Rotorkreisdurchmesser: 9,00 m
Rumpflänge: 6,73 m
Höhe über alles: 2,60 m
Rüstmasse: 624 kg
Startmasse: 1150 kg
Höchstgeschwindigkeit: 210 km/h
Schwebeflughöhe mit Bodeneffekt: 4050 m
Schwebeflughöhe ohne Bodeneffekt: 4750 m
Reichweite: 340 km

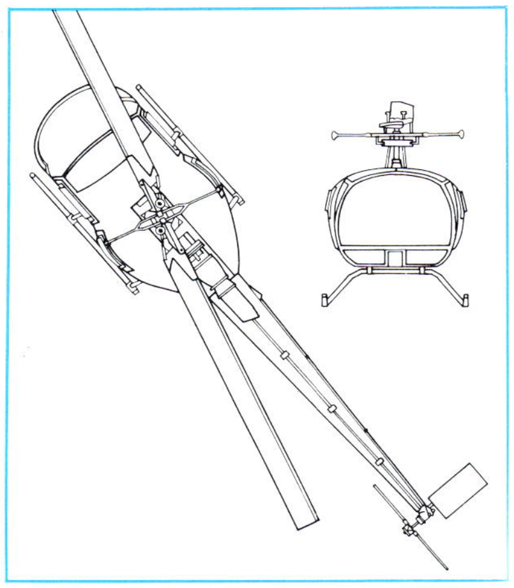

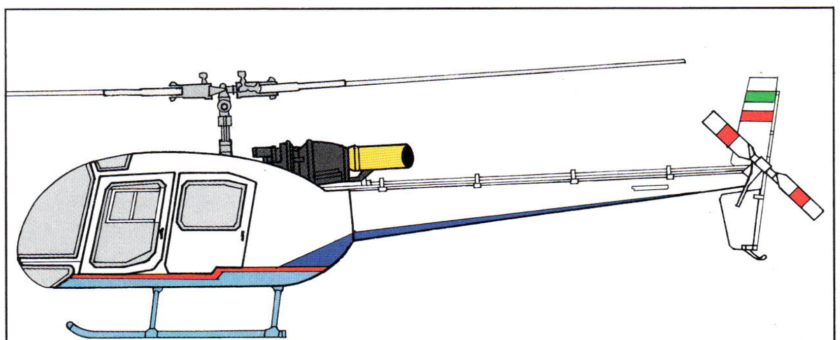

Agusta A 105 B – 1965

Agusta A 105

Nach dem *A 102* hat Agusta weitere Eigenentwürfe in Angriff genommen, und in den Werksanlagen von Cascina Costa den Einsitzer *A 103* und den Zweisitzer *A 104* gebaut, deren Triebwerke ebenfalls Eigenentwicklungen waren. Einige Tage nach dem Erstflug des großen *A 101G* absolvierte am 1. November 1966 ein weiterer, in eigener Regie entwickelter Hubschrauber seinen Jungfernflug, der *A 105A,* ein leichter Zweisitzer mit modernen technischen Merkmalen, welche die Herstellung beträchtlich vereinfachen sollten. Der *A 105A* verfügte über eine *Turboméca-Agusta TAA 230*-Turbine mit einem von Agusta entworfenen und gebauten Untersetzungsgetriebe. Der Helikopter war für Verbindungs- und Beobachtungsflüge und für den Schnelltransport bestimmt und wurde ebenfalls auf dem Aero-Salon von Paris 1965 ausgestellt. Auf der gleichen Ausstellung war auch die viersitzige Version, der *A 105B* (Erstflug im Frühjahr 1965), zu sehen, der dieselben mechanischen und strukturellen Eigenschaften des Zweisitzers aufwies, aber eine größere Kabine hatte. Beide Modelle verblieben im Prototypen- und Flugerprobungsstadium.

Agusta A 106

Aufgrund einer Spezifikation der italienischen Marine nach einem leichten, leistungsfähigen schiffsgestützten U-Jagd-Hubschrauber wurde der *A 106* entwikkelt, dessen Flugerprobung nach dem Erstflug im November 1965 begann. Bei diesem Entwurf wertete Agusta die bei den leichten Hubschraubern *A 103, A 104* und *A 105* gewonnenen Erfahrungen aus. Als Antrieb dieses leichten einsitzigen U-Boot-Bekämpfungs- und Angriffshubschraubers diente eine *Turboméca-Agusta TAA 230*-Wellenleistungs-Gasturbine.
Das Standard-Kufenlandegestell konnte durch Schwimmkörper ersetzt und der Zweiblattrotor zur besseren Unterbringung auf Schiffen nach hinten gefaltet werden. Der Hubschrauber ist ausgerüstet und voll instrumentiert für Flüge mit eingeschränkter Sicht: seine Angriffsbewaffnung besteht aus einem Paar zielsuchender Mk.44-Torpedos an Außenstationen unter dem Rumpf, und Tauchsonarbojen vervollständigen die Ausrüstung.
Die italienische Marine bestellte zwei Prototypen und fünf Serienmodelle, aber die Fertigung der letzteren wurde 1973 eingestellt.

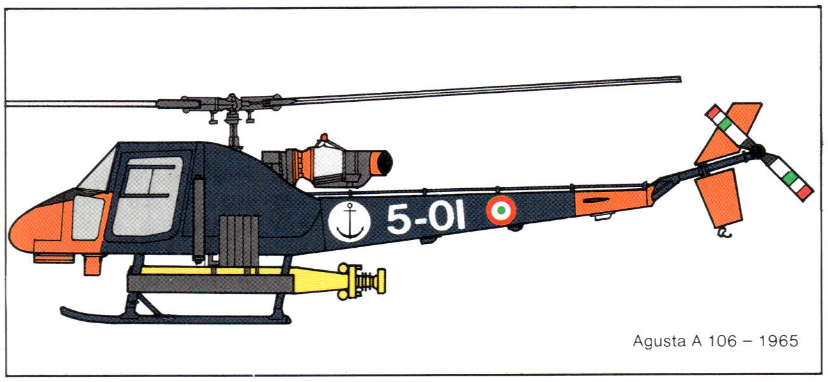

Agusta A 106 – 1965

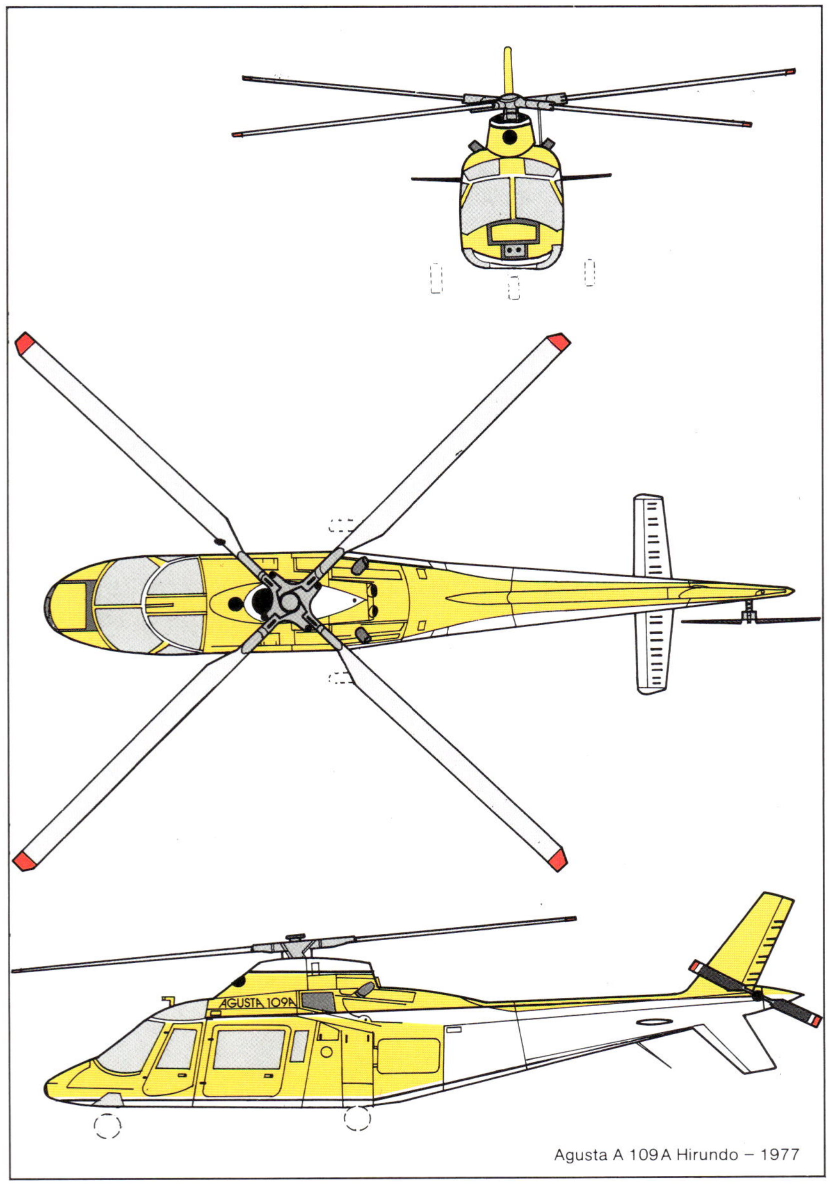

Agusta A 109 A Hirundo – 1977

A 106
Hersteller: Costruz. Aeron. G. Agusta
Verwendungszweck: Schiffsgestützter einsitziger U-Boot-Bekämpfungshubschrauber
Baujahr: 1965
Antrieb: *Turboméca-Agusta TAA 230,* 350 WPS (257,4 WkW)
Rotorkreisdurchmesser: 9,50 m
Rumpflänge: 8,70 m
Länge/Höhe über alles: 10,97 m/2,50 m
Rüst-/Startmasse: 690 kg/1360 kg
Höchstgeschwindigkeit: 200 km/h
Reisegeschwindigkeit: 185 km/h
Schwebeflughöhe mit Bodeneffekt: 3200 m
Reichweite: 560 km
Bewaffnung: 2 MK.44-Torpedos

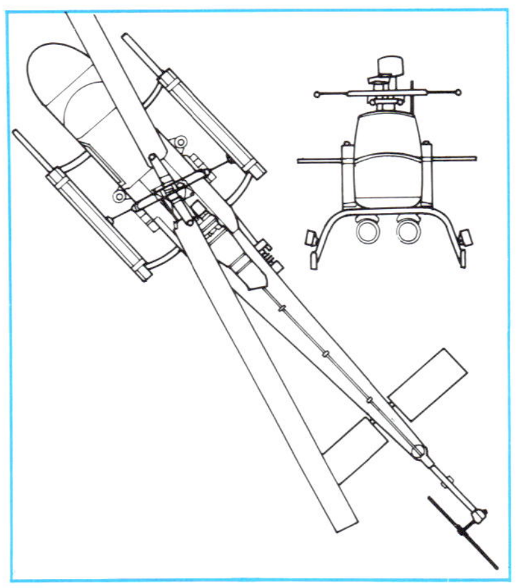

Agusta A 109 Hirundo

1959 hatte die Firma Agusta begonnen, sich für leichte Hubschrauber mit Wellenleistungsturbinen zu interessieren und eine Reihe von Prototypen entwickelt, deren Höhepunkt der *A 105* war. Die Entwicklungsarbeiten für das Nachfolgemuster, den leichten Mehrzweckhubschrauber *A 109,* wurden 1969 aufgenommen, nachdem eine Zeit gründlicher Prüfung aller möglichen Projekte vorausgegangen war, von denen man das vielversprechendste ausgewählt hatte. Darauf folgten fast ein Jahr andauernde Erprobungen im Windkanal, bei denen bestimmte Merkmale des neuen Hubschraubers bedeutend verbessert werden konnten. Nachdem der Grundriß endgültig feststand, wurden im Frühjahr 1970 die letzten Entwürfe für einzelne Teile und die Ausrüstung gemacht, denen im Sommer darauf detaillierte Konstruktionsarbeiten folgten. Ursprünglich war der *A 109* mit einer *Turboméca Astazou-* oder einer *UACL PT6B*-Turbine mit 700 WPS(514,8 WkW) ausgerüstet, aber dann erhielt die zivile Version, der A 109C (C steht für civile), zwei *Allison 250-C14*-Wellenleistungsturbinen und außerdem ein einziehbares Bugradfahrwerk. Er besaß noch denselben konventionellen, in Stahlbauweise hergestellten Vierblatt-Hauptrotor mit Schlag- und Schwenkgelenken, aber eine vollständig neue Zelle mit sauberen, eleganten Linien. Der neue Hubschrauber wurde im Frühjahr 1971 montiert. Nach den abgeschlossenen Bodenerprobungen machte der Prototyp, *A 109C Hirundo* (Schwalbe), am 4. August 1971 auf dem Werkgelände von Cascina Costa seinen Erstflug mit Ottorino Lancia am Steuer, begleitet von Paolo Bellavita, der gemeinsam mit Bruno Lovera den Hubschrauber entwickelt hatte. Wegen der Zerstörung des Hubschraubers bei einem Erprobungsflug, konnte das weitere Testprogramm erst im Januar 1973 mit dem zweiten Prototyp wieder aufgenommen werden. 1973 wurden ein dritter Prototyp in Militärausführung, ein viertes Modell für zivile Zwecke und eine Zelle für statische Tests gebaut.
Der zivile Hochleistungs-Hubschrauber *A 109* gehört einer Kategorie an, die zwischen dem *AB 206* und dem *Bell 212* liegt. Er verfügt über eine konventionelle Struktur, sein Vierblatt-Hauptrotor ist in Aluminium-Waben-Bauweise hergestellt und besitzt ein asymmetrisches Profil mit zu den Spitzen hin verjüngter Dicke, das sich für Hochgeschwindigkeiten hervorragend eignet. Der Rumpfboden der eleganten Zelle besteht aus einer Metallwaben-Konstruktion, die mit dünnen Leichtmetallblechen beplankt ist und so den Bruchlandeanforderungen entspricht. Die Kabine gibt es in verschiedenen Ausführungen, mit nebeneinanderliegenden Pilot- und Passagiersitzen, mit zwei Sitzbänken für 2–3 Personen und einem Gepäckabteil. Hinter der Kabine befindet sich der Rumpfabschnitt, in dem das Fahrwerk eingezogen wird und die Kraftstoffbehälter untergebracht sind. Das einziehbare Fahrwerk garantiert eine optimale Beweglichkeit am Boden und bietet Vorteile hinsichtlich des reduzierten Luftwiderstands im schnellen Flug. Der Kraftstoff befindet sich in zwei Tanks mit einem Gesamtinhalt von 550 Litern. Die zwei nebeneinander angeordneten Triebwerke arbeiten völlig unabhängig voneinander; das Versagen der einen Turbine beeinflußt die Leistung der anderen in keiner Weise. Die fünf *A 109*-Prototypen wurden im Sommer 1975 zugelassen. Tatsächlich hatte die italienische Luftfahrtbehörde RAI dem *Hirundo,* dem ersten vollständig in Italien entworfenen, entwickelten und gebauten Hubschrauber mit zwei Turbinen, die Muster-Zulassung am 30. Mai, kurz vor der Eröffnung des 31. Aero-Salons von Paris, erteilt. Die amerikanische Zulassung erfolgte nur zwei Tage später. In der Zwischenzeit war schon die Pro-

A 109A
Hersteller: Costruz. Aeron. G. Agusta
Verwendungszweck: 8-sitziger leichter Mehrzweckhubschrauber
Baujahr: 1971
Antrieb: 2 *Allison 250-C20B,* je 420 WPS (310 WkW)
Rotorkreisdurchmesser: 11,00 m
Rumpflänge: 10,71 m
Länge über alles: 13,05 m
Höhe über alles: 3,32 m
Rüstmasse: 1360 kg
Startmasse: 2450 kg
Höchstgeschwindigkeit: 310 km/h
Schwebeflughöhe mit Bodeneffekt: 2987 m
Schwebeflughöhe ohne Bodeneffekt: 2042 m
Dienstgipfelhöhe: 4968 m
Reichweite: 565 km

A 129 Mangusta (Mongoose)
Hersteller: Costruz. Aeron. G. Agusta
Verwendungszweck: Leichter 2-sitziger Panzerabwehrhubschrauber
Baujahr: 1983
Antrieb: 2 *Rolls-Royce Gem 2 Mk 1004D,* je 915 WPS (673 WkW)
Rotorkreisdurchmesser: 11,90 m
Rumpflänge: 12,27 m
Länge über alles: 14,29 m
Höhe über alles: 3,35 m
Rüstmasse: 2530 kg
Startmasse: 3800 kg
Höchstgeschwindigkeit: 270 km/h
Schwebeflughöhe mit Bodeneffekt: 3290 m
Schwebeflughöhe ohne Bodeneffekt: 2390 m
Reichweite: 750 km

Die von zwei Wellenleistungsturbinen angetriebene *Agusta A 109 Hirundo*, wie sie erstmals auf dem Pariser Aero-Salon 1977 vorgeführt wurde.

duktion von fünf weiteren Hubschraubern zur Erprobung durch das italienische Heer aufgenommen worden. Gleichzeitig erteilte die Atlantic Aviation, der amerikanische Vertragshändler für die *Agusta 109,* eine Option über 100 *Hirundos* für den zivilen Markt.
Die verbesserte Ausführung *A 109 Mk.II* von 1981 erhielt u.a. ein stärkeres Hauptgetriebe sowie getrennte Ölkühler für den Einsatz in größeren Höhen und in heißeren Klimazonen. Die bewaffnete Version kann mit einer Vielzahl von Waffenrüstsätzen ausgestattet werden. Seit Produktionsbeginn sind von den bisher über 300 georderten *Hirundo* bis Frühjahr 1984 über 220 an Kunden in 15 Ländern in allen Teilen der Welt ausgeliefert worden.

Agusta A 129 Mangusta

Die jüngste Eigenentwicklung aus dem Hause Agusta, der *A 129 Mangusta (Mungo),* ist ein Panzerabwehrhubschrauber mit Allwetter-Tag/Nacht-Einsatzkapazität, der Anfang 1986 beim italienischen Heer in Dienst gestellt werden soll. Die ersten Entwurfsarbeiten gehen auf das Jahr 1978 zurück, und der erste von vier Prototypen absolvierte am 15. September 1983 seinen Erstflug.
Der *A 129* besitzt einen Vierblatt-Gelenkrotor, der Rotorkopf ist aus elastischem Fiberglas hergestellt und verfügt über schmierungsfreie Elastomerlager, die Rotorblätter bestehen aus Fiberglas-Tragholmen, die Ein- und Austrittskanten aus Nomex-Waben und einer Fiberglas-Oberfläche, was zu einer geringen Lärmentwicklung und zu höherer Beschußfestigkeit gegen Treffer von 12,7- und 23-mm-Geschossen führt. Alle wichtigen Betriebssysteme sind aus Sicherheitsgründen zweifach vorhanden. Die hochstabile Waffenplattform wird von einem vollautomatischen Vier-Achsen-Stabilisator gesteuert. Zur Erhöhung des Durchdringungsvermögens sind Radarwarn- und Störsysteme installiert. Die Bewaffnung kann aus TOW-, HOT- oder Hellfire-Panzerabwehr-Lenkflugkörpern bestehen.
Anfang 1984 sind vom italienischen Heer insgesamt 67 *A 129* bestellt worden. Agusta hofft auf weitere Aufträge aus dem Nahen Osten und Südamerika.

AISA
Aeronautica Industrial S.A. (Spanien)

Das Werk ist 1923 von Jorge Loring Martinez auf dem Gelände des Madrider Flughafens Cuatro Vientos gegründet worden und hat sich mit der Konstruktion, der Überholung und Betreuung von Flugzeugen und Hubschraubern sowie dem Lizenzbau von *Fokker*-Transportflugzeugen beschäftigt. Seit dem Ende des Zweiten Weltkrieges verlegte sich AISA mehr auf den Entwurf und den Bau eigener Flugzeuge und Hubschrauber.

AISA Autogiro GN

Ende der 70er Jahre hat die spanische Firma AISA, gestützt auf die beim Nachbau der *Cierva*-Autogiros gesammelten Erfahrungen, eine eigene Tragschrauber-Entwicklung herausgebracht, die für den zivilen Markt bestimmt war und über eine größere Kabine verfügte als die in Großbritannien und den USA hergestellten zeitgenössischen Autogiros.
Der *AISA-GN,* dessen zweiblättriger Druckpropeller, ein Verstellpropeller mit konstanter Drehzahl, von einem *Lycoming*-Motor angetrieben wird, bietet vier Sitzplätze in einer geschlossenen Kabine. Der vierblättrige Gelenkrotor verfügt über eine Bremse, ein Stummelflügel unterstützt die Doppelleitwerksträger mit doppelten Seitenleitwerken. Der Rumpf in Leichtmetall-Halbschalen-Konstruktion ruht auf einem starren Bugradfahrwerk.

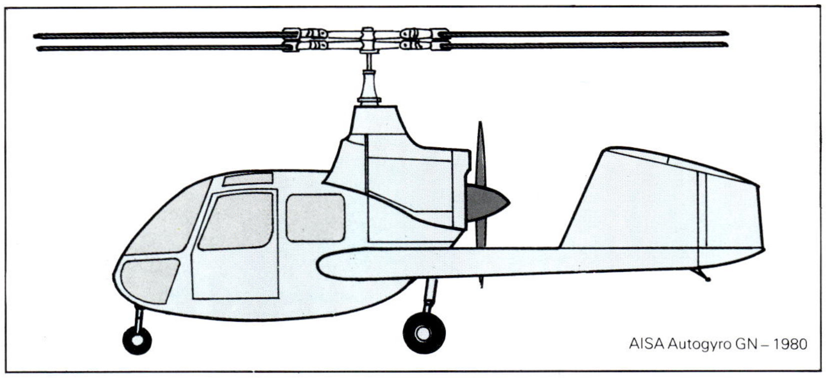

AISA Autogyro GN – 1980

AISA Autogiro GN
Hersteller: Aeronautica Industrial S.A.
Verwendungszweck: 3/4-sitziges Autogiro
Baujahr: 1980
Antrieb: *Lycoming LO-540,* 300 PS(220 kW)
Rotorkreisdurchmesser: 12,80 m
Rumpflänge: 6,50 m
Spannweite: 2,60 m
Höhe über alles: 3,20 m
Rüst-/Startmasse: 708 kg/1200 kg
Höchstgeschwindigkeit: 240 km/h
Steiggeschwindigkeit: 6,5 m/s
Reichweite: 800 km

Avian 2/180 Gyroplane
Hersteller: Avian Aircraft Ltd.
Verwendungszweck: 2-sitziger Flugschrauber
Baujahr: 1960
Antrieb: *Lycoming LO-360,* 200 PS (147,1 kW)
Rotorkreisdurchmesser: 11,28 m
Rumpflänge: 4,92 m
Rüst-/Startmasse: 590 kg/862 kg
Höchstgeschwindigkeit: 193 km/h
Dienstgipfelhöhe: 4280 m
Reichweite: 640 km

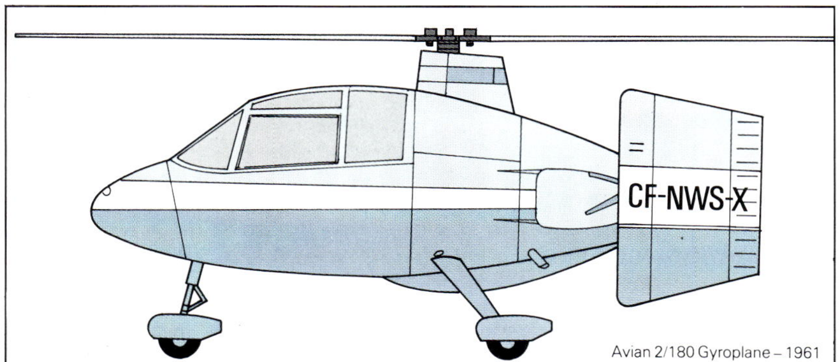

Avian 2/180 Gyroplane – 1961

AVIAN
Avian Aircraft Ltd. (Kanada)

Avian Aircraft ist im Februar 1959 von Peter Payne und einer kleinen Gruppe von Technikern gegründet worden, die *Avro Canada* nach der Fertigstellung des *CF-100*-Allwetter-Jägers verlassen hatten. Seit dieser Zeit beschäftigt sich das in Georgetown Ontario beheimatete kanadische Werk mit dem Entwerfen und Bauen von Hubschraubern und Autogiros.

Avian 2/180 Gyroplane

Der kleine zweisitzige Flugschrauber der kanadischen Avian Aircraft Ltd. flog im Frühjahr 1960 als Experimental-Fluggerät und wurde anschließend in kleiner Stückzahl gebaut. Nachdem der Rotor bei diesem Drehflügler für den Senkrechtstart in Umdrehung gesetzt worden war, wurde die Kraft für den Horizontalflug auf einen ummantelten Vierblatt-Druckpropeller am Heck übertragen. Der *Avian 2/180* erhielt nach einer Reihe von Verbesserungen, 1968 seine zivile Zulassung. Der 200-PS(147,1 kW)-*Lycoming LO-360*-Motor verlieh dem Flugschrauber eine Geschwindigkeit von 193 km/h. Trotz guter Flugeigenschaften verhinderten die zu hohen Kosten weitere Entwicklungen und Fertigungen.

B

Bell
Bell Helicopter Textron Inc. (USA)

Lawrence Dane Bell, 1894 in Indiana geboren, hatte 1935 in Buffalo die *Bell Aircraft Corporation* gegründet und bis zum Zweiten Weltkrieg als Präsident geleitet.
Während der Anfangsjahre verdiente die Firma hauptsächlich durch Nebenverträge, konnte aber 1937 ihr erstes eigenes Projekt fertigstellen, den *XFM-1,* einen zweimotorigen schweren Langstrecken-Begleitjäger mit Druckpropellern und der eindrucksvollen Bewaffnung von zwei 37-mm-Kanonen und vier 12,7-mm-Maschinengewehren. Die nächste Entwicklung war die Konstruktion des Jagdeinsitzers *Bell P-39 Airacobra,* der 1939 erstmals flog. Bei diesem interessanten Entwurf war das Triebwerk, ein flüssigkeitsgekühlter 12-Zyl.-V-Motor, in der Mitte des Rumpfes hinter dem Piloten angeordnet. Basierend auf der *XP-39E,* folgte 1942 der einsitzige Jagdbomber *P-63 Kingcobra.* Bell baute auch das erste amerikanische Düsenflugzeug, die *XP-59A Airacomet,* die am 1. Oktober 1942, drei Jahre nach der deutschen *Heinkel He 178,* ihren Jungfernflug absolvierte.
Eine der erstaunlichsten und beeindruckendsten Leistungen von Bell war die Konstruktion des ersten Überschallflugzeugs, innerhalb eines von der USAF und NACA (später NASA) geförderten Forschungsprogramms. Dabei handelte es sich um ein von einem Raketenmotor angetriebenes Experimentalflugzeug mit sehr dünnen Flügeln ohne jede Pfeilung, dessen Start von einem Mutterflugzeug *(B-29)* aus erfolgte. Die ersten Probeflüge wurden 1946 unternommen, und am 14. Oktober 1947 durchbrach Charles »Chuck« Yeager mit der *Bell X-1* erstmals die Schallmauer. Nachfolgende Überschall-Forschungsflugzeuge der *X-1*-Serie erreichten Höchstgeschwindigkeiten bis zu Mach 2,44 und Flughöhen von über 27 000 m. Im Laufe der 50er Jahre entwickelte Bell verschiedene andere Forschungsflugzeuge, darunter die X-5 mit veränderlicher Flügelgeometrie und den Senkrechtstarter *X-14* (1957) mit zwei Strahlturbinen. Darüber hinaus setzte Bell in Zusammenarbeit mit der NASA seine Forschungsarbeiten auf dem Gebiet des Überschallfluges fort.
Unmittelbar nachdem die Vereinigten Staaten in den Zweiten Weltkrieg eingetreten waren, begann Bell sich auf dem Drehflügelflugzeug-Sektor zu engagieren. Nach zweijähriger Forschung und Entwicklung machte im Juni 1943 die erste Eigenentwicklung, das ohne Unterstützung der Regierung gebaute *Model 30,* seinen ersten freien Flug. Eines der hauptsächlichen Ergebnisse dieses Programms war die Perfektion des von Arthur Young entwickelten Rotor-Systems, das Bell später mit großem Erfolg in einem seiner erfolgreichsten Hubschrauber, dem *Bell 47,* verwendete.
Im März 1952 ließ Bell in Fort Worth, Texas, ein ganz neues Werk errichten und verlagerte dorthin seine gesamte Hubschrauberentwicklung und Fertigung. Aus der Bell Aircraft Corporation wurde nun bis 1957 die Bell Helicopter Division und danach die Bell Helicopter Corporation. Während der 50er Jahre erteilte Bell den Firmen *Kawasaki* in Japan, *Westland* in Großbritannien und *Agusta* in Italien, Genehmigungen für den Lizenzbau ihrer Hubschrauber. Die Flächenflugzeug-Aktivitäten Bells verblieben weiterhin in Niagara Frontier.
Im Juli 1960 wurde das Unternehmen, das inzwischen die Firmenbezeichnung Bell Aerospace Corporation erhalten hatte, Teil des *Textron Inc.*-Industrie-Konzerns und gleichzeitig in drei Abteilungen reorganisiert: in die Bell Aerosystem Company (der Niagara-Frontier-Abteilung), die Bell Helicopter Company und die Hydraulic Research and Manufacturing Company (in Burbank, Kalifornien). Die Bell Aerosystem Company blieb verantwortlich für die Konstruktion, den Antrieb, die Avionik und die Bewaffnungssysteme von Flächenflugzeugen. Sie experimentierte u.a. auch 1965/66 mit dem Senkrechtstarter *Bell X-22A,* ein äußerlich durch seine vier schwenkbaren ummantelten Propeller recht eigenartiges Fluggerät, während das gesamte Drehflüglerprogramm ausschließlich in Fort Worth abgewickelt wurde. Über einem Zeitraum von 30 Jahren haben insgesamt mehr als 14 000 zivile und militärische Hubschrauber die Fertigungsbänder der texanischen Werksanlagen verlassen.
Das Werk in Fort Worth unterhält auch eine Versuchsabteilung auf dem Flughafen Arlington und ein logistisches Zentrum auf dem Flughafen Hurst.

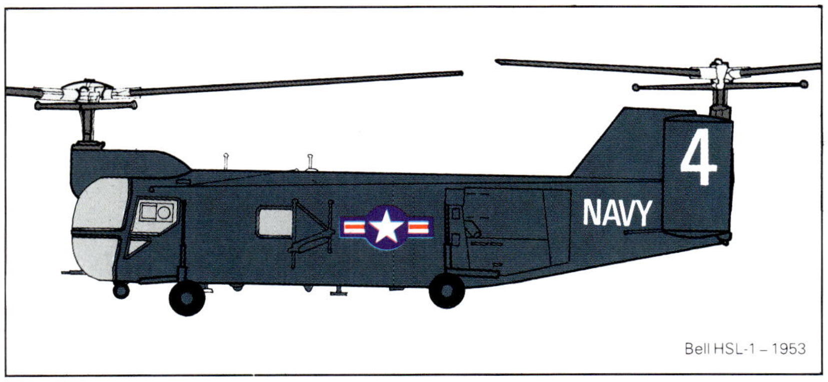

Bell HSL-1 – 1953

Bell HSL-1

Bells einziger Entwurf eines Tandemhubschraubers war der *HSL-1 (Bell 61).* Der neun Tonnen schwere Hubschrauber mit den typischen Bell-Zweiblattrotoren, die hintereinander angebracht waren und sich gegenläufig drehten, wurde von einem auf 1900 PS(1397,4 kW) reduzierten *Pratt & Whitney*-Doppelsternmotor angetrieben, der im hinteren Teil des Rumpfes eingebaut worden war. Der Hubschrauber hatte im Juni 1950 eine Ausschreibung der US-Navy für einen U-Boot-Jäger gewonnen. Nach einer dreijährigen Entwicklungszeit machte der Prototyp am 4. März 1953 seinen Erstflug. Die Besatzung bestand aus zwei Piloten und zwei Sonar-Operateuren. Er konnte eine Kampflast von 1800 kg befördern, die aus Wasserbomben oder zwei *Fairchild XAUM-N-2 Petrel*-Torpedos bestand.

Bell HSL-1
Hersteller: Bell Helicopter Company
Verwendungszweck: 4-sitziger U-Boot-Bekämpfungshubschrauber
Baujahr: 1953
Antrieb: *Pratt & Whitney R-2800-50 Double Wasp,* 1900 PS(1397,4 kW)
Rotorkreisdurchmesser: 15,70 m
Rumpflänge: 12,70 m
Länge über alles: 21,10 m
Höhe über alles: 4,40 m
Rüstmasse: 8650 kg
Startmasse: 12000 kg
Höchstgeschwindigkeit: 217 km/h
Schwebeflughöhe mit Bodeneffekt: 3017 m
Dienstgipfelhöhe: 4725 m
Reichweite: 563 km
Bewaffnung: 2 Torpedos oder 1800 kg Kampflasten

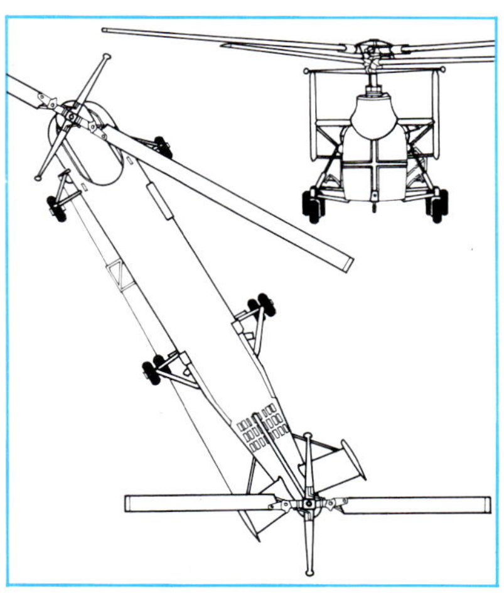

Nach Abschluß des Erprobungsprogramms stand jedoch fest, daß der Hubschrauber zuviel Lärm entwickelte, um wirksam gegen U-Boote eingesetzt werden zu können. Darüber hinaus führte das Ende des Koreakrieges zur Streichung der Aufträge über 96 *HSL-1* für die US Navy und 18 für die Royal Navy. Lediglich 50 HSL-1 wurden an die US Navy ausgeliefert.

Bell Model 47

Das erste Baumuster dieser noch heute so erfolgreichen Hubschrauber-Familie, *Bell Model 30,* hat im Juni 1943 mit einem 150-PS(110,3 kW)-Sechszylinder-*Franklin*-Boxermotor seinen Erstflug gemacht. Seine besonderen Merkmale waren der halbstarre, auf- und abwärts schwingende (see-saw) Zweiblattrotor, bei dem die Blätter über einen Kardanring, der am Rotormast in einem zentralen Schlaggelenk gelagert war, starr miteinander verbunden waren; der rechtwinklig zu den Blättern angeordneten Stabilisierungsausleger mit zwei stromlinienförmigen Gegengewichten an den Enden, dessen Rotation einen kreiselähnlichen Stabilisierungseffekt bewirkte sowie die zyklische Blattverstellung, mit deren Hilfe die Rotorebene gegenüber der Vertikalen für die Vorwärts-, Rückwärts- und Seitwärtsflugmanöver geneigt werden konnte. Das Stahlrohr-Rumpfgerippe war nur vorn verkleidet. 1946 lief die Fertigung der ersten 28 militärischen Hubschrauber *47A* (18 mit der Bezeichnung *YR-13* für die USAF und 10 als *HTL-1* für die US Navy) und der Zivilversion *47B* an. Diese für die damalige Zeit sehr kompakten Hubschrauber besaßen eine autoähnlich geschlossene Kabine für zwei Besatzungsmitglieder. Das aus der gleichen Zeit datierende *Model 42* mit fünf Sitzen kam nicht über das Prototypen-Stadium hinaus.
Die Variante *Bell 47D* (FAA-Zulassung am 25. Februar 1948), die als erste eine neue Verglasung des Cockpits in Form eines »Goldfisch-Aquariums« bekam, war das erste Modell, das *Bell* in Großserie für militärische Zwecke herstellte, und zwar 64 *H-13B* und 1 *YH-13C* für die US Army sowie 12 *HTL-2* für die US Navy, 15 H-13B wurden später in den Ambulanzhubschrauber H-13C umgerüstet. Ab 1949 lief der dreisitzige 47D-1 vom Band,

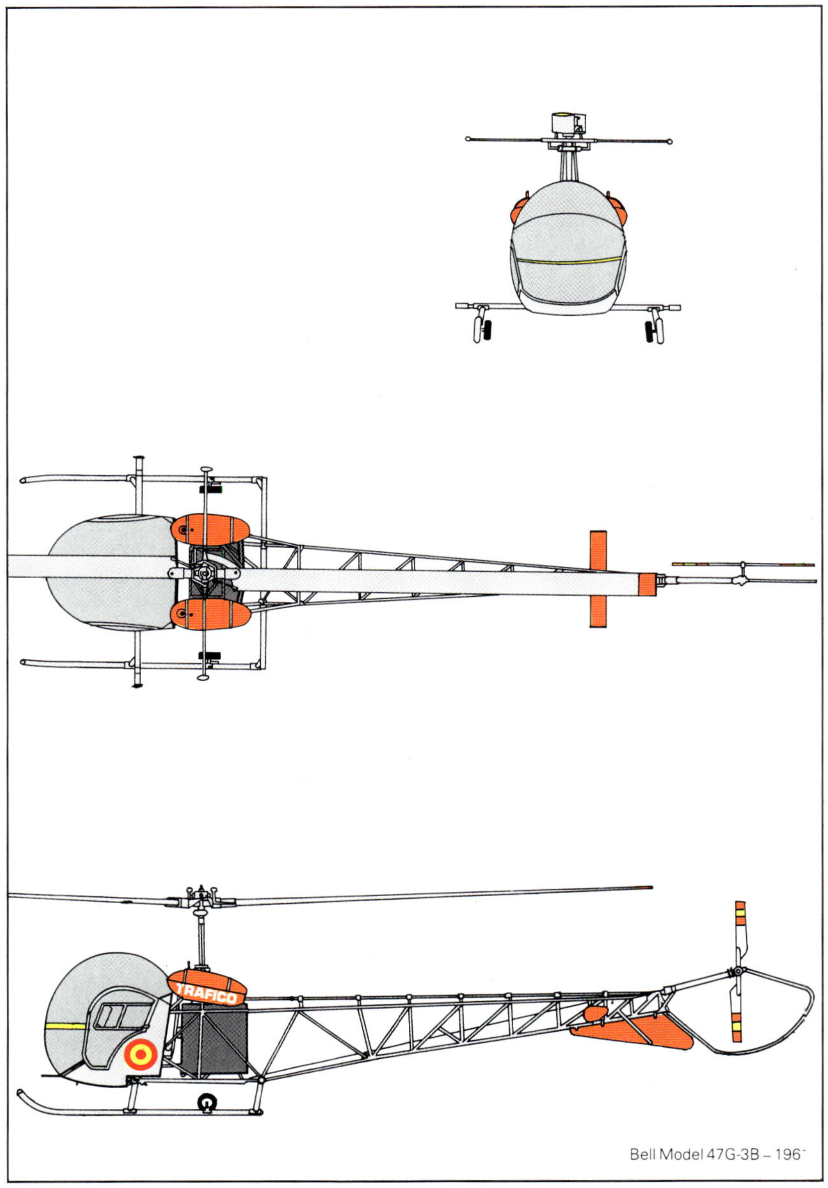

Bell Model 47G-3B – 196

von dem 87 H-13D und 490 OH-13E (mit Doppelsteuer) von der US Army bestellt wurden.
Aus dem *Bell 47D* entstanden zwei weitere Haupt-Varianten, der *47G* und der *47J Ranger,* letzterer mit verkleidetem Rumpf. Der *Bell 47G (OH-13G Trooper* bzw. *Sioux)* war eine völlig neue Version mit einem 200-PS(147,1 kW)-*Franklin 6V4-200-C32*-Boxer-Motor, dessen Hauptmerkmal die beiden zusätzlichen rückwärtigen Kraftstofftanks waren. Alle von 1953 an gefertigten 265 OH-13G gingen an die US-Army. Von dem bis auf den neuen 260-PS(191,2 kW)-*Lycoming TVO-435*-Motor identischen *Model 47G-2* übernahm die US-Army über 400 *OH-13H,* während eine kleinere Anzahl eines ähnlichen Modells, der *H-13J,* an die USAF ging. Zu der Baureihe, die über viele Jahre in den USA und in anderen Staaten in der Produktion blieb, gehörten die *47G-3* und ihre Varianten. Die US-Army hatte einen Auftrag über 283 *Bell 47G-3B (OH-13S)* erteilt, zusätzlich wurden 415 *Bell 47G-3B-1* als *TH-13T* zur Instrumentenflugschulung gebaut, die mit ADF-, VOR-, ILS- und MK-Geräten ausgerüstet waren. Weitere Versionen des *47G* waren der *G-4* mit einem 305-PS(224,3 kW)-*Lycoming VO-540-B1B3*-Motor, der *G-3B-2* mit dem für große Höhen konstruierten 280-PS (206 kW)-*Lycoming TVO-435-G1A*-Turboladermotor und der *G-5* mit einem 265-PS (195 kW)-*Lycoming VO-435-B1A,* eine vereinfachte Ausführung für zivile Einsätze. Die für Flüge in größeren Höhen und für

Bell 47G-3B
Hersteller: Bell Helicopter Company
Verwendungszweck: 3-sitziger Beobachtungs- und Verbindungshubschrauber
Baujahr: 1961
Antrieb: *Lycoming TVO-435,* 270 PS (198,5 kW)
Rotorkreisdurchmesser: 11,35 m
Rumpflänge: 9,62 m
Länge über alles: 13,17 m
Höhe über alles: 2,83 m
Rüstmasse: 814 kg
Startmasse: 1340 kg
Höchstgeschwindigkeit: 169 km/h
Schwebeflughöhe mit Bodeneffekt: 6100 m
Dienstgipfelhöhe: 5330 m
Reichweite: 507 km

Einsätze in heißem Klima konstruierte Variante *47G-3B-2A* konnte sowohl für zivile Zwecke verwendet werden und blieb in den USA bis 1970 in der Produktion, genau wie der *47G-5A (Ag-5)*, der mit einer um 30 cm erweiterten Kabine als Sprühhubschrauber für landwirtschaftliche Aufgaben bestimmt war. Ein *Bell Model 47G* wurde versuchsweise mit einer 425-WPS (312,5 WkW)-*Turboméca Artouste*-Turbine, von *Continental* als *200-T51T-3* in Lizenz gebaut, ausgerüstet. Als *XH-13F* wurden mit ihm einige Komponenten des *Bell 204* getestet. An den Rumpf eines anderen *Bell 47G* sind für ein spezielles Forschungsprogramm Tragflächen montiert worden.

Auch in Europa wurde der *Bell 47* ein großer Erfolg, dank seines italienischen Lizenznehmers *Agusta,* der ihn bis Anfang der 70er Jahre in großer Anzahl produzierte. Bis zum Erscheinen modernerer Baumuster bildete der kleine *AB 47* das Rückgrat der italienischen Hubschraubereinheiten. Das Heer hatte insgesamt 75 der Versionen *AB-47G-2* und *47G-3B* bestellt. Einige gingen an die Marine, und nicht weniger als 70 dienten den italienischen Karabinieri, der Polizei, dem Zoll und der Feuerwehr. Weitere 50 wurden an die British Army geliefert, bevor Westland sie in Lizenz herstellte. Hunderte der *Agusta-Bell 47* wurden an Kunden in aller Welt verkauft, die letzten gingen nach Sambia. In der Bundeswehr wurden bis Mitte der 70er Jahre 14 *Bell 47G-2 Sioux* und 31 *Agusta-Bell 47G-2* geflogen.

Der *Bell 47J* hatte nach einem vollständigen Umbau einen voll verkleideten Rumpf, gleich dem des kommerziellen *47H-1,* und eine längere Kabine mit einer Sitzbank für drei Personen erhalten. Die als *Bell-Ranger* bekannte *47J*-Serie wurde an die US-Navy als *HTL-7,* die US Coast Guard und an das US Marine Corps geliefert. Wie seine Vorgänger wurde auch der *Ranger* von *Agusta* gebaut, die auch eine U-Jagd-Version *(AB 47J-3)* entwickelten, den ersten Hubschrauber, der von italienischen Kriegsschiffen aus operieren konnte. Die Verwendbarkeit des *Super Ranger* zur U-Boot-Bekämpfung wurde jedoch wegen seiner Probleme mit der Stabilität, der ungenügenden Waffenzuladung und der mangelnden Schlechtwetterflugeigenschaften beeinträchtigt. *Agusta* hat über 1100 *AB 47G/J* gefertigt.

Bell Model 204

Der Entwurf der *Bell 204* geht auf eine Ausschreibung der US-Army von 1954 nach einem Mehrzweckhubschrauber für den Truppen- und Verwundetentransport sowie für die Pilotenschulung zurück. Die US-Army bestellte drei *XH-40* Prototypen, deren erster mit Floyd Carlson am Steuer am 22. Oktober 1956 in Fort Worth, knapp 16 Monate nach Aufnahme der Fertigung, seinen Erstflug machte. Damit hatte die Army ihr erstes turbinengetriebenes Luftfahrzeug eingeführt. Den *XH-40* folgten sechs weitere Prototypen *YH-40,* die im August 1958 zur Truppenerprobung ausgeliefert wurden. Die *YH-40* unterschieden sich in mancher Hinsicht, wobei besonders die 30 cm längere Kabine auffiel. Andere Modifikationen hatten Landekufen, eine breitere Kabinentür und Veränderungen an der Steuerung, die ursprüngliche 700-WPS(514,8 WkW)-*Lycoming T53-L-1*-Wellenleistungsturbine war gegen die neue stärkere 770-WPS (566,3 WkW)-Version ausgetauscht worden. Der Hubschrauber besaß klassische Linien, das Bell-Zweiblatt-Rotorsystem mit Stabilisierungsbalken und einen Zweiblatt-Heckrotor. Die über der Kabine angeordnete *Avco-Lycoming*-Turbine konnte alle gängigen Kraftstoffe wie Benzin, Kerosin und JP4 verwenden. Neu waren auch die Grundüberholungsabstände nach nunmehr 1000 Flugstunden. Die geräumige Kabine bot Platz für zwei Besatzungsmitglieder und acht Personen oder vier Tragbahren.

Nach intensiver Flugerprobung orderte die US-Army weitere neun Vorserienmaschinen *Bell 204* mit der neuen Bezeichnung *HU-1* (Helicopter Utility), aus der auch der Name »Huey« resultiert. Aus HU wurde später UH (Utility Helicopter).

Der erste *HU-1* verließ im September 1958 die Endmontagehalle in Fort Worth und kam zu einer Versuchsbasis nach Alaska, wo die Kälte-Erprobungen stattfanden. Im Oktober 1959 wurde er nach Fort Rucker für Tests mit drahtgelenkten *Nord AS 11*-Panzerabwehr-Flugkörpern überführt.

Die *HU-1A* war die erste Version der *Iroquois,* die im März 1959 in großer Zahl in Auftrag gegeben wurden. Die Lieferung des ersten Loses von 110 *HU-1A,* (auch unter dem nicht offiziellen Namen »Huey« bekannt), dauerte bis Juni 1961. Ab Frühjahr 1960 erhielten auch einige Einheiten der US-Streitkräfte in Übersee (Korea und Europa) die *Iroquois.* 14 mit Doppelsteuerung und mit IFR-Avionik ausgerüstete *HU-1A* kamen als Schulmaschinen für Blindflugausbildung zur Army Aviation School. Verschiedene Bewaffnungskonfigurationen wurden an der *HU-1A* erprobt, darunter mit sechs *Nord AS 11 (AGM-22A),* vier 7,62-mm-M60-

Bell Model 204 (HU-1 A)
Hersteller: Bell Helicopter Company
Verwendungszweck: 6-sitziger Mehrzweckhubschrauber
Baujahr: 1959
Antrieb: *Lycoming T53-L-1A,* 860 WPS (632,5 WkW)
Rotorkreisdurchmesser: 13,41 m
Rumpflänge: 12,08 m
Länge über alles: 13,59 m
Höhe über alles: 3,84 m
Rüstmasse: 2050 kg
Startmasse: 3856 kg
Höchstgeschwindigkeit: 238 km/h
Schwebeflughöhe mit Bodeneffekt: 3230 m
Dienstgipfelhöhe: 3500 m
Reichweite: 615 km
Bewaffnung: 2 × 7,62-mm-Maschinengewehre und 16 × 7-cm (FFAR)-Raketen

Bell HU-1A – 1959

Der Prototyp von *Bell Model 47J:* Im Gegensatz zum *Model 47G* hat diese Version einen voll verkleideten Rumpf und eine vergrößerte Kabine mit bis zu vier Sitzen. *47J* ist in größeren Stückzahlen für zivile und militärische Verwendung gebaut worden.

Maschinengewehren in Emerson-XM6 E2-Zwillingslafetten, einem automatischen 40-mm-Granatwerfer von General Electric und mit 2×8 ungelenkten 7-cm (FFAR)-Raketen. Die mit zwei Maschinengewehren und 16 Raketen bestückten *HU-1A*-Hubschrauber erhielten im Oktober 1962 in Vietnam ihre Feuertaufe.

Mit der Bestellung von vier *YUH-1B*-Prototypen durch die US-Army im Juni 1959 wurde die Entwicklung des *HU-1A*-Nachfolgemusters, *Model 204B* (zivile Version), eingeleitet. Die *HU-1B*-Baureihe hatte stärkere, anfangs 960-WPS(706 WkW)-*Lycoming T53-L-5*-Turbinen und breitere in Wabenbauweise gefertigte Rotorblätter. Der Prototyp flog 1960, und die Lieferung der ersten Serienmaschinen begann im März 1961. Wie bei dem Vormuster konnte die *HU-1B* in den verschiedensten Konfigurationen bewaffnet werden; die 1962 nach Vietnam gelieferten Hubschrauber hatten einen Rüstsatz von vier 7,62-mm-M60-Maschinengewehren und zwei Behältern mit je acht ungelenkten 7-cm (FFAR)-Raketen. Die letzten *HU-1B*, die von 1962 an die neue Bezeichnung *UH-1B* erhalten hatten, verfügten bereits über die 1100 WPS(809 WkW) starken *T53-L-11*-Turbinen. Ab September 1965 wurde die *Bell 204* in der verbesserten Ausführung *UH-1C* mit neuem Rotor und 69 cm breiten Rotorblättern gebaut.

Ein Bell *204B* wurde in einen Hochleistungs-Verbundhubschrauber, *Model 533*, umgebaut, wobei man einen *YUH-1B*-Rumpf aerodynamisch verfeinerte und zusätzlich an den Enden zweier kleiner Tragflügel zu beiden Seiten des Rumpfes je ein *Continental J69-T-29*-Strahltriebwerk von je 770 kp(7,5 kN) Schub montierte. In dieser Ausführung erreichte der Verbundhubschrauber am 15. Oktober 1964 eine Geschwindigkeit von 380 km/h und nach weiteren Modifizierungen im Mai 1969 509 km/h.

Der *UH-1B* wurde an verschiedene Alliierte der Vereinigten Staaten geliefert, einschließlich Australien, Neuseeland, Indonesien, Südvietnam, Thailand, Norwegen und Kolumbien. Die größten Lizenznehmer sind *Agusta* in Italien und *Fuji* in Japan. Der erste *Agusta-Bell* machte am 10. Mai 1961 seinen Erstflug und war mit einer 1150-WPS(845,8 WkW)-*Bristol Siddeley Gnome H1000*-Turbine ausgerüstet. *Agusta* baute den *AB 204B* für verschiedene Abnehmer, darunter Schweden, Holland, Österreich, Saudi-Arabien und Spanien. Sie sind an alle drei Teile der italienischen Streitkräfte geliefert worden. Von dem in Italien entwickelten U-Boot-Bekämpfungshubschrauber erhielten 30 die italienische und zwei die spanische Marine. Diese waren mit einem automatischen Stabilisierungs-System, mit Tauchsonar und einem Paar zielsuchenden Mk.-44-Torpedos ausgerüstet.

Bell Model 205

Der *Bell UH-1D* bzw. *-1H Iroquois* (zivile Bezeichnung *Bell Model 205)* war für viele Jahre der taktische Standard-Mehrzweckhubschrauber der US-Army und wird noch heute von vielen Streitkräften der Welt geflogen. Die Grundversion verfügt gegenüber ihrem Vorgänger *Bell 204* über eine wesentlich vergrößerte Kabine, die zusätzlich zur Besatzung zehn bis zwölf Soldaten mit Ausrüstung oder sechs Krankentragen sowie einen Sanitäter aufnehmen kann. Der Serienproduktion gingen sieben *YUH-1D*-Prototypen voraus, von denen der erste am 16. August 1961 flog. Als Antrieb diente die 1100-WPS(809 WkW)-*Lycoming*-Wellenturbine *T53-L-11*. Wie bei dem vorhergehenden Modell bestand die Rumpfstruktur aus zwei Teilen, dem Kabinen- und dem Leitwerksträger-Abschnitt. Die Kabine war besonders geräumig mit einer Innenkapazität von 6,23 m³, was eine 75%ige Zunahme an Volumen gegenüber den früheren *UH-1*-Serienmodellen bedeutete. Der gesamte verfügbare Raum konnte dank der Schiebetüren nutzbar gemacht werden und bot viele Möglichkeiten für die Gestaltung der Kabine für den Personentransport, die von sehr enger Bestuhlung mit 15 Sitzplätzen bis zur fünfsitzigen VIP-Version reichten. Der in Halbschalenbauweise hergestellte Rumpf ruhte auf den klassischen, stoßabsorbierenden *Bell*-Landekufen. Alle Steuerbewegungen des *Bell 205* werden zur Entlastung der Handkräfte über ein Servosystem ausgeführt, und der Hubschrauber kann auch von nur einem Piloten, vom rechten Sitzplatz aus, geflogen werden. Ein Lastenhaken ist im Schwerpunkt unter der Kabine installiert worden, so daß die Stabilität und Manövrierfähigkeit des Hubschraubers auch von einer hin und her schwingenden Hakenlast nicht beeinträchtigt werden können. Zusätzlich kann seitlich eine Rettungswinde angebracht werden. Die Vielseitigkeit des *205* wird noch weiter erhöht durch das große Angebot an Ausstattungsmöglichkeiten, für die in der Standardausführung Vorkehrungen getroffen wurden: Doppelsteuerung, Rotorbremse, Krankentragen, aufblasbare Notschwimmer, Schneekufen und Außenbehälter.

Die im August 1963 ausgelieferten *UH-1D* sind von der 11. Luftlandedivision in Fort Benning in Dienst gestellt und später (1. Juli 1965) mit der in 1. Kavalleriedivision umbenannten Einheit nach Südvietnam verlegt worden, wo sie speziell im Rahmen der taktischen Kriegführung in schwierigem Gelände eingesetzt wurden. Die von *Bell* in den Staaten gebauten *UH-1D* gingen u.a. an die Streitkräfte von Australien, Brasilien, Chile, Kanada, Thailand, Laos, Neuseeland, Peru und der Türkei. Am 26. Oktober 1965 wurde zwischen dem deutschen Bundesministerium der Verteidigung und *Bell* ein Abkommen über den Nachbau der *UH-1D* geschlossen. *Dornier* wurde Hauptauftragnehmer dieses Lizenzbauprogramm, in dessen Rahmen man bis zum 19. Januar 1971 insgesamt 352 *UH-1D* für die Bundeswehr und den Bundesgrenzschutz fertigte.

Der Hauptlizenznehmer für den *Bell 205B* wurde in Italien wiederum *Agusta*, die mit diesem Modell an ihre erfolgreichen Verkaufs- und Exportrekorde des *AB 204B* anknüpften. *Agusta* hatte 1963 mit der Produktion des *AB 205* begonnen. Als Antrieb diente zunächst eine *Lycoming T53-L-11*-Turbine, die später durch die stärkere *Lycoming T53-L-13* mit 1400 WPS (1029,7 WkW) ersetzt wurde, und schließlich brachten sie eine kommerzielle Version heraus, den *AB 205A-1* für 14 Passagiere. Darüber hinaus hat *Agusta* zwei eigene Versionen entworfen und gebaut: den *AB 205TA* mit zwei 800-WPS(588,4 WkW)-*Turboméca Astazou XII* und den *AB 205 Bi-Gnome* mit zwei 1250-WPS (919,3 WkW)-*Rolls-Royce Gnome H1200*-Turbinen. Diese Entwicklungen wurden nicht weitergeführt, da *Agusta* die Lizenzgenehmigung für den Bau des *Bell Model 212 Twin Two-Twelve* erwarb. Einige hundert *AB 205* sind für die Streitkräfte verschiedener Länder gebaut worden, einschließlich Italien, Iran, Kuwait, Abu Dhabi, Marokko, Saudi-Arabien, Israel, Spanien, Türkei, Griechenland, Sambia und das Sultanat von Oman.

Bell Model 206

Im Jahr 1960 hatte die US-Army die Spezifikationen für einen leichten Beobachtungshubschrauber LOH (Light Observation Helicopter) ausgeschrieben, der in der Lage sein sollte, eine Reihe von Aufgaben zu erfüllen, für die bis dahin mindestens drei verschiedene Typen von Hubschraubern nötig waren: den Transport von bis zu drei Soldaten oder entsprechender Last, die Evakuierung von Verwundeten, Bewaffnungsmöglichkeiten für Luftnahunterstützung, Artilleriebeobachtung und Fotoaufklärung. Von den über vierzig eingereichten Entwürfen kamen drei

Einer der 60 *Bell 204,* der von *Agusta* als *AB 204B* in Lizenz gebaut und 1963 von den italienischen Luftstreitkräften in Dienst gestellt wurde.

Einer der bei *Agusta* in Lizenz gefertigten *Bell Model 205*, die in den 70er Jahren an die Luftstreitkräfte der Sultanate von Maskat und Oman ausgeliefert wurden.

Hubschrauber in die engere Wahl: die von *Bell, Hiller,* und *Hughes.* Von jedem dieser Typen wurden im Frühjahr 1961 fünf Prototypen für die Auswertung und das Vergleichsfliegen im Fort Rucker in Auftrag gegeben, und zwar der *Bell OH-4A,* der *Hiller OH-5A* und der *Hughes OH-6A.* Der erste, der aus dem Projekt ausschied, war der *Bell OH-4A* (Erstflug am 8. Dezember 1962), aber aus den fünf der von der Regierung finanzierten *OH-4A*-Prototypen, entstand später ein sehr erfolgreicher Hubschrauber, der *Bell 206A JetRanger.* Die Spezifikationen hatten eine mit großzügigen Fenstern ausgestattete geräumige Kabine für einen Piloten und vier Personen, die Ausrüstung mit einer *Allison*-Turbine, eine Zuladung von 360 kg und eine Höchstgeschwindigkeit von 250 km/h verlangt.

Das Ergebnis war ein Hubschrauber mit einer geräumigen, quadratischen Kabine, einer auf dem Kabinendach montierten Turbine und einem normalen Rumpfheckausleger. Als Rotorsystem hatte man als Hauptrotor den klassischen, halbstarren (see-saw) *Bell*-Zweiblattrotortyp verwendet und einen Zweiblatt-Heckrotor an der linken Seite des Heckauslegers. Nach dem Ausscheiden Bells aus dem LOH-Programm hatte es zunächst den Anschein, als ob das Projekt endgültig aufgegeben würde. Doch dann entschied man sich mit dem anderen Verlierer des Wettbewerbs, dem *Fairchild-Hiller FH-1100,* auf dem zivilen Markt zu konkurrieren. Daraufhin begann *Bell* 1965 mit dem völligen Umbau des *Model 206,* der den Hubschrauber attraktiver machen und ein weniger militärisches Äußeres verleihen sollte.

Das Ergebnis war ein voller Erfolg. Der ästhetisch ansprechende Hubschrauber mit seinen eleganten Linien wurde auf dem zivilen Markt mit Beifall aufgenommen und konnte seinen Rivalen leicht ausstechen. Der *JetRanger* hatte alle dynamischen Komponenten seines militärischen Vorläufers übernommen und nutzte im Gegensatz zu dem *Hiller*-Hubschrauber die volle verfügbare Leistung der 317-WPS-(233 WkW)-*Allison 250-C18*-Wellenturbine aus. Der Prototyp flog erstmals am 10. Januar 1966 und erhielt am 20. Oktober des gleichen Jahres die Zulassung von der FAA.

Auf dem zivilen Markt war der Hubschrauber so erfolgreich, daß bereits bis Mitte 1968 300 und bis zum Produktionsende im Frühjahr 1971 insgesamt 688

Bell Model 205 (UH-1D)
Hersteller: Bell Helicopter Company
Verwendungszweck: 15-sitziger leichter Mehrzweckhubschrauber
Baujahr: 1963 (ab 1967 bei Dornier)
Antrieb: *Lycoming T53-L-13,* 1400 WPS (1029,7 WkW)
Rotorkreisdurchmesser: 14,63 m
Rumpflänge: 12,77 m
Länge über alles: 17,41 m
Höhe über alles: 5,23 m
Rüstmasse: 2270 kg
Startmasse: 4310 kg
Höchstgeschwindigkeit: 222 km/h
Schwebeflughöhe mit Bodeneffekt: 6000 m
Schwebeflughöhe ohne Bodeneffekt: 4570 m
Dienstgipfelhöhe: 10174 m
Reichweite: 510 km (ohne) 1300 km (mit 2 Zusatztanks)

Bell Model 205 (UH-1H)
Hersteller: Bell Helicopter Company
Verwendungszweck: 15-sitziger leichter Mehrzweckhubschrauber
Baujahr: 1963
Antrieb: *Lycoming T53-L-13,* 1400 WPS (1029,7 WkW)
Rotorkreisdurchmesser: 14,63 m
Rumpflänge: 12,77 m
Länge über alles: 17,40 m
Höhe über alles: 4,42 m
Rüstmasse: 2363 kg
Startmasse: 4310 kg
Höchstgeschwindigkeit: 222 km/h
Schwebeflughöhe mit Bodeneffekt: 4145 m
Dienstgipfelhöhe: 6700 m
Reichweite: 511 km

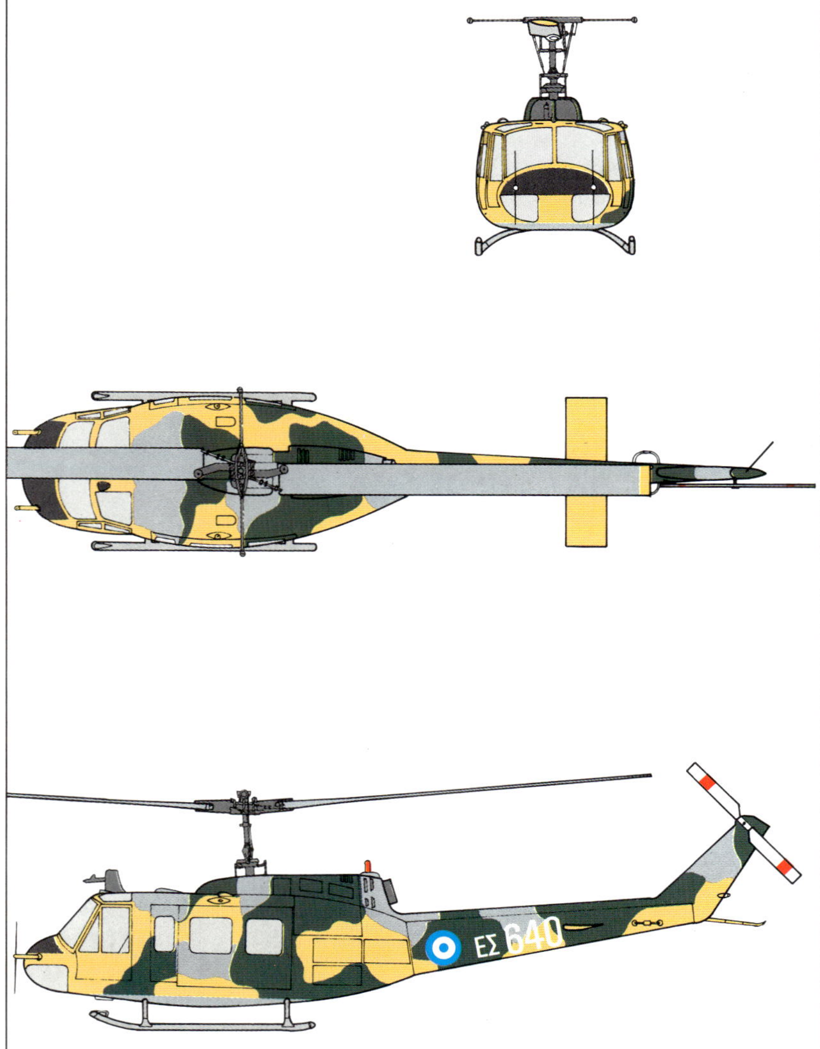

Bell UH-1D (Lizenzfertigung Agusta) – 1963

Bell 206A JetRanger verkauft werden konnten.
Noch bevor die letzten der 1070 *Hughes OH-6A Cayuse* aus dem ersten LOH-Programm ausgeliefert worden waren, erließ die US-Army eine neue Ausschreibung über 2200 LOH, verbunden mit einem Vergleichswettbewerb. *Hiller* beteiligte sich nicht mehr, *Hughes* kam wieder mit dem *OH-6A,* und *Bell* stellte sich mit dem aus dem *JetRanger* abgeleiteten *OH-58 Kiowa,* der sich gegenüber dem *JetRanger* nur durch einen größeren Hauptrotor unterschied, der Vergleichserprobung. Dieses Mal fiel die Entscheidung zugunsten des *Kiowa,* und am 8. März 1968 wurde von der US-Army der Auftrag zur Serienfertigung des Hubschraubers an *Bell* erteilt, dessen Auslieferung an die Truppe am 23. Mai 1969 begann. Im November des gleichen Jahres flogen die ersten *OH-58A Kiowas* in Vietnam, wo sie gemeinsam mit dem *Hughes OH-6A Cayuse* die schwierigen Einsatzaufgaben der veralteten *Bell H-13 Sioux* und *Hiller H-23 Raven* übernahmen.
Inzwischen hatte auch die US-Navy ihrerseits Interesse an dem Hubschrauber bekundet und am 31. Januar 1968 40 Maschinen als Trainer in Auftrag gegeben, die im Lauf des gleichen Jahres als *TH-57A SeaRanger* ausgeliefert wurden. Insgesamt sind an die US-Army bis Juli 1973 2200 *OH-58A Kiowa* geliefert worden, 40 erhielt die US-Navy, und 74 (als *COH-58A)* gingen nach Kanada. Um diese großen Aufträge erfüllen zu können, hatte *Bell* die Fertigung der Rümpfe der Firma *Beechcraft* übertragen.
Der Lizenznehmer im Ausland war wieder *Agusta* in Italien, der 60 *AB 206A* für die italienischen und 50 für die türkischen Streitkräfte baute, darüber hinaus ging der Hubschrauber nach Österreich, in den Iran, nach Spanien, Saudi-Arabien und Schweden.
Diesem nur mit einer 270 WPS(198,5 WkW) starken Turbine ausgerüsteten, etwas zu leistungsschwachen *AB 206A-1 JetRanger* (auch *JetRanger I* genannt, um ihn von der nachfolgenden Version zu unterscheiden) folgte der *AB 206B-1 JetRanger II* mit einer 400-WPS(294,2 WkW)-*Allison 250-C20*-Wellenturbine, die beim Start 317 WPS(233,1 WkW) lieferte. Diese erhöhte Leistung war besonders erforderlich für Gebirgseinsätze der Italiener in Höhen von oftmals über 1000 m und für die Aufgaben der iranischen Armee bei glühender Hitze. Anfangs versuchte man eine Leistungssteigerung durch ein besonderes Kraftstoffeinspritzsystem zu erreichen, womit die Hubschrauber nachgerüstet werden konnten, aber die Einführung der neuen stärkeren Wellenturbine bot eine weitaus bessere Lösung. Das italienische Heer hat 39 *AB 206A-1* und 41 *AB-206B-1* beschafft, die iranischen Streitkräfte 43 bzw. 27 Maschinen, von denen 30 mit einem höheren Kufenlandegestell für rauhes Gelände ausgerüstet wurden. Ab Frühjahr 1971 ging der *JetRanger II (Bell 206B)* auch bei *Bell* in die Serienproduktion. Daneben wurden 585 *OH-58A Kiowa* auf die stärkere Turbine umgerüstet, und weitere 75 gingen nach Australien.
Schon gleich nach seinem Erscheinen wurde der *JetRanger II* auch auf dem zivilen Markt zu einem Verkaufsschlager. Im Januar 1976 konnte er dank einer verbesserten elektronischen Ausrüstung und Instrumentierung von *Collins* für IFR-(Schlechtwetter-) Flugbetrieb zugelassen werden. Mit dem *JetRanger III* ab Februar 1977 kam eine noch mehr leistungsgesteigerte Version mit einer 420-WPS (309 WkW)-*Allison 250-C20B*-Turbine heraus. Gegenüber dem *JetRanger II* unterschied er sich durch einen verbesserten und vergrößerten Heckrotor, vibrationsfreie Kabinenaufhängung (durch das *Bell*-Nodamatic-System) und andere kleine Änderungen. Seit der *JetRanger*-Produktionsaufnahme wurden bis Anfang 1984 über 5000 kommerzielle *JetRanger,* und von allen Versionen zusammen mehr als 7500 (einschließlich der Lizenzbauten) produziert.

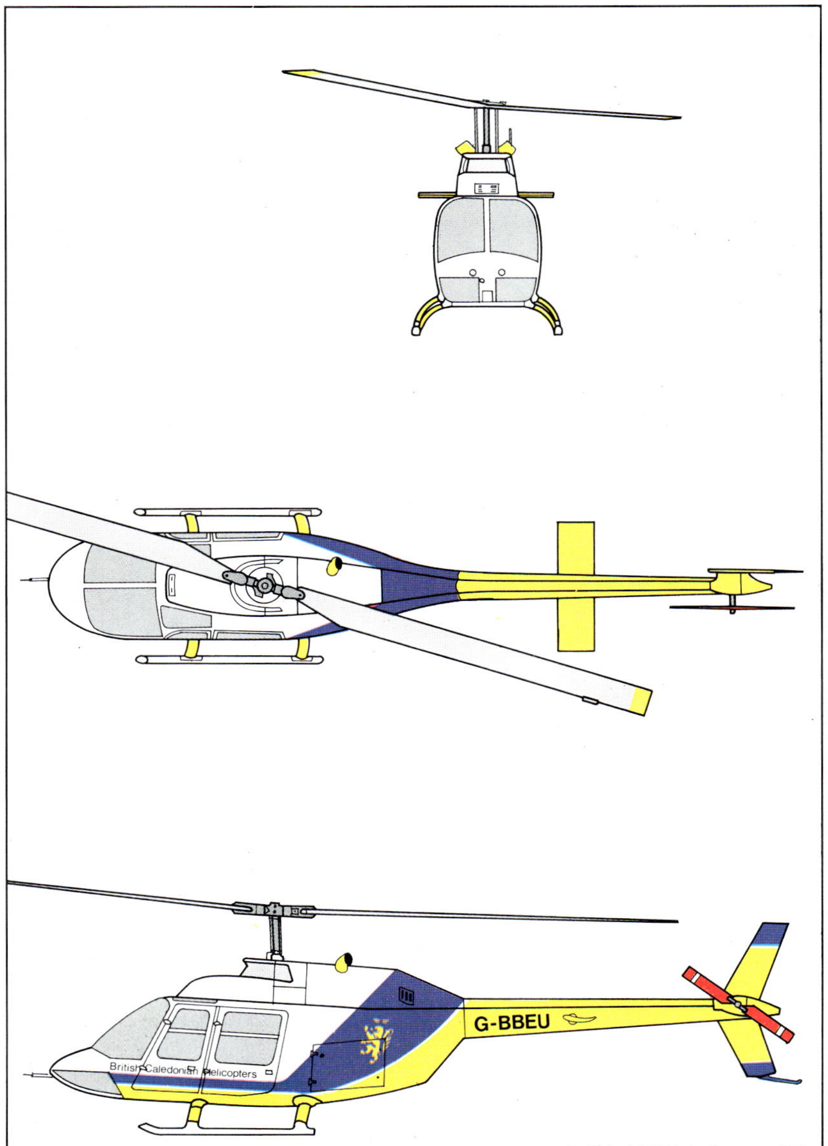

Bell Model 206A JetRanger – 1966

Von 1974 an wurde neben dem *JetRanger* der siebensitzige leichte Mehrzweckhubschrauber *Bell Model 206L LongRanger* (Erstflug am 11. September 1974) als Weiterentwicklung des *JetRanger II* gefertigt. Ab 1978 erschien der *L-1 LongRanger II* und ab Frühjahr 1982 der leistungsgesteigerte *LongRanger III* mit einer 650-WPS(478 WkW)-*Allison 250-C30P*-Turbine. Die militärische Ausführung des *Long Ranger* mit vier TOW-Panzerabwehr-Lenkflugkörpern und einem Dachvisier läuft unter der Bezeichnung *TexasRanger.* Inzwischen sind schon über 800 *Long Ranger* gebaut worden.

Bell Model 400 Twin Ranger
Hersteller: Bell Helicopter Company
Verwendungszweck: 7-sitziger leichter Mehrzweckhubschrauber
Baujahr: 1984
Antrieb: 2 *Allison 250-C20P,* je 420 WPS (309 WkW)
Rotorkreisdurchmesser: 10,60 m
Rüst-/Startmasse: 1400 kg/2495 kg
Höchstgeschwindigkeit: 278 km/h
Reichweite: 760 km

Bell Model 206A JetRanger
Hersteller: Bell Helicopter Company
Verwendungszweck: 5-sitziger leichter Mehrzweckhubschrauber
Baujahr: 1966
Antrieb: *Allison 250-C18A,* 317 WPS (233,1 WkW)
Rotorkreisdurchmesser: 10,16 m
Rumpflänge: 9,50 m
Länge über alles: 11,91 m
Höhe über alles: 2,91 m
Rüstmasse: 646 kg
Startmasse: 1360 kg
Höchstgeschwindigkeit: 241 km/h
Schwebeflughöhe mit Bodeneffekt: 2410 m
Dienstgipfelhöhe: 5395 m
Reichweite: 564 km

Bell Model 206L-1 LongRanger II
Hersteller: Bell Helicopter Company
Verwendungszweck: 7-sitziger leichter Mehrzweckhubschrauber
Baujahr: 1978
Antrieb: *Allison 250-C28B,* 500 WPS (367,7 WkW)
Rotorkreisdurchmesser: 11,28 m
Rumpflänge: 10,56 m
Länge über alles: 12,46 m
Höhe über alles: 2,91 m
Rüstmasse: 980 kg
Startmasse: 1837 kg
Höchstgeschwindigkeit: 241 km/h
Schwebeflughöhe mit Bodeneffekt: 4025 m
Schwebeflughöhe ohne Bodeneffekt: 2470 m
Dienstgipfelhöhe: 5800 m
Reichweite: 550/621 km

Im Rahmen des US-Army Helicopter Improvement Program (AHIP) werden in einem Zeitraum von sieben Jahren 578 *OH-58A Kiowa*-Beobachtungshubschrauber auf den neusten Stand der Technik umgerüstet. Dieser verbesserte *OH-58D Aeroscout* besitzt einen neuen Vierblatt-Hauptrotor und einen verbesserten Heckrotor, die von einer *Detroit Diesel Allison 250-C30R*-Turbine von 650 WPS(478 WkW) Leistung angetrieben werden. Rotorkopf und Rotorblätter sind in Verbundbauweise (beschußsicher bis Kaliber 12,7 mm) ausgelegt, ein Rotormastvisier, das der Besatzung ermöglicht, Ziele aufzufassen, während der Hubschrauber in Deckung bleibt, *Stinger*-Luft-Luft-Flugkörper zur Selbstverteidigung, im Cockpit Bildschirminstrumente (CRT) und verbesserte Navigations- und Funksprechgeräte. Eine Ableitung dieses *OH-58D Aeroscout,* das *Model 406 Combat Scout (CS),* ebenfalls mit Vierblattrotor und gleichem Triebwerk, wurde in Farnborough im September 1984 erstmals der Öffentlichkeit vorgeführt.

Bell 400 TwinRanger

Das jüngste Mitglied der *Bell-Ranger*-Hubschrauberfamilie ist der mit zwei je 317-WPS(233,1 WkW)-*Allison*-250-C20P-Wellenturbinen ausgerüstete siebensitzige leichte Mehrzweckhubschrauber *Bell 400 TwinRanger,* der ab Sommer 1985 in dem neuen Bell-Werk in Montreal/Kanada in die Serienfertigung gehen soll. Seine Hauptmerkmale sind der schon beim *OH-58D AHIP* verwendete Vierblatt-Hauptrotor in GFK-Verbundbauweise und ein Zweiblatt-Heckrotor im Ring (Ring Guard), ferner wartungsfreie Rotorlager und ein leicht nach unten durchhängender bauchiger Rumpf zur Aufnahme einer größeren Kraftstoffmenge. Eine Weiterentwicklung, *Model 400A,* wird zwei 1000-WPS(735,5 WkW)-*Pratt & Whitney Canada PW209T*-Wellenturbinen erhalten. *Model 440* soll zum größten Teil in Verbundbauweise gefertigt werden. Die vorläufigen Daten sind: Rotorkreisdurchmesser: 10,67 m; Rüstmasse: 1410 kg; Startmasse: 2495 kg; Reisegeschwindigkeit: 259 km/h, die Reichweite soll über 280 km betragen.

Bell Model 207 Sioux Scout

Model 207 Sioux Scout war der Vorläufer der *Bell AH-1-Cobra*-Kampfhubschrauberserie. Einzelne Baugruppen, wie das dynamische System und der Rumpfheckausleger, konnten von dem *Bell OH-13 Sioux* übernommen werden, wogegen das Rumpfvorderteil völlig neu gestaltet wurde durch die richtungweisende Tandemsitzanordnung für Pilot und Kampfbeobachter. Letzterer saß hinter dem Piloten und bediente über eine Ziel- und Fernbedienungseinrichtung den Bugturm mit den beiden 7,62-mm-Maschinengewehren. Der *Sioux Scout,* von dem nur ein Exemplar gebaut worden ist, wurde von der US-Army einer intensiven Truppenerprobung unterzogen. Das Triebwerk war eine 260-WPS(191,2 WkW)-*Lycoming TVO435*-Wellenturbine, der Rotorkreisdurchmesser betrug 11,28 m.

Bell Model 209/309

Die *Bell Helicopter Company* besitzt zweifellos die größte Erfahrung auf dem Gebiet der Kampfhubschrauber. Ihre ersten Beiträge für diese Hubschrauber-Kategorie waren 1962 *Model 204 Warrior* und 1963 *Model 207 Sioux Scout.* Im August 1964 schrieb die US-Army ein beschleunigtes Entwicklungsprogramm für einen bewaffneten Hochgeschwindigkeit-Hubschrauber zur Erdkampfunterstützung aus, das die Bezeichnung *Advanced Aerial Fire Support System (AAFSS)* erhielt. Das Ganze war als Zwischenlösung gedacht, da später der *Lockheed AH-56 Cheyenne* für diese Aufgaben vorgesehen war, der allerdings nie zum Einsatz kommen sollte.

Bell Model 209 (AH-1J SeaCobra)
Hersteller: Bell Helicopter Company
Verwendungszweck: 2-sitziger Kamfhubschrauber
Baujahr: 1969
Antrieb: *Pratt & Whitney (UACL) T400-CP-400,* 1800 WPS (1324 WkW)
Rotorkreisdurchmesser: 13,41 m
Rumpflänge: 13,59 m
Länge über alles: 16,26 m
Rüstmasse: 2910 kg
Startmasse: 4535 kg
Höchstgeschwindigkeit: 330 km/h
Schwebeflughöhe mit Bodeneffekt: 3794 m
Schwebeflughöhe ohne Bodeneffekt: 1066 m
Dienstgipfelhöhe: 3215 m
Reichweite: 577 km
Bewaffnung: Eine 20-mm-Kanone im Rumpfbug, vier externe Aufhängepunkte unter dem Stummelflügel für Raketen und Kanonenbehälter

Bell Model 209 (AH-1T SeaCobra)
Hersteller: Bell Helicopter Textron
Verwendungszweck: 2-sitziger Kampfhubschrauber
Baujahr: 1976
Antrieb: *Pratt & Whitney Canada T400-WV-402,* 1970 WPS (1450 WkW)
Rotorkreisdurchmesser: 14,63 m
Rumpflänge: 14,68 m
Länge über alles: 17,68 m
Höhe über alles: 4,15 m
Rüstmasse: 3904 kg
Startmasse: 6350 kg
Höchstgeschwindigkeit: 277 km/h
Schwebeflughöhe mit Bodeneffekt: 3800 m
Dienstgipfelhöhe: 3795 m
Reichweite: 420 km
Bewaffnung: Eine 20-mm-Kanone im Rumpfbug, vier externe Aufhängepunkte unter dem Stummelflügel für Lenkflugkörper, Kanonenbehälter oder Raketen

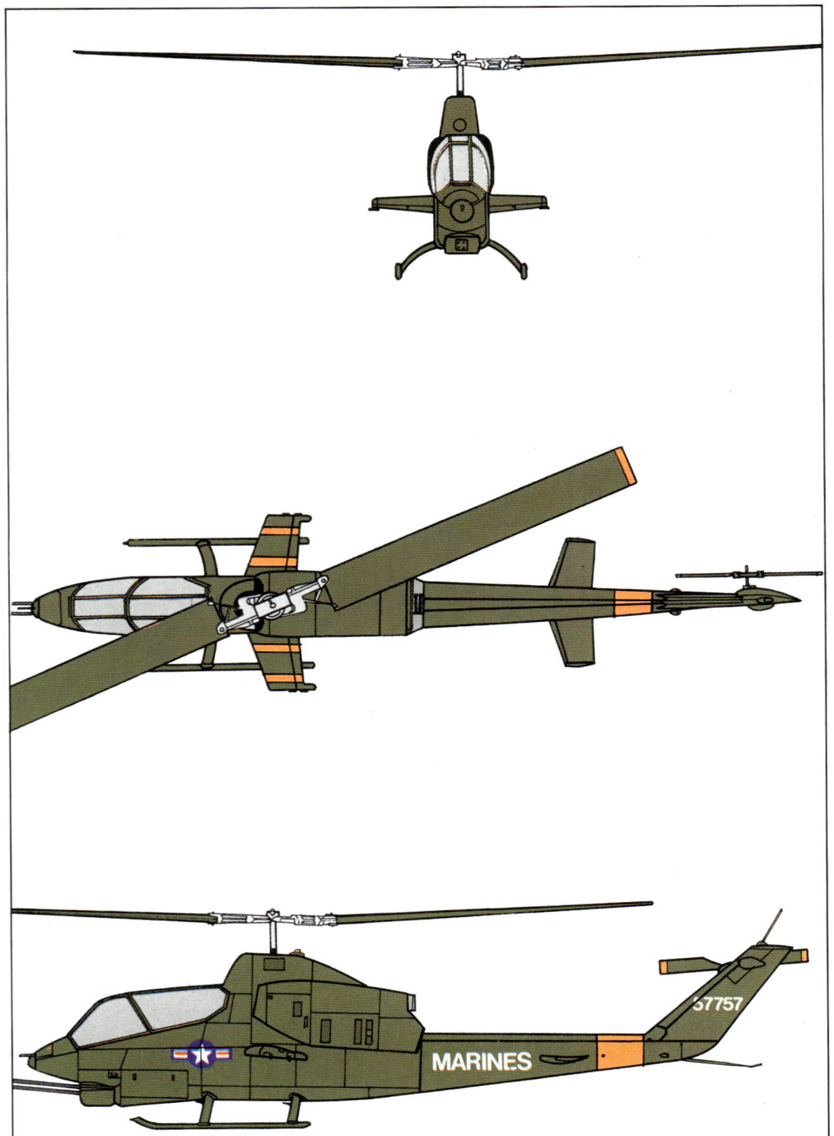

Bell AH-1J Sea Cobra – 1969

Das US Marine Corps erhielt 1969 38 *Bell AH-1G HueyCobra* als Zwischenlösung bis zur Auslieferung der mit zwei Turbinen ausgerüsteten *AH-1J SeaCobra,* die u.a. mit einer dreirohrigen 20-mm-Gatling-Kanone (M-197) bewaffnet wurden.

Kampfhubschrauber *Bell AH-1S HueyCobra* der japanischen Heeresflieger, bewaffnet mit acht TOW-Panzerabwehr-Lenkflugkörpern, zwei je 19 ungelenkte Raketen (FFAR) fassenden Abschußbehältern und einer dreirohrigen 20-mm-Gatling-Kanone (M-197).

Bell schlug daraufhin sein *Model 209* vor, dessen Prototyp bereits fertiggestellt war und seit dem 7. September 1965 flog. Der *HueyCobra,* wie der neue Hubschrauber genannt wurde, besaß gegenüber seinen Mitbewerbern unbestreitbare Vorteile, da 85% seiner Bauteile mit denen der *UH-1 Iroquois*-Serien austauschbar waren, darunter die dynamischen Komponenten, das 1400-WPS(1029,7 WkW)-Triebwerk, das Rotorsystem und die Übertragungen. Das Cockpit dagegen war ein neuer, von dem *Sioux Scout* abgeleiteter Entwurf mit Tandemsitzen.

Im Dezember 1965 nahm die US-Army den *HueyCobra* in Edwards Air Force Base in die Truppenerprobung. Aufgrund seiner eindrucksvollen Flugleistungen erhielt Bell am 4. April 1966 den Auftrag zum Bau von zwei Prototypen und am 13. April, nicht zuletzt im Hinblick auf die Entwicklung im Vietnamkrieg, den ersten Serienauftrag über 110 *AH-1G.* Diese Version wies gegenüber ihrem Vorgänger eine Reihe von Veränderungen auf, wobei am bemerkenswertesten der Austausch des einziehbaren Fahrwerks gegen ein Kufenlandegestell war, was die Konstruktion und Fertigung vereinfachten. Die US-Army hatte mit diesem Hubschrauber eine sehr glückliche Wahl getroffen, was sein ununterbrochener Einsatz, vom Herbst 1967 bis heute, beweist.

Der *HueyCobra* verfügt über das klassische Rotorsystem, mit einem Haupt- und einem Heckrotor. Der Zweiblatt-Hauptrotor ist ein Abkömmling der früheren *Bell*-Militärhubschrauber, jedoch ohne Stabilisierarm. Die beiden halbstarren Rotorblätter sind in Ganzmetallbauweise mit Sechseckwabenkern aus einer leichten Aluminiumlegierung hergestellt. Angetrieben werden die *AH-1G* und *-1Q*-Versionen der *HueyCobra* von einer *Lycoming T53-L-13*-Zweiwellenturbine mit einer Startleistung von 1420 WPS(1044 WkW), aber auf 1115 WPS (820 WkW) gedrosselt, um die Lebensdauer und Zuverlässigkeit zu erhöhen. Dagegen ist die *AH-1J*-Version des US Marine Corps mit der 1800-WPS(1324 WkW)-*Pratt & Whitney (Canada)*-Zwillingsturbine *T400-CP-400,* der Militärversion der United Aircraft of Canada UACL *PT6T-3 Turbo»Twin-Pac«,* ausgerüstet. Der in Leichtmetallbauweise hergestellte Halbschalenrumpf weist einen sehr schmalen Rumpfquerschnitt von nur 0,91 m Breite und eine aerodynamisch saubere Konfiguration auf, obwohl die Waffeneinbauten auf Kosten des Luftwiderstandes gehen. Die kleinen Stummelflügel zu beiden Seiten des Rumpfes von 3,15 m Spannweite liefern spürbaren Auftrieb im schnellen Horizontalflug und sind mit vier Waffenstationen zur Aufnahme der verschiedensten Kampflasten, die maximal bis zu vier Behälter mit je 19 ungelenkten 7-cm(FFAR)-Raketen aufnehmen können, versehen.

Von Anfang an ausschließlich als Kampfhubschrauber ausgelegt, verfügt der *Huey Cobra* sowohl über eine wirksame Panzerung zum Schutz der Besatzung und wichtiger Bauteile vor Beschuß, als auch über eine starke integrierte Bewaffnung, die bei den *-1G* und *-1Q*-Versionen zum größten Teil aus einem XM-28-Emerson-Kinnturm mit einer 7,62 mm GAU-2B/A sechsrohrigen Minigun (Gatling) mit 4000 Schuß und einem 40-mm-XM-129-Granatwerfer mit 300 Schuß besteht. Die *-1J*-Version des Marine Corps dagegen ist mit dem Kinnturm XM-197 ausgerüstet, in dem eine dreirohrige 20-mm(Gatling)-Kanone mit 750 Schuß Munition lafettiert ist. Der *AH-1G* kann an den vier Flügelstationen entweder den Rüstsatz XM-159 mit vier LAU-61A/A-Raketenabschußbehältern mit je 19 ungelenkten 7-cm (FFAR)-Raketen, oder den Rüstsatz XM-157 mit vier LAU-68A/A-Behältern mit je sieben ungelenkten 7-cm(FFAR)-Raketen, oder auch den Rüstsatz XM-18 mit zwei Waffenbehältern mit je einer Minigun mitführen. Der *AH-1Q* verfügt als reiner Panzerbekämpfungshubschrauber über bis zu acht drahtgelenkte TOW-Panzerabwehr-Flugkörper.

Die Fertigung des *Bell AH-1G* begann 1967, im Juni des gleichen Jahres erfolgte die Auslieferung der ersten 20 Kampfhubschrauber an die US-Army, die im folgenden Herbst in Vietnam zum Einsatz kamen. Die Bestellung für die *HueyCobra* erhöhte sich ständig, von insgesamt 838 Hubschraubern im Oktober 1968 auf 1078 Mitte 1971, und erst mit der Einführung der kampfwertgesteigerten *AH-1S* wurde die Serienproduktion der *AH-1G* eingestellt. Acht *AH-1G* erhielt die spanische Marine und 38 das US Marine Corps, das den Kampfhubschrauber zur Übergangsschulung für die ersten 49 in Auftrag gegebenen *SeaCobras* benötigte. Diese mit einer Doppelturbine ausgerüstete Version und einer ähnlichen Bewaffnung wie die *AH-1G* waren in der Größe identisch. Nach Auslieferung der 49 *SeaCobras* im Jahr 1971 gab die Marine weitere 20 in Auftrag. Die iranischen Streitkräfte bestellten 202 *SeaCobras* und die Royal Australian Airforce elf *AH-1G.* Parallel dazu wurden bereits mehrere hundert *AH-1G* in die Panzerabwehrhubschrauber *AH-1Q TOW/Cobra* mit Infrarotvisier und acht drahtgelenkten TOW-Panzerabwehr-Lenkflugkörper sowie einige *AH-1G* in *TH-1G*-Trainer mit Doppelsteuerung umgerüstet.

Bei einem typischen Kampfauftrag kann der *HueyCobra* sein Ziel in der halben Zeit erreichen, die der *Iroquois* dafür benötigt hätte, kann sich länger über der Kampfzone aufhalten und besitzt, im Vergleich zu anderen bewaffneten Mehrzweckhubschraubern, die doppelte Kampfkraft.

Von *Bell* war der *HueyCobra* immer als eine Art Zwischenlösung bis zum Vorhandensein eines Hochleistungs-Kampfhubschraubers betrachtet worden, und so entschied sich die Firma in Eigeninitiative ein neues Projekt für die amerikanischen Streitkräfte in Angriff zu nehmen. Am 28. September 1971 konnten sie die Entwicklung eines neuen Kampfhubschraubers bekanntgeben, der am 10. September des gleichen Jahres seinen Erstflug gemacht hatte. Dabei handelte es sich um das von *Model 209* abgeleitete *Model 309 KingCobra* mit einem 1,10 m längeren, robusteren Rumpf und einem größeren Rotordurchmesser (14,93 m). Beide, der Haupt- und der Heckrotor besaßen breitere Blätter, und die Blattenden wiesen ein neues Profil und Pfeilform zur Lärmreduzierung bei gleichzeitiger Leistungssteigerung auf. Der Bug war für den Einbau neuer Feuerleitsysteme modifiziert, die Munitionkapazität für die 20- bzw. 30-mm-Bugkanone erhöht und die Stummelflügelspannweite auf 3,96 m erweitert worden. An den vier externen Aufhängepunkten konnten die verschiedensten Kampflasten mitgeführt werden. Von den zwei gebauten Prototypen hatte man den ersten (Erstflug am 10. September 1971) in der üblichen Konfiguration mit der 1800-WPS(1324 WkW)-*T400-CP-400 Twin-Pac*-Doppelturbine von *Pratt & Whitney* dem Marine Corps und den zweiten Prototyp (Erstflug im Januar 1972), ausgerüstet mit einer 2850-WPS(2096 WkW) auf 2050 WPS (1507 kW) gedrosselten *Lycoming*-Turbine der US-Army angeboten.
Am 11. April 1972 wurde der erste Prototyp bei einem Unfall zerstört. Der zweite nahm an dem Vergleichswettbewerb mit dem *Lockheed AH-56 Cheyenne* und dem *Sikorsky S-67 Blackhawk* teil, aber die US-Army befand, daß keiner der drei ihren Anforderungen entspreche.
Bei der *KingCobra* handelte es sich um ein hochentwickeltes Experimental-Kampfhubschrauber-Waffensystem mit der fortschrittlichsten Ausrüstung einschließlich eines automatischen Stabilisierung- und Flugführung-Systems, Laser-Entfernungsmesser, Zielgeräte für den Tag- und Nachteinsatz, Infrarot-(Wärmebild-) Gerät, Restlichtkamera und einem Trägheitsnavigations-System.
Von dem Experimental-Model *KingCobra* hat Bell seinen modernsten Kampfhubschrauber abgeleitet, den *Model 409* mit der US-Army-Bezeichnung *YAH-63,* der an dem Advanced-Attack-Helicopter (AAH)-Wettbewerb teilnahm. Der Gewinner dieses Wettbewerbs war der Kampfhubschrauber von Hughes. Der *YAH-63* besaß einen Zweiblatthauptrotor, dessen Blätter zur Erhöhung der Widerstandsfähigkeit mit zwei Stahlholmen ausgestattet waren. Eine spezielle Rotorlagerung sorgte für ruhigen Flug in geringen Höhen und federbelastete Schlaggelenke für hohe Manövrierfähigkeit. Ein T-Leitwerk und eine Flosse an der Heckunterseite erlaubten die Flugfortsetzung bei Ausfall des Heckrotors.

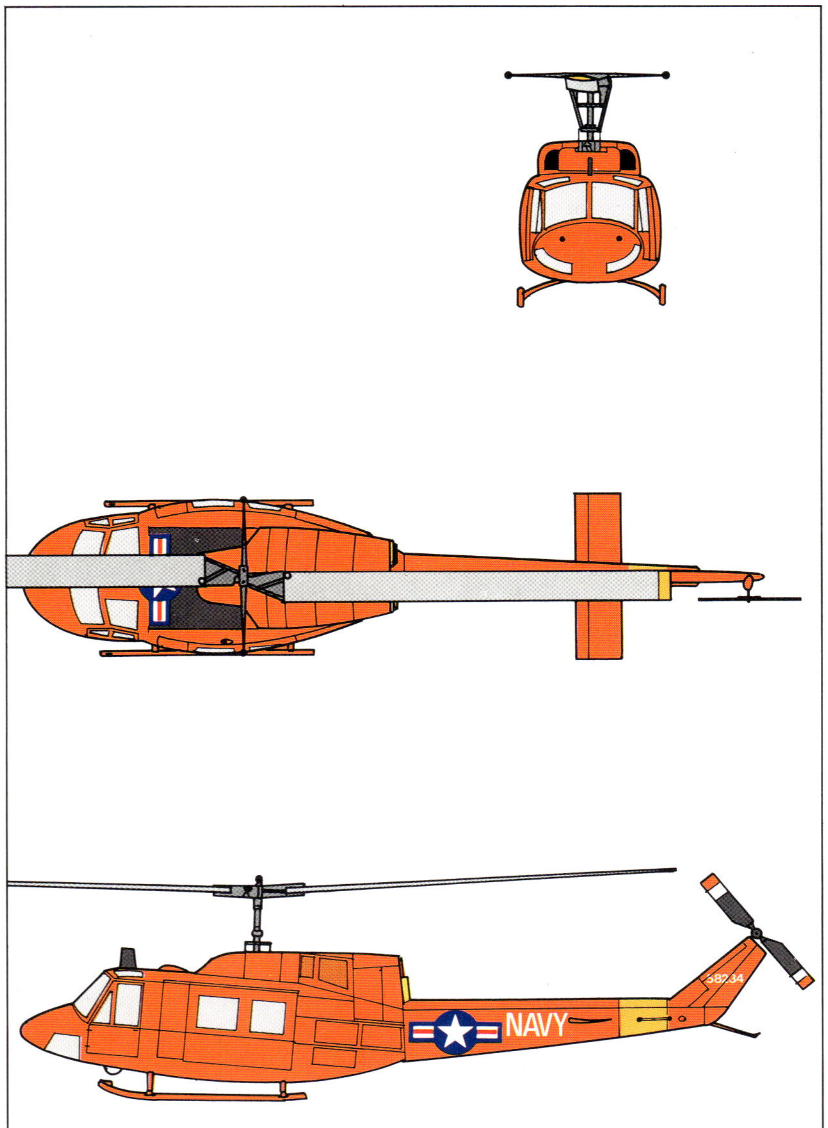

Bell UH-1N – 1969

Bell konnte die Entscheidung gegen den *YAH-63* durch ein umfangreiches Kampfwertsteigerungsprogramm seiner *Cobra*-Serie auffangen. Dabei handelte es sich um die Umrüstung von anfangs 290 *AH-1G* und *-1Q* in den *AH-1S* sowie die Neufertigung von 713 dieser Panzerabwehrhubschrauber für die US-Army und die Umrüstung von zwei *AH-1J* in die *AH-1T*-Version sowie die Neufertigung von ca. 100 *AH-1T* für das US Marine Corps.
Der *AH-1S* wird von einer 1800-WPS (1324 WkW)-*Avco Lycoming T53-L-703*-Turbine angetrieben, trägt acht TOW-Panzerabwehr-Lenkflugkörper und im Kinnturm eine dreirohrige M-197 20-mm-Gatling- bzw. eine XM-230-30-mm-Kettenkanone und verfügt über eine fortschrittliche Avionik und Optronik. Der *AH-1T* besitzt dynamische Bauteile des *Bell 214* und das 2050-WPS(1507,7 WkW) starke *PWC T400-WV-402 Twin-Pac*-Doppeltriebwerk. Eine Weiterentwicklung dieser Version, der *AH-1 + SuperCobra,* wird von zwei *General Electric T700-401* mit je 1625 WPS (1195 WkW) angetrieben. Die Hauptkampfmittel dieses für Panzerabwehr-, Begleitschutz-, Feuerunterstützungs-, Aufklärungs- sowie Zielsuchmissionen bestimmten Kampfhubschraubers werden lasergesteuerte Hellfire-Panzerabwehr-Lenkflugkörper und eine integrierte 25-mm-Gatling-Bugkanone sein; zusätzlich können je nach Auftrag zwei Sidewinder- oder Stinger-Luft-Luft-Lenkflugkörper mitgeführt werden. Bell erhielt im Frühjahr 1984 einen Anfangsauftrag zur Lieferung von 22 *AH-1 + SuperCobra* an das US Marine Corps ab März 1986. Die Weiterentwicklung des *AH-1S* ist *Model 249* mit einem beschußtoleranten GFK-Vierblattrotor.
Außer von den Vereinigten Staaten werden die Mitglieder der *Cobra*-Familie von Griechenland, dem Iran, Israel, Japan (Lizenzbau) und Spanien geflogen; von Ägypten, Jordanien und Pakistan liegen Aufträge vor.

Bell Model 212 (UH-1N)
Hersteller: Bell Helicopter Textron
Verwendungszweck: 15-sitziger Mehrzweckhubschrauber
Baujahr: 1969
Antrieb: *Pratt & Whitney Canada PT6T-3 Twin-Pac,* 1800 WPS (1324 WkW)
Rotorkreisdurchmesser: 14,69 m
Rumpflänge: 12,92 m
Länge über alles: 17,46 m
Höhe über alles: 4,53 m
Rüstmasse: 2753 kg
Startmasse: 5080 kg
Höchstgeschwindigkeit: 185 km/h
Schwebeflughöhe mit Bodeneffekt: 3930 m
Schwebeflughöhe ohne Bodeneffekt: 1495 m
Dienstgipfelhöhe: 4570 m
Reichweite: 420 km

Bell Model 412
Hersteller: Bell Helicopter Textron
Verwendungszweck: 15-sitziger Mehrzweckhubschrauber
Baujahr: 1981
Antrieb: *Pratt & Whitney Canada PT6T-3B-1 Twin-Pac,* 1800 WPS (1324 WkW)
Rotorkreisdurchmesser: 14,02 m
Rumpflänge: 12,70 m
Länge über alles: 17,07 m
Höhe über alles: 4,39 m
Rüstmasse: 2753 m
Startmasse: 5216 m
Höchstgeschwindigkeit: 230 km/h
Schwebeflughöhe mit Bodeneffekt: 3290 m
Schwebeflughöhe ohne Bodeneffekt: 2165 m
Reichweite: 454 km

Bell Model 212/412

Das Militär, das bei weitem der größte Abnehmer der Hubschrauber aus den *Huey*-Serien war, meldete bei Bell seine Wünsche nach einer zweimotorigen Version der *UH-1*-Serien an, die bei gleicher Leistung erhöhte Sicherheit und Zuverlässigkeit garantieren und dadurch eine bessere Kampfmoral der Besatzungen gewährleisten sollte, besonders bei Einsätzen über See oder über feindlichem Gebiet. Daraufhin baute Bell, als Ableitung aus *Model 205,* Anfang 1965 den ersten zweimotorigen *Huey.* Dieses von Bell finanzierte Programm führte zu keinerlei Aufträgen, erst als das Werk in Fort Worth sich entschloß, den Helicopter mit einem von *United Aircraft of Canada* hergestellten Triebwerk, einer Zwillingsversion der *PT6T-3*-Turbine auszurüsten, erklärte sich die kanadische Regierung bereit, die Entwicklung dieses neuen Hubschraubers zu unterstützen. Kurze Zeit darauf bestellten die kanadischen Streitkräfte 50 *Bell CUH-1N* (auch als *CH-135* bezeichnet), und die amerikanischen Streitkräfte zogen mit 114 Bestellungen nach (79 für die US Air Force, 40 für die US-Navy und 22 für das Marine Corps).
Der Rumpf von *Model 212* ist identisch mit dem von *Model 205,* abgesehen von den sehr kompakten, nebeneinander angeordneten Doppeltriebwerken und dem 15 cm längeren Bug.
Auch die zivile Version dieses Hubschraubers, die *Bell 212 Twin Two-Twelve,* wird

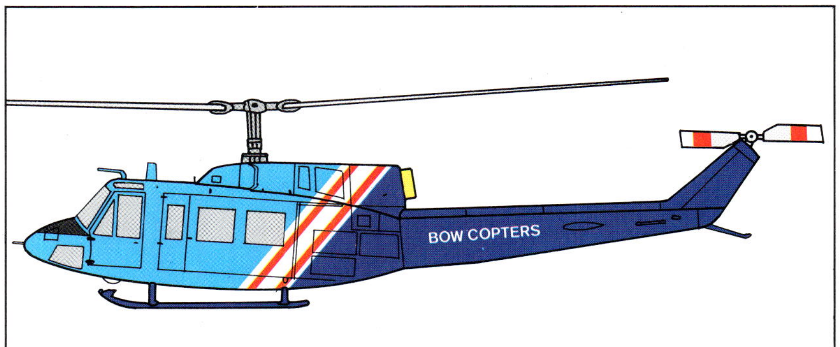

Bell Model 214B – 1974

in großen Stückzahlen hergestellt. *Agusta,* der größte Lizenznehmer von Bell, baut ihn in Italien. 1971 hatte Agusta einen Prototyp dieses Modells für Demonstrationszwecke vorgestellt. Dieser ursprünglich für VIP-Transporte ausgelegte Prototyp wurde später entsprechend den *UH-1N* in eine militärische Konfiguration umgewandelt.
Der zweimotorige *Huey* kann für die verschiedensten Einsatzzwecke verwendet werden. Die italienischen Luftstreitkräfte bekundeten ihr Interesse an dem *Agusta AB 212,* indem sie einige für den Luftrettungsdienst erwarben. Aber das größte Unterfangen Agustas war der Umbau der Originalzelle in die bordgestützte U-Boot-Bekämpfungs-Version *AB 212 ASW* als Ersatz für die von der italienischen Marine eingesetzten alten *AB 204.*
Zu den besonderen Ausrüstungen der *AB 212 ASW* gehören ein Suchradar, Sonarbojen und Torpedos oder Lenkflugkörper für die U-Boot- oder Überwasserschiffsjagd. Zur Besatzung gehören zwei Piloten und zwei Waffensystemoffiziere.
1979 rüstete Bell seinen ersten *212* mit einem neuen Vierblatt-Hauptrotor aus und bezeichnete diese Variante als *Bell 412. Agusta* baut den Hubschrauber als *AB412* in Lizenz in Italien und exportiert ihn in militärischer Ausführung als *AB412 Griffon,* der 14 ausgerüstete Soldaten oder sechs Krankentragen oder verschiedene Waffenrüstsätze tragen kann. Im Dezember 1982 wurde in Indonesien ein Lizenzvertrag zum Bau von vorerst 100 *Bell 412* unterzeichnet.

Bell Model 214

Das Programm für den *Bell 214,* einer wesentlich stärkeren Version des *UH-1H,* war 1970 angekündigt worden. Bei dem Prototyp handelte es sich in der Tat um eine vergrößerte und verbesserte Ausgabe von *Model 205 (UH-1H).* Die Seilzüge zum Höhenruder waren durch ein Steuergestänge ersetzt, der Rotorkreisdurchmesser von 14,63 m auf 15,24 m vergrößert, die Rotorblätter auf 0,83 m verbreitert und das aus der letzten *Cobra*-Serie abgeleitete Getriebe verstärkt worden. Aber der Hauptunterschied lag im Triebwerk, das als erstes der *Huey*-Serien einen enormen, fast dreifachen Leistungszuwachs bot, wodurch der 214 besonders für den Einsatz in heißem Klima und großen Höhen geeignet wurde. Nach der Erprobung dieser verbesserten Komponenten in einer *Bell 214 HueyPlus,* die von einer 1900-WPS (1397 WkW)-*Lycoming T53*-Turbine angetrieben wurde, folgte ein, mit einer 2850-WPS(2096 WkW)-*Avco Lycoming T55-L-7C*-Turbine ausgerüsteter Demonstrationshubschrauber *Bell 214A,* der in den Iran zur Truppenerprobung verschifft wurde. Hieraus resultierte ein Großauftrag der Kaiserlich Iranischen Armee über 287 *Bell 214A* mit Koproduktion in Isfahan. Der erste *Bell 214A,* ausgerüstet mit einer *Avco Lycoming LTC4B-8D*-Turbine, einer modifizierten Version der *T55-L-7C,* machte am 13. März 1974 seinen Erstflug. Insgesamt erhielt der Iran 293 Transporthubschrauber *Bell 214A* und 39 der SAR-Varianten *214C.* Aber die Fortführung der Produktion, insbesondere des *Bell 214ST,* scheiterte 1979 durch den Sturz des Schahs. 1975 erhielt der *HueyPlus* als *Model 214B Biglifter* seine zivile Zulassung.

Bell Model 214B BigLifter
Hersteller: Bell Helicopter Textron
Verwendungszweck: 16-sitziger ziviler Transporthubschrauber
Baujahr: 1974
Antrieb: *Avco Lycoming T5508D,* 2930 WPS (2155 WkW) auf 2050 WPS (1507,7 WkW) gedrosselt
Rotorkreisdurchmesser: 15,24 m
Rumpflänge: 14,37 m
Länge über alles: 18,52 m
Höhe über alles: 4,58 m
Rüstmasse: 3384 kg
Startmasse: 6260 kg
Höchstgeschwindigkeit: 305 km/h
Schwebeflughöhe mit Bodeneffekt: 4877 m
Reichweite: 480 km

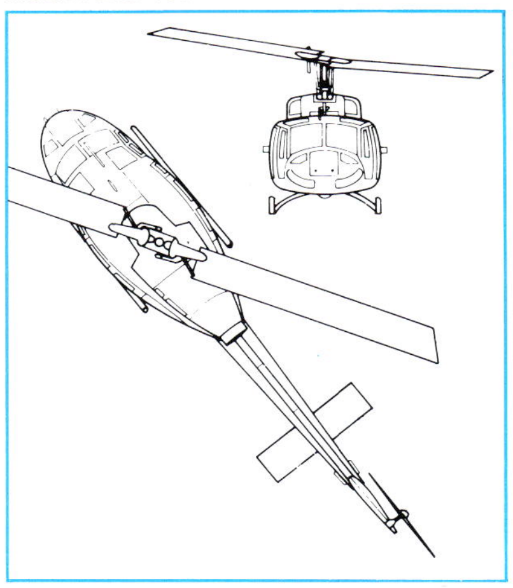

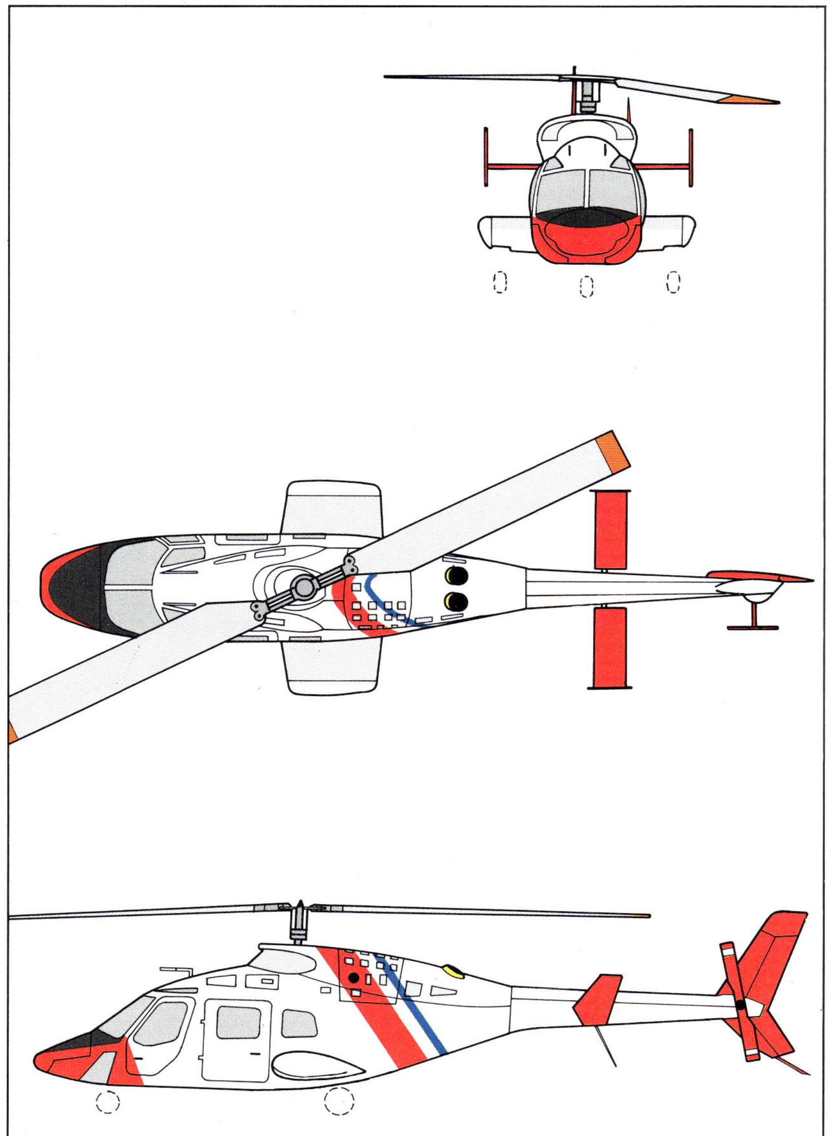

Bell Model 222 – 1976

Bell Model 222

Ende der 60er Jahre hatte Bell mit der Entwicklung eines zivilen zweimotorigen Leichthubschraubers begonnen, aber erst im Januar 1974 wurde auf der Jahrestagung der Helicopter Association of America (HAA) eine Attrappe des künftigen zweiturbinigen Geschäftsreisehubschraubers *Bell 222* ausgestellt. Der erste Prototyp flog am 13. August 1976, wesentlich später als man, ursprünglich aufgrund der vor dem Bau des neuen Hubschraubers durchgeführten Marktanalysen und gemäß den Forderungen der Käufer, geplant hatte. Der zweite Prototyp folgte im Oktober 1976, und bis März 1977 befanden sich alle fünf Prototypen in der Flugerprobung.
Der *Bell 222* ist ein klassischer Entwurf in Leichtmetallbauweise. Seine in Halbschalenbauweise gefertigte geräumige, vibrationsfrei aufgehängte Kabine kann außer den beiden Piloten fünf bis sechs Passagiere in der Luxus-Geschäftsreiseausführung, sieben Passagiere in der Standard- und zehn Passagiere, bei einem Sitzabstand von 0,71 m, in der Transportausführung aufnehmen. Alle Sitze widerstehen Vertikalbeschleunigungen bis zu 8 g durch ihre sich verformenden Alukernplatten unter der Polsterung. Im Mai 1980 erhielt der *Bell 222* seine IFR-Betriebserlaubnis mit nur einem Piloten. Für

Bell Model 222
Hersteller: Bell Helicopter Textron
Verwendungszweck: 8-/10-sitziger Geschäftsreisehubschrauber
Baujahr: 1976
Antrieb: 2 *Avco Lycoming LTS101-650C-2,* je 675 WPS (496,4 WkW)
Rotorkreisdurchmesser: 12,12 m
Rumpflänge: 10,98 m
Länge über alles: 14,52 m
Höhe über alles: 3,51 m
Rüstmasse: 2064 kg
Startmasse: 3470 kg
Höchstgeschwindigkeit: 265 km/h
Schwebeflughöhe mit Bodeneffekt: 3960 m
Schwebeflughöhe ohne Bodeneffekt: 1950 m
Dienstgipfelhöhe: 6100 m
Reichweite: 724 km

die Versorgung von küstennahen Ölbohrplattformen wurde eine eigene Version mit einer hierfür besonders erforderlichen Ausrüstung vorgesehen.
Der große Zweiblatt-Hauptrotor besteht aus rostfreiem Stahl hoher Festigkeit mit einem Wabenkern. Die Blätter werden an dem Rotorkopf durch *Bell*-Standard-Elastomerlager angelenkt. Der Zweiblatt-Heckrotor besteht ebenfalls aus rostfreiem Stahl. Die beiden Turbinen sind einzeln nebeneinander oberhalb des Rumpfes angeordnet mit eigenem Lufteinlauf und Abgasrohr. Der Kraftstoff wird in vier Sackbehältern mit hoher Aufschlagfestigkeit mitgeführt.
Anfang 1984 waren bereits 220 *Bell 222* gebaut und an Kunden in Europa, Lateinamerika und im Fernen Osten verkauft worden, zu denen auch die Metropolitan Police in London und die japanische Nationalpolizei gehören.
Die neue Version *Bell 222B* hat einen größeren Hauptrotor (12,80 m) und ist mit zwei stärkeren Triebwerken, den je 684 WPS (503 WkW) leistenden *Avco Lycoming LTS101-750C1*-Wellenturbinen ausgerüstet. Der Hubschrauber ist voll IFR-tauglich ohne die Auflage eines zusätzlichen Stabilisierungssystems, und die Startmasse konnte von 3470 kg auf 3700 kg erhöht werden. Die bisher letzte Version ist der *Bell 222UT (Utility-Twin)* mit einem Kufenlandegestell.

Bell XV-3

Der *Bell XV-3*-Verwandlungshubschrauber, eine Gemeinschaftsentwicklung von Bell und der US-Army; war das erste Luftfahrzeug der Welt, dem eine Transition, d.h. ein Übergang vom Vertikal- in den Horizontalflug durch Kippen der an den Enden der starren Tragflügel angebrachten halbstarren Zweiblattrotoren um 90°, gelang. Im Horizontalflug wirkten die beiden Rotoren als Zugpropeller. Zwei Prototypen wurden für das Forschungsprogramm gebaut, von denen der erste als Hubschrauber (noch mit Dreiblattrotor) am 23. August 1955 zum erstenmal flog und im Oktober 1956 bei Transitions-Versuchen bei einer Bruchlandung zerstört wurde. Mit dem zweiten Prototyp gelang die erste Transition am 18. Dezember 1958, beim anschließenden Horizontalflug wurden knapp 200 km/h erreicht. 1966 wurde das *XV-3*-Forschungsprogramm eingestellt.

Bell X-22

Im Gegensatz zu seinen Vorgängern, dem *Hiller X-18* und dem *Curtiss-Wright X-19*, war der *Bell X-22* entworfen worden, um die Verwendbarkeit eines V/STOL-Mantelschrauben-Verwandlungsflugzeugs als taktischer Transporter zu erproben. Daraufhin hatte die US-Navy 1962 an die *Bell Aerosystems Company* einen Auftrag zum Bau von zwei Prototypen eines V/STOL-Fluggeräts mit vier schwenkbaren, ummantelten Luftschrauben erteilt. Die beiden *Bell X-22A*-Prototypen wurden von einer bereits vorhandenen Attrappe abgeleitet. Vier am hinteren Flügel installierte Wellenturbinen *General Electric YT-58-GE-8D* trieben über ein Verbundwellensystem vier separate, dreiblättrige Luftschrauben an, die sich mitsamt ihrer Ummantelung um mehr als 90° schwenken ließen und in Vertikalstellung den zum Senkrechtstart nötigen Auftrieb lieferten.
Der erste Prototyp machte am 17. März 1966 seinen Erstflug. Nach einer Reihe von Erprobungen mit Senkrechtstarts und Transitionen vom Schwebe- zum Horizontalflug, wurde er am 8. August 1966 durch eine Bruchlandung zerstört. Am 26. Januar 1967 fand der Erstflug des zweiten Prototyps statt, der im Verlauf der Erprobungen ungefähr 80 Flugstunden absolvierte. Obwohl man dieses Flugzeug als das bisher beste seiner Art befand, wurde das Projekt eingestellt. Die erreichten Horizontalgeschwindigkeiten von 370 km/h entsprachen nicht den geforderten 525 km/h.

Bell XV-15

Nach den teilweise ermutigenden Versuchen mit der *Bell XV-3* baute die texanische Firma Ende der 60er Jahre ein Versuchsflugzeug mit Kipprotoren, das die Bezeichnung *Model 300* erhielt. Kurze Zeit darauf schloß sie einen Vertrag mit der NASA, der Entwicklung, Fertigung und Erprobung von *Model 301* beinhaltete, für den sich später auch die US-Army interessierte.
Der im Januar 1977 fertiggestellte erste Prototyp machte ca. drei Monate später, am 3. Mai, seinen ersten Schwebeflug; der erste Flug mit horizontal, d.h. um 90° gekippten Rotorgondeln, wurde jedoch erst mit dem zweiten Prototyp im Juli 1979 durchgeführt. Im Verlauf der weiteren Erprobungen ergaben die Flugeigenschaften, daß die Konstrukteure der *XV-15*, so lautet die militärische Typenbezeichnung, die Stabilisierungsprobleme im Horizontalflug, die zum Abbruch des *XV-3*-Projektes führten, gelöst hatten. Verwandlungshubschrauber mit Kipprotoren bieten eine Verringerung des Geräuschpegels und außerdem erhöhte Sicherheit, weil sie im Gegensatz zu anderen VTOL-Flugzeugen im Notfall durch Autorotation problemlos landen können.

Bell-Boeing Vertol JVX

Im Anschluß an intensive Flugerprobungen mit zwei *Bell XV-15* erteilte die US-Navy am 26. April 1983 den Firmen *Bell* und *Boeing Vertol* einen Auftrag zur gemeinsamen Entwicklung eines Joint Services Advanced Vertical Lift Aircraft (JVX) für Luftnahunterstützung, Transport, Such- und Rettungseinsätze und andere Rollen, unter Verwendung des Kipprotor-Konzepts. Das Programm sieht für 1987 einen Erstflug vor und erwartet die ersten Auslieferungen an das US Marine Corps ab 1991.

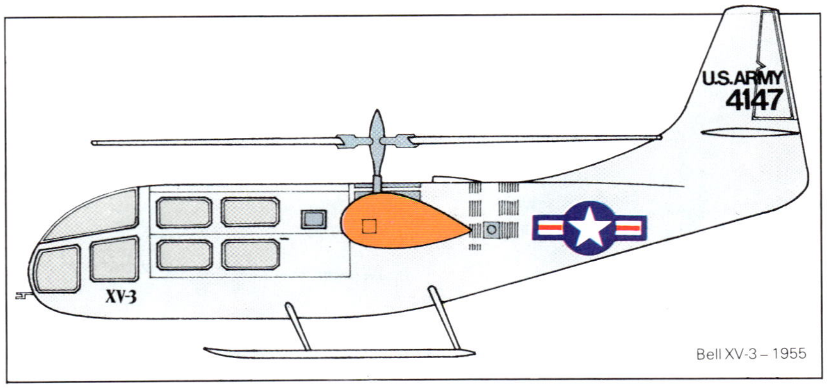

Bell XV-3 – 1955

Bell XV-3
Hersteller: Bell Helicopter Company
Verwendungszweck: 4-sitziger Experimental-Convertiplan
Baujahr: 1955
Antrieb: *Pratt & Whitney R-985*, 450 PS (331 kW)
Rotorkreisdurchmesser: 10,06 m
Länge über alles: 9,23 m
Höhe über alles: 4,11 m
Rüstmasse: 1634 kg
Startmasse: 2179 kg
Höchstgeschwindigkeit: 291 km/h
Schwebeflughöhe mit Bodeneffekt: 2256 m
Dienstgipfelhöhe: 3660 m
Reichweite: 410 km

Bell X-22A
Hersteller: Bell Aerosystems Company
Verwendungszweck: V/STOL-Experimental-Flugzeug
Baujahr: 1966
Antrieb: 4 *General Electric YT58-GE-8D*, je 1250 WPS (919,3 WkW)
Propellerdurchmesser: 2,13 m
Spannweite: 11,96 m
Länge: 12,07 m
Höhe: 6,31 m
Rüstmasse: 4763 kg
Startmasse: 8020 kg
Höchstgeschwindigkeit: 370 km/h
Schwebeflughöhe mit Bodeneffekt: 3660 m
Schwebeflughöhe ohne Bodeneffekt: 1830 m
Reichweite: 890 km

Bell X-22A – 1966

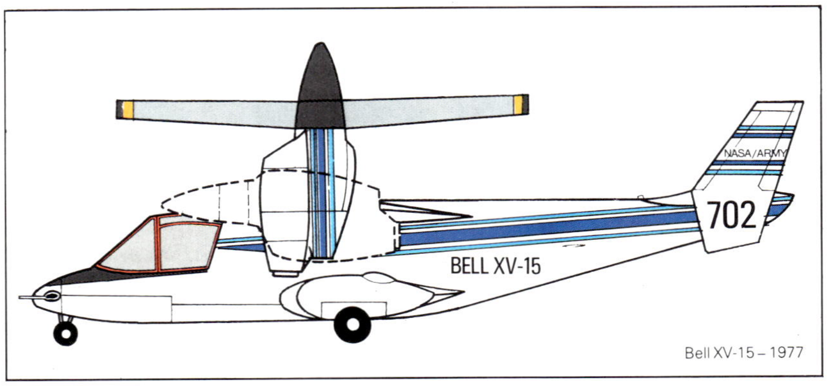

Bell XV-15 – 1977

Bell XV-15
Hersteller: Bell Helicopter Textron
Verwendungszweck: Experimental-Kipprotor-Luftfahrzeug
Baujahr: 1977
Antrieb: 2 *Avco Lycoming LTC1K-4K*, je 1550 WPS (1140 WkW)
Rotorkreisdurchmesser: 7,62 m
Spannweite: 10,72 m
Länge: 12,83 m
Höhe: 4,67 m
Rüstmasse: 4350 kg
Startmasse: 5900 kg (VTOL), 6804 kg (STOL)
Höchstgeschwindigkeit: 554 km/h
Schwebeflughöhe ohne Bodeneffekt: 2635 m
Dienstgipfelhöhe: 8840 m
Reichweite: 825 km

Boeing
Boeing Vertol Company (USA)

Boeing, der Riese der amerikanischen Luftfahrtszene, hat nicht nur in großer Anzahl überaus erfolgreiche militärische und kommerzielle Düsenfluzeuge gebaut, sondern hält auch den Rekord als größter Hersteller von Großraumflugzeugen. Die Firma ist 1915 in Seattle von William Edward Boeing und seinem Freund G. Conrad Westervelt, einem Marineoffizier, gegründet worden.
Kurz nach dem Ersten Weltkrieg geriet das Werk in Schwierigkeiten, die aber durch lukrative Verträge mit der US-Army und Navy behoben werden konnten. Das Ergebnis dieser Verträge war eine Reihe erfolgreicher Jagdflugzeuge, wie die *MB-3, FB-3, F4B* und die *P-26,* denen einige Zeit später die berühmten *Flying Fortress*-Serien *(B-17* und *B-29)* folgten. Das erste von Boeing gebaute zivile Nachkriegsflugzeug war der *Stratocruiser,* und der letzte Beitrag zu dem Strategic Air Command (SAC) ist der spektakuläre Bomber *B-52 Stratofortress.* Von 1952 an hat Boeing seine Bemühungen auf die Entwicklung von Düsenverkehrsflugzeugen konzentriert. Am Anfang dieser Entwicklungen stand die vierstrahlige *Boeing 707,* zu der sich später die dreistrahlige *727* und die zweistrahlige *737* gesellten; es folgten der gigantische *747 Jumbo-Jet* und Anfang der 80er Jahre die Kurz- und Mittelstrecken-Verkehrsflugzeuge *757* und *767.*
1961 änderte die Boeing Airplane Company ihren Namen in The Boeing Company, um dadurch auf die zunehmende Vergrößerung der Firmenaktivitäten hinzuweisen. Im Dezember 1973 wurde ein Programm zur Rationalisierung und Reorganisation eingeleitet, in dessen Verlauf folgende Firmen gegründet wurden; die Boeing Commercial Airplane Company in Renton, die Boeing Aerospace Company in Kent/Washington und die Boeing Vertol Company in Philadelphia. Die im Herbst 1979 entstandene Boeing Military Airplane Company in Wichita übernahm die Funktionen der früheren Boeing Wichita Company.
Während weiterhin Verkehrsflugzeuge in sehr großem Maß gebaut wurden, begann Boeing sich ab 1960 auf dem Gebiet der Drehflügelflugzeug-Konstruktionen zu engagieren. In diesem Jahr hat Boeing die *Vertol Aircraft Corporation* mit Sitz in Morton (Pennsylvania) übernommen und sie seitdem als *Boeing Vertol Company* geführt. Die Firma spezialisierte sich auf größere Transporthubschrauber und konnte einige militärische Ausschreibungen gewinnen, zu denen der Bau von *Model 107 (CH-46)* für die US-Navy und das Marine Corps sowie des *CH-47 Chinook* für die US-Army zählten. Der letztere ist bei den amerikanischen Streitkräften und im Exportgeschäft besonders erfolgreich gewesen, er konnte an über 13 verschiedene Länder verkauft werden.
Boeing hat außerdem auch eine bedeutende Rolle im Weltraumprogramm und in der Raketen-Rüstung gespielt, wofür die Entwicklungen von Raumkapseln und Mondlandefahrzeugen sowie der Interkontinentalraketen *Minuteman* Zeugnis ablegen.

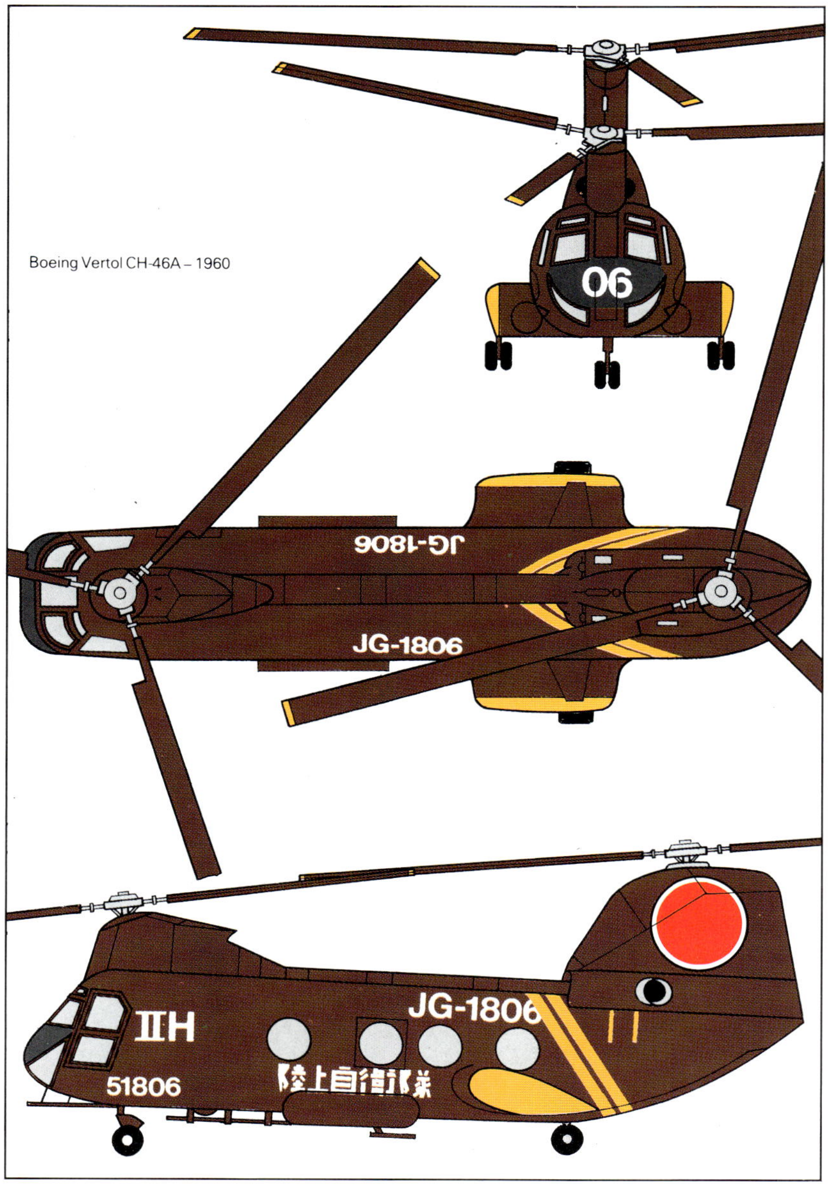

Boeing Vertol CH-46A – 1960

Boeing Vertol Model 107

1956 hatte die *Vertol Aircraft Corporation* mit der Entwicklung eines turbinengetriebenen Mitglieds seiner »Fliegenden Bananen«-Familie begonnen. Das Ergebnis war eine neue Konstruktion, die kompakter war als die frühere mit dem leicht nach oben abgewinkelten Rumpf, die für amphibische Einsätze eine wasserdichte Zelle besaß und deren Antrieb auf dem Rumpfheck innerhalb des hinteren Rotorpylons installiert war.
Der Prototyp dieses neuen 23–25sitzigen Tandemrotor-Hubschraubers, *Model 107* mit zwei 860-WPS(632 WkW)-*Lycoming T53*-Turbinen, absolvierte am 22. April 1958 seinen Erstflug. Zwei Monate später bestellte die US-Army zehn modifizierte *Vertol 107,* die die militärische Bezeichnung *YHC-1A (CH-46C),* zwei 1065-WPS (783,3 WkW)-*General Electric YT58-6*-Turbinen und einen um 60 cm vergrößerten Rotordurchmesser erhielten. Der erste *YHC-1A* flog am 27. August 1959, aber in der Zwischenzeit hatte die US-Army fünf *YHC-1B (Model 114)* als leistungsfähigeren Ersatz für die mit Kolbenmotoren betriebenen Transport-Hubschrauber bestellt und daraufhin die Bestellung der zehn *YHC-1A* auf drei reduziert. Nach deren Truppenerprobung übernahm die NASA einen *YHC-1A* für ein Forschungsprogramm, und die beiden anderen wurden an das Werk zurückgegeben, wo sie nach umfangreichen Umbauten als Prototypen (Erstflug am 25. Oktober 1960) für die zivile Version *(Model 107-II)* dienten. Als die US-Navy 1960 einen neuen Entwurfswettbewerb für einen mittelschweren Kampfzonen-Transporthubschrauber ausschrieb, gewann einer dieser beiden *107-II*-Prototypen als *Model 107M* in militärischer Konfiguration die Ausschreibung. Daraufhin wurden im Februar 1961 als erstes Los 14 *CH-46A Sea Knight,* wie ihre militärische Bezeichnung jetzt lautete, in Auftrag gegeben, von denen der erste am 16. Oktober 1962 die Erprobung aufnehmen konnte.
Während des Vietnamkrieges rüsteten die Marines ihre *Sea Knight* als Defensivbewaffnung mit 7,62-mm-Maschinengewehren auf Schwenklafetten in den Kabinentüren aus. Insgesamt sind in der Zeit von 1964 bis 1971 624 *CH/UH-46* an das US Marine Corps und die Navy ausgeliefert worden, von denen 273 ältere in die *E*-Variante für das Marine Corps umgerüstet wurden. Die Weiterentwicklung der *A*-Version war das *CH/UH-46D*-Modell, zu dessen wesentlichen Verbesserungen stärkere, 1400 Wellen-PS (1030 WkW) leistende *T58-GE-10*-Triebwerke, Rotorblätter mit gewölbtem Profil, Vorrichtungen für eine vergrößerte Treibstoffaufnahme, Bewaffnung und Panzerschutz, Vorrichtungen für Rettungseinsätze (nur *UH-46D*) sowie automatische Geschwindigkeitstrimmung gehörten. Verwendung fanden sie als mittlere Transporthubschrauber, die *UH-46D* hauptsächlich für die Nachschubversorgung von auf See befindlichen Schiffen. Weiterentwicklungen führten zum *RH-46E,* einem Hubschrauber zur Seeminenräumung, zu den *E*- und *F*-Varianten mit weiteren Verbesserungen, auch hinsichtlich der Avionik, eine *UH-46B* kam zur Bewertung zur USAF.

Boeing Vertol Model 107M (CH-46A)
Hersteller: Boeing Vertol Company
Verwendungszweck: Mittlerer Transporthubschrauber
Baujahr: 1960
Antrieb: 2 *General Electric T58-GE-6,* je 1050 WPS (772,2 WkW)
Rotorkreisdurchmesser: je 15,24 m
Rumpflänge: 13,66 m
Länge über alles: 25,40 m
Höhe: 5,09 m
Rüstmasse: 5627 kg
Startmasse: 9706 kg
Höchstgeschwindigkeit: 256 km/h
Schwebeflughöhe mit Bodeneffekt: 2765 m
Dienstgipfelhöhe: 3960 m
Reichweite: 370 km
Zuladung: 3 Mann Besatzung und 25 Soldaten oder 15 Tragbahren

Die New York Airways setzten sieben Passagierhubschrauber der Zivilversion *107-II* ein, während zum gleichen Zeitpunkt die Royal Canadian Air Force (RCAF) sechs als *CH-113 Labrador,* die Canadian-Army zwölf als *CH-113A Voyageur* sowie die schwedischen Streitkräfte 13 als *HKP-4* erhielten.
Lizenznehmer von *Model 107* war *Kawasaki Heavy Industries* in Japan, die weit über 100 in zivilen und militärischen Versionen produzierten, von denen der erste, ein *KV-107/II-2,* im Mai 1962 erstmals flog. Gebaut wurden: elf *KV-107/II-2*-Verkehrshubschrauber, für Thailand (3), für Pan American, für den Betrieb bei New York Airways (3), für Air Lift of Japan (2) und drei für Testzwecke; 16 *KV-107/II-3-* bzw. die leistungsgesteigerten *107/IIA-3*-Seeminenräumer für die japanische Marine; 59 taktische Transporthubschrauber *KV-107/II-4* bzw. *KV-107/IIA-4* für das japanische Heer; 28 *KV-107/II-5*-Langstrecken-Such- und Rettungshubschrauber für die japanischen Luftstreitkräfte und acht in ähnlicher Ausführung für die schwedische Marine; ein *KV-107/II-7* als 6–11sitziger VIP-Transporter; ein *KV-107/IIA-17*-Langstrecken-Passagier- und Frachthubschrauber für die Tokioter Metropolitan-Polizei; acht *KV-107/IIA-SM-1*-Feuerbekämpfungs- und drei *KV-107/IIA-SM-2*-Ambulanz-Hubschrauber für Saudi-Arabien.

Boeing Vertol Model 114 (CH-47C)
Hersteller: Boeing Vertol Company
Verwendungszweck: Mittlerer Transporthubschrauber
Baujahr: 1968
Antrieb: 2 *Lycoming T55-L-11A*, je 3750 WPS (2758 WkW)
Rotorkreisdurchmesser: je 18,29 m
Rumpflänge: 15,54 m
Länge über alles: 30,18 m
Höhe über alles: 5,68 m
Rüstmasse: 9351 kg
Startmasse: 14969 kg (Zustand 1), 20865 kg (Zustand 2)
Höchstgeschwindigkeit: 304 km/h (Zustand 1), 229 km/h (Zustand 2)
Schwebeflughöhe ohne Bodeneffekt: 4495 m (Zustand 1)
Dienstgipfelhöhe: 4570 m (Zustand 1)
Reichweite: 370 km
Zuladung: 44 Soldaten oder 24 Tragbahren
Besatzung: 3 Mann

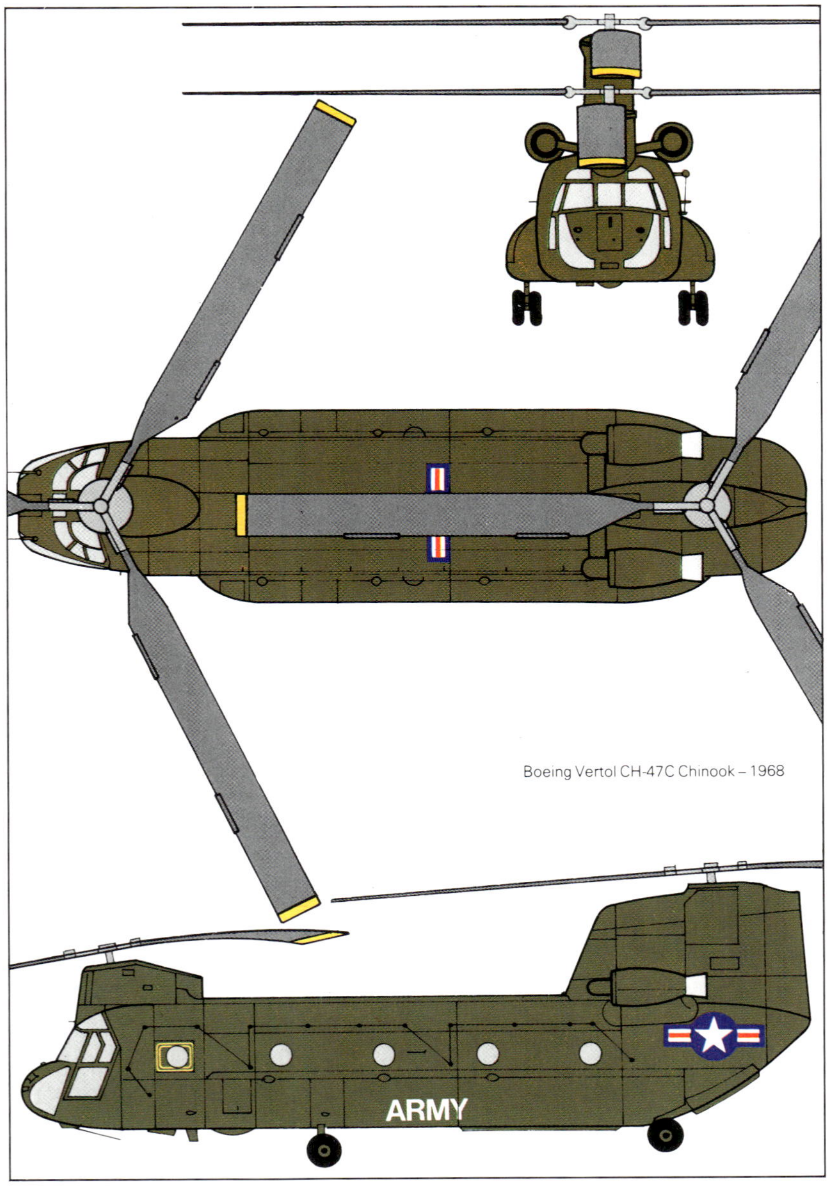

Boeing Vertol CH-47C Chinook – 1968

Boeing Vertol Model 114

Im September 1958 beauftragte die US-Army Boeing Vertol mit der Entwicklung eines mittelschweren Transporthubschraubers, der in der Lage sein sollte, unter Allwetter-Bedingungen 2000 kg Innen- und bis zu 8000 kg Außenlasten befördern zu können. Boeing legte eine abgeänderte Version seines *Model 107 (CH-46)* vor, und das neue Projekt *Model 114* (militärische Bezeichnung *CH-47),* der erste aus der sehr populären *Chinook* Tandem-Hubschrauber-Reihe, wurde im März 1959 Sieger des Ausschreibungswettbewerbs. Daß er ein direkter Abkömmling von *Model 107* war, konnte man an den breiten, wulstartigen Verkleidungen zu beiden Seiten des unteren Rumpfabschnitts erkennen. Der schwimmfähige Rumpf des *Chinook* ist um einen großen Laderaum herumgebaut worden, das Cockpit ist für drei Mann Besatzung ausgelegt. Oberhalb des Rumpfes, über dem Cockpit und dem Heck sind die beiden Rotorträger angeordnet. Die Turbinen wurden beidseitig des hinteren Rotorträgers eingebaut. Die hydraulisch betriebene Heckladerampe kann im Flug geöffnet werden. Sie kann auch im Flug offen bleiben, damit besonders lange Frachtgegenstände aufgenommen werden können, darüber hinaus bietet sie große Möglichkeiten zum schnellen Be- und Entladen. In den wulstartigen Verkleidungen zu beiden Seiten des Rumpfes sind bruchsichere und beschußfeste Kraftstoffbehälter, die Abstrebungen des Fahrgestells und die Bordbatterie untergebracht. Der Laderaum mit seinem nutzbaren Raumvolumen von 40,8 m³ kann entweder 44 vollausgerüstete Soldaten, 24 Krankentragen und zwei Sanitäter, oder die verschiedensten Güter mit einem Gesamtgewicht zwischen acht und zwölf Tonnen aufnehmen. Mit einer Winde können

Die mit zwei Triebwerken ausgerüsteten *CH-47C* der italienischen Heeresverbände wurden bei *Elicotteri Meridionali* in Lizenz gebaut. Andere wurden nach Ägypten, Griechenland, Libyen, Marokko und nach Tansania exportiert. Der in vielen Ländern der Erde eingesetzte *CH-47 Chinook*-Transporthubschrauber erhielt im Vietnamkrieg seine Feuertaufe.

Frachten über die Heckladerampe und Personal oder Gegenstände durch die (Rettungs-)Luke in der Mitte des Rumpfbodens herabgelassen oder gehoben und an einem Frachthaken im Zentrum des Schwerpunktes, dessen Tragevermögen 9000 kg beträgt, Außenlasten befördert werden. Die entgegengesetzt drehenden Dreiblatt-Tandemrotoren bestehen aus einem Stahlholm und einem aus einer Aluminiumlegierung bestehenden Stützwabenkern mit einer Beplankung aus glasfaserverstärktem Kunststoff.

Die beiden Turbinen verfügen über ein automatisches Steuer- und ein Kraftstoffregulier-System. Eine eingebaute 67 WPS (49,2 WkW) leistende Hilfsturbine im Unterteil des hinteren Rotorpylons gestattet, alle elektrischen und hydraulischen Systeme zu betreiben, ohne daß die Haupttriebwerke laufen und ohne daß von Bodengeräten Leistung zugeführt werden muß. Am vorderen Abschnitt jeder Turbine ist jeweils ein 90°-Winkelgetriebe angeflanscht, von denen aus je eine Welle zu dem Verbindungsgetriebe führt. Das Getriebesystem der beiden Turbinen ist so ausgelegt, daß es die Rotoren in entgegengesetzten Richtungen antreibt und die Drehzahl der Triebwerke entsprechend reduziert. Darüber hinaus kann es zur Eigenrotation frei laufen und verfügt über eine Vorrichtung zur Verhinderung der Überrotation bei Triebwerkfehler. Um die von den Rotoren auf den Rumpf übertragenen Vibrationen zu verringern, sind im *Chinook* fünf Vibrationsdämpfer eingebaut, einer im Bug, zwei unter dem Cockpitboden und zwei im hinteren Rotorpylon. Das Fahrwerk besteht aus einem nicht einziehbaren Vierrad-Fahrgestell mit Doppelrädern, von denen das vordere Paar nicht, das hintere Paar dagegen steuerbar ist, aber im Flug blockiert bleibt.

Drei Monate, nachdem der Hubschrauberentwurf als Sieger des Ausschreibungswettbewerb hervorgegangen war, bestellte die US-Army fünf Maschinen dieses Musters. Der *YCH-47A*-Prototyp hob am 21. September 1961 erstmals vom Boden ab. Nach dem ersten eher bescheidenen Auftrag stieg jedoch die Nachfrage für diesen Hubschrauber ständig.

Der *CH-47B* ersetzte schon sehr bald den früheren *CH-46* und wurde zum Standard-Transporthubschrauber der berühmten First Cavalry Division (Airmobile). Dem *CH-47B*, erkennbar an den kleinen Flossen am Boden der hinteren Laderampe, folgte der *CH-47C*, mit neuen leistungsstärkeren 3750-WPS(2758 WkW)-*T55-L11A Lycoming*-Wellenturbinen, verstärkten Antriebswellen und neuen, 4273 Liter fassenden Kraftstoffbehältern. Der erste *CH-47C* machte am 14. Oktober 1967 seinen Jungfernflug, und die Lieferungen begannen im Frühjahr 1968. In Vietnam wurden den *Chinook*, gemeinsam mit den *Bell*-Hubschraubern, die Hauptlast der Einsätze aufgebürdet. Von den insgesamt 816 für die US-Army und den Export gebauten *Chinook* waren Anfang der 80er Jahre noch über die Hälfte im Einsatz.

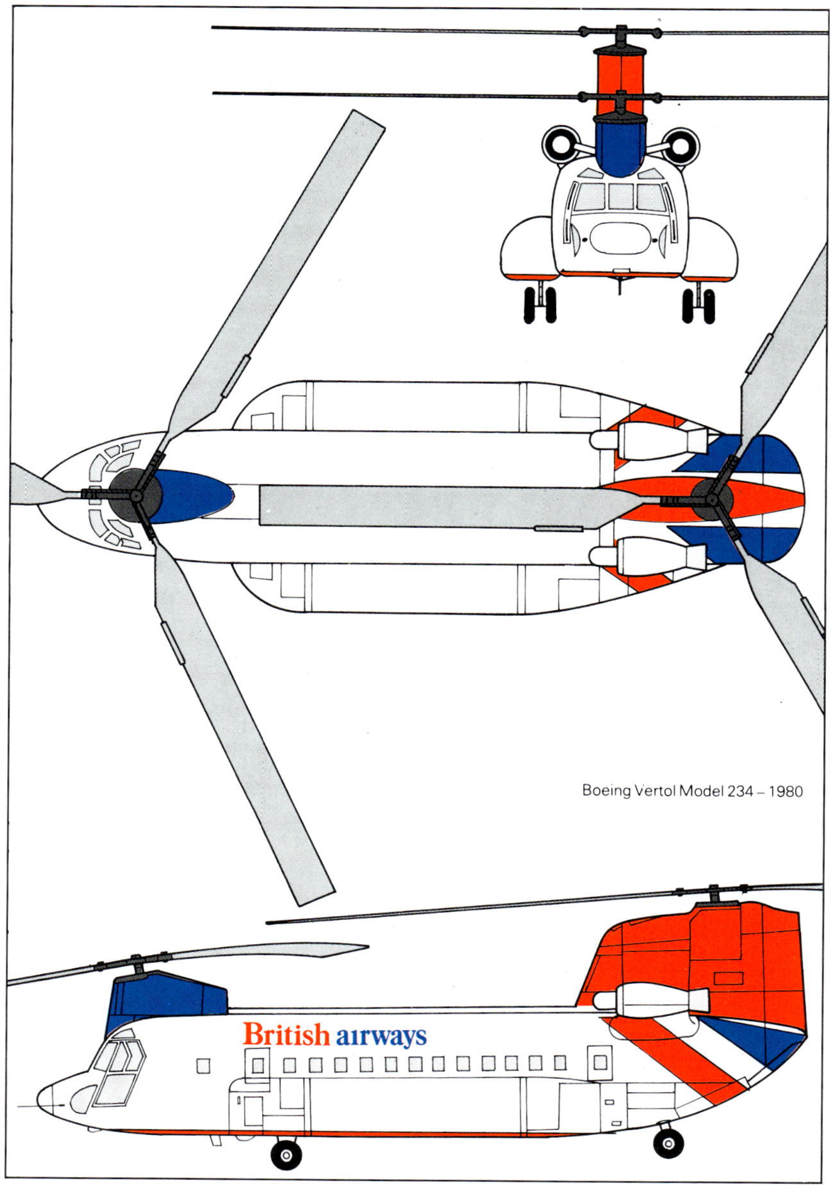

Boeing Vertol Model 234 – 1980

Boeing Vertol Model 234LR
Hersteller: Boeing Vertol Company
Verwendungszweck: 44-sitziger Passagierhubschrauber
Baujahr: 1980
Antrieb: 2 *Avco Lycoming AL5512*, je 4355 WPS (3203 WkW)
Rotorkreisdurchmesser: je 18,29 m
Rumpflänge: 15,87 m
Länge über alles: 30,18 m
Höhe über alles: 5,68 m
Rüstmasse: 11976 kg
Startmasse: 22000 kg
Höchstgeschwindigkeit: 250 km/h
Schwebeflughöhe mit Bodeneffekt: 2590 m
Schwebeflughöhe ohne Bodeneffekt: 823 m
Dienstgipfelhöhe: 4570 m
Reichweite: 1064 km

Seit 1979 läuft ein Modernisierungsprogramm für die US-Army, in dessen Verlauf 436 *Chinook* der Versionen *A, B* und *C* mit zwei 4500-WPS(3309 WkW)-*Avco Lycoming T55-L-712*-Wellenleistungsturbinen ausgestattet und auf den neusten Stand der Technik in die *CH-47D (Model 414)*-Version umgerüstet werden. Neben der US-Army (732) erwarben Argentinien (5), Australien (12), Großbritannien (38) und Kanada (9) *CH-47 Chinook*. Ein wichtiges Lizenzabkommen wurde 1968 mit *Elicotteri Meridionali* (seit 1967 der *Agusta*-Gruppe zugehörig) getroffen. Nach einer Reihe von Rückschlägen wurde ein Auftrag über 26 *CH-47C* für die italienische Armee bestätigt und die ersten dieser gänzlich italienischen Maschinen 1974 geliefert. Weitere Lieferungen gingen an Ägypten (15), Griechenland (10), den Iran (57), Lybien (20), Marokko (9) und Tansania (2). Inzwischen ist auch bei *Kawasaki* die Lizenzfertigung von 54 *Chinook* für die japanischen Selbstverteidigungsstreitkräfte angelaufen.

Boeing Vertol Model 234

Nach der Entwicklung einer modernisierten Version des *CH-47 Chinook*, der die Bezeichnung *CH-47D (Model 414)* erhielt und sich auf den Umbau wesentlicher Teile wie z.B. Ausstattung mit stärkeren Triebwerken, glasfaserverstärkten Rotorblättern, Erhöhung der Leistungsaufnahme der Getriebe und vieles andere erstreckte, vollendete Boeing Vertol im Sommer 1978 das Projekt, das sich mit der Schaffung einer kommerziellen Version des *Chinook* befaßt hatte. Ursprünglich zur Versorgung der Erdölplattform gedacht, konnte er auch für die Erkundung abgelegener Gebiete eingesetzt werden.

Am 19. August 1980 flog der *BV 234* zum erstenmal. Die Zelle dieses Modells basiert auf der der letzten militärischen Varianten, weist aber viele neue Hauptmerkmale auf, wozu auch die vergrößerten wulstartigen Verkleidungen an beiden Rumpfseiten zur Aufnahme der aus Verbundwerkstoffen hergestellten Kraftstoffbehälter, eine längere Bugnase zur Aufnahme des Wetterradars und das weiter nach vorn verlagerte vordere Fahrwerk gehören.

Der *BV 234* wird in drei Versionen gefertigt: als *234LR*, eine Langstrecken-Version mit fast zweimal so großen beidseitig des Rumpfes angeordneten bruchsicheren Kraftstoffbehältern wie die der Original-*Chinook*, die 6360 kg Kraftstoff aufnehmen können; als *234ER*, der über zusätzliche Kraftstoffbehälter im Rumpf verfügt, bei reduzierter Sitzplatzkapazität auf 32 oder 17 Personen, und als *234UT*, eine Mehrzweck-Version, bei der 1826 kg Kraftstoff in vier kleineren Behältern unter den seitlichen Verkleidungen, die auch das Fahrwerk aufnehmen, untergebracht sind. Die Hubschrauber können von einer Version in die andere umgerüstet werden, was ungefähr acht Stunden Arbeitszeit von zwei Spezialisten erfordert. Die drei Rotorblätter sind austauschbar, und die Wartung ist auf ein Minimum reduziert worden, was zu einer beträchtlichen Senkung der Betriebskosten geführt hat. Auch die Überholzeit (TBO) der Turbinen konnte auf 1800 Betriebsstunden erhöht werden. Der Innenraum der Langstreckenversion bietet Platz für 44 Personen. Die Sitzplätze sind in Viererreihen mit einem Mittelgang angeordnet. Daneben sind eine Toilette und ein großer Gepäckraum vorhanden. Die typische gemischte Kombination in der Mehrzweck-Ausführung besteht aus 11 Passagierplätzen und 7250 kg Fracht-Zuladung. Diese UT-Version verfügt auch über einen Frachthaken unter der Rumpfmitte, an dem eine Außenlast von bis zu 12700 kg befördert werden kann.

Der erste Auftrag über sechs *Boeing Vertol 234* kam von British Airways Helicopters, die mit diesen Passagierhubschraubern eine Verbindung von Aberdeen in Schottland zu allen Erdölplattformen in der Nordsee einrichteten. Die Gesellschaft Helicopter Service of Norway beschaffte zwei *LR*-Versionen für den gleichen Zweck, und die Arco Alaska setzte 1983 zwei *234ER* ein.

Bölkow
Bölkow-Entwicklungen KG (Bundesrepublik Deutschland)

Die Bölkow-Entwicklungen Kommanditgesellschaft ist aus dem seit 1948 von Dipl.-Ing. Ludwig Bölkow in Stuttgart betriebenen Ingenieurbüro hervorgegangen. Die Gründung der KG erfolgte am 1. Mai 1956 mit dem Ziel, auf dem Gebiet der Luft- und Raumfahrt tätig zu werden. Zu einem der ersten Projekte zählte auch das Hubschrauber-Übungsgerät *Bölkow Bo 102* Heli-Trainer, aus dem später der *Bo 103,* ein Einmann-Einblatt-Hubschrauber abgeleitet wurde. Am 31. Oktober 1968 fusionierten die Firmengruppen Bölkow und Messerschmitt zur *Messerschmitt-Bölkow GmbH* in Ottobrunn bei München, der sich am 14. Mai 1969 der *Hamburger Flugzeugbau* als drittes Unternehmen anschloß. Dieser Zusammenschluß führte zur Bildung der *Messerschmitt-Bölkow-Blohm GmbH (MBB).*

Bölkow Bo 102

Beim *Bölkow Bo 102* handelte es sich um einen kleinen einmotorigen Miniaturhubschrauber. Das mit Heli-Trainer bezeichnete Übungsgerät wurde von einem 40-PS (29,4 kW)-*ILO*-Dreizylinder-Zweitaktmotor angetrieben. Der Rotorkopf war halbstarr mit kardanischer Aufhängung, der Einblattrotor mit Gegengewicht aus glasfaserverstärktem Kunststoff hergestellt. Das Übungsgerät konnte je nach Schulungsstufe auf einen kreisrunden, aufblasbaren Schwimmer oder ein Drehgestell gesetzt werden. Mitte 1959 war das erste Gerät fertiggestellt. Insgesamt sind bis zum Abbruch der Fertigung im Jahr 1962 18 Heli-Trainer im Werk Nabern gebaut worden. Rotorkreisdurchmesser: 6,57 m. Länge: 5,68 m. Neigungswinkel: 6°. Gesamtmasse: (ohne Drehgestell bzw. Gummi-Schwimmer) 325 kg.

Bölkow Bo 103

Der *Bo 103,* dessen Entwurf bereits 1957 von Dipl.-Ing. Hans Derschmidt ausgearbeitet wurde, flog am 14. September 1961 mit Werner Kunz am Steuer auf dem Fliegerhorst Neubiberg zum erstenmal. Von dem Versuchshubschrauber wurde nur ein Exemplar gebaut. Antrieb: *Agusta GA 70 V* von 82 PS(60,3 kW). Rotor: *GFK*-Einblattrotor von 6,66 m Durchmesser. Leermasse: 268 kg. Normal-Startmasse: 390 kg. Höchstzul. Geschwindigkeit: 100 km/h. Reichweite: 100 km.

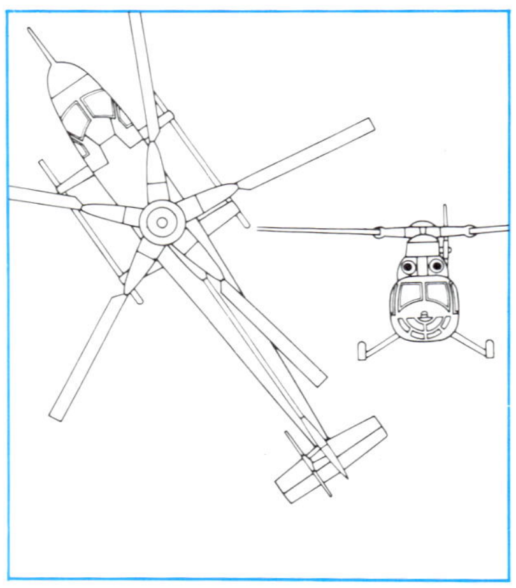

Bölkow Bo 46

Der *Bo 46* war im Auftrag des BMVg 1961 als Erprobungsträger für das Derschmidt-Schwenkrotor-System entwickelt worden. Der zweisitzige flugzeugähnliche auf einem Kufengestell ruhende Rumpf wurde bei den damaligen Siebelwerken in Donauwörth gebaut. Der Fünfblatt-Hochgeschwindigkeitsrotor hatte um je 40° vor- und rückschwenkende Rotorblätter aus glasfaserverstärktem Kunststoff, die Blattanlenkung wurde bei 40% des Rotorradius vorgenommen. Infolge der Schwenkbewegung wurden die Unsymmetrie der Anströmung vermindert und die Mach-Einflüsse an den Blattspitzen zu höheren Fluggeschwindigkeiten verschoben. Dadurch ließen sich Fluggeschwindigkeiten von bis zu 500 km/h erreichen. Am 30. Januar 1964 hob der *Bo 46 V1* mit dem Testpiloten Wilfried von Engelhardt auf dem Fliegerhorst Neubiberg erstmals kurz ab. Störungen im System führten zu notwendigen Änderungen, die wiederum die Kosten des Gesamtprogramms weit überstiegen.
Im Oktober 1964 wurde das Projekt aufgegeben. Antrieb: *Turboméca Turmo IIIB* von 800 WPS (588,4 WkW). Rotorkreisdurchmesser: 10,00 m, Startmasse: 2000 kg.

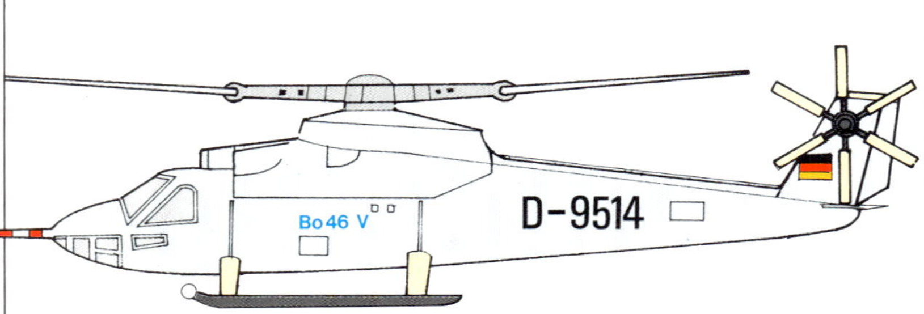

Bölkow Bo 46 – 1964

Brantly
Brantly Helicopter Corporation (USA)

Newby O. Brantly war Vizepräsident der Pennsylvania Elastic Company, die den Prototyp eines Koaxialhubschraubers finanzierte. Die Arbeiten an diesem für den zivilen Markt bestimmten Projekt hatten 1941 begonnen, aber der Zweite Weltkrieg verzögerte den Jungfernflug dieses von einem 150-PS(110,3 kW)-*Franklin 335* angetriebenen Hubschraubers bis 1946. Trotz guter Leistungen ist der *Brantly B-1* nicht weiterentwickelt worden. Brantly gründete in Oklahoma seine eigene Firma, in der zivile und militärische Hubschrauber gebaut wurden.

Brantly 305
Hersteller: Brantly Helicopter Corporation
Verwendungszweck: 5-sitziger Geschäftsreisehubschrauber
Baujahr: 1964
Antrieb: *Lycoming IVO-540-A1A,* 305 PS (224,3 kW)
Rotorkreisdurchmesser: 8,73 m
Rumpflänge: 7,44 m
Länge über alles: 10,03 m
Höhe über alles: 2,44 m
Rüstmasse: 817 kg
Startmasse: 1315 kg
Höchstgeschwindigkeit: 193 km/h
Schwebeflughöhe mit Bodeneffekt: 1245 m
Reichweite: 350 km

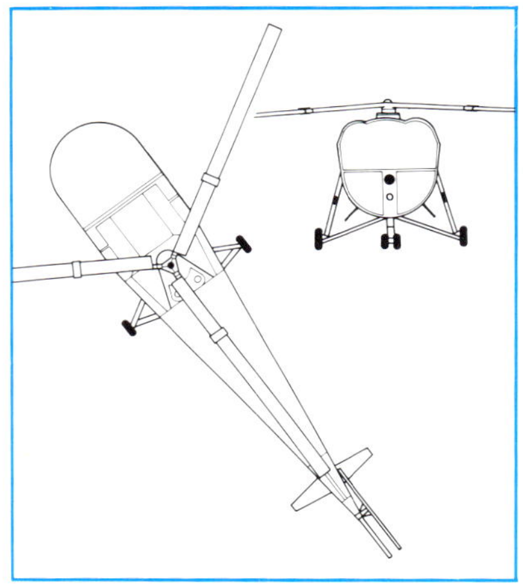

Brantly B-2/Model 305

Brantly entwarf 1941 seinen ersten Hubschrauber *B-1,* bei dem er das koaxiale Rotorsystem anwendete. Die Schlaggelenke und diejenigen mit verzögerter Wirkung der beiden Dreiblattrotoren waren für jedes Rotorblatt bei ungefähr 40% der Rotorblattlänge angeordnet. Aber das ganze System war zu komplex, so daß es bei dem Prototyp blieb, der 1946 erstmals flog und eine Höchstgeschwindigkeit von 182 km/h erreichte.
Im Februar 1953 erschien der *Brantly B-2,* ein für seine Zeit außerordentlich fortschrittlicher, zweisitziger, für den zivilen Markt konzipierter Kabinenhubschrauber. Das Rotorsystem bestand aus einem Haupt- und Heckrotor, dessen besonderes Merkmal die Anordnung der Schlaggelenke war. Die Entwicklung des *B-2* verlief schleppend, der Erstflug fand am 21. Februar 1953 statt, die FAA-Zulassung erlangte er aber erst 1959 nach einer Reihe konstruktiver Änderungen. In den folgenden Jahren wurden über 200 *B-2* an zivile Kunden verkauft. Fünf Exemplare mit der Bezeichnung *YHO-3BR* wurden von den US-Streitkräften erprobt, gingen aber nicht in Serie.
Dem *B-2* folgten der *B-2A* und der *B-2B.* Aus dem *B-2B* ist der im Januar 1964 erschienene *Brantly 305* hervorgegangen, dessen Antrieb durch einen 305-PS-*Lycoming*-Boxermotor erfolgte, von dem auch die Typenbezeichnung abgeleitet wurde. Zirka 30 Stück sind noch bis zur Übernahme der Firma durch die *Lear-Jet Industries* im Jahr 1966 verkauft worden.

Brantly B-305 – 1964

Breguet
Société Anonyme Avions Louis Breguet (Frankreich)

Louis und Jacques Breguet gehörten nicht nur zu den ersten Flugzeugkonstrukteuren, die weltweit berühmt geworden sind, sie waren auch Pioniere des Drehflügelfluges. In der Tat war Louis Breguets *Gyroplane N°.2* von 1908 einer der ersten Hubschrauber, die sich vom Boden abheben konnten. Nach der Zerstörung dieses erfolgreichen Fluggeräts durch einen Wirbelsturm im Mai 1909 gab Breguet seine Experimente mit Drehflüglern auf und wandte sich mit seinem Bruder dem Bau von Flächenflugzeugen zu. Erst nach dem Zweiten Weltkrieg nahm er seine Arbeit an Hubschrauber-Projekten wieder auf. In der Zwischenzeit war seine Firma durch Militär- und Zivilflugzeuge groß geworden. Bréguet spielte auch eine maßgebliche Rolle beim Wiederaufbau der französischen Luftfahrtindustrie nach dem Krieg.

Breguet G.IIE Gyroplane

1949 baute Louis Breguet in Frankreich seinen dritten *Gyroplane*. Dieser Hubschrauber mit der Bezeichnung *G.IIE* hatte einen stromlinienförmigen Rumpf mit einer Kabine für einen Piloten und vier Passagiere und ein T-Leitwerk am Heck. Ein 450-PS(331 kW-*Pratt & Whitney Junior*-Sternmotor trieb zwei gegenläufige Dreiblatt-Koaxial-Rotoren mit einer Steuerung vom *Sikorsky*-Typ, an. Die Marktaussichten für den *Gyroplane* waren gut, nicht zuletzt wegen seiner beachtlichen Reisegeschwindigkeit von zirka 200 km/h. Leider ist der Hubschrauber aus finanziellen Gründen nicht über das Prototypenstadium hinausgekommen.

Breguet G.IIE Gyroplane
Hersteller: Société Anonyme Avions Louis Breguet
Verwendungszweck: 4-sitziger Versuchshubschrauber
Baujahr: 1949
Antrieb: *Pratt & Whitney R-985*, 450 PS (331 kW)
Rotorkreisdurchmesser: 9,60 m
Länge über alles: 9,70 m
Höhe über alles: 4,24 m
Rüstmasse: 1473 kg
Startmasse: 2100 kg
Höchstgeschwindigkeit: 215 km/h
Schwebeflughöhe mit Bodeneffekt: 1600 m
Dienstgipfelhöhe: 4600 m
Reichweite: 470 km

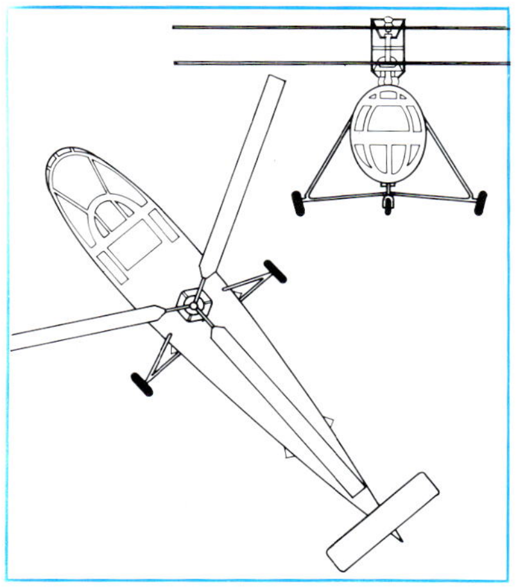

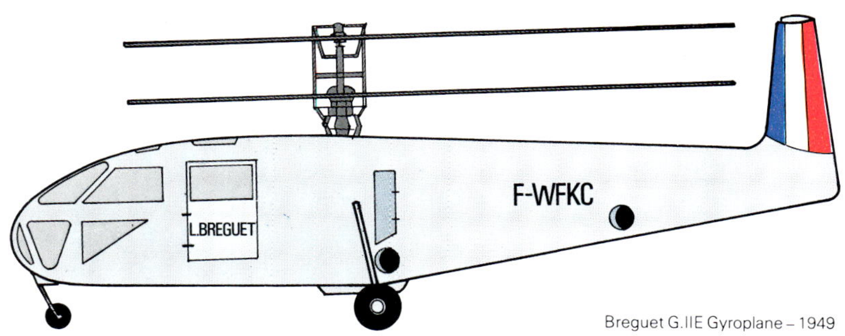

Breguet G.IIE Gyroplane – 1949

Bristol
Bristol Aeroplane Co., Ltd. (Großbritannien)

Diese 1909 in Filton bei Bristol gegründete Firma wurde durch die Entwicklung und den Bau ihrer Flugzeuge und Triebwerke weltberühmt. Bis 1914 waren bereits über 200 Flugzeuge gebaut worden, darunter viele sehr erfolgreiche Eigenentwürfe. 1918 hatten über 2000 Flugzeuge die *Bristol*-Fließbänder verlassen, und bei Unterzeichnung des Friedensvertrages war die Belegschaft auf 3000 Mann angewachsen. Während der 30er Jahre dauerte die Produktion von zivilen und militärischen Flugzeugen unvermindert an. Daneben hatte sich Bristol durch seine Flugzeugmotoren einen weltweiten Ruf erworben. 1935 startete Bristol aufgrund voller Auftragsbücher ein umfangreiches Expansionsprogramm. In diesem Jahr begannen auch die Arbeiten an der zweimotorigen *Blenheim,* dem ersten aus einer Reihe von Kampfflugzeugen, die während des Zweiten Weltkrieges in großer Anzahl eingesetzt werden sollten.
Nach dem Krieg erweiterte Bristol seine Aktivitäten und wandte sich neuen Branchen zu wie der Automobilherstellung, dem Bau von Fertighäusern und der Kunststoffentwicklung. Die Luftfahrtinteressen wurden daneben stets weiterverfolgt, so auch auf dem Gebiet der Drehflügelflugzeuge.
Bereits 1944 hatte Bristol mit Raoul Hafner als Chefkonstrukteur eine Hubschrauber-Abteilung aufgebaut, die allerdings im Rahmen einer von der Regierung ermutigten Rationalisierungspolitik 1961 an *Westland* verkauft wurde. Der Name Bristol verschwand 1963 schließlich aus der Luftfahrt, nachdem die Firma eine Abteilung von *BAC Filton,* und daraus folgend, ein Teil von *British Aerospace* wurde.

Bristol 171 Mk.3 Sycamore
Hersteller: Bristol Aeroplane Co., Ltd.
Verwendungszweck: 5-sitziger Mehrzweckhubschrauber
Baujahr: 1951
Antrieb: *Alvis Leonides*-Sternmotor, 550 PS (404,5 kW)
Rotorkreisdurchmesser: 14,80 m
Rumpflänge: 13,40 m
Länge über alles: 18,63 m
Höhe über alles: 4,25 m
Rüstmasse: 1605 kg
Startmasse: 2360 kg
Höchstgeschwindigkeit: 195 km/h
Schwebeflughöhe mit Bodeneffekt: 1220 m
Dienstgipfelhöhe: 4725 m
Reichweite: 430 km

Bristol 171 Sycamore

Der in Wien geborene Raoul Hafner, der sich in den 30er Jahren der Rotorflugzeugforschung verschrieben hatte, war vor dem Zweiten Weltkrieg nach England gegangen und hatte nach seinen Arbeiten mit *Cierva*-Autogiro 1944 die Hubschrauber-Abteilung der Bristol Aeroplane Co., Ltd. übernommen. Sein erstes Modell, der *Bristol 171 Sycamore Mk.1,* flog (noch als Zweisitzer) am 27. Juli 1947 zum erstenmal, ausgerüstet mit einem amerikanischen 450-PS(331 kW)-*Pratt & Whitney R-985 Wasp*-Sternmotor, weil zu diesem Zeitpunkt kein geeigneter britischer Motor vorhanden war. Der in Metallbauweise gefertigte *Sycamore* hatte einen Dreiblatt-Haupt- und Heckrotor und war als vier bis fünfsitziges Lufttaxi vorgesehen, darüber hinaus für militärische Zwecke als Beobachtungs-, Verbindungs- und Rettungshubschrauber.
Im September 1949 kam der *Mk.2* heraus, jetzt mit einem britischen 550 PS (404,5 kW) leistenden *Alvis Leonides Mk.71*-Sternmotor als Antrieb. Dieser Hubschrauber wurde serienmäßig für die britischen Streitkräfte gebaut. Von den ersten 25 Serien-Modellen wurden einer als Ambulanzhubschrauber (als *H.C.10),* vier für Beobachtungs- und Verbindungszwecke für das Heer (als *H.C.11),* vier für das RAF-Küstenkommando für den Such- und Rettungsdienst (als *H.R.12)* und drei als *H.R.50* für den Such- und Rettungsdienst der australischen Marine ausgerüstet. Sie alle erhielten nachträglich das *Alvis Leonides Mk.73*-Triebwerk, das standardmäßig im *Sycamore Mk.3* Verwendung fand. Dieses Zivilmodell, dessen Kapazität auf sechs Plätze erhöht worden war, fand das Interesse der BEA, die 1954 mit diesen Hubschraubern eine Versuchsstrecke zwischen Eastleigh und dem Londoner Flughafen Heathrow eröffneten und sie zwei Jahre lang betrieben. 1950 baute Bristol eine weitere Zivilversion, den *Mk.4* mit längeren Fahrwerks-Federbeinen, einem größeren Gepäckraum und einer Hydraulikwinde. Dieser war in erster Linie für den Such- und Rettungsdienst sowie Luftambulanz-Einsätze bestimmt, darüber hinaus wurde er als Mehrzweckhubschrauber an die RAF (als *Mk.14),* die belgischen Luftstreitkräfte, die australische Marine (als *Mk.51)* und an die Bundeswehr (als *Mk.52)* ausgeliefert.
Mitte der 50er Jahre begann Bristol schließlich mit den Entwicklungsarbeiten für einen turbinengetriebenen *Sycamore,* den *Bristol 203* mit einer auf elf Sitzplätze vergrößerten Kabine und einem größeren Heckausleger. Aber dieses Projekt, bei dem das Werk die letzten zwei Zellen der *Bristol 171* verwendet hatte, mußte aufgegeben werden, als die Hubschrauberfertigung von *Westland* übernommen wurde, obwohl einige Komponenten später bei dem *Lynx*-Projekt Verwendung fanden.
Insgesamt sind bis zur Einstellung der Produktion im Jahr 1959 178 *Sycamore*-Hubschrauber gebaut worden. Neben der RAF war die Bundeswehr mit 50 *Sycamore Mk.52* der größte Betreiber dieses Hubschraubers. Die *Sycamore* der RAF wurden in verschiedenen Teilen der Welt, in denen britische Truppen stationiert waren, eingesetzt, schwerpunktmäßig 1954 in Malaysia sowie Ende 1956 während des Zypernkonflikts.

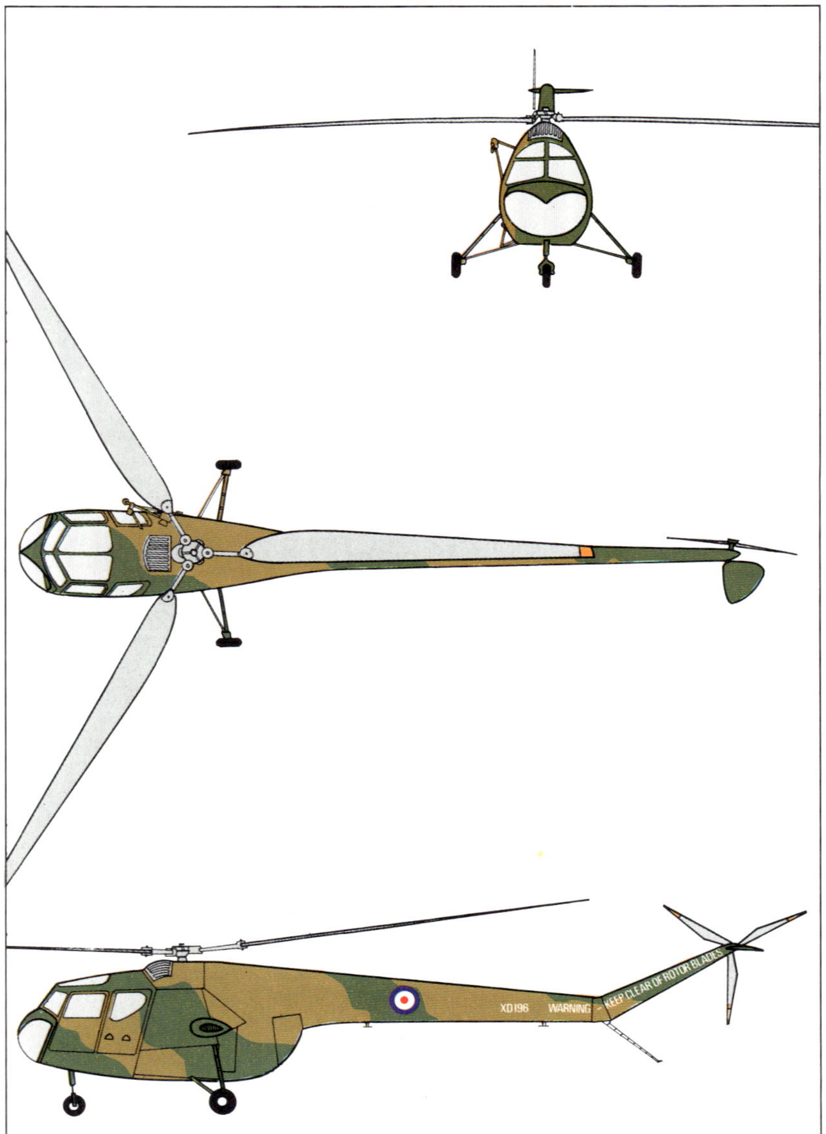

Bristol 171 Mk.13 Sycamore – 1951

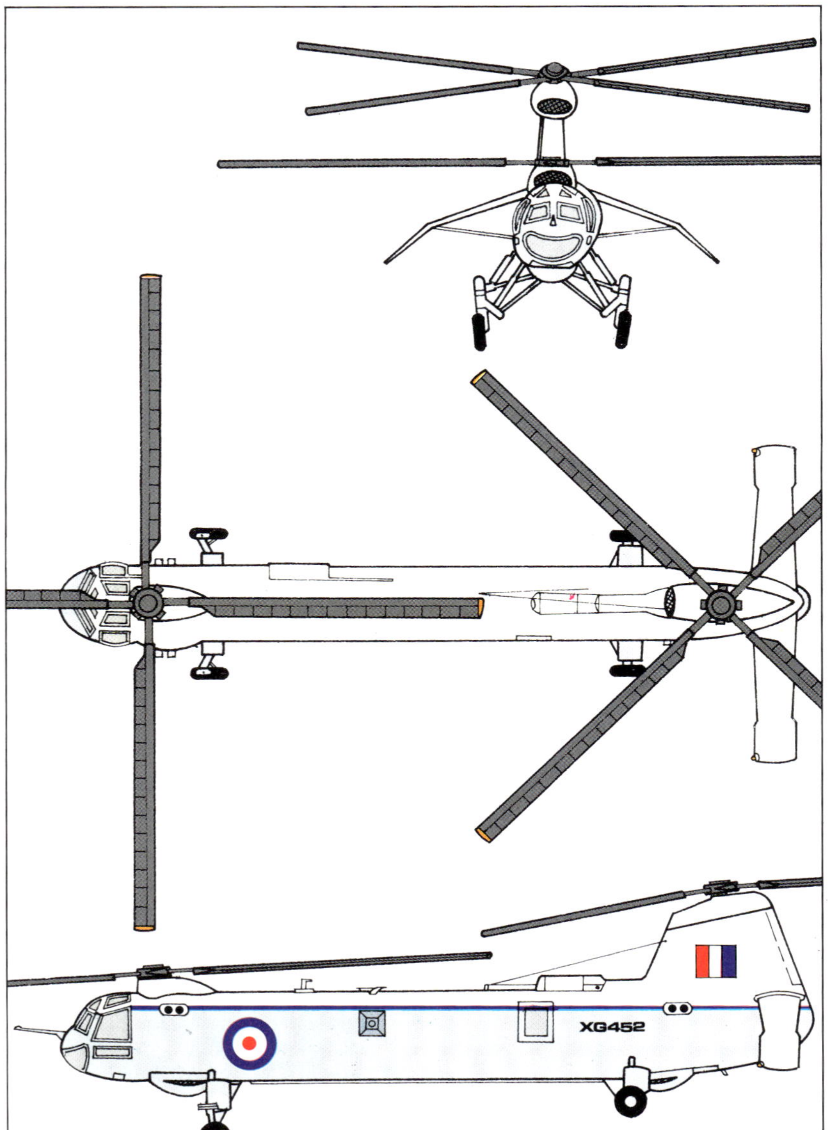

Bristol 192 Belvedere – 1958

Bristol 173/192

Der *Bristol 173* war der erste Hubschrauber, der speziell für kommerzielle Zwecke, hauptsächlich für den Personentransport, entwickelt wurde. Der Prototyp *Mk.1,* – er machte am 3. Januar 1952 seinen Jungfernflug, – wurde von zwei 520-PS(382,4 kW)-*Alvis Leonides*-Sternmotoren angetrieben und konnte 10 Passagiere befördern. Die Dreiblatt-Tandemrotoren waren die gleichen, wie die des *Bristol 171 Sycamore.* Der Antrieb der beiden gegenläufigen Rotoren war so ausgelegt, daß bei Ausfall eines Triebwerks die volle Leistung des anderen verzögerungsfrei auf beide Rotoren übertragen wurde. 1953 führte die britische Marine versuchsweise Starts und Landungen mit diesem Hubschrauber auf dem Flugzeugträger »Eagle« durch. Der zweite Prototyp glich dem ersten, er war geringfügig modifiziert worden, um die Eigenschaften und Wirkungen der beiden am Bug und am Heck angebrachten Stummelflügel zu testen. Der *Bristol 173 Mk.3,* der 1955 mit einer auf 16 Sitzplätze erweiterten Kabine, stärkeren, 850 PS (625 kW) leistenden *Alvis Leonides Major*-Doppelsternmotoren und Vierblatt-Rotoren entwickelt worden war, wurde der BEA angeboten.
Leider konnten bei keinem dieser Hubschrauber die aufgetretenen Vibrations- und Flugstabilitätsprobleme zur vollen Zufriedenheit gelöst werden. Auch die nachfolgenden Modelle *191,* und *193,* die Bristol nach Spezifikationen der kanadischen Marine entwickelt hatte, waren nicht erfolgreicher. Erst der von zwei Turbinen angetriebene *Bristol 192,* dessen Prototyp am 5. Juli 1958 erstmals flog, wurde von der RAF angenommen. In der Grundausführung war dieser Tandem-Hubschrauber mit einer einfachen Handsteuerung und Rotorblättern in Holzbauweise ausgestattet, was jedoch ab 1960, vom fünften Serienmuster an, geändert wurde. Im gleichen Jahr übernahm die RAF drei Serienhubschrauber in die Truppenerprobung, die teils in Odiham und teils in Nordafrika durchgeführt wurde. 26 dieser Hubschrauber, die den Namen *Belvedere* erhalten hatten, setzte das RAF Transport Command einige Jahre lang für Militärtransporte weltweit ein. Im März 1969 wurden die *Belvedere*-Hubschrauber außer Dienst gestellt.
Die *Bristol 192 Belvedere*-Serienhubschrauber hatten einen Ganzmetall-Rumpf und am Heck eine Dämpfungsflosse in negativer V-Form, im Gegensatz zu der positiv-V-förmigen des Typs *173.* Die beiden Rotoren besaßen vier Metallblätter, und das vordere Räderpaar des starren Vierrad-Fahrwerks war steuerbar. 18 vollausgerüstete Soldaten bzw. eine innere Last von 2700 kg oder extern (angehängt) von 2380 kg konnten von dem *Belvedere* befördert werden. Eine Erhöhung der Sitzplatzkapazität auf 28 Sitze war möglich. Die Instrumentierung war für den Nachtflugbetrieb ausgelegt.

Bristol 173
Hersteller: Bristol Aeroplane Co., Ltd.
Verwendungszweck: 12-sitziger Verkehrshubschrauber
Baujahr: 1952
Antrieb: 2 *Alvis Leonides*-Sternmotoren, je 520 PS (382,5 kW)
Rotorkreisdurchmesser: je 14,80 m
Rumpflänge: 16,51 m
Länge über alles: 27,33 m
Höhe über alles: 4,27 m
Rüst-/Startmasse: 3550 kg/4800 kg
Höchstgeschwindigkeit: 182 km/h
Reichweite: 160 km

Bristol 192 Belvedere
Hersteller: Bristol Aeroplane Co., Ltd.
Verwendungszweck: Militärischer Mehrzweck- und Transporthubschrauber
Baujahr: 1958
Antrieb: 2 *Napier Gazelle 100 (N.Ga.2),* je 1650 WPS (1213,5 WkW)
Rotorkreisdurchmesser: je 14,80 m
Rumpflänge: 16,56 m
Höhe über alles: 5,18 m
Rüst-/Startmasse: 5280 kg/9070 kg
Höchstgeschwindigkeit: 222 km/h
Schwebeflughöhe mit Bodeneffekt: 3350 m
Dienstgipfelhöhe: 5270 m
Reichweite: 700 km

C-D

Cambell Cricket, *siehe* Seite 121
Cicare CK-1, *siehe* Seite 122
Cierva Rotorcraft CR LTH-1, *siehe* Seite 122
CJC-3, *siehe* Seite 122

Doman D-10, *siehe* Seite 122
Doman LZ-5, *siehe* Seite 122
Dorand DH-011, *siehe* Seite 122

Cessna
Cessna Aircraft Company (USA)

Diese am 31. Dezember 1927 von Clyde Cessna in Wichita/Kansas gegründete Firma wurde, nachdem sie die katastrophale Wirtschaftskrise von 1929 überstanden hatte, mit über 150000 gebauten Flugzeugen zum weltgrößten Hersteller von Leichtflugzeugen für die Allgemeine Luftfahrt. 1952 hatte Cessna durch die Übernahme der *Seibel Helicopter Company* seinen bis heute einzigen Abstecher in die Hubschrauber-Produktion gemacht. Unter Federführung von Charles Seibel wollte man einen Hubschrauber für die Geschäftsfliegerei entwickeln, von dem man sich gute Absatzchancen erhoffte. Die daraus resultierenden *CH-1*-Hubschrauber wurden in mehreren Versionen gebaut und schließlich Anfang der 60er Jahre aufgegeben.

Cessna CH-1

Der *CH-1*-Entwurf war ein Versuch von Cessna, in den Drehflügler-Markt einzusteigen, der 1953, ein Jahr nach dem Erwerb der *Seibel Helicopter Co.* unternommen worden war. Die Hubschrauber hatten einen leicht abgeänderten *Cessna 172*-Rumpf, der *CH-1*-Prototyp war noch als Zweisitzer ausgelegt. Sein 260-PS(191,2 kW)-*Continental FSO-470*-Boxermotor war im Bug installiert und trieb einen konventionellen Zweiblatt-Rotor an, dessen Antriebswelle zwischen den beiden Sitzen hindurchgeführt wurde. Der Erstflug fand im September 1954 statt. Dem *CH-1*-Prototyp folgte der *CH-1A* mit gleichem Antrieb, jedoch als Viersitzer. Das nächste Modell *CH-1B* war eine militärische Ausführung mit einem 270-PS(198,5 kW)-*Continental FSO-526-A*-Sechszylinder-Boxermotor, von dem die US-Army zehn mit der Bezeichnung *YH-41 Seneca* für die Erprobung bestellte. Mit den *Seneca*-Hubschraubern fanden u.a. Flüge in Höhen über 10000 m statt. Nur vier dieser Hubschrauber wurden an Ecuador verkauft. Dieser Version folgte der zivile *CH-1C Skyhook*, der im Juli 1959 seinen Jungfernflug machte und am 7. Juli 1960 als erster Hubschrauber in den USA die IFR-Zulassung erhielt. Der *Skyhook* unterschied sich vom *Seneca* durch einen neuen horizontalen Stabilisator, einen mit dem lateralen Servosystem verbundenen mechanisch angetriebenen Kreisel und eine Neufixierung des Druckzentrums des Heckrotors. Nach den enttäuschenden Verkaufsergebnissen von nur 23 *Skyhook* stellte Cessna die Hubschrauberproduktion ein.

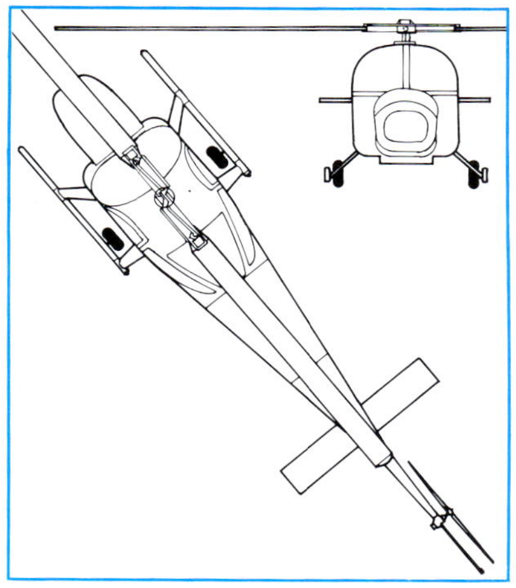

Cessna CH-1C Skyhook
Hersteller: Cessna Aircraft Company
Verwendungszweck: 4-sitziger Geschäftsreisehubschrauber
Baujahr: 1959
Antrieb: *Continental FSO-526-A*, 270 PS (198,5 kW)
Rotorkreisdurchmesser: 10,67 m
Rumpflänge: 9,96 m
Länge über alles: 13,00 m
Höhe über alles: 2,56 m
Rüstmasse: 943 kg
Startmasse: 1406 kg
Höchstgeschwindigkeit: 196 km/h
Schwebeflughöhe mit Bodeneffekt: 2925 m
Dienstgipfelhöhe: 3700 m
Reichweite mit Zusatztanks: 642 km

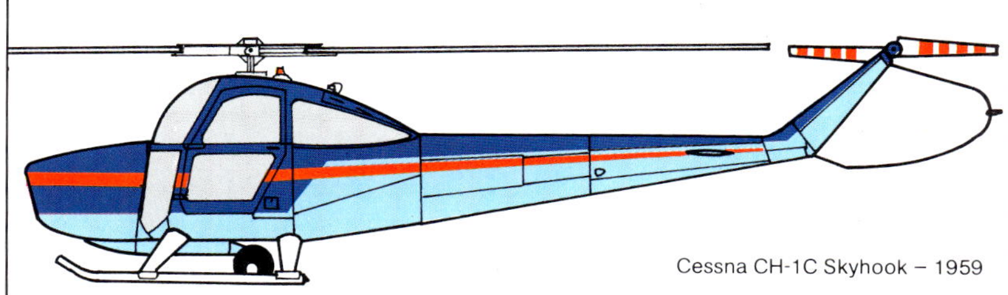

Cessna CH-1C Skyhook – 1959

Cierva
The Cierva Autogiro Company (Großbritannien)

Der 1895 in Spanien geborene Erfinder des Tragschraubers (Autogiro), Juan de la Cierva, war 1925 nach England gekommen und hatte dort ein Jahr später seine eigene Firma gegründet. In den folgenden Jahren verkaufte er Lizenzen für den Bau seiner Autogiros an Hersteller in aller Welt. – Cierva verunglückte am 9. Dezember 1936 bei einem Flugzeugabsturz nahe Croydon tödlich, aber eine Ende 1943 neu gegründete Firma führte seinen Namen weiter, bis sie 1951 mit *Saunders-Roe* fusionierte.

Curtiss-Wright
Curtiss-Wright Corporation (USA)

Aus dem 1929 durch den Zusammenschluß der beiden Firmen Curtiss und Wright entstandenen Curtiss-Wright Flugzeugkonzern ist in einem Zeitraum von über 50 Jahren eine große Anzahl von sehr erfolgreichen Flugzeugen hervorgegangen, darunter auch Ende der 50er Jahre einige Versuchs-Kipprotor-Flugzeuge.

Dornier
Dornier-Werke GmbH (Bundesrepublik Deutschland)

Das Unternehmen geht auf das Jahr 1914 zurück, und die Geschichte der Luftfahrt ist ohne die Leistungen und Erfolge der Dornier-Werke kaum denkbar. So begründete Professor Claude Dornier die moderne Leichtbauweise im Flugzeugbau, und er hatte mit seinen Flugboot-Konstruktionen maßgebenden Anteil an der Entwicklung des internationalen Luftverkehrs.
In den 60er Jahren haben sich die Dornier-Werke u.a. mit der Entwicklung und Erprobung von Senkrechtstartern und Hubschraubern befaßt.

Cierva W.9 - W.11 - W.14

Der *W.9* war ein Versuchshubschrauber mit einem Dreiblatt-Rotor. Der Drehmomentausgleich wurde durch einen Luftstrahl erreicht, der von der linken Seite des hinteren Rumpfes abgeleitet und durch ein Gebläse, das gleichzeitig den Motor kühlte, zugeführt wurde. Der Strahl wurde durch zwei Ventile gesteuert. Antrieb: *D.H. Gipsy Six Srs. II*, 205 PS (150,7 kW). Rotorkreisdurchmesser: 10,98 m. Startmasse: 1200 kg.
Der *Cierva W.11 Air Horse* war 1948 gebaut worden. Er konnte 24 Passagiere befördern. Die beiden Prototypen hatten drei in Holzbauweise hergestellte Dreiblatt-Rotoren, die auf drei Auslegern, einer über dem Bug und die beiden anderen zu beiden Seiten des hinteren Rumpfabschnittes, montiert waren. Als Antrieb diente ein im Zentrum der drei Rotorenausleger installierter *Rolls-Royce Merlin 24*. Alle drei Rotoren drehten in der gleichen Richtung. Der Prototyp flog im Dezember 1948 zum erstenmal. 1950 ging ein *W.11* durch Absturz verloren. Antrieb: *Rolls-Royce Merlin 24*, 1620 PS (1191,5 kW). Rotorkreisdurchmesser: 29,00 m. Länge über alles: 27,00 m. Höhe: 5,40 m. Rüstmasse: 5505 kg, Startmasse: 7937 kg. Höchstgeschwindigkeit: 225 km/h. Dienstgipfelhöhe: 8530 m. Reichweite: 530 km.
Der *Cierva W.14 Skeeter* war ein kleiner zweisitziger Hubschrauber für Schul- und Verbindungszwecke, der am 8. Oktober 1948 seinen Erstflug machte. Nach 1951 wurde der *Skeeter* von *Saunders-Roe Ltd.* (Helicopter Division) weiterentwickelt und in verschiedenen Versionen mit verschiedenen Antrieben gebaut.

Curtiss-Wright X-19A

Unter der Leitung von M.B. Bleecker entstand nach mehr als 1000 Windkanal-Untersuchungsstunden ein Flugzeug mit kleinen Stummelflügeln, das an den Flügelenden je einen Schwenkpropeller trug. Zur Stabilisierung und Steuerung in der Senkrechtflugphase dieses einsitzigen Verwandlungshubschraubers mit der Bezeichnung *X-100*, diente eine Gasstrahldüse im Rumpfheck. Der *X-100* flog erstmals im März 1960.
Mit dem *Model 200* erreichte Curtiss-Wright eine elegantere Lösung. Das Flugzeug sollte mit Hilfe von vier kippbaren Rotoren, die an den Enden von zwei sechs Meter messenden Tragflügeln in Tandemanordnung angebracht waren, senkrecht starten und landen. Für den Horizontalflug kippten die Achsen der vier Luftschrauben aus der vertikalen in die horizontale Lage.
Im Rahmen des US-Tri-Service-VTOL-Programms (Schaffung eines VTOL-Flugzeugs für Aufklärung und Erdkampfunterstützung) wurden zwei Prototypen mit der militärischen Bezeichnung *X-19A* gebaut. Da aber die geforderten Leistungen bei der Erprobung hinter den Erwartungen zurückblieben, wurde das Projekt 1965, nach dem Absturz eines Prototyps, eingestellt.

Curtiss-Wright X-19A
Hersteller: Curtiss-Wright Corporation
Verwendungszweck: VTOL-Experimental-Flugzeug
Baujahr: 1963
Antrieb: 2 *Lycoming T-55-L-7*, je 2650 WPS (1949 WkW)
Rumpflänge: 13,23 m
Spannweite (über die Luftschrauben): 10,50 m
Höhe: 4,88 m
Rüstmasse: 4425 kg
Startmasse: 6190 kg, bei Schrägstart: 6690 kg
Höchstgeschwindigkeit (gefordert): 740 km/h
Reichweite: 830 km
Zuladung: 6 vollausgerüstete Soldaten oder 544 kg Last. Besatzung: 2

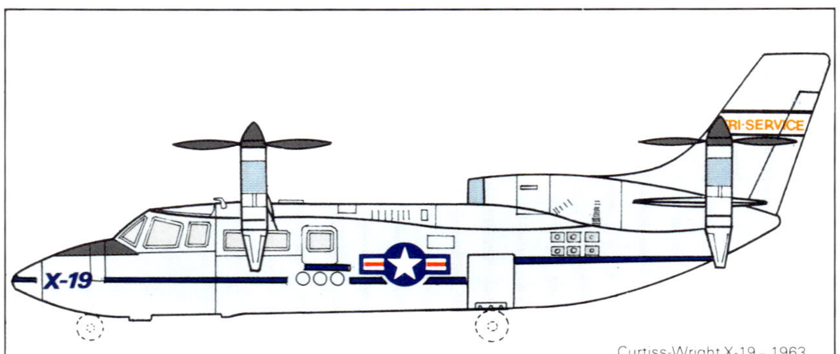

Curtiss-Wright X-19 – 1963

Dornier Do 32E

Der *Dornier Do 32 E* (E = Einmann) war einer der ersten Hubschrauber, die nach dem Krieg von der deutschen Flugzeugindustrie gebaut wurden. Der kleine, zusammenlegbare Mehrzweck-Einmannhubschrauber konnte bequem in einem kistenähnlichen Transportbehälter (Länge 3,80 m, Breite 0,85 m, Höhe 1,01 m) verstaut werden. Für den Transport dieses Zweirad-Anhängers genügte ein einfaches Auto. Das Aufrüsten dieses ersten faltbaren Reaktionshubschraubers der Welt besorgten zwei Mann innerhalb von fünf Minuten, der Transportanhänger war gleichzeitig Start- und Landeplattform.
Zum Antrieb des Leichtmetall-Zweiblattrotors wurde komprimierte Luft eines turbinengetriebenen Kompressors zu den Blattspitzendüsen geführt, wodurch der gegendrehmomentfreie Antrieb dieses Reaktionshubschraubers erfolgte. Die Turbinenabgase beaufschlagten das Seitenleitwerk und ermöglichten auch im Schwebeflug eine Steuerung. Dadurch konnte auf den Heckrotor verzichtet werden. Der erste von drei Prototypen flog am 29. Juni 1962 in Oberpfaffenhofen zum erstenmal, die Erprobungen erstreckten sich bis Mitte 1963 und wurden schließlich eingestellt, nachdem bei den Heeresfliegern kein Bedarf für einen Einmannhubschrauber mehr bestand. Auch die zweisitzige Weiterentwicklung, der *Do 32 Z* (Z = Zweimann), mit einer 250-PS(184 kW)-*BMW 6022 L* als Luftlieferer und das fünfsitzige *Do 132*-Hubschrauber-Projekt mit Heißgasreaktionsantrieb von 1967 wurden nicht realisiert.

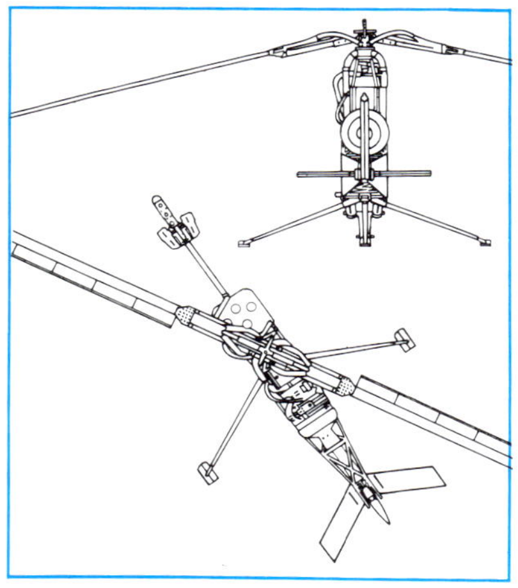

Dornier Do 32E
Hersteller: Dornier-Werke GmbH
Verwendungszweck: Einmann-Mehrzweckhubschrauber
Baujahr: 1962
Antrieb: *BMW-Turbokompressor 6012L*, 90 PS (66 kW)
Rotorkreisdurchmesser: 7,50 m
Rumpflänge: 3,20 m
Länge/Höhe über alles: 3,70 m/1,90 m
Rüst-/Startmasse: 151 kg/280 kg
Höchstgeschwindigkeit: 115 km/h
Dienstgipfelhöhe: 5000 m
Reichweite: 90 km

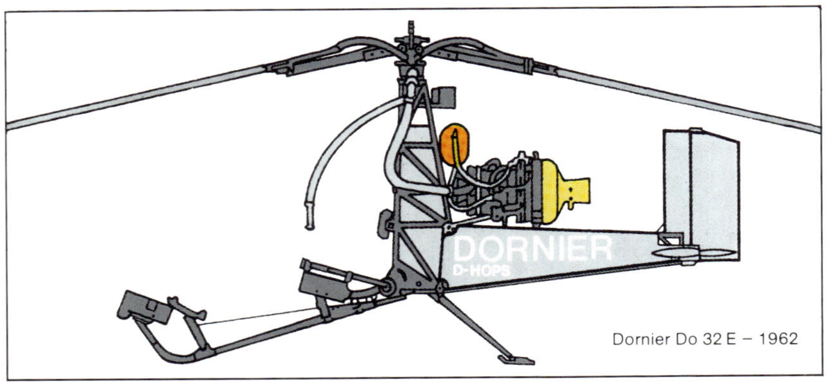

Dornier Do 32 E – 1962

E-H

Fiat 7002, *siehe* Seite 122
Firth FH-1, *siehe* Seite 122

Gaucher Remicopter, *siehe* Seite 122
Goodyear GA 400 Gyzmo, *siehe* Seite 122

HC-102 Helibaby, *siehe* Seite 119
Helicop-Jet, *siehe* Seite 123
Hillman 360, *siehe* Seite 123
Hoppicopter Mark II, *siehe* Seite 123
HTM Skyrider, *siehe* Seite 123
Hughes 385, *siehe* Seite 137
Hughes XH-17, *siehe* Seite 137
Hunting P.74, *siehe* Seite 123

Enstrom
The Enstrom Helicopter Corporation (USA)

Die R.J. Enstrom Corporation wurde 1959 gegründet, um unter Leitung des Chefkonstrukteurs Paul L. Shultz einen von Rudolph J. Enstrom entworfenen leichten Versuchshubschrauber zu entwickeln. Der Hubschrauber machte am 12. November 1960 seinen Jungfernflug, das endgültige Serienmodell der *Enstrom F-28* hatte sich als äußerst erfolgreich erwiesen. Im Oktober 1968 wurde die Firma von der *Purex Corporation* erworben und arbeitete eine Zeitlang als Teil der *Pacific Airmotive Group,* die sie ihrerseits wegen finanzieller Schwierigkeiten im Januar 1971 an *F. Lee Bailey* verkauften. Im Januar 1980 wurde die Enstrom Corporation von dem holländischen Konzern *Bravo Investments BV* übernommen.

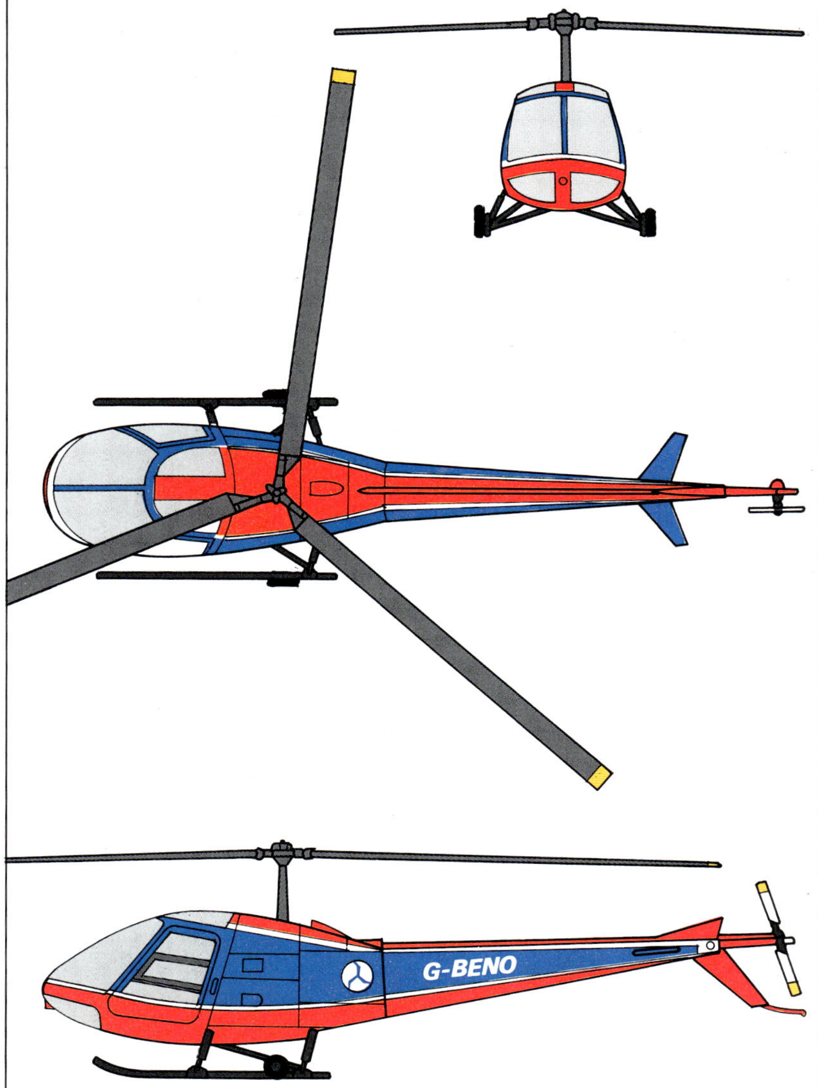

Enstrom F-280 – 1978

Enstrom F-280F Shark
Hersteller: Enstrom Helicopter Corp.
Verwendungszweck: 3-sitziger leichter Mehrzweckhubschrauber
Baujahr: 1980
Antrieb: *Lycoming HIO-360-F1AD,* 225 PS (165,4 kW)
Rotorkreisdurchmesser: 9,75 m
Rumpflänge: 8,43 m
Höhe: 2,80 m
Rüstmasse: 703 kg
Startmasse: 1065 kg
Höchstgeschwindigkeit: 190 km/h
Schwebeflughöhe mit Bodeneffekt: 4023 m
Schwebeflughöhe ohne Bodeneffekt: 2652 m
Reichweite: 445 km

Enstrom F-28/F-280

Der Prototyp des dreisitzigen *Enstrom F-28* flog am 27. Mai 1962 zum erstenmal, ihm folgte am 15. Mai 1963 ein weiterer Prototyp. Die Serienproduktion begann nach der Musterzulassung im November 1963 und wurde in begrenzter Anzahl bis 1968, dem Erscheinungsjahr des verbesserten Modells *F-28A* mit einem 205-PS(150,7 kW)-Einspritzmotor, fortgesetzt. Dem folgte schon kurz darauf der Abkömmling *F-28B* mit einem Turbolader-Triebwerk und der *T-28* mit einer 220-WPS (161,8 WkW)-*Garrett AiResearch TSE36-1*-Wellenturbine.
Im Januar 1971 wurde die Produktion des *F-28A* unter der neuen Leitung von F.L. Bailey wieder aufgenommen. Bis Ende 1977 hatte man bereits über 500 *Enstrom*-Hubschrauber verkauft. Der *F-28A* erregte durch seine guten Leistungen und die aerodynamisch saubere Linienführung einiges Aufsehen. In dem rundum verglasten vorderen Rumpfteil waren die drei nebeneinander angeordneten Sitze für den Piloten (hier links) und zwei Passagiere. Der Motor, ein 250-PS(150,7 kW)-Vierzylinder-*Lycoming HIO-360-C1B*, der einen Dreiblatt-Metallrotor durch ein einfaches Übertragungssystem antrieb, war in der Mitte des Rumpfes installiert, wo auch die beiden Kraftstoffbehälter für insgesamt 115 Liter eingebaut waren. Am hinteren Teil des eleganten Halbschalenrumpfes waren eine kleine senkrechte Flosse und der Zweiblatt-Leichtmetall-Heckrotor angeordnet.
Im Lauf der Jahre sind zahllose Verbesserungen am *F-28* durchgeführt worden. 1980 befanden sich nicht weniger als sieben verschiedene Ausführungen in der Entwicklung oder Produktion. Dazu gehörte auch der *F-280 Shark* mit seinem aerodynamisch verfeinerten Rumpf, einer kleinen Dreieck-Rückenflosse, horizontalen Leitwerksflächen und einer vergrößerten Kraftstoffkapazität. Der *F-28C* ist im Grund mit dem *F-28A* identisch, bis auf den *Lycoming HIO-360-E1AD*-Motor mit *Rajay 301*-Turbolader und dem, im Gegensatz zu den anderen Versionen, an der linken Seite angebrachten Heckrotor. Der *F-28F Falcon* wiederum gleicht dem *F-28C* bis auf den unterschiedlichen Motor, einem 225-PS(165,4 kW)-*Lycoming HIO-360-F1AD*. Neu bei diesem Modell sind auch die durchgehende Frontscheibe und ein neugestaltetes Instrumentenbrett zur Verbesserung der Rundumsicht. Eine viersitzige Version, der *F-280L Hawk*, ist ebenfalls als Prototyp entwickelt worden, während der fünfsitzige *F-480 Eagle* mit einer Allison 250C-20B Turbine projektiert wurde. Außer als Geschäftsreise- oder leichter Transporthubschrauber, findet der kleine, elegante *Enstrom* weitverbreitet in der Land- und Forstwirtschaft Verwendung.
Die 1983er Produktion konzentrierte sich auf die *F-28F Falcon* sowie die *F-280C* und *F-280F Shark*-Varianten.

European Helicopter Industries

E.H. Industries Ltd. wurde 1980 als gemeinsames Unternehmen der beiden Firmen *Agusta* (Italien) und *Westland* (Großbritannien) mit dem Ziel gegründet, einen Hubschrauber zu entwickeln und zu bauen, der die bei den britischen und italienischen Marinestreitkräften eingesetzten *Sea King* und *SH3D*, ersetzen sollte.
Darüber hinaus wurde der Bau eines Zivilhubschraubers beschlossen.
Der Hauptgeschäftssitz von E.H. Industries befindet sich in London.

EH 101

Westland und *Agusta*, als gleichwertige Partner von E.H. Industries, sind zusammen an der Entwicklung des militärischen und zivilen Hubschraubers *EH 101* beteiligt. 1986 soll der Prototyp die Flugerprobung aufnehmen. Bei dem *EH 101* handelt es sich um einen Hubschrauber

EH 101
Hersteller: E.H. Industries
Verwendungszweck: Marine- und ziviler Mehrzweckhubschrauber
Baujahr: 1986 (vorgesehen)
Antrieb: 3 *General Electric CT7, (T700-401)*, je 1690 WPS (1243 WkW)
Rotorkreisdurchmesser: 18,59 m
Rumpflänge: 15,85 m
Länge über alles: 22,90 m
Rüstmasse: 8506 kg
Startmasse: 14290 kg
Schwebeflughöhe ohne Bodeneffekt: 1463 m
Höchstgeschwindigkeit: 280 km/h
Reichweite: 1020 km
Zuladung: 30 Passagiere oder 6083 kg Last
Besatzung: 2 Piloten

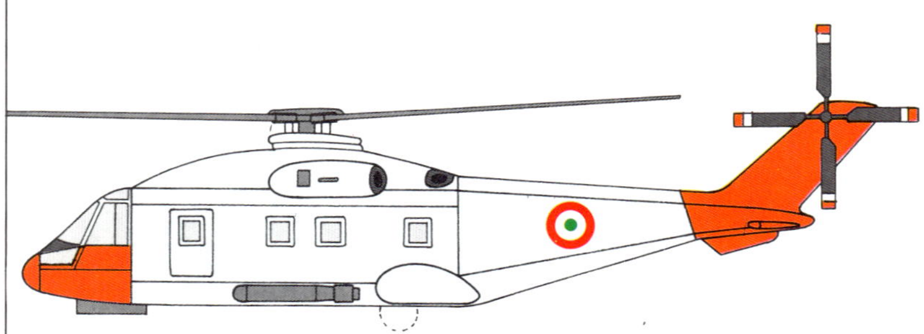
EH 101 – 1986

Fairchild
Fairchild Industries (USA)

Fairchilds berühmter »Flying Boxcar« (Fliegender Güterwagen), die *C-119*, ist nur ein Beispiel aus einer langen Reihe von Flugzeugen, die in der *A-10A Thunderbolt II*, dem derzeit leistungsstärksten Erdkampfunterstützungsflugzeug der amerikanischen Luftstreitkräfte, ihren vorläufigen Höhepunkt erreicht hat. Sherman Mills Fairchild hatte 1925, nach der Gründung der Fairchild Airplane Manufacturing Corporation mit dem Bau von Flugzeugen begonnen.
Unter dem jetzigen Namen Fairchild Industries, vereinigt der Industrie-Konzern elf verschiedene Firmen, deren Hauptsitz sich in Germantown/Maryland befindet. Nur ein paar Meilen davon entfernt liegt Hagerstown, wo eine große Anzahl sehr erfolgreicher Fairchild-Leichtflugzeuge von den ersten Fließbändern rollte.

Fairchild Hiller Model FH-1100
Hersteller: Fairchild Hiller Corporation
Verwendungszweck: 4-sitziger Mehrzweckhubschrauber
Baujahr: 1964
Antrieb: *Allison 250-C18*, 317 WPS (233,1 WkW)
Rotorkreisdurchmesser: 10,80 m
Rumpflänge: 9,08 m
Länge über alles: 12,13 m
Höhe über alles: 2,87 m
Rüstmasse: 633 kg
Startmasse: 1250 kg
Höchstgeschwindigkeit: 204 km/h
Schwebeflughöhe mit Bodeneffekt: 4870 m
Schwebeflughöhe ohne Bodeneffekt: 3390 m
Dienstgipfelhöhe: 5000 m
Reichweite: 660 km

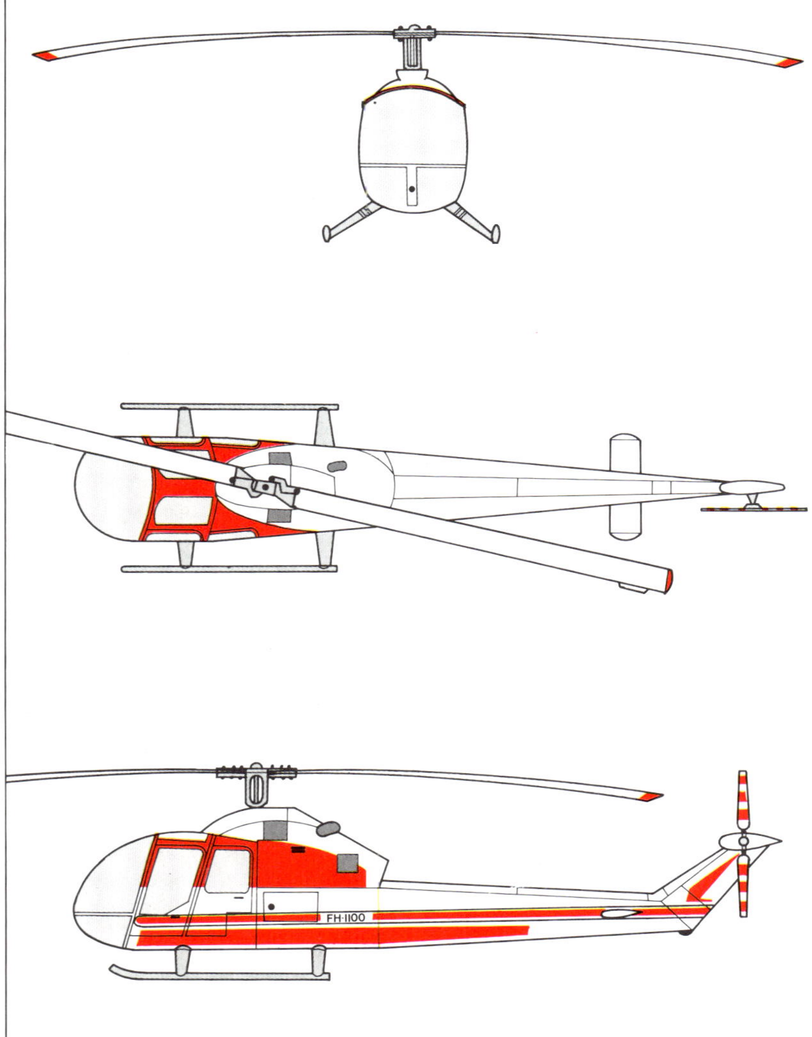
Fairchild Hiller Model FH-1100 – 1964

mit einer max. Startmasse von 14290 kg, der von drei *General Electric CT7*-Turbinen angetrieben wird. Er besitzt einen aus Verbundwerkstoffen hergestellten Fünfblatt-Haupt- und einen Vierblatt-Heckrotor. Die Zivilversion kann 30 Fluggäste aufnehmen, und die Marineversion soll primär zur U-Boot-Bekämpfung und in der Zweitrolle gegen Überwasserschiffe sowie für Such- und Rettungsdienste eingesetzt werden. Seine Bewaffnung wird modernste Lenkwaffensysteme u. a. Kampfmittel für die U- und Überwasserschiffsjagd umfassen.
Eine dritte Version, die Mehrzweckvariante, soll eine Heckladerampe erhalten.
Mittelpunkt der komplexen Avionik-Anlagen des *EH 101* wird ein Flug-Management-Computer sein, mit Verbindungen zu einer automatischen Flugüberwachungsanlage, zu Kommunikations- und Navigationsanlagen, zu Fluginstrumenten und anderen Sensoren. Das fortschrittlich ausgelegte Cockpit wird über Bildschirmdarstellungsgeräte und Multifunktionstastaturen verfügen.

Fairchild Hiller Model FH-1100

Der *Hiller Model 1100* war eine aus der militärischen *OH-5A* abgeleitete Zivilversion des im LOH-Wettbewerb der US-Army knapp unterlegenen leichten Beobachtungshubschraubers. Damals wurden fünf *OH-5A*-Prototypen für die Ausschreibung in Auftrag gegeben, von denen der erste am 26. Januar 1963 erstmals flog. Der *OH-5A* hatte als Antrieb eine 250-WPS(184 WkW)-*Allison T63-A-5*-Turbine und einen Zweiblatt-Rotor mit einem Hamilton-Standard-Stabilisierungssystem, das auch bei dem leichten viersitzigen *L4*-Zivilhubschrauber Verwendung fand. Der LOH-Wettbewerb wurde schließlich im Mai 1965 vom *Hughes OH-6A* gewonnen, aber Hiller, dessen Firma in der Zwischenzeit im Mai 1964, als Fairchild Hiller Division in den Fairchild-Industrie-Konzern eingegliedert worden war, entschloß sich, den Hubschrauber auf dem zivilen Markt anzubieten, so wie es *Bell* mit *Model 206 (OH-4A)* gemacht hatte. Die Aussichten dort waren günstig, weil von allen Teilnehmern am LOH-Wettbewerb die FAA-Zulassung verlangt worden war, die *Model 1100* am 20. Juli 1964 erhalten hatte.
Der Rumpf der *FH-1100* bestand aus zwei Abschnitten: einer Halbschalenstruktur vorn und einem beplankten Stahlrohr-Heckausleger. Er hatte einen halbstarren Zweiblatt-Hauptrotor und einen Zweiblatt-Heckrotor; beide waren aus Metall und wurden von einer *Allison 250-C18*-Turbine angetrieben.
Im Juni 1966 begannen die Auslieferungen. Insgesamt sind 240 *FH-1100* gebaut worden. Der beste Kunde mit 30 Einheiten war die kanadische Gesellschaft Okanagan, gefolgt vom Königlich Thailändischen Polizeidepartment mit 16. Darüber hinaus sind die Hubschrauber nach Argentinien, Brasilien, Chile, Zypern, Ecuador, Panama, auf die Philippinen und nach El Salvador verkauft worden.
Die Produktion der von Fairchild-Hiller gebauten *FH-1100* lief 1973 aus, aber 1980 hat *Hiller Aviation* in Porterville, Kalifornien, als neu gebildete private, unabhängige Gesellschaft, die Rechte für die Serienfertigung des Hubschraubers zurückgekauft. Man hatte geplant, zwei Exemplare monatlich zu bauen, konnte dieses Vorhaben aber nicht verwirklichen. Der neue Hubschrauber, der als Geschäftsreiseversion zu einem konkurrenzfähigen Preis angeboten wurde, ist mit einer 420-WPS (308,9 WkW) starken *Allison 250-C20B*-Turbine ausgerüstet. Er ist etwas schwerer, aber seine Leistungen sind verbessert worden, was nicht nur auf das Triebwerk, sondern auch durch den Einsatz von neuen, breiteren Rotorblättern und eines neuen *K-Flex*-Getriebes zurückzuführen ist. Obwohl es kein völlig neuer Hubschrauber ist, hofft Hiller Aviation einige der privaten Kunden, die inzwischen *Bell JetRanger* und *Hughes 500* einsetzen, zurückzugewinnen.

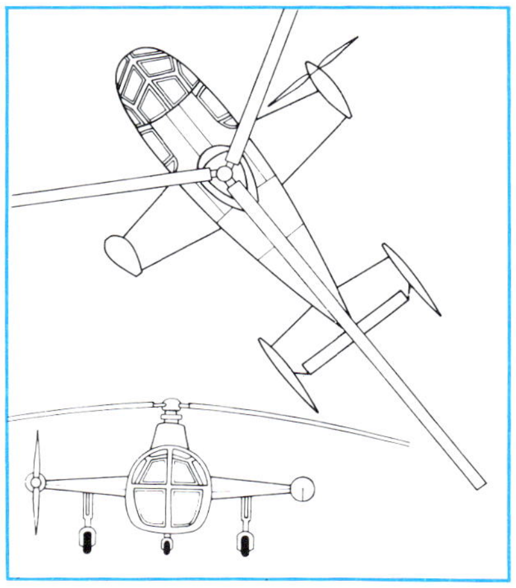

Fairey
Fairey Aviation Company (Großbritannien)

Charles Richard Fairey war Chefkonstrukteur bei *Short Brothers* bis zu seiner Gründung der Fairey Aviation Company im Jahr 1915, die sich auf Militärflugzeuge, hauptsächlich für die Royal Navy, spezialisierte.
Ab 1945 stieg die Firma auch in das Hubschraubergeschäft ein. 1960 wurde sie von *Westland* übernommen.

Fairey Gyrodyne – 1947

Fairey Gyrodyne

Am 4. Dezember 1947 startete vom White-Waltham-Flughafen der erste der beiden Prototypen des Gyrodyne, ein kompakter und stromlinienförmiger fünfsitziger Verbundhubschrauber, der etwas über 2000 kg wog. Er war mit einem 525-PS (386 kW)-*Alvis Leonides*-Sternmotor ausgerüstet, der mechanisch einen Dreiblattrotor antrieb, und besaß einen kleinen Zugpropeller, der asymmetrisch am rechten Stummelflügel eingebaut war und im Schwebeflug das Rückdrehmoment ausglich sowie im Vorwärtsflug zusätzlich Vortrieb leistete. Der britische Verbundhubschrauber stellte am 28. Juni 1948 mit 200 km/h einen Geschwindigkeitsweltrekord auf, stürzte aber im April 1949 ab.
Im Januar 1954 flog ein wesentlich modifizierter zweiter Prototyp, der in *Jet Gyrodyne* umgetauft worden war. Er hatte einen zweiten Propeller an dem anderen Stummelflügel, und anstelle des ursprünglichen Dreiblatt- einen Zweiblattrotor mit Blattspitzen-Hochdruckdüsen erhalten. Von einem von dem *Alvis Leonides*-Sternmotor angetriebenen einkuppelbaren Kompressor wurde komprimierte Luft zu den Schubdüsen an den Blattspitzen geleitet, dort mit Kerosin vermischt und gezündet, wodurch der Rotor in Umdrehung versetzt wurde.

Fairey Rotodyne

Aus dem blattspitzengetriebenen *Jet Gyrodyne*-Versuchsgerät ist von Fairey der fort-

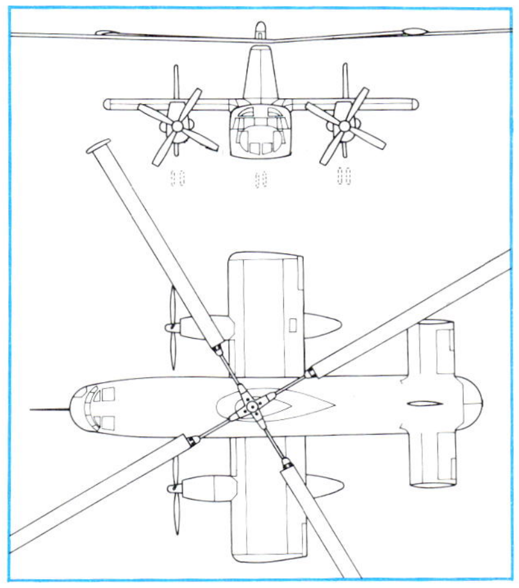

Fairey Gyrodyne
Hersteller: Fairey Aviation Company
Verwendungszweck: 4-/5-sitziger Versuchs-Verbundhubschrauber
Baujahr: 1947
Antrieb: *Alvis Leonides*-Sternmotor, 525 PS (386,1 kW)
Rotorkreisdurchmesser: 15,60 m
Rumpflänge: 5,85 m
Höhe: 3,20 m
Rüstmasse: 1570 kg
Startmasse: 2185 kg
Höchstgeschwindigkeit: 200 km/h
Schwebeflughöhe mit Bodeneffekt: 305 m
Dienstgipfelhöhe: 3050 m
Reichweite: 400 km

Fairey Rotodyne
Hersteller: Fairey Aviation Company
Verwendungszweck: Versuchs-Verbund-hubschrauber
Baujahr: 1957
Antrieb: 2 *Napier Eland*-Propellerturbinen, je 3000 WPS (2206,5 WkW)
Rotorkreisdurchmesser: 31,72 m
Rumpflänge: 19,67 m
Höhe: 7,06 m
Startmasse: 14968 kg
Höchstgeschwindigkeit: 307 km/h
Reichweite: 720 km
Zuladung: 40 Passagiere
Besatzung: 2 Piloten

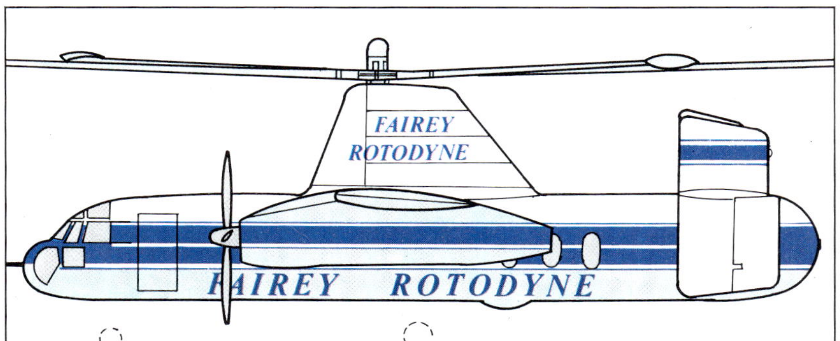

Fairey Rotodyne – 1957

Gyrodyne
Gyrodyne Company of America (USA)

1946 wurde die Gyrodyne Company of America von Peter P. Papadokus gegründet, um ein Fluggerät zu entwickeln, das die Vorzüge eines Starrflügelflugzeugs mit denen eines Drehflüglers vereinigte. Den Aktivitäten von Gyrodyne war nur ein begrenzter kommerzieller Erfolg beschieden. Fast alle Entwürfe hatten koaxiale Rotoranordnung.

Hiller
Hiller Aircraft Corporation (USA)

Nachdem Stanley Hiller jr. 1942 die Hiller Aircraft Company gegründet hatte, konnte sein erstes Luftfahrzeug, ein Koaxialhubschrauber, zwei Jahre später den Jungfernflug erfolgreich absolvieren.
Der Hubschrauber war gemeinsam mit der *Kaiser Corporation* entwickelt worden. Hiller löste jedoch kurz danach seine Verbindung mit Kaiser und entwickelte fortan seine eigenen Entwürfe unter dem Firmennamen *United Helicopters,* den er gegen Ende der 50er Jahre wieder in *Hiller Aircraft Corporation* umwandelte. Im Jahr 1964 wurde die Firma von *Fairchild Industries* erworben und erhielt von da an den Namen *Fairchild Hiller Corporation.*

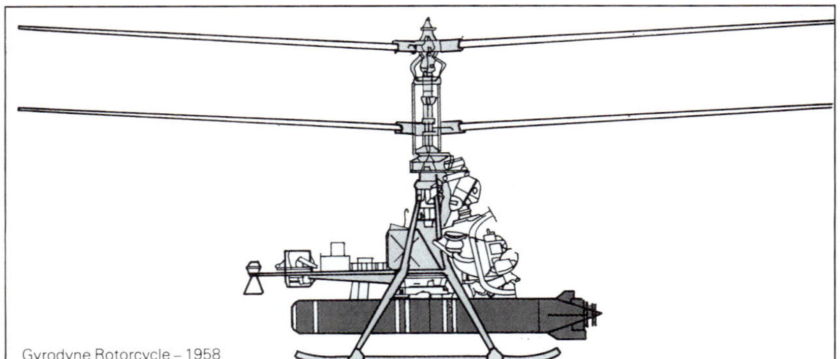
Gyrodyne Rotorcycle – 1958

schrittlichere Rotodyne entwickelt worden, der am 6. November 1957 seine ersten Flüge durchführte. Dieser große Verbundhubschrauber mit einem Vierblatt-Rotor von mehr als 31 m Durchmesser wurde von Blattspitzen-Hochdruckdüsen angetrieben, denen über Druckleitungen komprimierte Luft von zwei Kompressoren, die über Flüssigkeitskupplungen mit den beiden Napier Eland Propellerturbinen verbunden waren, zugeführt wurde. Die Propellerturbinen waren in Motorgondeln an der Tragfläche von 14,17 m Spannweite befestigt und trieben die beiden Vierblatt-Verstelluftschrauben an, die eine Reisegeschwindigkeit von annähernd 300 km/h ermöglichten. Der geräumige Kastenrumpf bot Platz für 40 Passagiere. Am 5. Januar 1959 stellte der *Rotodyne*-Prototyp einen in seiner Kategorie neuen Geschwindigkeitsweltrekord mit 307,2 km/h auf geschlossenem Kurs über 100 km auf, und sein Erscheinen erregte bei den Luftverkehrsgesellschaften einiges Aufsehen. Auch die RAF zog eine Bestellung dieses Fluggeräts in Betracht, aber die zu dem Zeitpunkt stattfindenden Fusionen innerhalb der britischen Luftfahrtindustrie und die Lärmprobleme, die durch die Verwendung von Blattspitzendüsen entstanden waren, verhinderten die Serienproduktion, so daß das Rotodyne-Projekt 1962 fallengelassen wurde.

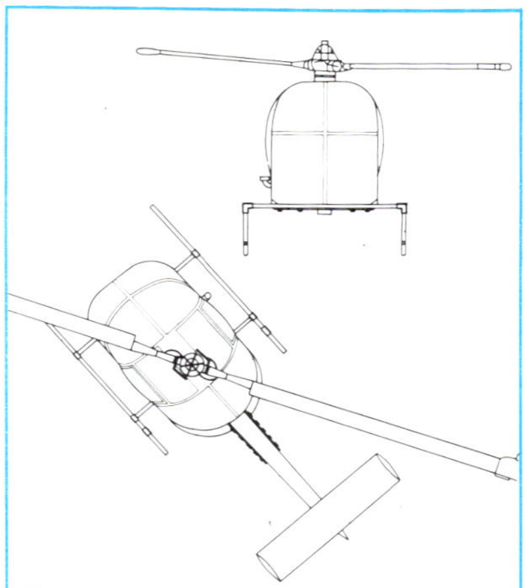

Fairey Ultra Light
Hersteller: Fairey Aviation Company
Verwendungszweck: Ultraleichter 2-sitziger Versuchshubschrauber
Baujahr: 1955
Antrieb: *Blackburn Turboméca Palouste,* 250 PS (183,8 kW)
Rotorkreisdurchmesser: 8,60 m
Rumpflänge: 4,57 m
Höhe: 8,60 m
Rüstmasse: 290 kg
Startmasse: 817 kg
Höchstgeschwindigkeit: 153 km/h
Schwebeflughöhe mit Bodeneffekt: 3109 m
Reichweite: 300 km

Fairey Ultra Light

Von diesen interessanten britischen Projekten, die in den 50er Jahren wieder aufgegeben wurden, verdient es der Fairey Ultra Light, besonders erwähnt zu werden. Dieser kleine Zweisitzer besaß eine *Blackburn Turboméca Palouste*-Turbine mit einem Kompressor, der die Blattspitzen mit der notwendigen Luft versorgte, der Turbinenabgasstrahl beaufschlagte das Seitenruder zur Steuerung um die Hochachse. Von dem Verdichter wurde die komprimierte Luft über Druckleitungen zu den Blattspitzen geführt, die dort mit dem gleichen Treibstoff, der die Turbine versorgte, in einer flachen Brennkammer vermischt und verbrannt wurde. Bei einem Brennstoff/Luftmischungsverhältnis von 1 : 50 betrug der Schub 47 kp (461 N).

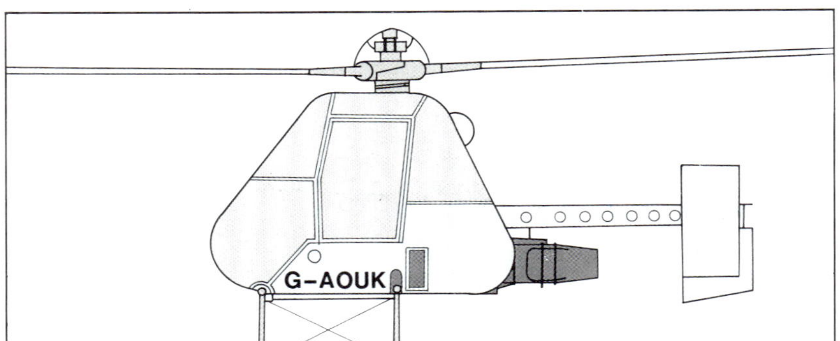

Fairey Ultra Light – 1955

Das Projekt war ursprünglich aufgrund einer Ausschreibung der britischen Armee für einen turbinengetriebenen Kleinhubschrauber als Beobachtungsplattform und für Verbindungsaufgaben entwickelt worden, der fähig sein sollte von einem Dreitonnen-Lastwagen aus zu starten und zu landen. Der Ultra Light wurde im September 1956 vorgeführt und stellte dabei seine hervorragenden Eigenschaften unter Beweis; darunter besonders eine Steigleistung von 6,75 m/s und eine Autorotations-Sinkgeschwindigkeit von 20m/s. Nachfolgende Entwicklungen führten Versuche bei der Royal Navy von Bord des Zerstörers »Undaunted« durch, aber 1959 wurde das gesamte Ultra-Light-Helicopter-Projekt eingestellt.

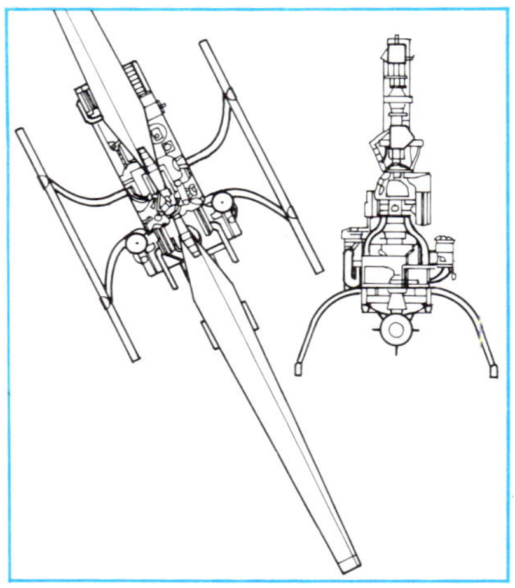

Gyrodyne Rotorcycle (QH-50)
Hersteller: Gyrodyne Company of America
Verwendungszweck: Ferngelenkte fliegende Torpedo-Abschußplattform
Baujahr: 1958
Antrieb: *Boeing T50-BO-15,* 365 PS (268,4 kW)
Rotorkreisdurchmesser: 6,10 m
Rumpflänge: 2,22 m
Höhe: 2,96 m
Rüstmasse: 470 kg
Startmasse: 1056 kg
Höchstgeschwindigkeit: 148 km/h
Schwebeflughöhe mit Bodeneffekt: 4965 m
Dienstgipfelhöhe: 4875 m
Reichweite: 230 km
Bewaffnung: Zwei Mk.44- oder ein Mk.46-Torpedo

Gyrodyne Rotorcycle

Nachdem die US-Navy ihren Wunsch nach einem kleinen Einmannhubschrauber geäußert hatte, wurden zahlreiche »fliegende Motorräder« gebaut, die über die verschiedensten Antriebssysteme verfügten. Diese reichten von Kolbenmotoren, die auf herkömmliche Weise koaxial angeordnete Rotoren antrieben, bis zu kalten oder heißen Blattspitzenantrieben. Der winzige *Gyrodyne Rotorcycle YRON-1* hatte die erste Möglichkeit verwendet. Der Motor, das Bugradfahrgestell und die übrige Ausrüstung waren auf einem offenen Stahlrohrgestell montiert.
Ein Abkömmling des Rotorcycle ist in größerer Stückzahl gebaut worden. Man hatte den Koaxial-Hubschrauber im Rahmen des US-Navy-DASH-Programms (Drone Antisubmarine Helicopter) in eine ferngelenkte Torpedo-Abschußplattform zur U-Boot-Bekämpfung umgewandelt. Der ursprüngliche 72-PS(53 kW)-*GP-702 Porsche*-Motor war in dem *DSN-1/QH-50,* wie die fliegende Plattform bezeichnet wurde, durch eine kleine *Boeing*-Turbine ersetzt worden. Außerdem war er mit einem Kufenlandegestell für Starts und Landungen von Deck von Zerstörern aus ausgerüstet.

Hiller 360

Der *Hiller UH-12,* eine Ableitung des zweisitzigen *Model 360* aus dem Jahr 1946, nimmt einen bedeutenden Platz in der Geschichte der amerikanischen Hubschrauberindustrie der 50er Jahre ein.

Hiller H-23D Raven
Hersteller: Hiller Aircraft Company
Verwendungszweck: 3-sitziger Schul- und Beobachtungshubschrauber
Baujahr: 1956
Antrieb: *Lycoming VO-540-1B,* 320 PS (235,3 kW)
Rotorkreisdurchmesser: 10,80 m
Rumpflänge: 8,53 m
Länge über alles: 12,40 m
Höhe über alles: 2,98 m
Rüstmasse: 807 kg
Startmasse: 1270 kg
Höchstgeschwindigkeit: 154 km/h
Schwebeflughöhe mit Bodeneffekt: 3290 m
Dienstgipfelhöhe: 4940 m
Reichweite: 360 km

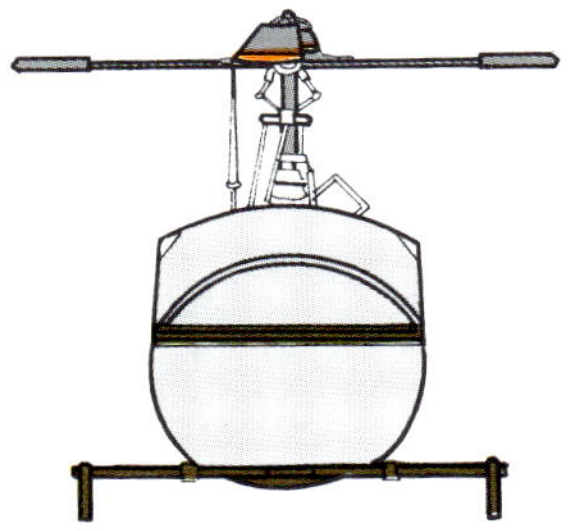

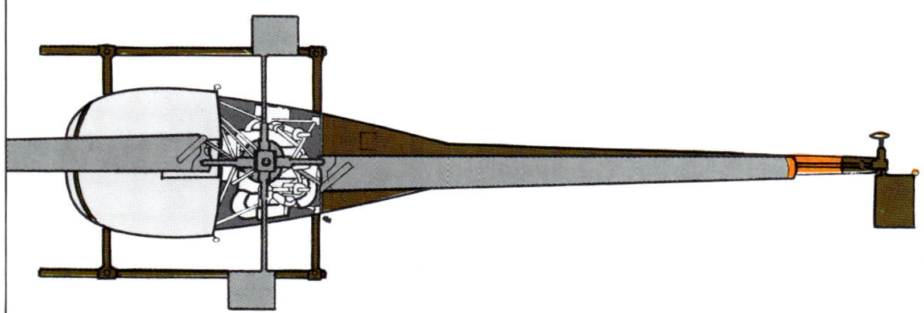

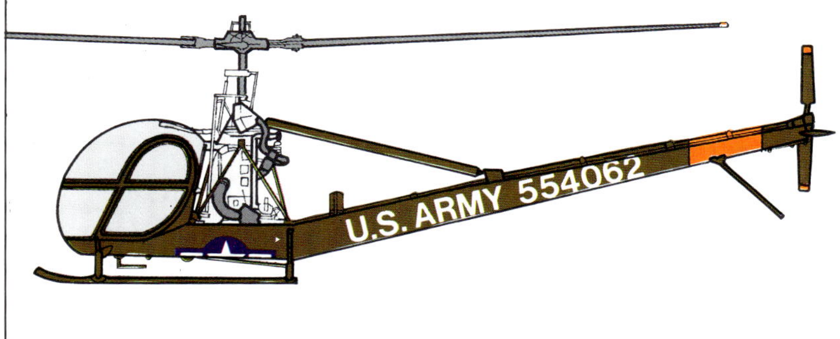

Hiller H-23D – 1956

Sein Erbauer Stanley Hiller galt als eine Art Wunderkind, denn er hatte 1944, im Alter von 18 Jahren, seinen ersten Hubschrauber, den *XH-44,* entworfen und gebaut, der auch Amerikas erster flugfähiger Koaxialhubschrauber war.
Sein danach im Jahr 1946 entwickelter *Hiller 360* machte im Sommer 1949 durch den ersten kommerziellen Transkontinentalflug über die USA von sich reden. 1950 erhielt der Hubschrauber anstelle des zu schwachen 178-PS(131 kW)-*Franklin*-Motors einen stärkeren 200-PS(147 kW)-Antrieb und neue Rotorblätter. Die US-Army bestellte daraufhin einige Exemplare dieser *UH-12A*-Version und setzte sie als leichten Mehrzweckhubschrauber *H-23 Raven* ein. Die US-Navy erwarb unter der Bezeichnung *HTE-1* das gleiche Basis-Modell zur Hubschrauberschulung.
Das nachfolgende Modell *UH-12B* wurde von einem 200- oder 210-PS(147 oder 154,4 kW)-*Franklin 6V4-200-C33*-Motor angetrieben. Mehr als die Hälfte dieser Produktion waren *H-23B Raven* der Army, die diese Version erstmals auch als Trainer verwendete und 216 Einheiten der Primary Helicopter School in Fort Wolters zuteilten. Weitere 237 wurden für die unterschiedlichsten Aufgaben eingesetzt. Der *UH-12B* hatte normalerweise Kufenlandegestell oder Schwimmkörper, die *HTE-2* der Navy erhielten dagegen ein Vierrad-Fahrgestell. 1955 erschien eine neue Variante, der *UH-12C.* Zu den Konstruktionsänderungen dieser Version, die den 200-PS(147 kW)-*Franklin*-Motor behielt, gehörten im wesentlichen die Zweiblatt-Ganzmetall-Rotorblätter mit den für Hiller typischen, mit der zyklischen Blattverstellung verbundenen beiden Paddel mit asymetrischen Profilen, und eine Vollsicht-Plexiglas-Kabine (Goldfisch-Aquarium). Von 1956 an wurden 145 als *H-23C* an die US-Army geliefert. Eine rein militärische Version war der *OH-12D,* dessen Prototyp erstmals am 3. April 1956 flog. Später wurden für die US-Army 483 dieser Version gebaut. Der Franklin-Motor war gegen den viel stärkeren 320-PS(235,3 kW)-*Lycoming VO-540* ausgetauscht worden, das Getriebe hatte man verstärkt, um die Einsatzdauer der Hubschrauber zu verlängern.
Die meistgebaute Version dieses robusten kleinen Hubschraubers war der *UH-12E* mit einem noch stärkeren Triebwerk. Die US-Army hatte nahezu alle *OH-23D* durch den *Hiller 12E,* als *OH-23G,* ersetzt. Eine Weiterentwicklung des *Hiller 12E* war der 1960 erschienene *E4,* dessen 64 cm längere Kabine vier Personen aufnehmen konnte. Außerdem besaß er negativ-V-förmige Stabilisatoren am Heckausleger. Von dieser Version wurden 22 als *OH-23F* von der US-Army für geodätische Vermessungsarbeiten beschafft.
Als letzte Zivilvariante erschien 1963 der *Hiller 12LE,* der auch als Erprobungsträger für eine *PT6*-Turbine diente. Dieses Projekt wurde jedoch nicht weiter verfolgt. Die Bestellungen für die Hubschrauber der *Hiller 12E*-Familie hielten bis Ende der 60er Jahre an. Mehr als 2000 Hubschrauber konnten ausgeliefert werden, von denen über 300 nach Argentinien, Kanada, Chile, Kolumbien, Großbritannien, Guatemala, Japan, Marokko, Mexiko, Holland, Peru und Uruguay exportiert wurden.

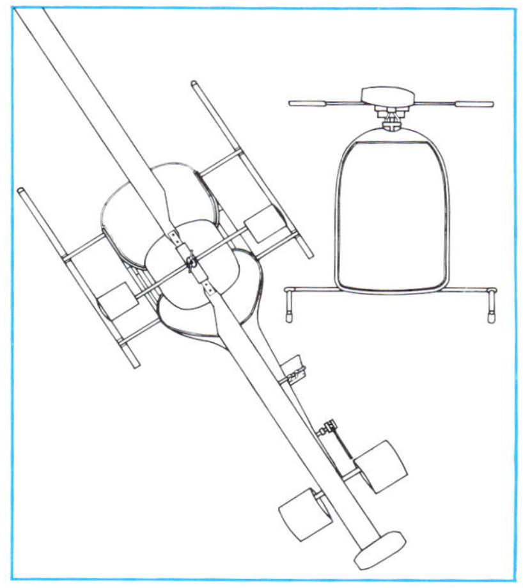

Hiller HJ-1 (H-32)
Hersteller: Hiller Aircraft Company
Verwendungszweck: 2-sitziger Beobachtungshubschrauber
Baujahr: 1952
Antrieb: 2 *Hiller 8RJ2B Staustrahltriebwerke,* je 18 kp (0,17 kN)
Rotorkreisdurchmesser: 7,00 m
Höhe: 2,44 m
Rüstmasse: 246 kg
Startmasse: 489 kg
Höchstgeschwindigkeit: 129 km/h
Dienstgipfelhöhe: 2100 m
Reichweite: 50 km

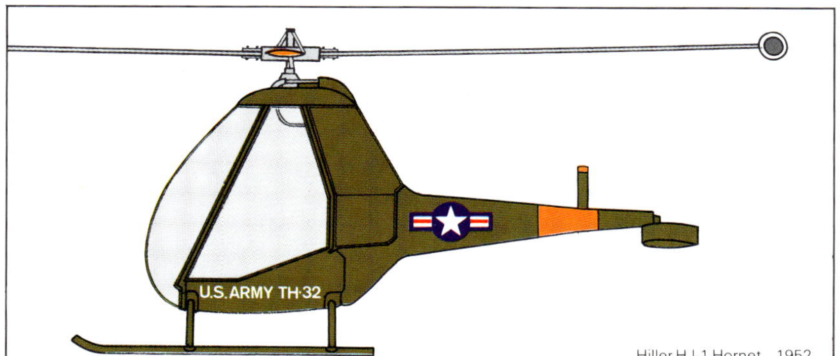

Hiller HJ-1 Hornet – 1952

Hiller HJ-1 Hornet

Der Hiller HJ-1 war aus dem früheren *HJ-2-Hornet* entwickelt worden, dem ersten amerikanischen Hubschrauber mit Staustrahlantrieb. Nach der Truppenerprobung dieses Modells durch die US-Army 1952, gab sie 12 Maschinen unter der militärischen Bezeichnung *H-32 Hornet* in Auftrag. Die US-Navy dagegen stellte einen einzelnen Prototyp als *HOE-1,* als leichten Beobachtungshubschrauber in Dienst, das Produktionsprogramm kam jedoch nicht voran.
Der Leichthubschrauber konnte in wenigen Minuten auseinandergenommen werden. Er hatte einen Zweiblatt-Metallrotor mit einem *Hiller 8RJ2B*-Staustrahltriebwerk an jeder Blattspitze als Hauptantriebssystem und einen kleinen Kolbenmotor als Starthilfe, der den Rotor zum Zünden der Staustrahltriebwerke auf 50 min^{-1} beschleunigen mußte. Am Leitwerksträger war eine kleine negativ-V-förmige Stabilisierungsfläche angebracht.

Hiller Model 1099

Dieser 1961 gebaute Prototyp eines leichten Hubschraubers mit Turbinenantrieb enthielt dynamische Komponenten der früheren *Hiller*-Modelle, besaß aber einen völlig neu gestalteten, viel geräumigeren Rumpf mit sechs Sitzplätzen. Der Erstflug dieses auch als *TEN99* bezeichneten Hubschraubers fand am 14. Juni 1961 statt. Antrieb: *Pratt & Whitney PT6,* 550 WPS (404,5 WkW). Rotorkreisdurchmesser: 10,86 m. Länge über alles: 12,57 m. Rumpflänge: 8,05 m. Höhe: 3,18 m. Rüstmasse: 862 kg. Startmasse: 1588 kg.

Hiller YROE-1 Rotorcycle

Dieser Ultraleicht-Einmannhubschrauber wurde 1958 entworfen und für das US Marine Corps erprobt, das fünf einsetzte. Er konnte auseinandergenommen und in einem kleinen Transportbehälter untergebracht werden. Antrieb: *Nelson H59,* 43 PS

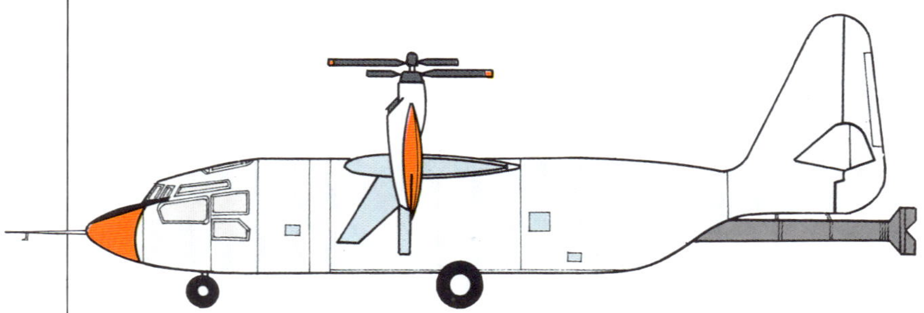

Hiller X-18 – 1959

(31,6 kW). Rotorkreisdurchmesser: 5,63 m. Rumpflänge: 2,10 m. Rüstmasse: 136 kg. Startmasse: 252 kg. Höchstgeschwindigkeit: 106 km/h. Dienstgipfelhöhe: 3660 m. Reichweite: 267 km.

Hiller X-18

Im Februar 1957 hatte die US Air Force zehn Einheiten des *Hiller X-18* in Auftrag gegeben. Der robuste Kippflügler war mit zwei 5850-WPS(4302,6 WkW)-*Allison*-Propellerturbinen ausgerüstet, die je zwei gegenläufige Dreiblatt-Luftschrauben antrieben. Dieses fast 15 Tonnen schwere Kippflügelflugzeug besaß den Rumpf des zweimotorigen taktischen Transportflugzeugs *Chase YC-122*, während die Triebwerke und Propeller aus einem eingestellten VTOL-Programm der Navy für einen Heckstarter (VTOL-Jäger) stammten. Eine im hinteren Rumpf installierte *Westinghouse J34*-Strahlturbine belieferte über ein Gasrohr eine Heckdüse für die Nicksteuerung im Schwebeflug. Die *X-18* ist im November 1959 erprobt worden und hat zirka 20 Flüge durchgeführt. Das System erwies sich aber als nicht zufriedenstellend.

Hiller X-18
Hersteller: Hiller Aircraft Corporation
Verwendungszweck: Versuchs-Kippflügelflugzeug
Baujahr: 1959
Antrieb: 2 *Allison T40-A-14*, je 5850 WPS (4302,6 WkW), *Westinghouse J34*
Spannweite: 14,63 m
Rumpflänge: 19,20 m
Höhe: 7,49 m
Startmasse: 14970 kg
Höchstgeschwindigkeit: 402 km/h

Hughes Model 269A (300)
Hersteller: Hughes Tool Company
Verwendungszweck: 2-sitziger leichter Mehrzweckhubschrauber
Baujahr: 1960
Antrieb: *Lycoming HIO-360-A1A*, 180 PS (132,4 kW)
Rotorkreisdurchmesser: 7,71 m
Rumpflänge: 6,70 m
Länge über alles: 8,80 m
Höhe über alles: 2,50 m
Rüstmasse: 474 kg
Startmasse: 775 kg
Höchstgeschwindigkeit: 145 km/h
Schwebeflughöhe mit Bodeneffekt: 2895 m
Dienstgipfelhöhe: 4460 m
Reichweite: 480 km

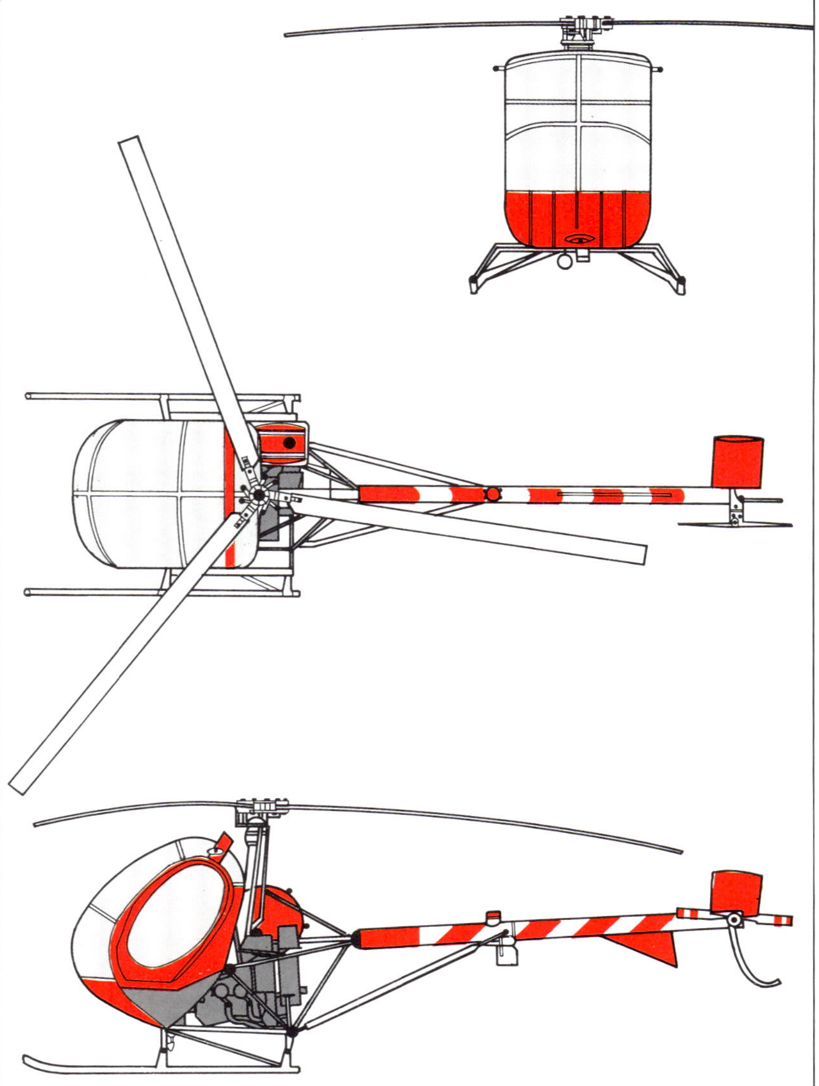

Hughes Model 300 – 1960

Hughes
Hughes Aircraft Company (USA)

Howard Robard Hughes, der Industrielle, Playboy, Finanzier und Filmproduzent, hatte bereits 1925 begonnen sich für die Luftfahrt zu interessieren. Aber die Firma, die heute noch seinen Namen trägt, wurde erst 1936, gegründet. Zunächst entwarf und baute die Hughes Aircraft Co. in Burbank/Kalifornien nur ein paar ungewöhnliche Flugzeuge, darunter das *H-1*-Rennflugzeug und den Prototyp des *XF-11*-Jägers, der im Auftrag des US-Army Air Corps entwickelt worden war, aber nicht über das Versuchsstadium hinauskam. Hughes wurde weltberühmt durch sein riesiges Flugboot *H-4 Hercules*, das eine Spannweite von 97,54 und eine Länge von 66,75 m besaß und von acht je 3000-PS(2206,5 kW)-*Pratt & Whitney R-4360 Wasp Major* 28-Zyl.-Vierfach-Sternmotoren angetrieben wurde. Diesem Luftgiganten gelang am 2. November 1946 nur ein sehr kurzer Flug in geringer Höhe über dem Wasser. Ein weiteres übergroßes Projekt von Hughes war der von Kellett entworfene Versuchs-Schwerlasthubschrauber, der am 23. Oktober 1953 erstmals flog und mit voller Startmasse von 22680 kg über 100 km/h erreichte. Anfang der 50er Jahre waren die Geschäftsinteressen von Hughes umorganisiert worden. Die Hughes-Aircraft- und die Hughes-Helicopter-Abteilungen wurden in der *Hughes Tool Company* zusammengeführt. Eine weitere Umorganisation führte zu *Hughes Helicopters* in Culver City/Kalifornien. Ende 1983 wurde *Hughes Helicopters* von *McDonnell Douglas* erworben. Hughes hat im Laufe der Jahre eine Reihe von interessanten und erfolgreichen Zivil- und Militärhubschraubern gebaut.

Hughes Model 269/300

Eine 1955 von der *Hughes Tool Company*, einem Unternehmen, das auf vielen Gebieten der Luftfahrtindustrie tätig war, durchgeführte Marktuntersuchung hatte günstige Prognosen für einen preiswerten, leichten zweisitzigen Hubschrauber ergeben. Die Aircraft-Abteilung der *Hughes Tool Company* begann daraufhin im September 1955 mit der Entwicklung des zweisitzigen *Model 269*. Dieser Hubschrauber hatte ein vollverglastes Cockpit, ein offenes Stahlrohrgerüst nahm das Triebwerk auf, das einen Dreiblatt-Haupt- und einen Zweiblatt-Heckrotor antrieb. Der erste von zwei Prototypen flog im Oktober 1956 zum erstenmal, aber erst 1960 entschloß sich Hughes, den Hubschrauber in Produktion zu geben. Er brachte die verbesserte Version, *Model 269A*, heraus, der viele aerodynamische und strukturelle Verbesserungen erfahren hatte. Besonders war die Gesamtkonstruktion des *Hughes 269A* interessanter als die seines Vorgängers. Er hatte ein umgestaltetes, kompakteres Cockpit, der sehr kurze Rumpf bestand aus einem Stahlrohrgerüst mit einem neuen röhrenförmigen Heckausleger aus Leichtmetall, an dessen Ende der Zweiblatt-Heckrotor und eine kleine Stabilisierungsfläche angeordnet waren. An den vorderen leicht nach oben gekrümmten Enden der Landekufen befanden sich kleine Räder zur besseren Handhabung des Hubschraubers am Boden. Das Projekt fand die Unterstützung der Army, die 1958 fünf dieser Leichthubschrauber unter der Bezeichnung *YHO-2HU* zur Beurteilung in Auftrag gab. Aus der Truppenerprobung in Fort Rucker/Alabama resultierten eine Reihe von Verbesserungsvorschlägen, die von Hughes bei weiterer Modifizierung des Entwurfs eingearbeitet wurden. Im Sommer 1964 wählte die US-Army die Zweisitzer-Variante als Standard-Grundschulungs-Hubschrauber aus und bestell-

te ein erstes Los von über 20 Einheiten unter der militärischen Bezeichnung *TH-55A Osage.* Weitere größere Aufträge folgten bis 1967, womit sich die Gesamtzahl der von der US-Army eingesetzten Trainer auf insgesamt 792 *Osage* erhöhte. Im März 1969 lief die Serienfertigung aus.
Die zwei- und dreisitzigen zivilen Varianten wurden 1963 in *Model 200* und *300* umbenannt. Sie waren auch im Ausland ein großer geschäftlicher Erfolg, besonders die landwirtschaftliche Version, und wurden an private Kunden, aber auch an militärische Bedarfsträger in Algerien, Brasilien, Kolumbien, Ghana, auf Haiti, Indien, Kenia, Nicaragua, Sierra Leone, Spanien und in Schweden verkauft.
Die dreisitzige Endvariante *Hughes 300C* flog erstmals im August 1969. Dieser wesentlich verbesserte Hubschrauber hatte ein stärkeres Triebwerk, einen 190-PS (139,7 kW)-*Lycoming HIO-360-D1A*-Boxermotor erhalten, einen größeren Haupt- und Heckrotor, einen längeren Leitwerksträger, einen schlankeren Rotormast und andere strukturelle Änderungen. Darüber hinaus konnte er 45% mehr Zuladung befördern als die ersten Modelle.
Der *Hughes 300* ist von *Kawasaki* in Japan und von *Breda-Nardi* in Italien in Lizenz gebaut worden. Bis Mitte 1983 belief sich die Gesamtzahl der ausgelieferten *Hughes 269/300* auf mehr als 2750. Im Juni 1983 wurden die Herstellerrechte an die *Schweizer Aircraft Corp.* in Elmira/New York verkauft, die eine neue, verbesserte Variante in der Planung hatten.

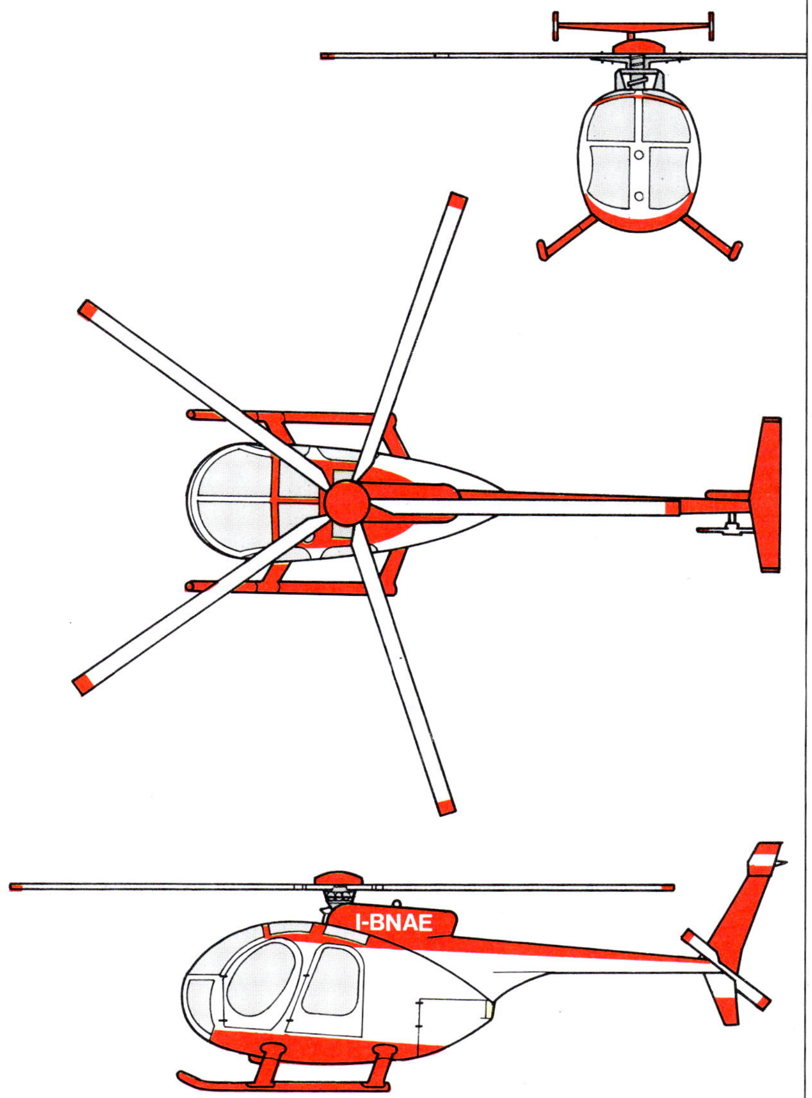

Hughes Model 500D (built by Breda-Nardi) – 1974

Hughes Model 500 D
Hersteller: Hughes Helicopters
Verwendungszweck: 5-sitziger Mehrzweckhubschrauber
Baujahr: 1974
Antrieb: *Allison 250-C20B,* 420 WPS (309 WkW)
Rotorkreisdurchmesser: 8,05 m
Rumpflänge: 7,00 m
Länge über alles: 9,30 m
Höhe über alles: 2,53 m
Rüstmasse: 598 kg
Startmasse: 1360 kg
Höchstgeschwindigkeit: 244 km/h
Schwebeflughöhe mit Bodeneffekt: 2500 m
Dienstgipfelhöhe: 4389 m
Reichweite: 600 km

Hughes Model 369/500

1960 wurden die Anforderungen der US-Army für einen leichten Beobachtungshubschrauber von einem Spezialausschuß zusammengestellt. Danach sollte der leichte Beobachtungshubschrauber (LOH) fähig sein, allein mehrere Aufgaben zu erfüllen wie Verbesserung der Mobilität (Transport von Soldaten), Aufklärung, Befehlsübermittlung, Zielerfassung, Feuerleitung und Feuerunterstützung für kleine Heereseinheiten sowie Verwundetentransport. Zwölf amerikanische Firmen beteiligten sich an dem LOH-Wettbewerb und reichten 17 verschiedene Vorschläge ein. *Hughes* legte den Entwurf des *Model 369* vor, der wegen seiner Form den Spitznamen »Fliegendes Ei« erhalten hatte. Am Ende wurde je ein Entwurf von *Bell* und *Hiller* ausgewählt, zu denen 1961 noch der *Hughes* in den Wettbewerb mit einbezogen wurde, und zwar nur aufgrund des kostengünstigen Angebots und der Verpflichtung von Hughes, die von der Army geforderten Leistungen um mindestens 10% zu überbieten. Unter der Bezeichnung *OH-6* bestellte daraufhin die US-Army bei Hughes fünf Prototypen. Bell und Hiller schieden mit ihren Hubschraubern *OH-4A* und *OH-5A* aus dem Wettbewerb aus, das Rennen machte der aus der *Hughes 369* abgeleitete *OH-6A Cayuse.* Der erste der fünf *OH-6*-Prototypen hatte am 27. Februar 1963 seinen Jungfernflug absolviert, und im darauffolgenden November begann in Fort Rucker die Erprobung durch die US-Army.
Der *Hughes*-Hubschrauber war ein sehr interessanter und technisch fortschrittlicher Entwurf. Das wartungsarme Rotorsystem (Flexrotor) kam ohne Lager aus, eine Anzahl dünner biegsamer Stahllamellen nahm, wofür normalerweise Schlag- und Schwenkgelenke vorgesehen sind, sämtliche Kräfte, die von den Blättern eingeleitet werden, auf. Die aus Leichtmetall gefertigten Blätter des Vierblatt-Hauptrotors hatten eine konstante Breite über ihre gesamte Länge. Die äußerst strömungsgünstig gestaltete, in Schalenbauweise hergestellte Leichtmetall-Rumpfstruktur war so widerstandsfähig ausgelegt, daß sie den Insassen auch bei einer harten Landung guten Schutz bot. An dem sich stark verjüngenden Leitwerksträger waren ein Schmetterlingsleitwerk asymmetrisch und der Zweiblatt-Heckrotor angeordnet.
Die sehr kleine und leichte *Allison T63-A-5A*-Wellenturbine mit einer Leistung, die von 400 (294,2) auf 252 WPS (185 WkW) gedrosselt war, gewährleistete lange Einsatzdauer, Zuverlässigkeit und Sicherheit. Die hochentwickelte Avionik schloß Funknavigations- und Kursanzeigeinstrumente, VHF- und UHF-Funksprechgeräte und einen Radiokompaß ein, außerdem standen dem *LOH Cayuse* für die Bewaffnung mehrere Rüstsätze zur Wahl, die sich rasch an den Rumpfseiten montieren ließen.
Nachdem die Entscheidung des sehr kontroversen LOH-Wettbewerbs für die Serienproduktion des *OH-6A* am 26. Mai 1965 bekanntgegeben war, erfolgte eine Anfangsbestellung über 714 Hubschrauber, die später auf 1300 erhöht wurde, mit einer Option für weitere 114. Im ersten Monat stieg die Fertigungsrate auf 70 Hubschrauber. Insgesamt wurden 1434 gebaut, von denen die letzten im August 1970 zur Auslieferung kamen.
Der *Cayuse* hat im März und April 1966 nicht weniger als 23 Weltrekorde aufgestellt, darunter: auf geschlossenem Kurs über 2800 km, 3561 km in gerader Linie, 227,7 km/h auf geschlossenem Kurs über 2000 km und über 8601 m Höhe im Horizontalflug. Er gewann andere Wettbewerbe in den verschiedenen Gewichtsklassen seiner Kategorie einschließlich eines Geschwindigkeitsrekordes über 277 km/h.
Ein *OH-6A* wurde 1971 im Rahmen eines DARPA-Forschungsprogramms modifiziert, um den Geräuschpegel zu reduzieren, und erhielt den Spitznamen »The Quiet One« (Der Ruhige). Er besaß einen Fünfblatt-Hauptrotor und einen Vierblatt-Heckrotor sowie Abgasschalldämpfer und verschiedene lärmdämpfende Vorrichtungen am Lufteinlauf. Der neue Rotor drehte mit 67% der Umdrehungsgeschwindigkeit des ursprünglichen Rotors, die Zuladung erhöhte sich um 270 kg und die Geschwindigkeit auf 278 km/h. Ein zweiter Experimental-Prototyp, der *OH-6C* mit einer *Allison 250-C20*-Turbine, erreichte während eines Testfluges von der Edwards Air Force Base aus eine Geschwindigkeit von 322 km/h. Ebenfalls im Auftrag von DARPA und des ATL der US-Army entwickelte Hughes den heckrotorlosen *NOTAR*-Hubschrauber, dessen Prototyp, ein modifizierter *OH-6,* am 17. Dezember 1981 erstmals flog. Beim *NOTAR*-System wurde der Heckrotor durch einen Bläser im Innern des Heckauslegers ersetzt, der Schaufeln mit variabler Steigung aufwies und Niederdruckluft für die Steuerung der Heckträgerumströmung lieferte, wodurch ähnlich wie beim Tragflügel Kräfte erzeugt wurden. Zur Steuerung wurde am Heckende zusätzlich Luft ausgeblasen.
Hughes' *OH-6A Cayuse*-Hubschrauber wurden auch an die brasilianischen Luftstreitkräfte (9) und Marine (6) exportiert, das japanische Heer hat 29 beschafft.
Neben den fünf *LOH*-Prototypen für die US-Army hatte Hughes vier weitere für eigene Versuchszwecke gebaut, aus denen das zivile *Model Hughes 369* mit den Typenreihen *500* bis *500D* entstand, das Anfang 1967 erstmals flog. Die darauffolgende Variante, *Model 500C,* hatte eine 405 WPS (297,8 WkW) leistende *Allison 250-C20*-Wellenturbine und war als *Hughes 500MC,* eine militärische Version mit wesentlichen Verbesserungen, für den Ex-

port bestimmt. So waren u.a. einzelne Komponenten des Hauptrotors verstärkt und der Durchmesser vergrößert worden. Das Getriebe war für höhere Drehzahlen verstärkt und die Kraftstoffkapazität auf maximal 242 Liter erhöht worden. Die Seitenfenster hatte man auch geändert und ein hohes Kufenlandegestell konnte angebracht werden. Die Bewaffnung war der des *OH-6A* ähnlich. Der Hubschrauber ging an die kolumbianischen Luftstreitkräfte (4), die italienischen Behörden (über 60), die spanische Marine (6 in der *ASW*-Version mit magnetischen Detektoren und zwei Mk.44-Torpedos), an Dänemark, Argentinien, Bolivien, Mexiko und auf die Philippinen.

Im August 1974 brachte Hughes eine Weiterentwicklung des leichten fünfsitzigen Turbinenhubschraubers, den *500D*, und für militärische Verwendung außerhalb der USA, den *500M-D Defender* heraus, die sich beide rein äußerlich von den früheren Modellen durch ein T-Leitwerk und einen Fünfblatt-Hauptrotor unterschieden. Als Triebwerk erhielten sie eine *Allison 250-C20B*-Wellenturbine mit max. Startleistung von 420 WPS (309 WkW) auf 375 WPS (275 WkW) Dauerleistung gedrosselt. Durch das stärkere Triebwerk und die neue Heckeinheit konnte eine generelle Verbesserung der strukturellen Robustheit erzielt werden, die sich besonders auf ein stoßabsorbierendes Kufenlandegestell und den Kabinenboden, den Leitwerksträger, selbstdichtende Kraftstoffbehälter und nicht zuletzt auf das Getriebe auswirkten. Zur Bewaffnung des *500M-D* gehörten TOW- oder Stinger-Lenkflugkörper, oder eine 30-mm-Hughes-Kettenkanone oder 7,62-mm-MGs oder Abschußbehälter für 7-cm-FFAR-Raketen. Der *Defender* war auch der erste Einsatzhubschrauber, der mit einem Mastvisier ausgerüstet wurde. 1980 stellte Hughes den *Defender II* mit noch besseren Bewaffnungsmöglichkeiten sowie verbesserter Avionik und Optronik vor.

Zu den Weiterentwicklungen gehören ferner der *Hughes 500E* mit verlängerter und neugestalteter Kabine neben anderen Verbesserungen, und der *530F* mit stärkerer *Allison 250-C30*-Turbine für Einsätze in großen Höhen und von 8,00 auf 8,35 m vergrößertem Rotorkreisdurchmesser. Die militärische Variante dieser neuen *F*-Version wurde 1984 als *530 MG* vorgestellt.

Ein wichtiger Auftrag für Hughes kam aus Japan, woraufhin die Firma an *Kawasaki* die Lizenzrechte zum Bau des *OH-6J* für das japanische Heer vergab. In Italien besitzt *Breda-Nardi* die Lizenzrechte zum Bau und Vertrieb der *Hughes Model 300* und *500*. Aus dieser Fertigung stammen auch die italienischen Zoll-Hubschrauber *NH-500M*.

Hughes AH-64A – 1975

Hughes AH-64 Apache
Hersteller: Hughes Helicopters
Verwendungszweck: 2-sitziger Kampfhubschrauber
Baujahr: 1975
Antrieb: 2 *General Electric T700-GE-701*, je 1695 WPS (1246,6 WkW)
Rotorkreisdurchmesser: 14,63 m
Rumpflänge: 15,06 m
Länge über alles: 17,76 m
Höhe über alles: 3,84 m
Rüstmasse: 4996 kg
Startmasse: 8006 kg
Höchstgeschwindigkeit: 365 km/h
Schwebeflughöhe mit Bodeneffekt: 4085 m
Schwebeflughöhe ohne Bodeneffekt: 3110 m
Dienstgipfelhöhe: 6100 m
Reichweite: 689 km
Bewaffnung: Eine Hughes M230A1 30-mm-Kettenkanone mit 1200 Schuß, bis zu 16 Rockwell AGM-114A Hellfire-Lenkflugkörper oder bis zu 76 7 cm FFAR-Raketen in 4 Abschußbehältern oder eine Kombination davon.

Hughes AH-64 Apache

Das AAH (Advanced Attack Helicopter)-Programm der US-Army ist in seiner Art das größte westliche Entwicklungsprogramm für einen allwetter- und nachtflugfähigen Kampfhubschrauber insbesondere zur Panzerbekämpfung. Die Ausschreibung für das AHH-Programm geht auf die 60er Jahre zurück und wurde anfangs von *Lockheed* gewonnen, die aber ihren Entwurf *(AH-56 Cheyenne)* aus vielerlei Gründen nicht realisieren konnten. Daraufhin erschien eine neue Ausschreibung, die *Bell, Boeing Vertol, Hughes, Lockheed* und *Sikorsky* zu neuen Entwürfen veranlaßte. Nur *Bell* und *Hughes* kamen in die engere Wahl und erhielten Mitte 1973 Verträge zum Bau von je zwei Prototypen und je einem Bodenerprobungsmuster. Die Hubschrauber erhielten die Army-Bezeichnung *YAH-63* (Bell) und *YAH-64* (Hughes). Von beiden hatte *Hughes Model 77* am 30. September 1975 als erster den Jungfernflug absolviert. Das Vergleichsfliegen wurde im Mai 1976 aufgenommen und im Dezember des gleichen Jahres von Hughes gegen Bell gewonnen. Daraufhin wurden drei weitere *YAH-64* mit der gesamten Avionik, Optronik und Bewaffnung für die Truppenerprobung gefertigt.

Der *AH-64 Apache* ist ein agressiv aussehender Kampfhubschrauber mit einem in Halbschalenbauweise gefertigten Rumpf von sehr schmalem Querschnitt und einem Tandemcockpit, wobei der Kampfbeobachter/Kopilot vorn und der Pilot dahinter erhöht mit guter Rundumsicht plaziert ist. Die beiden Triebwerke sind an beiden Seiten des Rumpfes hinter dem Rotorgetriebe in zwei separaten Gondeln angeordnet. Zwei Stummelflügel dienen als Waffenträger. Der mit Fiberglas beplankte, mit lamellierten Blattanschlüssen versehene Metall-Vierblatt-Hauptrotor soll ab Produktionsnummer 100 durch neue Rotorblätter aus Verbundwerkstoff ersetzt werden. Die Blattspitzen weisen um 20° gepfeilte Enden auf, damit sie nicht in den Überschallbereich kommen. Die zwei Heckrotorblätterpaare sind asymmetrisch um 50° zu 125° gegeneinander versetzt, wodurch der Geräuschpegel stark reduziert wird. Das ursprüngliche T-Leitwerk wurde während der Erprobung durch eine bewegliche horizontale Leitwerksfläche, angeordnet unterhalb des Heckrotors, ersetzt. Das Hauptfahrwerk und Spornrad sind nicht einziehbar.

Der Besatzung stehen zur Erfüllung ihrer Aufgaben die fortschrittlichsten Kommunikations- und Navigationsgeräte zur Verfügung. Im Bug trägt der *Apache* ein TADS/PNVS-Feuerleit- und Nachtsichtsystem, das der Besatzung ermöglicht, bei Tag und Nacht und Schlechtwetter feindliche Ziele zu entdecken, zu bestimmen und anzugreifen. Zum Zielsuch- und -anzeigegerät (TADS) gehören ein optisches Teleskop, ein Vorwärtssicht-Infrarotgerät (FLIR) zur Unterstützung der Zielerfassung, eine Fernsehkamera, ein Laser-Entfernungsmesser und Laser-Zielmarkierer für die Hellfire-Lenkflugkörper; zum Pilotennachtsichtgerät (PNVS) gehört ein Weitwinkel-FLIR für Tiefflugnavigation bei Nacht und schlechter Sicht. Radarstör- und Radar-/Laser-Warngeräte sowie IR-Unterdrückung der Abgasstrahlen erhöhen das Durchsetzungsvermögen des Kampfhubschraubers auf dem Gefechtsfeld. An Bewaffnung können an den Außenträgern unter den Stummelflügeln bis zu 16 Hellfire in Vierergruppen oder bis zu 76 ungelenkte FFAR oder eine Kombination von gelenkten Flugkörpern und ungelenkten Raketen mitgeführt werden. Zusätzliche Feuerkraft liefert die unter dem Rumpfbug hängende 30-mm-Kettenkanone (M230A1 Chain gun) von Hughes mit 1200 Schuß. Das Cockpit und alle kritischen Systeme sind gepanzert und teils beschußfest gegen 23-mm-Granaten. Die gesamte Zelle ist nach den Bruchsicherheits-Kriterien ausgelegt. Das derzeit 515 *AH-64*-Kampfhubschrauber umfassende Programm soll bis Ende 1988 dauern bei einer Fertigungsrate von 12 Einheiten pro Monat.

K-M

Kaman
Kaman Aerospace Corporation (USA)

Nach seiner Zusammenarbeit als Chefaerodynamiker mit Igor Sikorsky entschied sich Charles H. Kaman 1945, sein eigenes Unternehmen, die Kaman Aircraft Corporation, zu gründen. Kamans erster Hubschrauber, der *K-125,* den er 1946 entwickelte, verwendete nach dem Vorbild Flettners ineinandergreifende Doppelrotoren. Diese Konfiguration machte einen Heckrotor überflüssig. Die Kaman Aerospace Corporation besitzt zwei Werke in Connecticut, wo Untersuchungen und Entwicklungen von Hubschrauberstrukturen und Rotortechnologien durchgeführt werden.

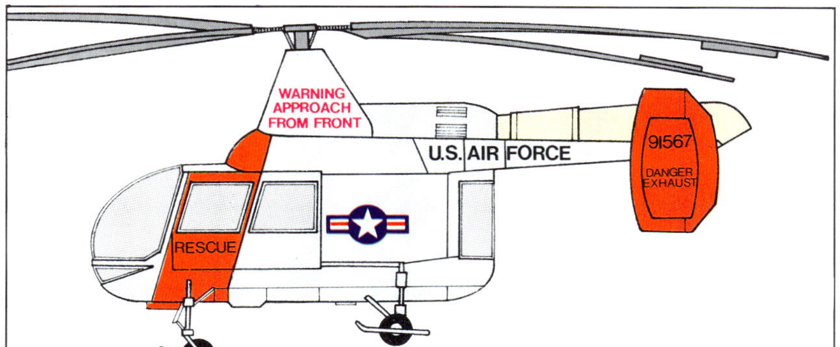

Kaman H-43B Huskie – 1958

Kaman K-600

Der *K-600* gewann 1950 einen Entwurfswettbewerb der US-Navy für einen neuen viersitzigen Verbindungshubschrauber. Es handelte sich um eine Konstruktion mit zwei gegenläufig ineinanderkämmenden Zweiblatt-Rotoren, an denen je ein servogesteuertes Hilfsruder zur zyklischen und kollektiven Blattverstellung angebracht war. Das aerodynamisch ausgeglichene Rotorsystem machte einen Heckrotor überflüssig.
Anfangs wurde *Model K-600,* das von einem 600-PS(441,3 kW)-*Pratt & Whitney R-1340-48*-Sternmotor angetrieben wurde, vom US Marine Corps unter der Bezeichnung *HOK-1* und von der US-Navy als *HUK-1* für Verbindungsaufgaben bestellt, während die US Air Force ihn für Rettungsdienste und zur Brandbekämpfung als *H-43A* in Auftrag gab. Aber nach einer Erstlieferung von 16 Hubschraubern forderte die Air Force eine stärkere Version mit einer *Lycoming T53-L-1*-Wellenturbine. Der Prototyp für 116 georderte *H-43B Huskie* flog erstmals am 27. September 1956, das erste nochmals verbesserte Serienmodell folgte am 13. Dezember 1958. Diese leichten Rettungs- und Brandbekämpfungshubschrauber beförderten neben zwei Mann Besatzung bis zu drei Feuerwehrmänner in kompletter Asbestausrüstung sowie moderne Feuerlösch- und Rettungsgeräte mit 309 Liter chemischer Schaumlöschsubstanz. Von den fast 200 gebauten *Huskie* wurden auch einige nach Burma, in den Iran und in andere Länder exportiert.

Kaman H-43B Huskie - 1958
Hersteller: Kaman Aircraft Corporation
Verwendungszweck: Rettungs- und Brandbekämpfungshubschrauber
Baujahr: 1958
Antrieb: *Lycoming T53-L-1B,* 860 WPS (632,5 WkW)
Rotorkreisdurchmesser: 14,33 m
Rumpflänge: 7,67 m
Höhe: 4,74 m
Rüstmasse: 2030 kg
Startmasse: 3985 kg
Höchstgeschwindigkeit: 193 km/h
Schwebeflughöhe mit Bodeneffekt: 6400 m
Reichweite: 380 km
Zuladung: 2 Mann Besatzung und 10 Passagiere oder 1 Pilot, 4 Tragbahren und Sanitäter

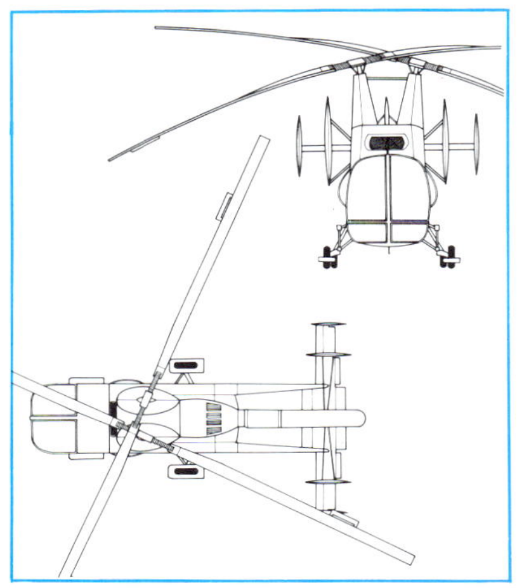

Kaman K-17

Der *K-17* war ein zweisitziger Versuchshubschrauber von 1958 mit kaltem Blattspitzenantrieb. Eine *400-WPS*(2942 WkW)-*Blackburn Turboméca Turmo 600-*

Turbine trieb einen Kompressor als Luftlieferer an; die über Druckleitungen zu den Blattenden geführte komprimierte Luft trat an den Blattspitzen aus und trieb den Rotor nach dem Reaktionsprinzip an. Rotorkreisdurchmesser: 11,28 m. Rüstmasse: 431 kg. Startmasse: 907 kg. Höchstgeschwindigkeit: 129 km/h. Schwebeflughöhe mit Bodeneffekt: 1525 m. Reichweite: 250 km.

Kaman K-20

1956 hatte die US-Navy einen Entwurfswettbewerb für einen allwettertauglichen Mehrzweckhubschrauber mit großer Reichweite ausgeschrieben. Sieger dieses Wettbewerbs wurde der *Kaman K-20*. Der Prototyp des *HU2K-1*, wie die offizielle Bezeichnung lautete, flog am 2. Juli 1959 zum erstenmal. Nach eingehender Erprobung kam der Hubschrauber unter der neuen Bezeichnung *UH-2A Seasprite* Ende 1962 zum Einsatz.
Die Bauweise war konventionell mit einem Vierblatt-Haupt- und einem Dreiblatt-Heckrotor, einziehbarem Hauptfahrwerk (aber starrem Spornrad) und einem in Schalenbauweise gefertigten keulenförmigen, wasserdichten Ganzmetallrumpf, so daß der Hubschrauber in ruhigem Wasser schwimmen konnte. 88 *UH-2A* wurden gebaut. Das Nachfolgemuster, der *UH-2B*, war praktisch identisch, abgesehen von einigen Teilen der Ausrüstung, die jedoch als wahlfreie Extras erhältlich waren. Die Indienststellung des ersten der 102 *UH-2B* war am 8. Dezember 1962.
Kaman modifizierte den Rumpf einer *UH-2B* für das US-Army Transportation Research Command durch Anbringen eines *General Electric J85*-Strahltriebwerks an einer Seite des Rumpfes, was den *K-20* in einen Verbundhubschrauber umwandelte. In dieser Konfiguration erreichte er eine Geschwindigkeit von über 360 km/h. Aber es blieb bei diesem einen Baumuster. Einige *UH-2B* beschaffte die US-Army zur Überprüfung des Hubschraubers auf seine Eignung für eine Bodenunterstützungsrolle. Die Bewaffnung bestand aus einem MG-Bugturm, seitlichen Aufhängepunkten für Miniguns und ungelenkten FFAR-Abschußbehältern u.a.m.
Ursprünglich einmotorig, wurde der *Seasprite* 1964 umgerüstet und erhielt zwei *General Electric T58-GE-8*-Wellenturbinen. Dieser Schritt war so erfolgreich, daß über 100 *UH-2A* und *UH-2B* nachträglich in *UH-2C* umgebaut wurden, ebenso fast die gleiche Anzahl *HH-2C* und *HH-2D*. Die *HH-2C* war die bewaffnete und gepanzerte Version der *UH-2C*, der *HH-2D* war ein reiner SAR-Hubschrauber.
Als die Navy ihr LAMPS-Programm, die Forderung nach einem schiffsgestützten Mehrzweckhubschrauber, bekanntgab, konnte *Kaman* seinen *Seasprite* anbieten, woraufhin ab 1970 alle *Seasprite*-Hubschrauber in *LAMPS Mk.1* -Muster zur U-Boot-Bekämpfung und Lenkflugkörperabwehr umgerüstet wurden. Der so entstandene *SH-2D* war dem *HH-2D* ähnlich. 20 unbewaffnete *HH-2D*-Rettungshubschrauber wurden in die *SH-2D*-Variante (Erstflug: 16. März 1972) umgebaut, während von der noch fortschrittlicheren *SH-2F*-Version, deren Auslieferung im Mai 1973 begann, ein erstes Los von 88 gefertigt wurde. Diese unterschieden sich von der *SH-2D* durch ein neues Rotorsystem, leistungsstärkere *T58-GE-8F*-Triebwerke, ein kräftigeres Fahrwerk und ein um 1,8 m nach vorn verlegtes starres Spornrad. Hinzu kamen modernere Avionik- und Navigationsgeräte. 1981 erteilte die Navy einen erneuten Auftrag zur Lieferung von 18 *SH-2F*; inzwischen folgten noch einmal Aufträge über weitere 18 Einheiten, neun von ihnen mit erhöhter Abflugmasse von 6 125 kg, und schließlich weitere *12 SH-2F*. Die Auslieferung dieser 48 Neubestellungen begann 1983.

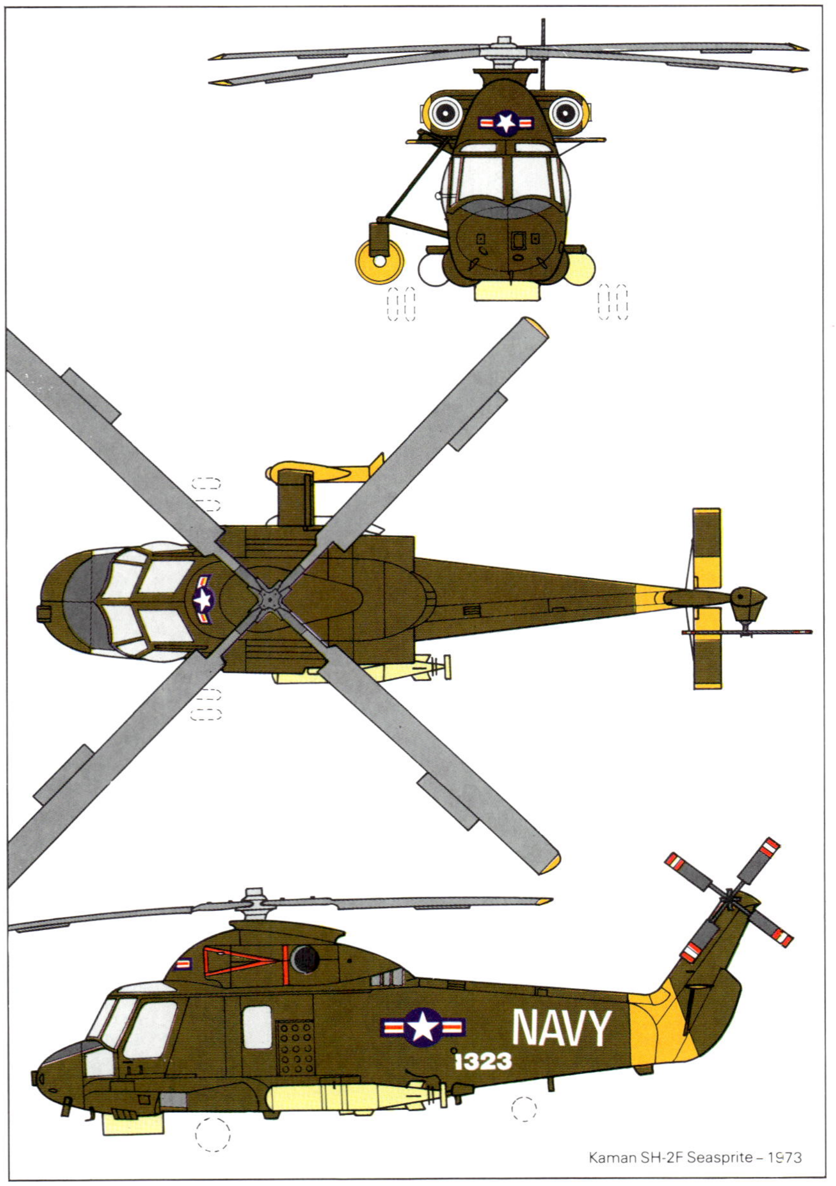

Kaman SH-2F Seasprite – 1973

Kaman K-20 Seasprite (SH-2F) - 1973
Hersteller: Kaman Aerospace Corporation
Verwendungszweck: Leichter schiffsgestützter Mehrzweckhubschrauber
Baujahr: 1973
Antrieb: 2 *General Electric T58-GE-8F*, je 1350 WPS (993 WkW)
Rotorkreisdurchmesser: 13,41 m
Rumpflänge: 12,30 m
Länge über alles: 16,03 m
Höhe über alles: 4,72 m
Rüstmasse: 3193 kg
Startmasse: 5805 kg
Höchstgeschwindigkeit: 265 km/h
Schwebeflughöhe mit Bodeneffekt: 5670 m
Schwebeflughöhe ohne Bodeneffekt: 4695 m
Dienstgipfelhöhe: 6860 m
Reichweite: 680 km
Bewaffnung: 2 Torpedos verschiedener Typen

Kawasaki
Kawasaki Kokuki Kogyo (Japan)

Die 1878 gegründete Firma eröffnete 1922 eine eigene Abteilung für die Konstruktion von Luftfahrzeugen. Während des Zweiten Weltkrieges baute Kawasaki eine große Anzahl von Jagdflugzeugen und leichten Bombern, nach dem Krieg entwickelten und bauten sie ihren von zwei Strahltriebwerken angetriebenen Transporter *C-1A*. In den letzten Jahren haben sich die Aktivitäten des Unternehmens mehr auf den Lizenzbau von amerikanischen Hubschraubern (Bell, Hughes und Sikorsky) konzentriert. 1977 unterzeichneten *Kawasaki Heavy Industries (KHI)* und *Messerschmitt-Bölkow-Blohm (MBB)* einen Vertrag zur gemeinsamen Entwicklung und Produktion des Mehrzweckhubschraubers *BK 117*.

Kawasaki KH-4

Anfang der 60er Jahre entwickelte Kawasaki aus dem dreisitzigen *Bell Model 47G3* eine neue Variante mit einer größeren Kabine und zwei Sitzbänken. Der erste *KH-4* flog im August 1962 und erhielt im November des gleichen Jahres die japanische Musterzulassung. Bis Anfang 1972 waren 193 *Kawasaki KH-4* gebaut worden, von denen 19 an das japanische Heer, 23 an die Streitkräfte von Thailand, vier an die Streitkräfte von Südkorea und einer auf die Philippinen ausgeliefert wurden.

Kawasaki KH-4
Hersteller: Kawasaki Heavy Industries
Verwendungszweck 4-sitziger leichter Mehrzweckhubschrauber
Baujahr: 1962
Antrieb: *Lycoming TVO-435*, 270 PS (198,5 kW)
Rotorkreisdurchmesser: 11,32 m
Rumpflänge: 9,93 m
Länge über alles: 13,17 m
Höhe: 2,84 m
Rüstmasse: 857 kg
Startmasse: 1290 kg
Höchstgeschwindigkeit: 190 km/h
Schwebeflughöhe mit Bodeneffekt: 5485 m
Dienstgipfelhöhe: 5640 m
Reichweite: 345 km

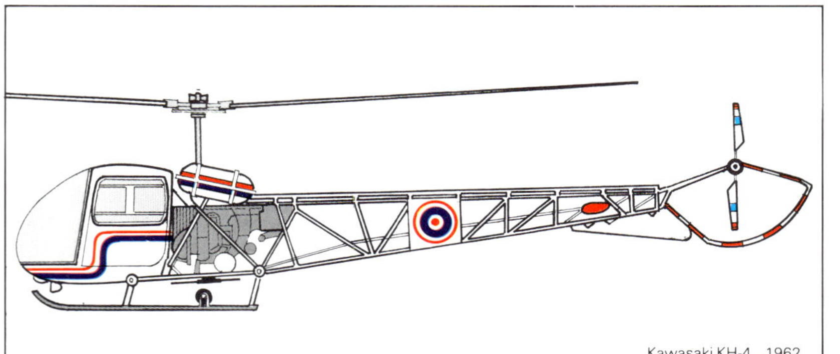
Kawasaki KH-4 – 1962

Lockheed
Lockheed Aircraft Corporation (USA)

Die Lockeed-California- und die Lockheed-Georgia-Abteilungen der Lockheed Aircraft Corporation bilden zusammen einen der größten Luftfahrtkonzerne der Welt. Seit Gründung der Loughead Aircraft MFG. Co. in Santa Barbara durch die beiden Brüder Allan und Malcolm Loughead im Jahr 1916 hat die Firma eine große Anzahl von erfolgreichen zivilen und militärischen Flugzeugen gebaut. Ende der 50er Jahre entwickelte Lockheed den Starr-Rotor-Versuchsträger *CL-475*. Ihm folgten die *XH-51*-Prototypen, von denen wiederum der Kampfhubschrauber *AH-56A Cheyenne* abgeleitet wurde.

MBB
Messerschmitt-Bölkow-Blohm GmbH (Bundesrepublik Deutschland)

1923 hatte Willy Messerschmitt in Bamberg seine eigene Firma gegründet. In Augsburg legte er sie 1927 mit dem Udet-Flugzeubau zusammen unter dem Namen Bayerische Flugzeugwerke AG (BFW). 1938 wurden die BFW in *Messerschmitt AG* umgewandelt. In den damaligen Messerschmitt-Werken entstanden nicht nur berühmte Sport- und Reiseflugzeuge, wie zum Beispiel die viersitzige *Me(Bf) 108 Taifun*, sondern auch der Standardjäger der deutschen Luftwaffe im Zweiten Weltkrieg, die *Me(Bf) 109* sowie der erste einsatzfähige Düsenjäger der Welt, die *Me 262*. Nach dem Krieg beschäftigte sich die Messerschmitt AG zunächst mit der Herstellung verschiedener Produkte, bis sie 1956 wieder im Flugzeugbau tätig werden konnte. Am 31. Oktober 1968 erfolgte die Fusion mit der *Bölkow GmbH*, am 14. Mai 1969 mit dem *Hamburger Flugzeugbau* und schließlich am 1. Januar 1981 mit der *Vereinigte Flugtechnische Werke GmbH (VFW)*. Damit ist MBB heute das größte Luft- und Raumfahrtunternehmen der Bundesrepublik Deutschland mit 35000 Mitarbeitern in 19 Werken bzw. Betriebsstätten. Das Unternehmen ist nach dem Divisionsprinzip mit den Ebenen: Geschäftsführung, Zentralbereiche und vier Unternehmensbereiche bzw. -gruppen aufgebaut. Der frühere Unternehmensbereich »Flugzeuge« mit Werken in Ottobrunn, Augsburg und Manching und der Unternehmensbereich »Drehflügler und Verkehr« mit Werken in Ottobrunn, Donauwörth, Laupheim und Speyer, wurden jetzt zur Unternehmensgruppe »Hubschrauber und Flugzeuge« zusammengefaßt. Der Hauptsitz ist Ottobrunn.
Seit über 25 Jahren entwickelt und baut MBB Hubschrauber. Die außergewöhnliche Auslegung des Mehrzweckhubschraubers *BO 105* mit seinem gelenklosen Rotorsystem führte zu weltweiten Verkaufserfolgen. Der konsequente Ausbau der MBB-Hubschrauber führte zum *BK 117*, einem Gemeinschaftsprojekt von *MBB* und *Kawasaki Heavy Industries (KHI)* von 1977 sowie dem Kooperationsvorhaben zwischen der Bundesrepublik Deutschland und Frankreich zur gemeinsamen Entwicklung eines Kampfhubschraubers. Das diesbezügliche Regierungsabkommen wurde Ende Mai 1984 unterzeichnet. Danach sollen, ausgehend von einem gemeinsamen Basishubschrauber, drei verschiedene Varianten entwickelt werden: der Panzerabwehrhubschrauber *PAH2* mit dem WS HOT einschließlich der Anpassung an das WS PARS 3 für das deutsche Heer, ferner zwei Versionen, der Schutz-/Unterstützungshubschrauber *HAP* mit 30-mm-Kanone und Luft-Luft-Flugkörpern sowie der Panzerabwehrhubschrauber *HAC 3G*, ausgerüstet mit PARS 3 und Mastvisier, für das französische Heer. Der Gesamtbedarf beider Länder beläuft sich auf rund 400 Hubschrauber. Der Zulauf des *PAH2* an die deutschen Heeresflieger soll 1993 beginnen.

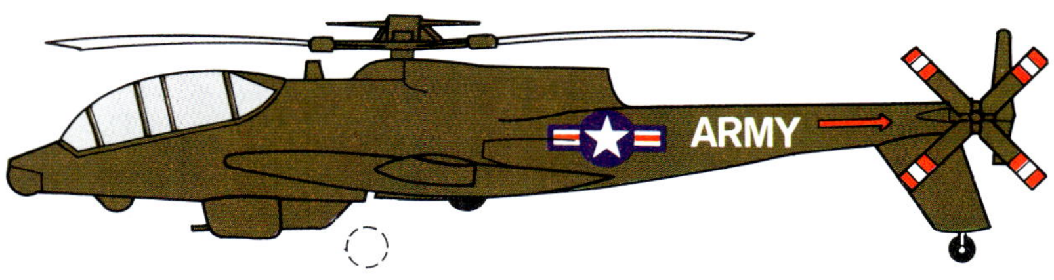

Lockheed AH-56A Cheyenne – 1967

Lockheed AH-56A Cheyenne
Hersteller: Lockheed Aircraft Corporation
Verwendungszweck: 2-sitziger Kampfhubschrauber
Baujahr: 1967
Antrieb: *General Electric T64-GE-16*, 3435 WPS (2526,4 WkW)
Rotorkreisdurchmesser: 15,36 m
Rumpflänge: 16,66 m
Höhe über alles: 4,18 m
Rüstmasse: 5323 kg
Startmasse: 9980 kg
Höchstgeschwindigkeit: 389 km/h
Schwebeflughöhe ohne Bodeneffekt: 3230 m
Dienstgipfelhöhe: 7900 m
Reichweite: 1400 km
Bewaffnung: 7,62-mm-Minigun oder Granatwerfer, und TOW-Panzerabwehr-Lenkflugkörper

Lockheed AH-56A Cheyenne

Lockheeds ehrgeiziges Projekt *AH-56A Cheyenne* wurde aufgrund des Advanced Aerial Fire Support System (AAFSS), dem Vorläufer-Programm des AAH, für eine neue Kampfhubschrauber-Generation geschaffen. Die Forschungsergebnisse der *XH-51*-Prototypen fanden im *Cheyenne* ihren Niederschlag. Der erste Prototyp startete am 21. September 1967 zu seinem Erstflug. Der Kampfhubschrauber besaß einen starren Vierblatt-Haupt- und Heckrotor und am Rumpfende einen Dreiblatt-Verstell-Druckpropeller. Der Antrieb erfolgte durch eine *T64*-Turbine von *General Electric*. Der stromlinienförmige Rumpf hatte ein Tandemcockpit, wobei der Schütze vorn und der Pilot hinten saßen, außerdem war der Hubschrauber noch mit Stummelflügeln von 8 m Spannweite und 24 m² Flügelfläche versehen. Beide, Stummelflügel und Schubpropeller, entlasteten den Hauptrotor im Hochgeschwindigkeits-Horizontalflug. Das

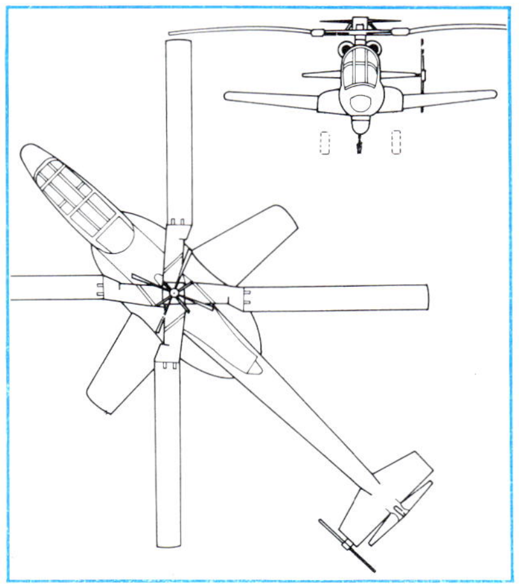

Hauptfahrwerk war einziehbar. Die Bewaffnung bestand aus einem MG-Kinnturm im Bug, 40-mm-Granatwerfer und Lenkflugkörpern. Zehn Prototypen wurden gebaut, aber die Beanstandungen bei der Erprobung, die Kompliziertheit des Gesamtsystems und ein Unfall im März 1964 führten schließlich zum Abbruch des Vorhabens.

Bölkow BO 105

Bei dem im Herbst 1961 begonnenen Entwurf des zweimotorigen vier- bis fünfsitzigen Leichthubschraubers *BO 105* wurden die beim Bau der Hubschrauber *BO 46*, *BO 102* und *BO 103* gewonnenen, grundlegenden Erfahrungen ausgewertet. Der erste Prototyp, der *V 1*, konnte im August 1966 mit den Bodenläufen beginnen. Aus Gründen der Sicherheit und der Zeitersparnis hatte man einen konventionellen Gelenkrotor des englischen Hubschraubers *Westland Scout* verwendet; trotzdem wurde der gefesselte Prototyp durch Bodenresonanz zerstört.
Inzwischen war der zweite Prototyp *V 2* fertiggestellt worden, der den gründlich erprobten vierblättrigen, gelenklosen Rotor »System Bölkow« aus glasfaserverstärktem Kunststoff, der für die Serienproduktion vorgesehen war, erhalten hatte. Als Antrieb dienten die gleichen zwei je 317-WPS(233 WkW) *Allison T63* (Zivilbezeichnung: *250-C18*) Turbinen, die auch beim *V1* verwendet worden waren. Am 17. Februar 1967 fand in Ottobrunn bei München mit Wilfried von Engelhardt am Steuer der Erstflug des *BO 105 V2* statt, der gleich von Anfang an die gute Steuerbarkeit während des Schwebefluges und bei geringer Fluggeschwindigkeit demonstrierte.
Nach weiteren Verbesserungen erschienen der von zwei *M.A.N.-Turbo 6022-A3 Gasturbinen* von je 375-WPS(275,8 WkW) angetriebene Prototyp *V3*, der erstmals am 20. Dezember 1967 flog sowie die Vorserienmaschinen *BO 105 V4* (Erstflug am 1. Mai 1969) und der *V5*. Letzterer erhielt später zwei je 405-WPS(297,8 WkW)-*Allison 250-C20*-Turbinen und wurde in dieser Auslegung der Prototyp des endgültigen *BO 105C*.
Wesentliche Bestandteile des dynamischen Systems des *BO 105* sind der Titan-Rotorkopf und die GfK-Rotorblätter, deren Vorteile hohe Lebensdauer, Fortfall der Schlag- und Schwenkgelenke, War-

Über 1100 zivile und militärische Ausführungen des BO 105 sind seit Beginn seiner Serienfertigung im Jahre 1970 verkauft worden.

tungsfreundlichkeit, vibrationsarmes Verhalten und leichte Steuerfolgsamkeit des Hubschraubers sind.
Zu Anfang war der *BO 105* in zwei Ausführungen erhältlich, einmal mit den *Allison 250-C18*-Wellenturbinen oder mit den stärkeren *-C20*. Am 13. Oktober 1970 erhielt der *BO 105* mit dem ersten Triebwerk vom Luftfahrt-Bundesamt (LBA) die Musterzulassung, und am 19. April 1971 erfolgte die Zulassung durch die amerikanische FAA, die im August 1972 auf die *-C20*-Turbinen erweitert wurde. Die kanadischen Behörden ließen den Hubschrauber im April 1973 zu, gefolgt von den Engländern im Juli 1973 und den Italienern im März 1974.
Von Anfang an haben sich alle *BO 105*-Varianten mit ihren zwei Wellenleistungsturbinen und der geräumigen Kabine als Verkaufsschlager erwiesen. Ihr Einsatzspektrum umfaßt die Personenbeförderung, den Lastentransport, Rettungseinsätze, Überwassereinsätze (Offshore-Betrieb), allgemeine polizeiliche Sicherheits- und Ordnungseinsätze (zum Beispiel Verkehrsüberwachung), Pilotenschulung (insbesondere IFR-Einweisung) sowie den Militäreinsatz. Neben dem Pilotensitz bietet der *BO 105* Platz für vier Passagiere. Zwei Standardtragen können im Laderaum untergebracht werden, wenn die hintere Sitzbank entfernt wird.
Eine sehr interessante Entwicklung war der *BO 105HGH* zu Erprobung der Flugeigenschaften des gelenklosen Rotors bei höheren Geschwindigkeiten. Mit verkleidetem Rotorkopf, einem abgeänderten Leitwerk und vier kleinen Einzelkufen erreichte dieser Hubschrauber eine Höchstgeschwindigkeit von 372 km/h, das waren 100 km/h mehr als das Serienmodell *BO 105C*. Der gleiche Hubschrauber erhielt zusätzlich ein Flügelpaar von 6,20 m Spannweite und erzielte in dieser Konfiguration, geflogen von Willi Sommer und Hans Glöckl, eine Geschwindigkeit von 404 km/h. Dem *BO 105C* von 1970 folgten 1976 der *BO 105CB* und 1977 der *CBS*. Dieser leichte Mehrzweckhubschrauber hat die gleichen Flugleistungen und Flugeigenschaften wie der *BO 105CB*, verfügt jedoch über einen verlängerten Rumpf und bietet in der Executiv-Version größeren Flugkomfort bei Reise- und Geschäftsflügen. Als Antrieb dienen die je 420-WPS (310 WkW) leistenden *Allison 250-C20B*-Zweiwellenturbinen, und die maximale Startmasse beträgt 2400 kg. Eine Weiterentwicklung dieser Variante, der *BO 105 LS* mit zwei 550-WPS(404,5 WkW) starken *Allison 250-C28C*-Triebwerken flog erstmals am 23. Oktober 1981. Diese bisher leistungsstärkste Variante der *BO 105*-Familie verfügt neben dem vergrößerten Innenraum der *CBS*-Version auch über ein verstärktes Hauptrotorgetriebe, und ist in erster Linie für Einsätze in großen Höhen und heißen Regionen konzipiert und kann eine Außenlast von 2600 kg befördern. Die maximale Startmasse beträgt 2400 kg.
Die militärischen Varianten *BO 105M/BO* und *105P* bieten durch ein verstärktes Getriebe, verstärkte Rotorkomponenten und

BO 105CB
Hersteller: Messerschmitt-Bölkow-Blohm GmbH
Verwendungszweck: Leichter 5-sitziger Mehrzweckhubschrauber
Baujahr: 1976
Antrieb: 2 *Allison 250-C20B*, je 420 WPS (309 WkW)
Rotorkreisdurchmesser: 9,84 m
Rumpflänge: 4,30 m
Länge über alles: 11,86 m
Höhe über alles: 3,00 m
Rüstmasse: 1244 kg
Startmasse: 2400 kg
Höchstgeschwindigkeit: 270 km/h
Schwebeflughöhe mit Bodeneffekt: 2560 m
Schwebeflughöhe ohne Bodeneffekt: 1615 m
Dienstgipfelhöhe: 5182 m
Reichweite: 575 km

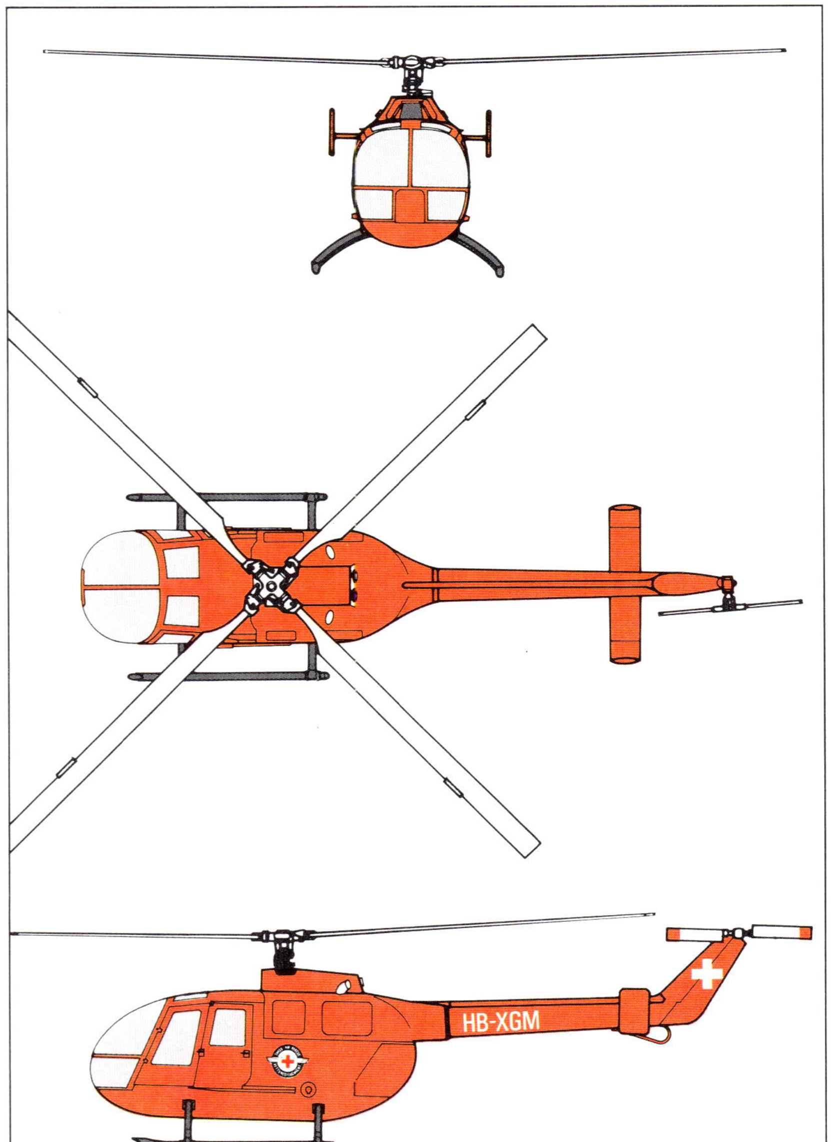

Bölkow BO 105C – 1971

Einer der deutschen Prototypen des *BK 117*, der im Juni 1979 die Flugerprobungen aufgenommen hatte.

einen leistungsverbesserten Heckrotor gegenüber dem *105CB* eine höhere Leistung. Außerdem gewährleisten sie durch ein bruchsicheres Kraftstoffsystem und ein Landewerk mit erhöhter Energieaufnahme eine höhere Sicherheit als die Zivilversion. Unter der Bezeichnung *PAH 1* werden der *BO 105P* als Panzerabwehr-Hubschrauber der ersten Generation mit sechs HOT-Lenkflugkörpern und der Bezeichnung *VBH* der *BO 105M/BO* als Verbindungs- und Beobachtungshubschrauber für die Heeresflieger der Bundeswehr gebaut. 212 *PAH 1* und 227 *VBH* sind in Auftrag gegeben, deren Auslieferung seit Ende 1979 läuft. Die militärischen Varianten wurden auch geliefert an: Kolumbien (2), Indonesien (48 in Lizenzfertigung), Holland (30), Nigeria (20), Malaysia (10), Mexiko (6) und auf die Philippinen (Lizenzfertigung). Ab 1986 sollen 20 an Schweden geliefert werden. Die an Mexiko und Kolumbien ausgelieferten Hubschrauber sind navalisierte Versionen mit Radar, Schwimmern und faltbaren Rotorblättern.

Die zivile *BO 105* wurde anfangs in den USA durch *Boeing* verkauft; 1979 gründete *MBB* eine eigene Tochterfirma in Amerika, die *MBB Helicopter Corporation*, die neben dem Verkauf auch die Kundenbetreuung durchführt. Nachbauprogramme laufen in Indonesien mit *PT Nurtanio* in Bandung, auf den Philippinen mit der *Philippine Aircraft Development Corporation (PADC)* in Manila und in Spanien mit der *Costrucciones Aeronauticas, S.A. (CASA)*.

MBB/Kawasaki BK 117

Mit der Unterzeichnung eines Kooperationsvertrages zwischen *MBB* und dem japanischen Industriekonzern *Kawasaki Heavy Industries (KHI)* am 25. Februar 1977 in Ottobrunn nahm das Entwicklungsprogramm für den acht- bis elfsitzigen Mehrzweckhubschrauber *BK 117* seinen Anfang. Beide Partner verfügten über beträchtliche Erfahrungen auf dem Drehflügel-Sektor. Ihr Gemeinschaftsprojekt sollte die beiden unabhängig von den Vertragspartnern ausgearbeiteten Entwürfe, den deutschen *BO 107* und den japanischen *KH-7* ersetzen. Die auf etwa 100 Millionen DM geschätzten Entwicklungskosten wurden von beiden Firmen zu gleichen Teilen übernommen mit einer Garantie der jeweiligen Regierungen. *MBB* war verantwortlich für den Hauptrotor mit vier Blättern aus glasfaserverstärktem Kunststoff, den Heckrotor einschließlich Getriebe, Heckausleger, Servohydraulik, Landewerk, Teile des Steuerwerks, Triebwerksabdeckung, Feuerschutzwände, Zellenfußboden sowie alle von der *BO 105* abgeleiteten Sonderausrüstungen. *KHI* sollte die Zelle ohne Heckausleger, das Hauptgetriebe, die Steuerung im Rumpf, die elektrische Anlage, das Kraftstoffsystem und die andere Hälfte der Ausrüstung übernehmen. Das Programm sah vor, bis Mitte 1979 je zwei Prototypen bei *MBB* und *KHI* zu bauen, von denen jeweils einer für Flugerprobungen und der andere für Bodentests bestimmt war. Die beiden *MBB*-Prototypen *P 1* und *P 2* standen 1979 zur Verfügung, während von *KHI* nur der Prototyp *P 3* rechtzeitig fertiggestellt wurde.

Die Auslegung des *BK 117* erfolgte auf der Basis der bewährten Konstruktionsmerkmale des *BO 105* und bietet die gleiche Zuverlässigkeit der zwei Turbinen, auch mit hoher Leistung im Einmotorenflug, extrem gute Manövrierfähigkeit durch den gelenklosen Rotor, hohe Redundanz der eingebauten Systeme, hervorragende Flugeigenschaften auch unter ungünstigen Wetterbedingungen und ausgezeichnete Wartbarkeit. Der *BK 117* ist mit zwei *Avco-Lycoming LTS101*-Wellenleistungsturbinen ausgerüstet, die eine Startleistung (5 min) von 600 WPS (442 WkW) und eine Notleistung (für 2,5 min) von 650 WPS (478 WkW) und eine Dauerleistung von 550 WPS (404,5 WkW) aufbringen. Die 605 Liter fassenden Kraftstoffbehälter sind im unteren Teil des Rumpfes untergebracht. Der hochliegende Heckrotor und zwei große Hecktüren erleichtern den Zugang zu einer großräumigen Kabine, die insgesamt je nach Auslegung, als Executiv-Version oder im Offshore-Flugbetrieb, bis zu elf Passagieren bei einem Piloten, Platz bietet. Breite Türen, die seit-

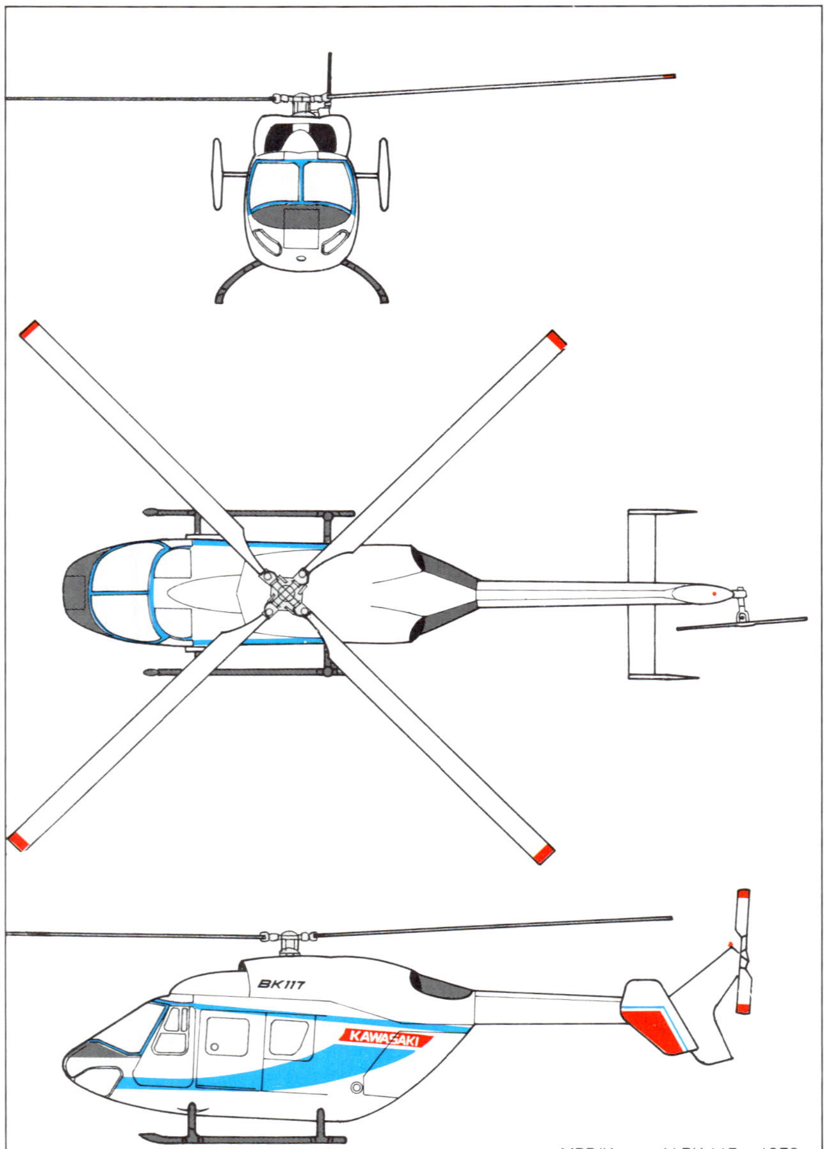

MBB/Kawasaki BK 117 – 1979

lich verschiebbar sind, ermöglichen bequemen Ein- und Ausstieg. Ähnliche Zusatzausrüstungen wie beim *BO 105* lassen die gleiche Zahl von Einsatzmöglichkeiten zu.

Der Prototyp *P 1* wurde nur für Bodenläufe verwendet. Der Erstflug des Prototyps *P 2* fand am 13. Juni 1979 mit Chefpilot Siegfried Hoffmann am Steuer in Ottobrunn statt, und der japanische Prototyp *P 3* flog erstmals am 10. August des gleichen Jahres in Gifu. Fast unmittelbar danach lief die Serienproduktion an, und ein Jahr später waren schon über 100 *BK 117* bestellt worden.

Bis Anfang 1982 konnten die Prototypen des *BK 117* über 750 Flugstunden nachweisen, und im Dezember 1982 erhielt der Hubschrauber die Musterzulassung des LBA und des JCAB. Die Hälfte der bis Februar 1982 bestellten 130 *BK 117* waren für Kunden in den USA bestimmt. Die Auslieferungen haben Anfang 1983 begonnen.

BK 117
Hersteller: Messerschmitt-Bölkow-Blohm/ Kawasaki
Verwendungszweck: 12-sitziger Mehrzweckhubschrauber
Baujahr: 1979
Antrieb: 2 *Avco Lycoming LTS101-650B-1*, je 600 WPS (441 WkW)
Rotorkreisdurchmesser: 11,00 m
Rumpflänge: 9,98 m
Länge über alles: 13,00 m
Höhe über alles: 3,84 m
Rüstmasse: 1625 kg
Startmasse: 2850 kg
Höchstgeschwindigkeit: 278 km/h
Schwebeflughöhe mit Bodeneffekt: 3350 m
Schwebeflughöhe ohne Bodeneffekt: 2650 m
Dienstgipfelhöhe: 4572 m
Reichweite: 545 km

McDonnell
McDonnel Douglas Corporation (USA)

Während der 30er Jahre hatte James S. McDonnell für verschiedene Konstruktionsbüros gearbeitet, zuletzt als Chefingenieur bei Glenn L. Martin. 1939 gründete er die *McDonnell Aircraft Corporation*, die Teile für verschiedene Firmen herstellte. Es dauerte aber nicht lange, bis das erste eigene Flugzeug, der zweimotorige Jäger *XP-67*, die Fertigungshallen von Lambert Field verließ. Zu Beginn des Düsenzeitalters baute McDonnell den *FH-1 Phantom*-Jagdeinsitzer für die US-Navy als erstes Trägerflugzeug mit Strahlantrieb. Mit dem Erwerb der Aktienmehrheit bei der Platt LePlage Aircraft Corporation, stieg McDonnell in das Drehflügler-Geschäft ein, verließ die Szene Mitte 1959 aber wieder, um über 20 Jahre später, Ende 1983, nach dem Kauf von *Hughes Helicopters*, zurückzukehren.

McDonnell XH-20 Little Henry

Dieser 1947 im Auftrag der US-Army gebaute einsitzige Versuchshubschrauber *XH-20 Little Henry* wurde von Unterschall-Staustrahltriebwerken an den Blattspitzen angetrieben und flog erstmals am 5. Mai 1947. Das einfache Fluggerät erwies sich als zuverlässiger Leichthubschrauber, konnte aber wegen des sehr hohen Kraftstoffverbrauchs keine befriedigende Reichweite erzielen, wodurch das Interesse der Militärs am *Little Henry* erlosch.

Lediglich ein Versuchshubschrauber wurde gebaut. Rotorkreisdurchmesser: 5,49 m. Rüstmasse: 129 kg. Startmasse: 254 kg. Durchschnittsgeschwindigkeit: 80 km/h.

McDonnel XV-1
Hersteller: McDonnel Aircraft Corporation
Verwendungszweck: 4-sitziger Versuchs-Verbundhubschrauber
Baujahr: 1954
Antrieb: *Continental R-975-16*, 525 PS (386 kW)
Rotorkreisdurchmesser: 9,45 m
Rumpflänge: 9,10 m
Länge über alles: 15,37 m
Höhe: 3,28 m
Rüstmasse: 1942 kg
Startmasse: 2499 kg
Höchstgeschwindigkeit: 320 km/h
Dienstgipfelhöhe: 6035 m
Reichweite: 955 km

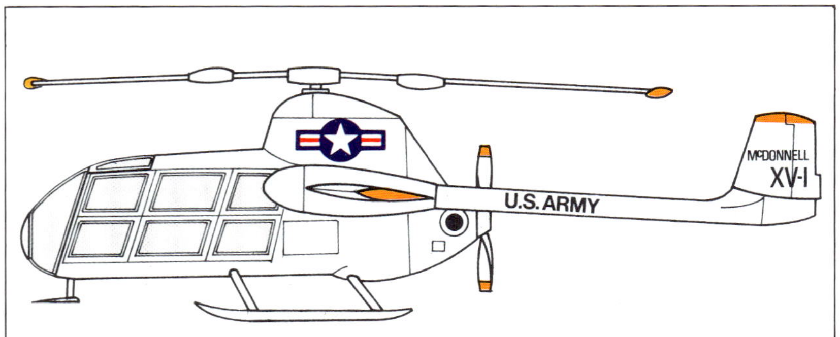

McDonnell XV-1 – 1954

McDonnell XV-1

Der Experimental-Hochgeschwindigkeitshubschrauber war von einem Pionier des Senkrechtfluges, dem Österreicher Friedrich von Doblhoff, entworfen worden. Dieses *McDonnell Model 82* wurde unter der militärischen Bezeichnung *XV-1* bei McDonnell in Zusammenarbeit mit der US Air Force und US-Army gebaut und war in seiner Auslegung der erste Verbund-(Compound-)Hubschrauber der USA. Ein Kolbentriebwerk diente zum Antrieb von zwei Luftverdichtern (Kompressoren) oder des Druckpropellers. Die Kompressoren lieferten Preßluft zu den an den Blattspitzen des dreiflügeligen Rotors angeordneten Brennkammern, in welche durch zwölf kleine Sprühdüsen Brennstoff eingespritzt wurde und einen Schub von 55 kp (0,54 kN) erzeugten. Der Hubschrauber besaß einen Tragflügel von 8,00 m Spannweite, an dem die Doppelleitwerksträger befestigt waren. Der 525-PS(386 kW)-*Continental R-975*-Sternmotor war im Rumpfheck installiert. Die Kabine bot Platz für einen Piloten und drei Personen. Die Testflüge mit dem ersten der beiden Prototypen begannen Anfang 1954. Im Oktober erreichte der *XV-1* als erster Drehflügler eine Geschwindigkeit von 320 km/h. Das Entwicklungsprogramm wurde nach etwa 600 Testflugstunden 1957 eingestellt.

Die *XV-1*-Rotoren fanden noch bei einem anderen Projekt Verwendung, dem *Model 120*-Kranhubschrauber, aber auch dieses Vorhaben scheiterte trotz hervorragender Flugleistungen. *McDonnell* löste Mitte 1959, nach weiteren Fehlschlägen, seinen Unternehmensbereich Hubschrauber auf.

P-S

Partenavia P.53 Aeroscooter, *siehe* Seite 124
Phillicopter Mk.1, *siehe* Seite 124
Piaggio PD.3, *siehe* Seite 124
Piasecki Heli-Sat, *siehe* Seite 137

Robinson R 22, *siehe* Seite 124
Rotorcraft Grasshopper, *siehe* Seite 125
Rotorway Scorpion, *siehe* Seite 125

Scheutzow Model B, *siehe* Seite 125
Seguin/Adams Wilson, *siehe* Seite 125
Seremet W.S.8, *siehe* Seite 125
Siemetzki ASRO 4, *siehe* Seite 125
Sikorsky S-69, *siehe* Seite 137
Smolensk, *siehe* Seite 119

Tervamaki-Eerola ATE 3, *siehe* Seite 125
Thruxton Gadfly, *siehe* Seite 125

Piasecki
Piasecki Aircraft Company (USA)

Frank N. Piasecki arbeitete als Konstrukteur für die Kellet Autogiro Corp., die National Machine Comp. und bei Platt LePage, bevor er 1943 die *P.V. Engeneering* (Forum für Drehflügler-Entwicklungen) gründete, die 1947 unter dem Namen *Piasecki Helicopter Corporation* registriert wurde. 1943 baute Piasecki einen einsitzigen Hubschrauber, den *PV-2,* den er auch selbst einflog. Danach entwickelte und baute er seinen ersten Hubschrauber mit Tandemrotoren, den *PV-3,* der als erste »Fliegende Banane« von der Navy als *XHRP-1* übernommen wurde. 1955 gründete er eine neue Firma, die *Piasecki Aircraft Company.* Die ursprüngliche *Piasecki Helicopter Corp.* änderte im Mai 1956 ihren Namen in *Vertol Aircraft Corp.* um und wurde 1960 eine Abteilung der *Boeing Comp..*

Piasecki 16H Pathfinder

Dieser 1965 gebaute Verbundhubschrauber ist eine eigene Entwicklung von Piasecki, die sich aus einem NASA-Forschungsauftrag zur Untersuchung des Flugverhaltens von Compound-Hubschraubern bei höheren Geschwindigkeiten ergab. Bei dem *PiAC 16H-1* handelt es sich um einen Hubschrauber mit Dreiblattrotor, einem ummantelten Heckpropeller und kleinen Stützflügeln. Der Erstflug fand 1962 statt. Der *16H-1A* mit stärkerer Turbine erreichte 1966 eine Höchstgeschwindigkeit von 362 km/h. Es folgten der *16H-1C* als *Pathfinder II* für zwei Piloten und sechs Passagiere und das Projekt *PiAC 16H-3J* als 16sitzer, das 1972 aufgegeben wurde. Antrieb: *General Electric T58-GE-5,* 1500 WPS (1103,2 WkW). Rotorkreisdurchmesser: 13,41 m. Rumpflänge: 11,35 m. Höhe: 3,45 m. Rüstmasse: 2302 kg. Startmasse: VTOL 3683 kg, STOL 5261 kg. Höchstgeschwindigkeit: 338 km/h. Schwebeflughöhe mit/ohne Bodeneffekt: 2195 m/1465 m. Dienstgipfelhöhe: 4085 m. Reichweite: 725 km.

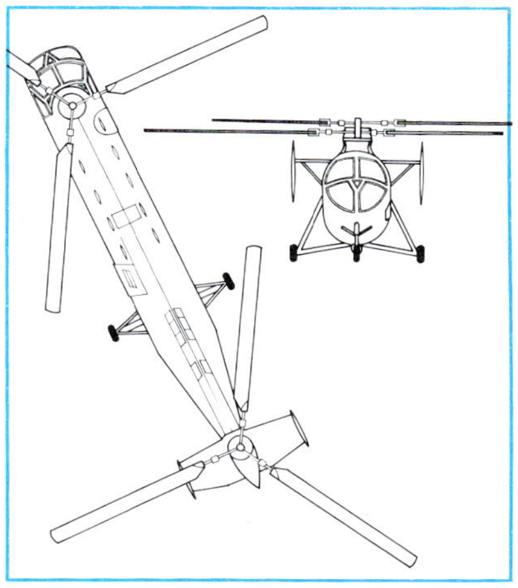

Piasecki H-21

Von dem 1948 gebauten Ganzmetall-Tandemhubschrauber *PV-17* leitete Piasecki ein Jahr später den *HRP-2 Rescuer* ab sowie eine weitere verbesserte Version, den *(PD-22) H-21 Workhorse.* Von diesem »Arbeitspferd« erwarb die US Air Force 214 *H-21A* und *B* und von einem ähnlichen Modell, dem *H-21C Shawnee* (Erstflug am 11. April 1952), wurden 334 für die US-Army gebaut. Die *B-* und *C-*Varianten erhielten in Vietnam ihre Feuertaufe, wo man sie auch zur Selbstverteidigung mit 7,62- bzw. 12,7-mm-Maschinengewehren bewaffnete.

Piasecki H-21C Shawnee
Hersteller: Piasecki Helicopter Corporation
Verwendungszweck: Taktischer Transporthubschrauber
Baujahr: 1952
Antrieb: *Wright R-1820-103,* 1425 PS (1048 kW)
Rotorkreisdurchmesser: 13,50 m
Rumpflänge: 16,00 m
Länge über alles: 26,20 m
Höhe über alles: 4,70 m
Rüstmasse: 3990 kg
Startmasse: 6950 kg
Höchstgeschwindigkeit: 210 km/h
Schwebeflughöhe mit Bodeneffekt: 1860 m
Dienstgipfelhöhe: 2880 m
Reichweite: 450 km
Zuladung: 2 Piloten und 20 vollausgerüstete Soldaten

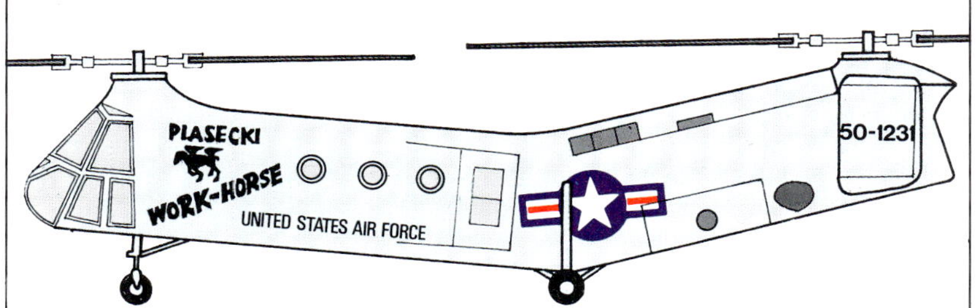

Piasecki H-21 Workhorse – 1952

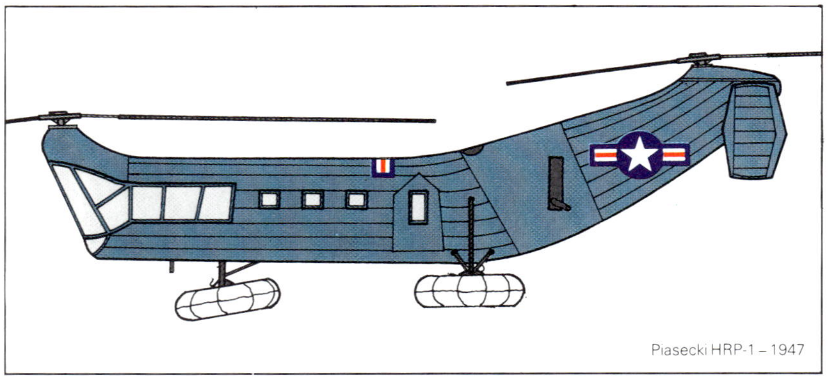

Piasecki HRP-1 – 1947

Der *H-21* war nach der klassischen Einmotoren-Formel mit Dreiblatt-Tandem-Rotoren gebaut worden. Während der *H-21A* der US Air Force noch mit einem auf 1150 PS (845,8 kW) gedrosselten Sternmotor flog, verfügten die Triebwerke der *B*- und *C*-Varianten über eine Leistung von 1425 PS (1048 kW). 33 *H-21A Workhorse* setzte die Air Force als Rettungshubschrauber in der Arktis ein, und fünf gingen nach Kanada. Zu den weiteren Bedarfsträgern des *H-21* gehörten die Bundeswehr mit 32 *H-21C Shawnee*, die französischen (108), die japanischen (10) und die schwedischen (11) Streitkräfte.

Piasecki HRP-1

Die ersten von Frank Piasecki gebauten Tandem-Rotor-Hubschrauber hatten wegen ihres äußeren Erscheinungsbildes den Spitznamen »Fliegende Bananen« erhalten. Der Prototyp *PV-3*, der bei der US-Navy die Bezeichnung *HRP-1 Rescuer* trug, machte bereits im März 1945 seinen Erstflug, genau 13 Monate nach der Auftragserteilung, und war zum damaligen Zeitpunkt der größte Hubschrauber der Welt. Die Flugerprobung dauerte bis 1947. Inzwischen war die Gründung der *Piasecki Helicopter Corporation* mit einer Kapitalbeteiligung von Rockefeller und Dupont erfolgt, und man hatte mit der Produktion eines ersten Loses von zehn *HRP-1 Rescuer* für die US-Navy begonnen. Diese waren mit 600-PS(441,3 kW)-*Pratt & Whitney R-1340*-Sternmotoren ausgerüstet. Der erste dieser Serienmodelle flog im Sommer 1947. Die von Piasecki verwendete Tandem-Rotor-Konstruktion erlaubte eine Verlagerung des Schwerpunktes in gewissen Grenzen, was für die Beförderung von sperrigen Gütern von großer Bedeutung war. Später wurde ein zweites Los von zehn Hubschraubern gebaut, deren letzter 1949 zur Auslieferung kam. Sie dienten bei der US-Navy als Transporter und für den Such- und Rettungsdienst, andere wurden vom US Marine Corps für amphibische Operationen verwendet.

Piasecki HUP-1/HUP-2

Nach der Konstruktion der ersten »Fliegenden Banane« entwickelte die *Piasecki Helicopter Corporation* den Tandemhubschrauber *PV-14* aufgrund einer Ausschreibung der US-Navy von 1945. Danach wurde ein Hubschrauber gefordert, der von Bord eines Flugzeugträgers oder anderen größeren Kriegsschiffen aus für verschiedene Aufgaben eingesetzt werden konnte. Dazu gehörten Such- und Rettungs-, Beobachtungs-, Aufklärungs- und allgemeine Transporteinsätze.
Der Prototyp der *PV-14* flog 1947 zum erstenmal und wurde von der Navy anschließend als *XHJP-1* zur Truppenerprobung übernommen. 1948 erhielt Piasecki den ersten Auftrag zur Fertigung von drei Vorserienmaschinen mit der Bezeichnung *HUP-1 Retriever,* denen der Serienauftrag zur Herstellung von 22 *HUP-1* für die Navy folgte, der bis 1952 lief. Der *HUP-1 Retriever* war mit einem 525 PS(386,1 kW)-*Continental R-975-34*-Sternmotor ausgerüstet und konnte zusätzlich zu den beiden Besatzungsmitgliedern vier bis fünf Personen oder drei Tragbahren befördern. Der Stahlrohr-Fachwerkrumpf, in dessen Mitte das Triebwerk installiert war, besaß ein besonders robustes, starres Fahrgestell. Die nächste Variante, der *HUP-2,* konnte ohne Leitwerksflächen gebaut werden, weil er über eine besondere Stabilisierungseinrichtung verfügte und mit einem Autopiloten ausgerüstet war. Die Navy-Version erhielt eine Instrumentierung für Allwetterflugbetrieb und als *HUP-2S* in der U-Boot-Bekämpfungsrolle Tauchsonarbojen.
Der *Retriever* hatte die klassische Tandem-Rotor-Konfiguration seiner Vorgänger beibehalten, besaß aber einen kleineren, kompakteren Rumpf und faltbare Rotorblätter zur Unterbringung auf engem Raum. Im Anschluß an die Truppener-

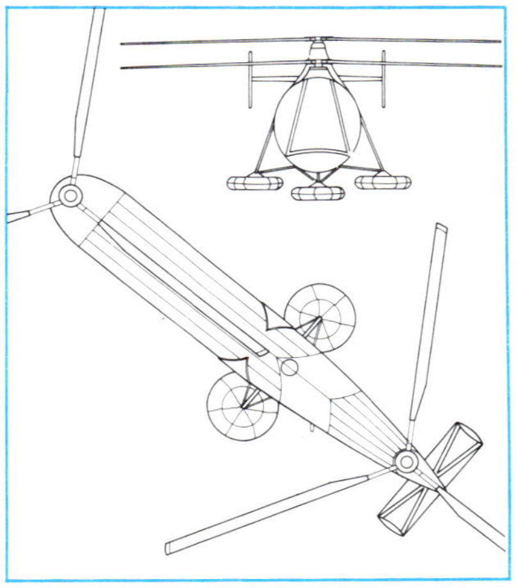

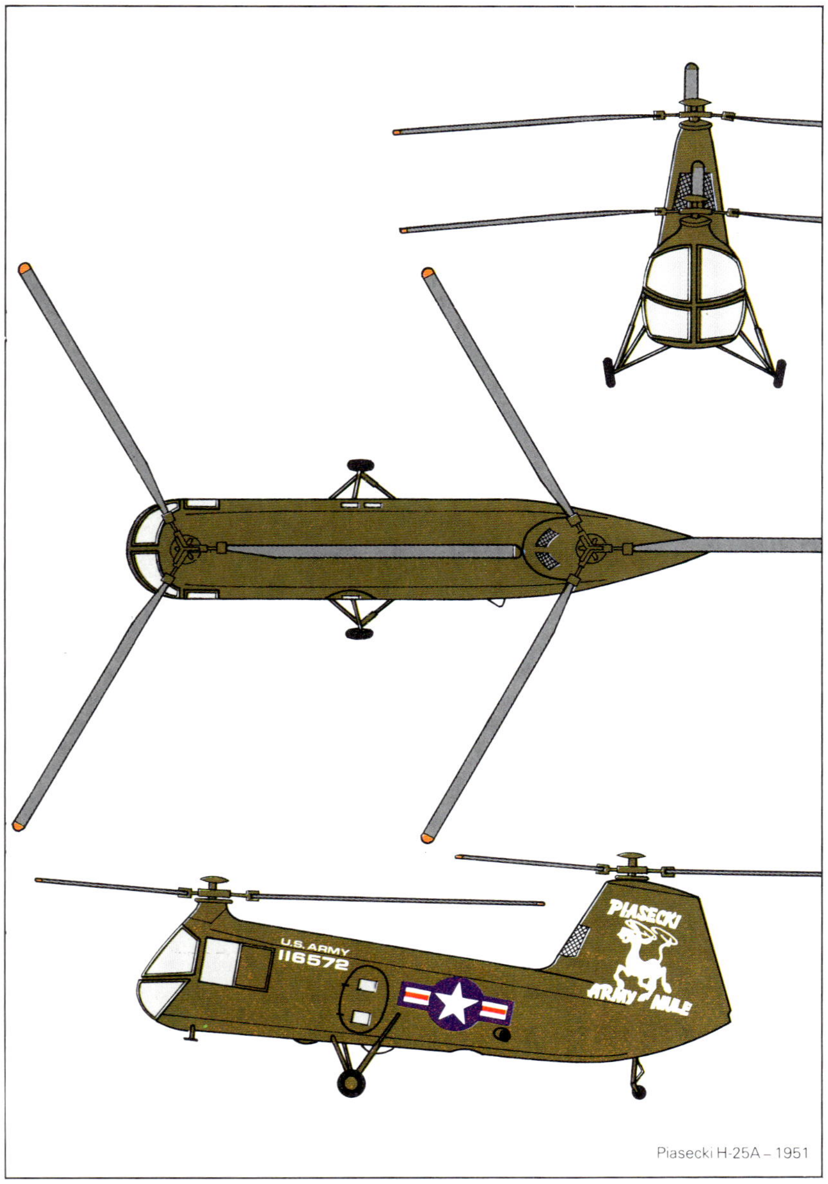

Piasecki H-25A – 1951

Piasecki HRP-1 Rescuer
Hersteller: Piasecki Helicopter Corporation
Verwendungszweck: Transport- und Rettungshubschrauber
Baujahr: 1947
Antrieb: *Pratt & Whitney R-1340-H,* 600 PS (441,3 kW)
Rotorkreisdurchmesser: 12,50 m
Rumpflänge: 14,60 m
Höhe: 4,50 m
Rüstmasse: 2290 kg
Startmasse: 3150 kg
Höchstgeschwindigkeit: 160 km/h
Schwebeflughöhe mit Bodeneffekt: 2100 m
Dienstgipfelhöhe: 2600 m
Reichweite: 425 km
Zuladung: 2 Piloten und 8 vollausgerüstete Soldaten oder 6 Tragbahren

Piasecki HUP-1 Retriever
Hersteller: Piasecki Helicopter Corporation
Verwendungszweck: Verbindungs- und Rettungshubschrauber
Baujahr: 1948
Antrieb: *Continental R-975-34,* 525 PS (386,1 kW)
Rotorkreisdurchmesser: 10,67 m
Rumpflänge: 9,70 m
Höhe: 3,80 m
Rüstmasse: 1913 kg
Startmasse: 2724 kg
Höchstgeschwindigkeit: 192 km/h
Schwebeflughöhe ohne Bodeneffekt: 3100 m
Dienstgipfelhöhe: 3800 m
Reichweite: 440 km
Zuladung: 2 Piloten und 4 Personen

Piasecki H-25A Army Mule
Hersteller: Piasecki Helicopter Corporation
Verwendungszweck: Taktischer Transporthubschrauber
Baujahr: 1951
Antrieb: *Continental R-975-42,* 525 PS (386,1 kW)
Rotorkreisdurchmesser: 10,67 m
Rumpflänge: 9,70 m
Höhe: 3,80 m
Rüstmasse: 1913 kg
Startmasse: 2724 kg
Höchstgeschwindigkeit: 185 km/h
Dienstgipfelhöhe: 3870 m
Reichweite: 574 km
Zuladung: 2 Piloten und 4 Personen

probung bestellte die US-Navy 32 *HUP-1* und danach 165 *HUP-2,* der mit einem stärkeren Triebwerk ausgerüstet war. Die Marineinfanterie orderte 13 und die US-Army 70, letztere mit der Bezeichnung *H-25A Army Mule,* von denen später 50 als *HUP-3 Retriever* von der Navy übernommen wurden. Schließlich erhielten die französische Marine 15 und die kanadische Marine 3 *HUP-2.*
1956 wurden diese Hubschrauber bei der Truppe ausgesondert. Auf dem Höhepunkt ihrer Karriere erhielten sie ihre Feuertaufe im Koreakrieg von 1950–53, wo sie auf allen amerikanischen Flugzeugträgern für den Such- und Rettungsdienst stationiert waren.

Piasecki YH-16

1953 erschien abermals ein Nachfolger der »Fliegenden Banane«, der große taktische Truppentransport-Hubschrauber *YH-16 Transporter.* Er hatte Tandem-Dreiblatt-Rotoren, einen sehr geräumigen Rumpf in der Größenordnung einer viermotorigen *Douglas DC-4* und zwei je 1650-PS(1213,5 kW)-*Pratt & Whitney R-2180 Double Wasp*-Sternmotoren, einer im Bug, der andere im Heck installiert. Letzterer trieb den Heckrotor an, der oberhalb eines fast vier Meter hohen Rotorträgerpylons angeordnet war. Wenig unterhalb des Heckrotors befand sich zu beiden Seiten des Trägerpylons eine große Stabilisierungsfläche. Die Startmasse belief sich, mit zwei Mann Besatzung und 40 vollausgerüsteten Soldaten, auf zirka 14000 kg.
Der *YH-16* ist eingehend von der US Air Force auf seine Truppenverwendbarkeit als Transporthubschrauber erprobt worden. Der zweite Prototyp verwendete bei seinem Erstflug 1955 zwei *Allison*-Propellerturbinen. Unter der Bezeichnung *YH-16A* stellte dieser Hubschrauber einen allerdings nicht offiziellen Geschwindigkeitsweltrekord über 270 km/h auf.
Eine »Fliegende Kran«-Version, der *PV-15,* wurde 1953 geprüft, aber da zum damaligen Zeitpunkt keine passenden Turbinenantriebe zur Verfügung standen, ließ man dieses Projekt fallen.

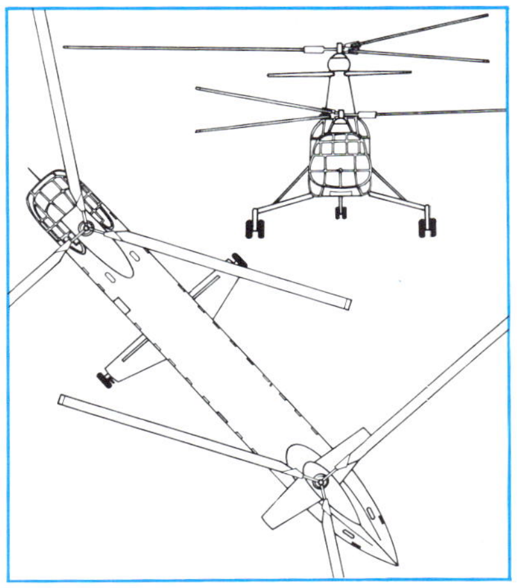

Piasecki YH-16A Transporter
Hersteller: Piasecki Helicopter Corporation
Verwendungszweck: Transporthubschrauber
Baujahr: 1955
Antrieb: 2 *Allison YT38-A-10,* je 1800 WPS (1324 WkW)
Rotorkreisdurchmesser: 24,99 m
Rumpflänge: 23,70 m
Höhe: 7,62 m
Rüst-/Startmasse: 10218 kg/15244 kg
Höchstgeschwindigkeit: 235 km/h
Schwebeflughöhe mit Bodeneffekt: 4800 kg
Dienstgipfelhöhe: 6980 m
Reichweite: 2300 km
Zuladung: 2 Piloten und 40 Soldaten

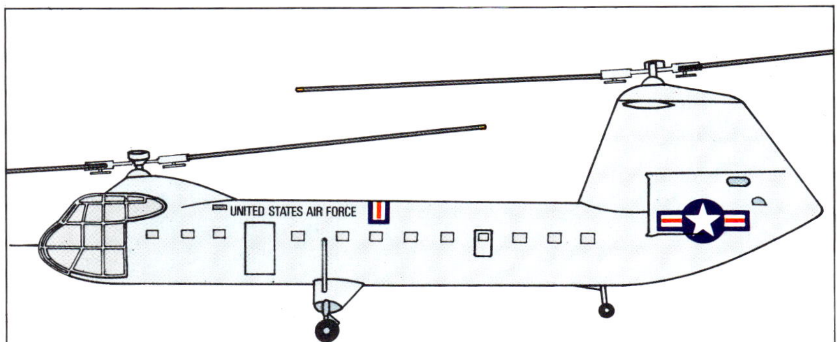

Piasecki YH-16 – 1954

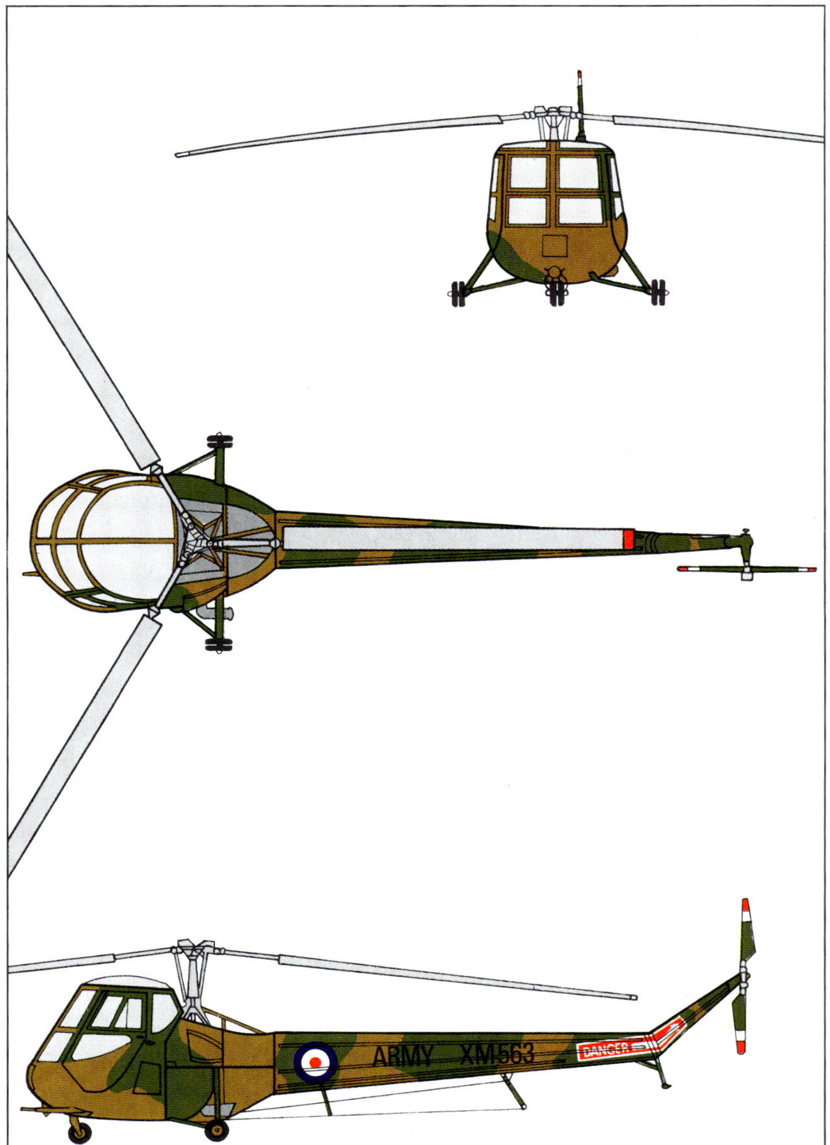

Saro Skeeter AOP Mk.12 – 1958

Saro
Saunders-Roe Ltd.
(Großbritannien)

S.E. Saunders hatte 1906 mit dem Bau von Motorbooten und 1917 mit Entwurf und Konstruktion von Flugzeugen begonnen. 1928 beteiligte sich Alliot Verdon Roe an der Firma Saunders, die von diesem Zeitpunkt an unter dem Namen *Saunders-Roe Ltd.,* kurz *Saro,* geführt wurde. Mitte der 30er Jahre brachte Saunders-Roe einige ihrer größten Flugboote heraus: die *Cutty Sark,* die *Cloud* und die *London,* nach dem Krieg den ersten Flugboot-Düsenjäger *S.R.A.1* sowie die sechsmotorige *S.R.45 Princess.* Im Januar 1951 übernahm Saunders-Roe die *Cierva Company.* 1960 wurde die Firma ein Teil von *Westland.*

Saro Skeeter

Nach einer langen Entwicklungsperiode wurde der kleine Skeeter schließlich 1958 für das British Army Air Corps beschafft. Der Prototyp dieses aus dem *Cierva W.14*-Projekt entstandenen ansprechenden Zweisitzers machte am 8. Oktober 1948 mit einem 106-PS(78 kW)-*Jameson FF-1*-Motor seinen Erstflug. Ein Jahr später flog ein zweites Modell (*Skeeter 2*) mit dem stärkeren 145-PS(106,6 kW)-*Gipsy Major* und einem größeren Rotor. Die zwei Prototypen wurden zur Erprobung an das britische Beschaffungsamt überstellt, nachdem *Saunders-Roe* im Januar 1951 die *Cierva Company* erworben hatte.
Der *Skeeter* hatte einen kleinen Stahlrohrrumpf mit einem Heckausleger in Halbschalenbauweise. Der Dreiblatt-Hauptrotor bestand aus Metallholmen mit Holzrippen und einer Stoffbespannung, der Zweiblatt-Heckrotor war ganz aus Holz.

Saunders-Roe Skeeter A.O.P.12
Hersteller: Saunders-Roe, Ltd.
Verwendungszweck: 2-sitziger Beobachtungshubschrauber
Baujahr: 1958
Antrieb: *D.H. Gipsy Major,* 215 PS (158,1 kW)
Rotorkreisdurchmesser: 9,76 m
Rumpflänge: 8,10 m
Höhe: 2,29 m
Rüstmasse: 780 kg
Startmasse: 1040 kg
Höchstgeschwindigkeit: 167 km/h
Schwebeflughöhe mit Bodeneffekt: 1680 m
Dienstgipfelhöhe: 3900 m
Reichweite: 340 km

Alle Hubschrauber besaßen ein stabiles Bugradfahrwerk, obwohl man einige Versuche mit Kufen unternommen hatte. Nach ihrer Ausrüstung mit dem 180-PS (132,4 kW)-*Blackburn Bombardier 702*-Motor, wurden sie in *Skeeter Series 3B* umbenannt, während die Version der Royal Navy mit dem *Bombardier 704* die Bezeichnung *Skeeter Srs.4* erhielt.

Mit dem zivilen *Skeeter Srs.5* konnten endlich die Bodenresonanzprobleme der ersten Prototypen gelöst werden. Ihm folgten drei *Skeeter Srs.6*-Prototypen mit 200-PS(147,1 kW)-*Gipsy Major 200*-Motoren, von denen die British Army für die Truppenerprobung drei *A.O.P.10 (Air Observation Post)* und einen *T.11* mit Doppelsteuerung bestellte. Ihnen folgten weitere *64* Serien-Modelle mit der Bezeichnung *A.O.P.12*. Die Lieferung dieser Hubschrauber erstreckte sich bis zum Herbst 1960, einige von ihnen dienten für Schulungszwecke. Die letzte Variante, der *Skeeter Srs.8*, wurde kommerziellen Betreibern angeboten, aber es gingen keine zivilen Bestellungen ein.
Der *Skeeter Srs.7* konnte einen bescheidenen Erfolg auf dem Exportmarkt verzeichnen, als die Bundeswehr für das Heer sechs *MK.50* und für die Marine vier *Mk.51* erwarb. Diese wurden 1961 an die portugiesischen Luftstreitkräfte übergeben, aber niemals geflogen. Ein *Skeeter* diente als Erprobungsträger für die *Turmo 603*-Wellenleistungsturbine.

Sikorsky
Sikorsky Aircraft (USA)

Igor Iwanowitsch Sikorsky wurde am 25. Mai 1889 in Kiew geboren und war schon als Kind am »Schwerer-als-Luft«-Flug interessiert. Dieses Interesse veranlaßte ihn, 1903 in die Marine-Akademie in St. Petersburg einzutreten. Drei Jahre später ging er nach Paris, um dort seine Studien fortzusetzen. Im Jahr 1907 kehrte er nach Petersburg zurück, um 1909 wiederum nach Paris zu gehen. Dort lernte er einige der großen Luftfahrtpioniere kennen und war von diesen Begegnungen so fasziniert, daß er beschloß, die Luftfahrt zu seiner Lebensaufgabe zu machen. Er widmete sich daraufhin mit verstärktem Eifer seinen Studien im Bereich der Drehflügelflugzeuge und entschied sich, ein solches Fluggerät zu bauen. Da er aber niemanden für sein Projekt interessieren konnte, kehrte er nach Hause zurück, um es dort allein fertigzustellen. In Kiew baute er in den Jahren 1909 und 1910 zwei Hubschrauber, die niemals flogen, weil zu der Zeit kein geeigneter leistungsstarker Motor vorhanden war. Sikorsky verschob nun seine Pläne, wandte seine Aufmerksamkeit den Starrflüglern zu und baute unter anderem den *Le Grand*, das erste große viermotorige Flugzeug der Welt.
Die Oktoberrevolution beendete jedoch abrupt Sikorskys vielversprechende Karriere, und er sah keinen anderen Ausweg, als auszuwandern. Über Frankreich emigrierte er in die Vereinigten Staaten, wo er völlig mittellos ankam. Hier gelang ihm, nach ein paar schweren Jahren, 1923 die Gründung der *Sikorsky Aero Engineering Corporation*. Das neue Unternehmen brachte eine Serie sehr erfolgreicher Flugboote heraus. 1939 wurde Sikorsky technischer Leiter der *Vought-Sikorsky Division* als Teil des *United Aircraft*-Konzerns. Nun sollte er den Lohn für seine langjährigen Studien und Forschungsarbeiten über den Drehflügelflug ernten. Er baute 1939 den ersten brauchbaren amerikanischen Hubschrauber, den *VS-300*. Daraus resultieren die Weiterentwicklungen *R-4, R-5*, und *R-6* sowie der *S-51*, eine Ableitung des *R-5*. Der darauf folgende *S-52* war der erste amerikanische Hubschrauber mit Ganzmetall-Rotorblättern, während der *S-55* neben einer zweiköpfigen Besatzung noch zehn Soldaten befördern konnte. Der Kampfzonen-Transporthubschrauber *S-56* war das Ergebnis einer Spezifikation des US Marine Corps, und im März 1954 machte der *S-58* seinen Jungfernflug. Die nächste Ausführung war der große Kranhubschrauber *S-60*, der in der Lage war, über 5000 kg zu heben. Der *S-62* für amphibischen Flugbetrieb erhielt als erster amerikanischer Turbinen-Hubschrauber die zivile Zulassung, und der *S-61* bewährte sich so gut, daß er über 20 Jahre lang in der Fertigung blieb.
1962 gewann Sikorsky die Ausschreibung des US Marine Corps für einen allwetterflugtauglichen Kampfzonentransporter, der als *S-65* erstmals im Oktober 1964 flog und aus dem sich eine der vielseitigsten und leistungsstärksten Hubschrauber-Familien der westlichen Welt entwickelte. Der *S-67 Blackhawk* unterlag im Wettbewerb gegen die Konkurrenten *Bell* und *Hughes*, aber zwei interessante Forschungsprojekte, der *S-69 (XH-59A) (ABC)*-und der *S-72 (RSRA)*-Hubschrauber, die von der US-Army bzw. der NASA unterstützt wurden, erwiesen sich als wertvolle Forschungsbeiträge zur Entwicklung neuartiger Drehflügler-Technologien. Weitere Zukunftsprojekte für die 90er Jahre sind der LHX-, der JVX-, die X-Flügel- sowie die ACAP-Hubschrauber-Modelle. Zwei besonders fortschrittliche Hubschrauber, der Kampfzonen-Transporter *S-70 Blackhawk*, Sieger des UTTAS-Wettbewerbs, der gleichzeitig im September 1977 für das LAMPS-III-Programm als bordgestützter Mehrzweckhubschrauber ausgewählt wurde; und der *S-76*, der als schneller ziviler Personen-Transport-Hubschrauber entworfen wurde, aber auch für militärische Einsätze umgerüstet werden kann.

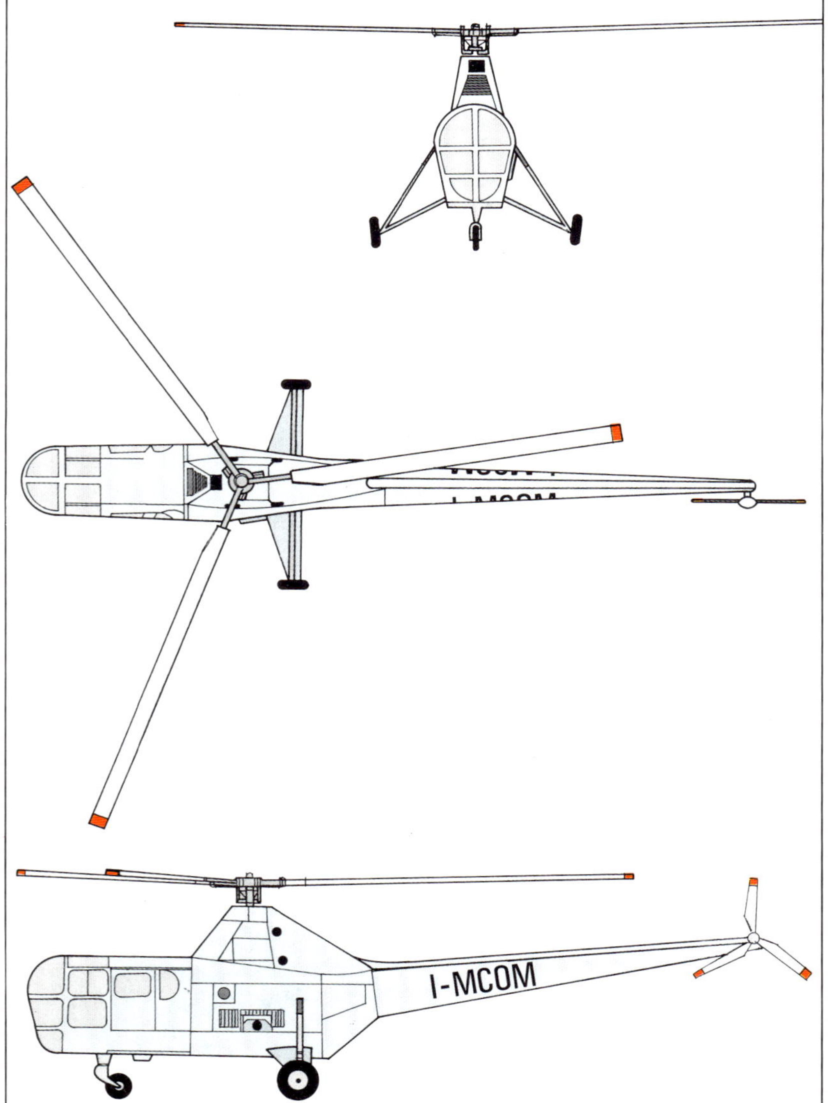

Sikorsky S-51 – 1952

Sikorsky S-51

Dieser Leichthubschrauber, der als erster in größerer Serie gebaut wurde, war eine Ableitung des *Sikorsky R-5 (VS-327)*, von dem 65 Einheiten die Werkhallen verließen.
Der erste der fünf *R-5*-Prototypen flog am 18. August 1943 mit einem *Pratt & Whitney R-985 Wasp Junior*-Sternmotor von 450 PS (331 kW) zum erstenmal. Von den 25 Vorserienmodellen *YR-5A* wurden zwei der Navy zugeteilt, wo sie die Bezeichnung *HO2S-1* erhielten. Noch während der Produktion der *R-5A* wurden fünf Vorserienmodelle in *R-5E* mit einer Doppelsteuerung umgewandelt. Mindestens 20 modifizierte *R-5A* erhielten später neue *Wasp R-1340*-Sternmotoren mit einer Startleistung von 600 PS (441,3 kW) und die Bezeichnung *R-5D*. Aus dieser Variante wurde der *S-51* mit einer geringfügig vergrößerten viersitzigen Kabine und einem Bugradfahrwerk entwickelt. Der ursprünglich von Sikorsky für den zivilen Markt produzierte Hubschrauber flog erstmals am 16. Februar 1946. Einen Monat später erhielt er die zivile Zulassung, und im August 1956 wurde der erste *S-51* an seinen Kunden ausgeliefert. Insgesamt baute Sikorsky bis zur Einstellung der *S-51*-Fertigung im Jahre 1951 über 300 dieser Baumuster, einige mit dem *Wasp*

Sikorsky S-51
Hersteller: Sikorsky Aircraft
Verwendungszweck: 4-sitziger leichter Mehrzweckhubschrauber
Baujahr: 1946
Antrieb: *Pratt & Whitney R-985-B4 Wasp Junior*, 450 PS (331 kW)
Rotorkreisdurchmesser: 14,94 m
Rumpflänge: 12,45 m
Länge über alles: 13,70 m
Höhe: 3,95 m
Rüstmasse: 1720 kg
Startmasse: 2263 kg
Höchstgeschwindigkeit: 165 km/h
Schwebeflughöhe mit Bodeneffekt: 1680 m
Dienstgipfelhöhe: 4000 m
Reichweite: 480 km
Zuladung: 1 Pilot und 3 Personen oder 430 kg Last

Junior- und andere mit dem stärkeren *Wasp*-Triebwerk und größeren Dreiblatt-Rotoren. Die militärischen Versionen erhielten die Bezeichnungen *H-5F*, von denen elf an die US Air Force gingen. Weitere 38 *H-5G* mit Rettungswinde folgten sowie 17 *H-5H* mit amphibischer Rad-/Schwimmer-Landevorrichtung. Etwa 90 militärische *S-51* wurden der US-Navy als *HO3S-1* und *-2* geliefert.
Der *S-51* hatte einen Dreiblatt-Gelenkrotor, dessen Blätter nach hinten zum Abstellen auf engen Raum gefaltet werden konnten. Der erste Hubschrauber hatte eine manuelle Rotorblattverstellung, die später durch ein servohydraulisches-System ersetzt wurde.
1947 erwarb *Westland* für die *S-51* die britischen Lizenzbaurechte und fertigte bis 1953 insgesamt 139 *Dragonfly*, wie die britische Version mit dem 520-PS(382,4 kW)-*Alvis Leonides 521*-Sternmotor genannt wurde.

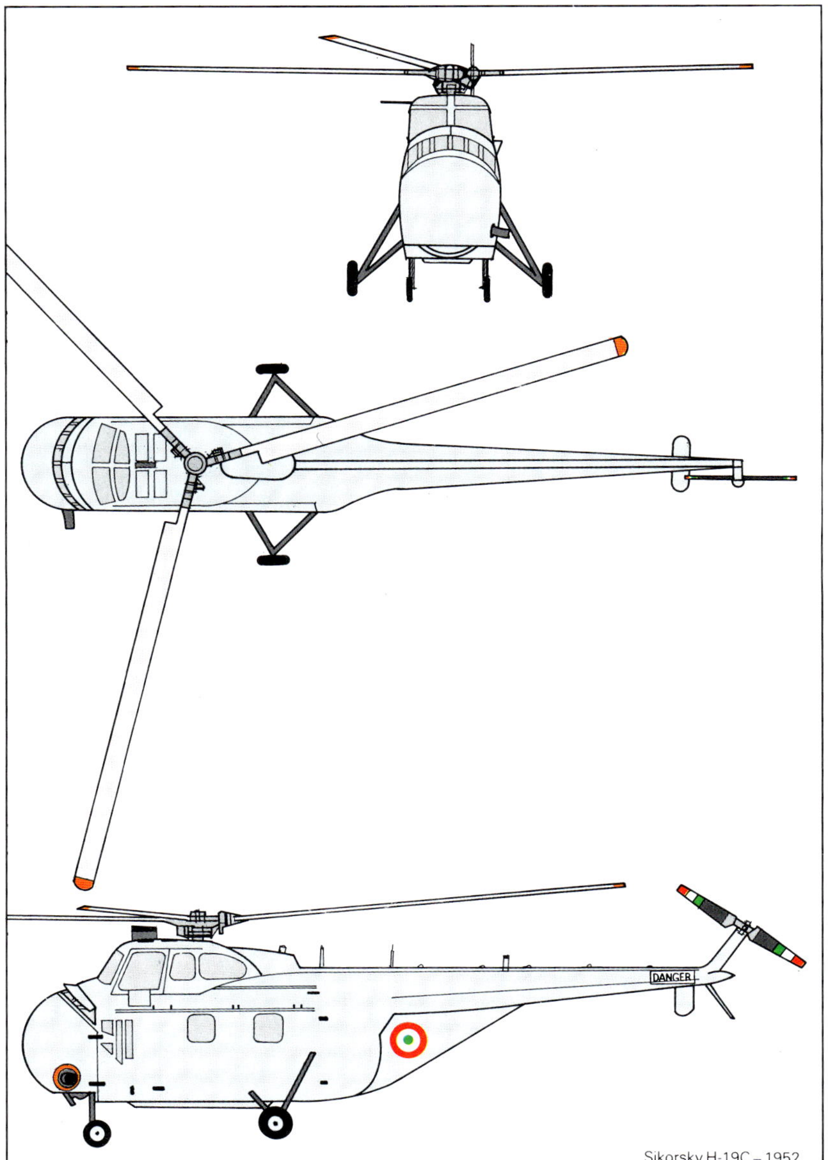

Sikorsky H-19C – 1952

Sikorsky S-55 (H-19C)
Hersteller: Sikorsky Aircraft
Verwendungszweck: Transport- und Mehrzweckhubschrauber
Baujahr: 1952
Antrieb: *Pratt & Whitney R-1340-57*, 600 PS (441,3 kW)
Rotorkreisdurchmesser: 16,15 m
Rumpflänge: 12,85 m
Länge über alles: 19,07 m
Höhe über alles: 4,00 m
Rüstmasse: 2245 kg
Startmasse: 3266 kg
Höchstgeschwindigkeit: 162 km/h
Schwebeflughöhe mit Bodeneffekt: 1950 m
Dienstgipfelhöhe: 3218 m
Reichweite: 650 km
Zuladung: 2 Mann Besatzung und 10 Personen
oder 1300 kg Last

Sikorsky S-55

Am 1. Mai 1949 stand die Konstruktionsabteilung von *Sikorsky* vor der wichtigen Aufgabe, in nur sieben Monaten einen Hubschrauber zu entwickeln, der neben einer zweiköpfigen Besatzung zehn weitere Personen befördern sollte.
Der erste von fünf *YH-19*-Prototypen, die zur Erprobung durch die US Air Force fertiggestellt worden waren, unternahm am 10. November 1949 seinen Erstflug und fiel äußerlich durch eine Kabine mit stumpfem Heck, unterhalb des Leitwerkträgers mit den negativ-V-förmigen Stabilisierungsflächen, auf. Bei allen darauffolgenden Serienmodellen wurde dann aber zwischen dem Kabinenheck und der Leitwerksträgerunterkante eine Dreieckfläche eingepaßt, was zum Haupterkennungsmerkmal dieses Hubschraubers führte.
1951 bestellte die US Air Force die ersten *S-55* als *H-19A* mit dem gleichen 550-PS (404,5 kW)-*Pratt & Whitney R-1340-57*-Sternmotor der Prototypen. Die Produktion lief weiter mit dem *H-19B*, der einen 700-PS(514,8 kW)-*Wright R-1300-3*-Sternmotor und einen größeren Hauptrotor erhielt. Von dieser Version wurden 270 für die US Air Force gebaut einschließlich der *SH-19B* Version, die als Transporter Verwendung fand. Ab 1952 bestellte auch die Army den *H-19* mit einem ersten Auftrag über 72 *H-19C*; sie gab ihm den Namen *Chickasaw* und die Bezeichnung *UH-19C*, die ab 1962 in *UH-19D* umgewandelt wurde.
Auch die US-Navy, die am 28. April 1950 ihren ersten Vertrag unterzeichnete, hatte verschiedene Ausführungen des *S-55* erworben. Zwischen August 1950 und Januar 1958 erhielt die US-Navy 119 Hubschrauber, einschließlich zehn *HO4S-1* (gleich dem *H-19A*) und 61 *HO4S-2*, von denen ungefähr 30 als *HO4S-3G* für die amerikanische Küstenwache umgerüstet wurden. Die Marineinfanterie erhielt 99 *HRS-2* und 84 *HRS-3*, die den *HO4S*-Serien entsprachen und als Truppentransporter eingesetzt wurden. Der Hubschrauber, der für den Such- und Rettungsdienst des amerikanischen Lufttransportkommandos (MATS) und für die amerikanischen Heeresflieger bestimmt war, traf in Korea ein, als der Krieg schon fast vorüber war, wohingegen das US Marine Corps seine *HRS-1* bei schnellen Angriffseinsätzen, die großangelegte Landeoperationen verhinderten, erproben konnte.
Unterschiedliche Taktiken und Einsatzrollen, die erstmals mit dem *S-55* in Korea erprobt wurden, sollten später die Grundlage einer neuen militärischen Doktrin bilden, zum Beispiel: Landeoperationen hinter den feindlichen Linien, Truppenbegleitschutz, Bergung von beschädigten Fahrzeugen und ihre Möglichkeiten, Gegenangriffe mit Feuerkraft zu unterstützen. Eine weitere sehr wichtige Aufgabe des Hubschraubers war die Evakuierung von Verwundeten und die Rettung von hinter den feindlichen Linien abgeschossenen oder notgelandeten Flugzeugbesatzungen. Im Ambulanz-Einsatz konnte der *S-55* bis zu sechs Tragbahren aufnehmen, von denen fünf durch eine außen am Rumpf befestigte Winde an Bord gehievt werden konnten. Die geräumige Kabine bot verschiedene Möglichkeiten für Sitzanordnungen oder die Beförderung von Fracht. Sie konnte bis zu zehn vollausgerüstete Soldaten oder eine Ladung von annähernd 1300 kg aufnehmen.
Das charakteristischste Merkmal des *Sikorsky*-Hubschraubers war die Unterbringung des Sternmotors im Rumpfbug und das über der Kabine angeordnete Cockpit mit seiner ausgezeichneten Rundumsicht, wodurch die im Schwerpunkt liegende Kabine ohne Beeinträchtigung der Stabilität voll für die Zuladung genutzt werden konnte. Besondere Sorgfalt hatten die Konstrukteure auch den Wartungsproblemen gewidmet. Die dynamischen Hauptteile des Hubschraubers konnten in durchschnittlich 12 bis 15 Stunden ausgebaut werden und waren alle leicht zugänglich. Das Triebwerk konnte beispielsweise ohne besondere Ausrüstung in zwei Stunden ausgewechselt werden, und die täglichen Inspektionen beanspruchten höchstens 15 bis 20 Minuten.
Der *S-55* hatte einen Ganzmetallrumpf in Halbschalenbauweise sowie Rumpfspanten, Stringer und eine Beplankung aus Aluminium- und Magnesiumlegierungen. Der Dreiblatt-Hauptrotor besaß langlebige Metallblätter, die Dauertests über 20000 Stunden standhielten. Der Kraftstoff war in zwei bruchsicheren Behältern mit einer Gesamtkapazität von 700 Litern unterhalb der Kabine untergebracht. Jede Federbeinstrebe des Vierradfahrwerks hatte einen eigenen kräftigen Stoßdämpfer, was eine maximale Stabilität bei Start und Landung sowie bei Bodenmanövern gewährleistete. Darüber hinaus konnten für Notwasserungen aufblasbare Schwimmer am Fahrwerk befestigt werden, oder aber das Fahrgestell ganz durch eine amphibische Rad-/Schwimmer-Landevorrichtung ersetzt werden.
Am 25. März 1952 erhielt der *S-55* die amerikanische zivile Musterzulassung. Die mit dem *Pratt & Whitney R-1340* ausgerüsteten *S-55* erhielten die Bezeichnung *S-55A*, und die mit dem *Wright R-1300* ausgerüsteten die Bezeichnung *S-55B*. Ab 1952 wurde der Hubschrauber für kommerzielle Zwecke in Europa eingesetzt. Die belgische Luftverkehrsgesellschaft Sabena richtete mit ihm eine Verbindung zwischen Brüssel, Lille und Rotterdam sowie zwischen Bonn und Köln ein.
In einem Zeitraum von zehn Jahren fertigte *Sikorsky* 1067 *S-55* der militärischen Versionen für nicht weniger als 30 Bedarfsträger in aller Welt, dazu kommen noch zirka 212 zivile Ausführungen. Weitere 547 sind in Lizenz von *Westland* (ca. 400) in England, unter dem Namen *Whirlwind*, von *Mitsubishi* (44) in Japan und von der *SNCA du Sud-Est* in Frankreich gebaut worden.

Einer der ersten *Sikorsky S-51*-Serienhubschrauber in ziviler Ausführung. Dieser viersitzige Mehrzweck- bzw. Geschäftshubschrauber erhielt im August 1946 seine zivile Zulassung.

Ein *Sikorsky S-55*-Passagierhubschrauber in den Farben der belgischen Luftverkehrsgesellschaft Sabena, die als erstes Luftfahrtunternehmen Hubschrauber im Linienverkehr einsetzte.

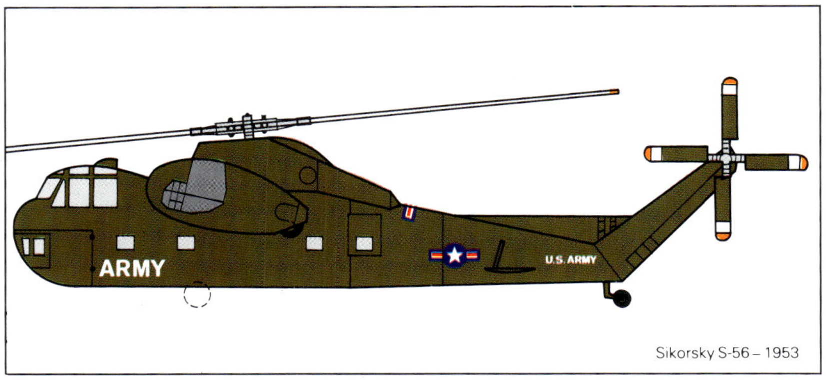

Sikorsky S-56 – 1953

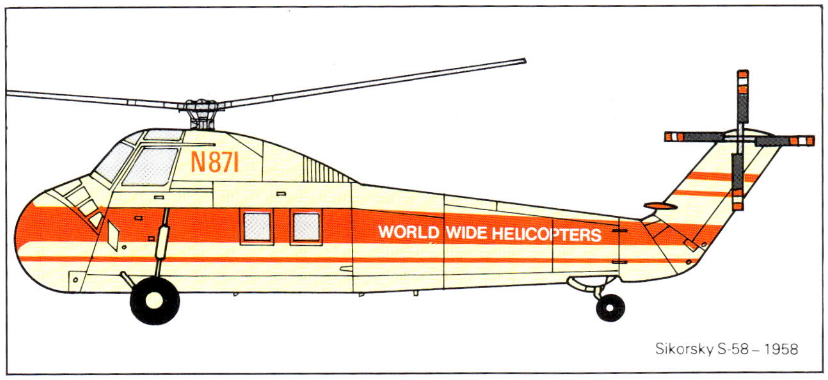

Sikorsky S-58 – 1958

Sikorsky S-56

Unmittelbar nach dem Anlaufen der Serienproduktion des *S-55* hatte *Sikorsky* mit den Entwurfsarbeiten für einen schweren Hubschrauber begonnen, der als Kampfzonen-Transporter für das US Marine Corps vorgesehen war. Man hatte sich für eine zweimotorige Auslegung entschieden, wobei die beiden Triebwerke, um Kabinenraum zu sparen, seitlich am Rumpf in Gondeln an den Enden eines Stummelflügels in Schulterdeckeranordnung untergebracht wurden. Der Gelenkrotor war so konstruiert, daß er den Hubschrauber auch dann noch tragen konnte, wenn ein Blatt weggeschossen war. Der *S-56* flog am 8. März 1954 zum erstenmal. Der große Frachtraum konnte durch zwei Flügeltüren im Bug sowie eine große Schiebetür mit Lasten bis zu 5000 kg beladen werden. Als Truppentransporter bot er Platz für 36 Soldaten.

Einige der 60 US Marine Corps-Maschinen wurden zu Radar-Patrouillen-Hubschraubern (als *HR2S-1W*) umgebaut. Bei der US-Army standen 91 *S-56* unter der Bezeichnung *H-37 A Mojave* im Einsatz. Insgesamt sind 148 *S-56* aller Versionen gebaut worden.

Sikorsky S-58

Ein anderer weitverbreiteter Hubschrauber von *Sikorsky* war der *S-58*, der aufgrund einer Ausschreibung der US-Navy entworfen wurde, um den *S-55* in all seinen Einsatzrollen ablösen zu können. Unter der Bezeichnung *XHSS-1* machte der Prototyp am 8. März 1954 in Bridgeport/Connecticut seinen Erstflug. Das erste Serienmodell *HSS-1* (später *SH-34G*) dieses U-Boot-Bekämpfungshubschraubers mit dem Namen *Seabat* startete zum Jungfernflug am 20. September des gleichen Jahres. Das US Marine Corps stellte im Januar 1957 den *S-58* als *HUS-1* (später *UH-34D*) mit dem Namen *Seahorse* in Dienst und verwendete ihn als Mehrzwecktransporter, während er bei der US-Army seit 1955 für die gleiche Aufgabe als *H-34A* (später *CH-34A/C*) mit dem Namen

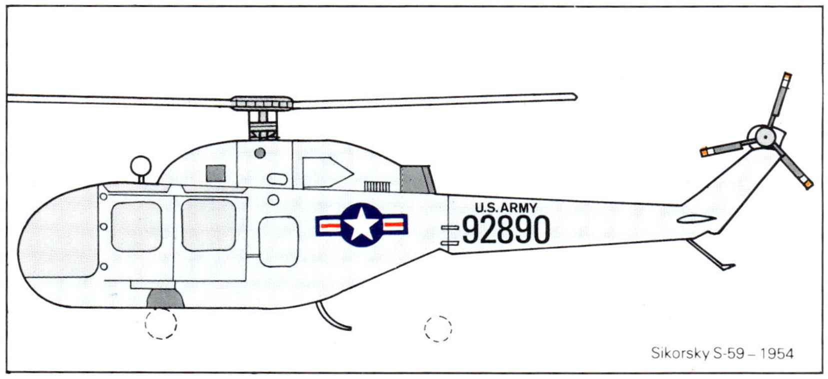

Sikorsky S-59 – 1954

Choctaw geflogen wurde. Beide, die Marine und die Army, experimentierten mit verschiedenen Rüstsätzen, um den Hubschrauber zu bewaffnen. Als Kampfzonentransporter bewährte sich der *Choctaw* bei allen Einsätzen in Vietnam.

1956 erwarb *Westland* eine Lizenz für den Bau des *S-58* und entwickelte eine turbinengetriebene Version mit Namen *Wessex*. Frankreichs Lizenzfertigung betraf neben der Originalversion auch eine verbesserte Ausführung mit zwei *Turboméca Bastan IV*-Turbinen. *Sikorsky* setzte die Fertigung des *S-58* mit dem *Wright*-Sternmotor fort, experimentierte aber auch mit neuen Antrieben.

Von den zirka 2800 in allen Versionen gebauten *S-58* wurden allein bei *Sikorsky* 1901 und die übrigen in Lizenz gefertigt. Der *S-58* wurde an über 20 Bedarfsträger ausgeliefert, darunter auch 145 *H-34G* an die Bundeswehr, einschließlich der 23 *SAR*-Hubschrauber des *MFG 5*.

Sikorsky S-59

Mitte der 50er Jahre errang der Zweiblattrotor von *Bell* einen brillanten Sieg über den Vierblattrotor von *Sikorsky*. Der *S-59* (Erstflug am 1. Juni 1954), mit der Army-Bezeichnung *XH-39*, ausgerüstet mit einer *Turboméca Artouste*-Turbine, wurde trotz seiner Geschwindigkeit und des vorteilhaften einziehbaren Fahrwerks von der US-Army abgelehnt. Sie entschied sich für den *Bell XH-40*. Dabei hatte der *XH-39* am 26. August 1954 über eine Strecke von 3 km einen neuen Geschwindigkeitsweltrekord mit 251,067 km/h aufgestellt.

Von dem *S-59* sind nur zwei Prototypen gebaut worden, mit einer modifizierten *YH-18A*-Zelle, die eine Ableitung des erfolgreichen Nachkriegsmodells *S-52* (Erstflug am 12. Februar 1947) war. Der Erfolg des *S-52-1* beruhte auf einen Geschwindigkeits- und Höhenweltrekord sowie auf der Tatsache, daß dieser Hubschrauber als erster Loopings flog, als erster Ganzmetall-Rotorblätter und ein einziehbares Hauptfahrwerk besaß. Insgesamt sind 95 *S-52 (H-18* bzw. *HO5S-1)* gebaut worden.

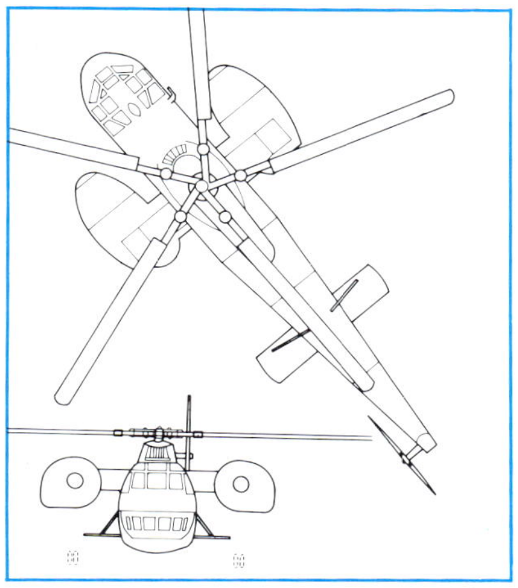

Sikorsky S-56 (HR2S-1, H-37)
Verwendungszweck: Transporter
Baujahr: 1953
Antrieb: 2 *Pratt & Whitney R-2800-50 Double Wasp*, je 2100 PS (1544,5 kW)
Rotorkreisdurchmesser: 21,95 m
Rumpflänge: 19,57 m
Länge/Höhe über alles: 26,80 m/6,71 m
Rüst-/Startmasse: 9450 kg/14000 kg
Höchstgeschwindigkeit: 209 km/h
Schwebeflughöhe mit Bodeneffekt: 1370 m
Dienstgipfelhöhe: 2652 m
Reichweite: 235 km
Zuladung: 3/36 Mann oder 6000 kg Last

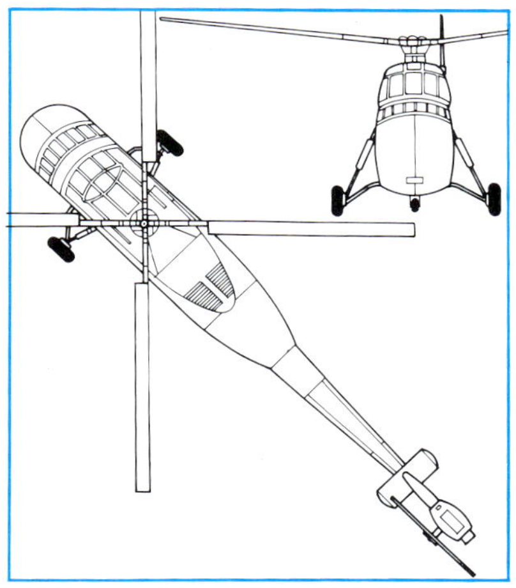

Sikorsky S-58 (HSS-1, HUS-1)
Verwendungszweck: Mehrzweckhubschrauber • Baujahr: 1954
Antrieb: *Wright R-1820-84B* oder *D*, 1525 PS (1121,6 kW)
Rotorkreisdurchmesser: 17,07 m
Rumpflänge: 14,25 m
Länge/Höhe über alles: 20,00 m/4,86 m
Rüst-/Startmasse: 3815 kg/6050 kg
Höchstgeschwindigkeit: 216 km/h
Schwebeflughöhe mit Bodeneffekt: 1495 m
Dienstgipfelhöhe: 3200 m
Reichweite: 450 km
Zuladung: 2/16 Mann oder 1350 kg Last

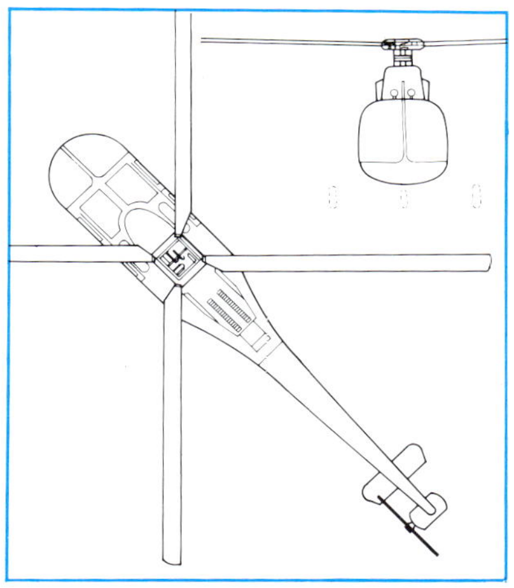

Sikorsky S-59 (XH-39)
Verwendungszweck: 4-sitziger Beobachtungshubschrauber
Baujahr: 1954
Antrieb: *Continental (Turboméca) Artouste XT-51-T3*, 400 WPS (294,2 WkW)
Rotorkreisdurchmesser: 10,00 m
Rumpflänge: 11,95 m
Höhe: 2,99 m
Rüst-/Startmasse: 749 kg/1226 kg
Höchstgeschwindigkeit: 176 km/h
Schwebeflughöhe mit Bodeneffekt: 2804 m
Dienstgipfelhöhe: 4724 m
Reichweite: 670 km

Einer der bei *Mitsubishi* in Lizenz gefertigten *Sikorsky S-61B*-Hubschrauber für die japanische Marine. Diese Ausführung entspricht etwa der amerikanischen *SH-3D*.

Sikorsky S-61

Im Dezember 1957 hatte die US-Navy den Entwicklungsauftrag für einen amphibischen Hubschrauber mit fortschrittlicher Technologie ausgeschrieben, der fähig war, gleichzeitig U-Boote zu orten und zu bekämpfen, und der die veralteten *S-58 (SH-34 Seabat)* ablösen sollte. *Sikorsky* unterbreitete als Vorschlag einen mittelschweren Hubschrauber mit zwei Turbinen, einem schwimmfähigen Rumpf und einem in zwei Stützschwimmern einziehbaren Fahrwerk für amphibische Einsätze. Der Hubschrauber war für Allwetterflugbetrieb geeignet, bot eine gute Auswahl an Bewaffnungsmöglichkeiten und konnte vier Stunden im Einsatzgebiet operieren. Das Projekt erhielt die Bezeichnung *S-61*, und der *HSS-2*-Prototyp flog erstmals am 11. März 1959 in Stratford, Connecticut.

Dem Prototyp folgten sieben Vorserienmuster (*YHSS-2*), die 1960 ihre Flugversuche mit Erfolg abschlossen. Darauf bestellte die US-Navy die ersten zehn *HSS-2*, die ab September 1961 bei der ersten der zehn Hubschrauber-U-Jagd-Staffeln der Navy, nun unter der Bezeichnung *SH-3A Sea King*, in Dienst gestellt wurden. Eines der ersten Serienmodelle stellte am 5. Februar 1962 einen neuen Hubschrauber-Geschwindigkeits-Weltrekord von genau 339,000 km/h auf.

Der mittelschwere *S-61* besaß einen Fünfblatt-Gelenkrotor mit untereinander austauschbaren Hauptrotorblättern, die automatisch gefaltet werden konnten. Der Leitwerksträger, an dem auch der Fünfblatt-Heckrotor angebracht war, ließ sich bei Unterbringung an Bord ebenfalls nach vorn, seitlich an den Rumpf schwenken. Der Rumpf war als einstufiges Boot in Ganzmetall-Halbschalenbauweise hergestellt, das zwillingsbereifte Hauptfahrwerk konnte in die abgestrebten Stützschwimmer zu beiden Seiten des Rumpfes eingezogen werden, das Spornrad war starr. 255 *SH-3A* verließen die Fertigungshallen, zehn weitere als *HSS-2Z* georderte und dann in *VH-3A* umbenannte, wurden als VIP-Hubschrauber der Flugbereitschaft des Weißen Hauses zugeteilt. Neun *SH-3A* wurden unter der Bezeichnung *RH-3A* zu Minensuchzwecken umgerüstet, und drei weitere lieh sich die US Air Force aus als Verbindungshubschrauber zu ihren Raketenbasen und zur Bergung von Drohnen. Weitere 12 *SH-3A* sind zu Bergungs- und Rettungshubschraubern umgebaut worden und erhielten eine Bewaffnung sowie einen Luftbetankungsstutzen.

Im April 1962 ließ die USAF drei *HSS-2* in eine 27sitzige Transportversion umrüsten für Verbindungsflüge zu ihren etwa 200 km vor der amerikanischen Küste positionierten Radar-Plattformen (Texas Tower) der Frühwarnkette. Weitere drei kamen später noch hinzu. Zehn 31sitzige *S-61A-4*-Transporter erhielten die Royal Malaysian Air Force und neun die Königlich Dänischen Luftstreitkräfte für den Such- und Rettungsdienst. Nach der Lieferung von drei *SH-3A* an Japan, bauten die Japaner 80 weitere in Lizenz bei Mit-

Sikorsky S-61 (SH-3A) Sea King
Hersteller: Sikorsky Aircraft
Verwendungszweck: U-Boot-Bekämpfungs- und Mehrzweckhubschrauber
Baujahr: 1960
Antrieb: 2 *General Electric T58-GE-18*, je 1250 WPS (919,3 WkW)
Rotorkreisdurchmesser: 18,90 m
Rumpflänge: 16,69 m
Länge über alles: 22,14 m
Höhe über alles: 5,13 m
Rüstmasse: 5382 kg
Startmasse: 8450 kg
Höchstgeschwindigkeit: 267 km/h
Schwebeflughöhe mit Bodeneffekt: 3200 m
Dienstgipfelhöhe: 4480 m
Reichweite: 1000 km
Bewaffnung: Waffenlast mit Torpedos und Anti-Schiffs-Lenkflugkörper bis zu 390 kg

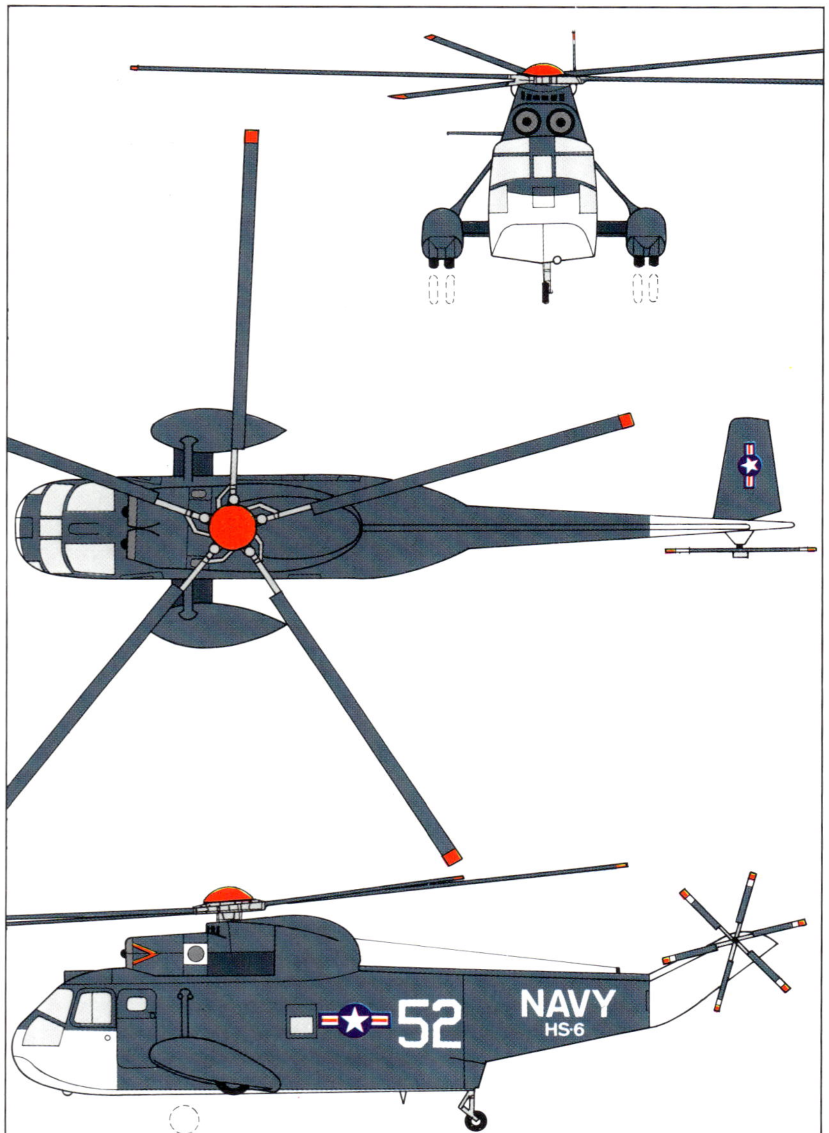

Sikorsky SH-3A – 1960

subishi für ihre Marine-Selbstverteidigungsstreitkräfte (JMSDF).
Ab 1966 erfolgte die Ablösung des *SH-3A* durch den mit den zwei um je 150 WPS (110,3 WkW) stärkeren *T58-GE-10*-Wellenleistungsturbinen sowie mit neuen U-Boot-Ortungssensoren und neuer Avionik ausgerüsteten *SH-3D.* Der erste im Juni 1966 ausgelieferte *SH-3D* gehörte zu den sechs von der spanischen Marine bestellten neun *Sea King.* Diesem Auftrag folgten einer über vier *SH-3D* von der brasilianischen Marine und einer über 73 von der US-Navy. Der *SH-3D* wurde auch ab 1967 von *Agusta* in Lizenz gebaut, die 24 für die italienische Marine als Ersatz für den veralteten *SH-34*-U-Boot-Jäger herstellten sowie weitere 20 für die iranische Marine, davon drei in der VIP-Version. Der *Agusta-Sikorsky SH-3D Sea King* ist bis auf die Ausrüstung mit einem Teledyne-Doppler-Radar und einem Suchradar unter dem bzw. am Bug, identisch mit der amerikanischen Ausführung. In Großbritannien löste der von *Westland* in Lizenz gebaute *SH-3* den *Wessex* bei der Royal Navy ab. Die britische Spezifikation hatte einige Änderungen gefordert, zu denen britische Elektronik gehörte wie ein Radar mit einem auf dem Rumpfrücken angeordneten Radom sowie zwei *Rolls Royce Gnome H-1400*-Turbinen.
Der erste dieser bei *Westland* gefertigten ASW-*Sea King* flog am 7. Mai 1969. Insgesamt hat *Westland* über 200 *Sea King* gebaut. Anfang der 70er Jahre hat *Westland* den direkt vom *Sea King* abgeleiteten nicht amphibischen, taktischen Transporthubschrauber *Commando* entwickelt, der am 12. September 1973 erstmals flog. Ausgerüstet wurde er mit zwei 1660-WPS (1221 WkW)-*Rolls-Royce-Gnome H-1400-1*-Turbinen und in verschiedenen Versionen gebaut.

Sikorsky S-61N

Die drei kommerziellen Modelle des *S-61,* der *S-61L, S-61N* und der *Payloader,* verwendeten die gleichen dynamischen Komponenten wie die militärischen Versionen, hatten aber einen neuen längeren Rumpf. Der *S-61L,* ein nicht amphibischer Passagierhubschrauber mit abgestrebtem, starrem Fahrwerk, konnte neben einer dreiköpfigen Besatzung bis zu 30 Personen aufnehmen, während der amphibische *S-61N* sich durch seine zwei Stützschwimmer, in die das Hauptfahrwerk eingezogen wurde, von dem ersteren unterschied, aber über zwei Sitzplätze weniger verfügte.
Der *S-61L* machte am 6. Dezember 1960 in Stratford seinen Erstflug und erhielt als erter kommerzieller Turbinen-Hubschrauber am 2. Nobember 1961 die FAA-Zulassung. Der *S-61N* absolvierte seinen Jungfernflug am 7. August 1962, und beide erhielten im Oktober 1964 die Freigabe für den IFR-(Allwetterflug-)Betrieb.
Der *Payloader* war eine vereinfachte *S-61N*-Version, der etwa 900 kg weniger wog, dafür aber eine Zuladung von 4990 kg, rund 1500 kg mehr als der *S-61N,* befördern konnte. Alle drei Hubschrauber zeichnen sich durch hohe Zuverlässigkeit und einfache Wartbarkeit aus. *Sikorsky* stellte 1982 die Produktion dieser Serien ein, für den *S-61N* läuft die Fertigung aber in Lizenz bei *Agusta* in Italien weiter, die inzwischen eine Kurzrumpfausführung als *AS-61N1* auf den Markt brachten. Weit über 100 kommerzielle *S-61* wurden an mehr als 15 Betreiber weltweit verkauft.

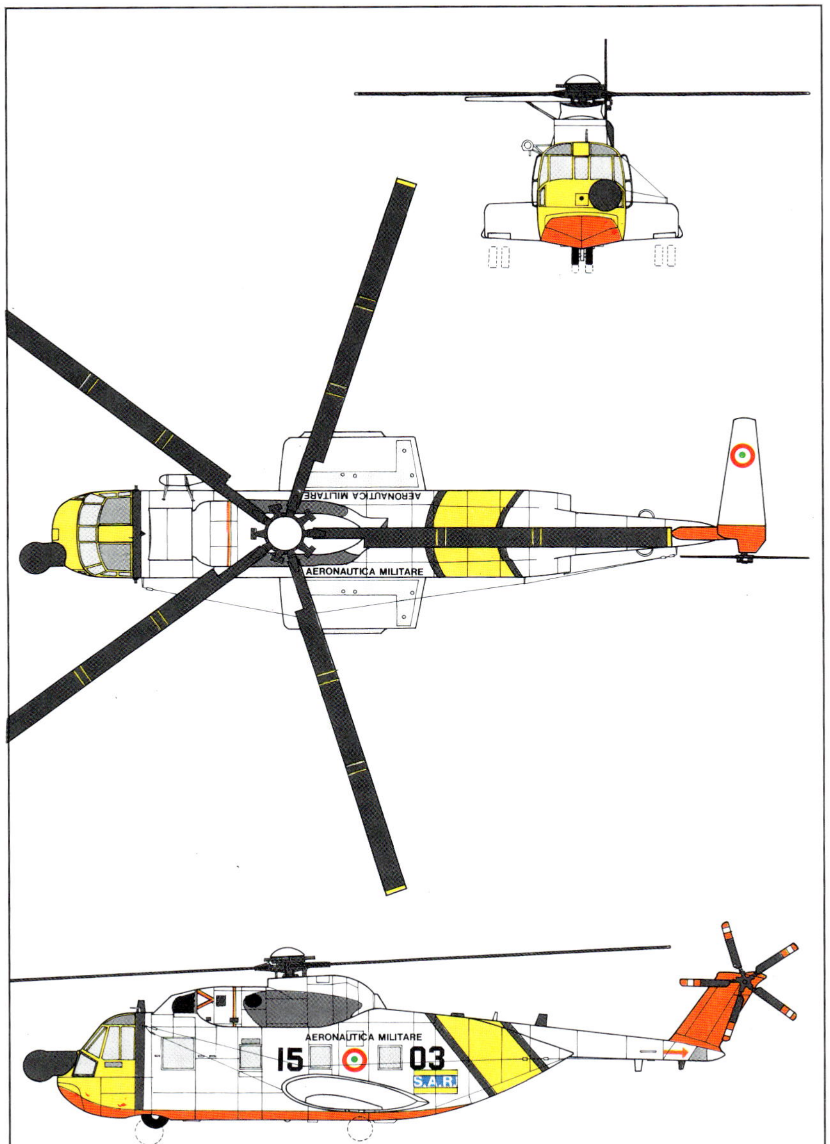

Sikorsky HH-3F (Lizenzfertigung Agusta) – 1975

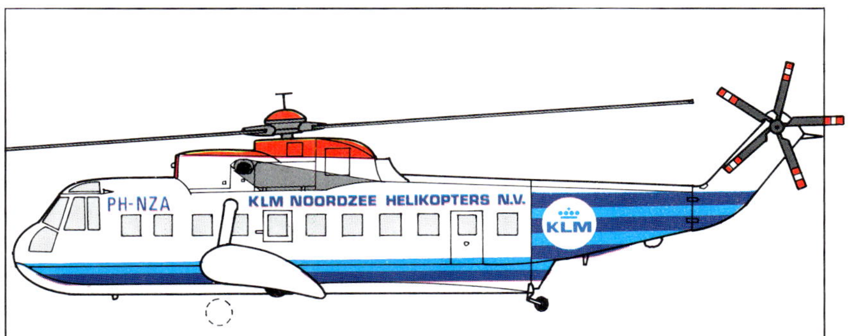

Sikorsky S-61N – 1967

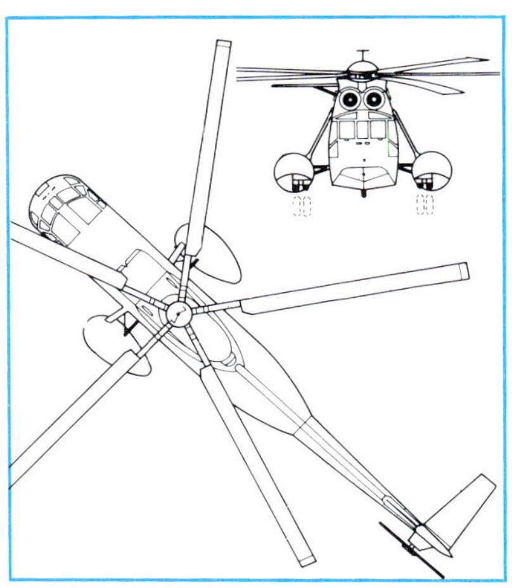

Sikorsky S-61N
Hersteller: Sikorsky Aircraft
Verwendungszweck: Amphibischer Verkehrshubschrauber
Baujahr: 1962
Antrieb: 2 *General Electric CT58-140-1, -2,* je 1500 WPS (1103,2 WkW)
Rotorkreisdurchmesser: 18,90 m
Rumpflänge: 17,96 m
Länge über alles: 22,20 m
Höhe über alles: 5,63 m
Rüstmasse: 5674 kg
Startmasse: 9980 kg
Höchstgeschwindigkeit: 235 km/h
Schwebeflughöhe mit Bodeneffekt: 2652 m
Schwebeflughöhe ohne Bodeneffekt: 1158 m
Dienstgipfelhöhe: 3810 m
Reichweite: 796 km
Zuladung: 3 Mann Besatzung und 28 Passagiere

Sikorsky S-61R

Der *S-61R* unterscheidet sich wesentlich von der *SH-3A*-Grundversion. Der mittelschwere Transporthubschrauber besitzt einen größeren Rumpf mit gekieltem Schwimmboden, zwei als Stützschwimmer dienende Stummelflügel, in die das zwillingsbereifte Hauptfahrwerk eingezogen wird, einziehbare Zwillingsbugräder, ein neugestaltetes Heck mit Laderampe, eine Lastenwinde und ein APU.
Der *S-61R* war eine firmeneigene Entwicklung, und der Prototyp machte am 17. Juni 1963 in Stratford seinen Jungfernflug. Im Februar des gleichen Jahres erteilte die US Air Force *Sikorsky* bereits einen Auftrag über 22 Hubschrauber dieses Typs, der die Bezeichnung *CH-3C* erhielt und ab Ende 1963 ausgeliefert wurde. Spätere Aufträge erhöhten die Bestellungen der Air Force auf 41 Einheiten. Im Februar 1966 erschien der Hubschrauber mit neuen *General Electric T58-GE-5*-Triebwerken als *CH-3E,* der später den Beinamen »Green Giant« erhielt. In dieser Konfiguration konnte er 25 vollausgerüstete Soldaten, oder 15 Tragbahren oder eine entsprechende Nutzlast von 2270 kg befördern. Darüber hinaus bestand eine Bewaffnungsmöglichkeit mit zwei je 7,62-mm-Minigun-TAT-102-Türmen auf den beidseitigen Stummelflügeln. Insgesamt sind 42 *CH-3E* gebaut worden, alle vorher ausgelieferten 41 *CH-3C* wurden nach und nach auf den *-3E*-Standard umgerüstet.
Die für den Aerospace Rescue and Recovery Service (ARRS) der US Air Force (einer Einheit, deren Angehörige getreu ihrer

Sikorsky S-61R (HH-3F)
Hersteller: Sikorsky Aircraft
Verwendungszweck: Amphibischer Rettungshubschrauber
Baujahr: 1965
Antrieb: 2 *General Electric T58-GE-5*, je 1500 WPS (1103,2 WkW)
Rotorkreisdurchmesser: 18,90 m
Rumpflänge: 17,45 m
Länge über alles: 22,25 m
Höhe über alles: 5,51 m
Rüstmasse: 6010 kg
Startmasse: 10000 kg
Höchstgeschwindigkeit: 261 km/h
Schwebeflughöhe mit Bodeneffekt: 1250 m
Dienstgipfelhöhe: 3385 m
Reichweite: 748 km
Zuladung: 3 Mann Besatzung und 25 vollausgerüstete Soldaten oder 15 Tragbahren

Devise: »Damit andere leben können«, ihre Rettungseinsätze flogen und wohl zu den tapfersten Soldaten zählten) produzierten *HH-3E* sind den Forderungen des Vietnamkrieges entsprechend angepaßt worden und haben eine Schutzpanzerung, selbstdichtende Kraftstoffbehälter, Verteidigungsbewaffnung und eine Rettungswinde erhalten. Die Rettungswinde, auch »Dschungel-Harpune« genannt, ist ein an einem 61,5 m langen Seil befestigtes 11,8 kg schweres geschoßförmiges Rettungsgerät, von dem Sitze für drei Mann abgeklappt werden konnten. Die mit einem braun-grau-grünen Tarnanstrich versehenen *HH-3E*-Hubschrauber wurden speziell zur Bergung abgeschossener Besatzungen bis weit im gegnerischen Hinterland eingesetzt und hatten von den Soldaten den Namen »Jolly Green Giant« (Fröhlicher Grüner Riese) bekommen.
Zwei der ersten von den 50 georderten *HH-3E*-Rettungshubschraubern flogen 1967 nonstop von Floyd Bennett Field, New York, zum Aero-Salon nach Paris/Le Bourget, wobei sie die 6870 km lange Strecke in der Rekordzeit von 29 Stunden und 13 Minuten durchflogen und neun Luftbetankungen durchführten. Dieser Flug war gleichzeitig die erste Nonstop-Überquerung des Nordatlantik durch Hubschrauber.
Im August 1965 gab die US Coast Guard eine Spezialversion des *HH-3*, unter dem Namen *HH-3F Pelican* in Auftrag. Dieser amerikanische halbmilitärische Küstenwach- und Rettungsdienst benötigte einen für den Allwetterflugbetrieb zugelassenen Amphibien-Hubschrauber. Der *HH-3F* gleicht im wesentlichen dem *CH-3E*, jedoch ohne Schutzpanzerung, Bewaffnung und die sonstigen militärischen Ausrüstungen. Dafür besitzt er eine Rettungswinde und ein Radom an der linken Seite des Rumpfbugs. Die Auslieferung der 40 in Auftrag gegebenen Hubschrauber begann 1968.
Der einzige ausländische Lizenznehmer für diese Variante war Agusta, die den Hubschrauber ab 1974 in ihre Fertigung nahmen. Alle 22 von Agusta gebauten Einheiten sind an die italienischen Luftstreitkräfte, als Ersatz für die veralteten Starrflügel-Amphibien *Grumman HU-16B Albatros* für den Such- und Rettungsdienst über See, geliefert worden.

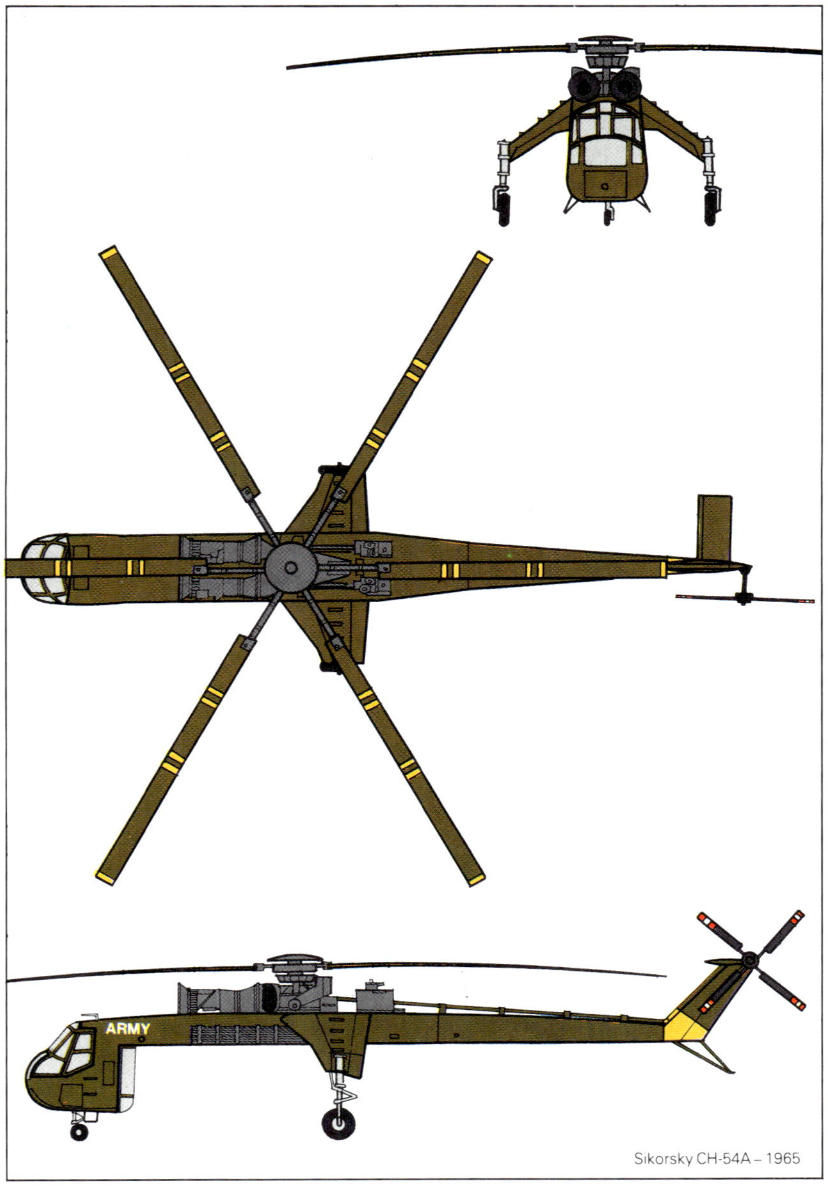

Sikorsky CH-54A – 1965

Sikorsky S-64 Skycrane

Sikorsky S-64A (CH-54A)
Hersteller: Sikorsky Aircraft
Verwendungszweck: Fliegender Kran
Baujahr: 1963
Antrieb: 2 *Pratt & Whitney T73-P1*, von je 4500 WPS (3309,7 WkW)
Rotorkreisdurchmesser: 21,95 m
Rumpflänge: 21,41 m
Länge über alles: 26,97 m
Höhe über alles: 7,75 m
Rüstmasse: 8724 kg
Startmasse: 19050 kg
Höchstgeschwindigkeit: 203 km/h
Schwebeflughöhe mit Bodeneffekt: 3230 m
Schwebeflughöhe ohne Bodeneffekt: 2100 m
Dienstgipfelhöhe: 2743 m
Reichweite: 370 km
Zuladung: 9072 kg

Im Mai 1958 hatte *Sikorsky* mit den Entwicklungsarbeiten für einen speziellen Kranhubschrauber begonnen, weil der im Anfangsstadium des Vietnamkrieges mit der Beförderung von sperrigen Hängelasten zweckentfremdete *S-56 (H-37A Mojave)* im Grunde genommen ein mittelschwerer Kampfzonen-Transporthubschrauber war. Unter Verwendung der dynamischen Komponenten dieses Typs und der beiden *Pratt & Whitney R-2800-50*-Sternmotoren, baute *Sikorsky* 1959 den *S-60*. Neu waren das hochbeinige Portalfahrwerk und der schmale Rumpfausleger. Beide sorgten für Platz zum Anhängen schwerer sperriger Lasten an einer speziellen Lasten-Aufhängevorrichtung, wodurch der Hubschrauber am Boden stehend die Last aufnehmen konnte. Vorn am Rumpfausleger war das Cockpit als eine rundum verglaste Kapsel für drei Besatzungsmitglieder angebracht worden, von der aus der Kranoperator rückwärts blickte, um die Lasten zu manövrieren. Der *S-60*-Prototyp flog erstmals am 25. März 1959 und führte zahlreiche Demonstrationsflüge durch, bis er während eines Testfluges im April 1961 nach insgesamt 278 Flugstunden zerstört wurde.
Inzwischen hatte *Sikorsky* auf Anregung des deutschen Verteidigungsministeriums mit der Entwicklung des *S-64 Skycrane* begonnen. Der neue Hubschrauber war von ähnlicher Struktur wie sein kleinerer Vorgänger, verwendete jedoch einen Sechsblatt-Hauptrotor und zwei *Pratt & Whitney*-Turbinen, die nebeneinander auf dem Rumpfausleger vor dem Getriebe des großen Gelenkrotors angeordnet waren. Die Höhe des doppelbereiften weit ausladenden Portalfahrwerks konnte hydraulisch verkürzt oder verlängert und so der Last angepaßt werden. Der *S-64* besaß eine Bodenfreiheit unter dem Rumpfausleger von 2,84 m, und die Spurweite des Hauptfahrwerks betrug 6,02 m. Dadurch konnten Lasten von beträchtlicher Größe unter dem »Fliegenden Kran« befestigt werden, einschließlich eines auswechselbaren schwingungs- und schallisolierten Personen-Transportbehälters zur Aufnahme von 45 vollausgerüsteten Soldaten oder 24 Tragbahren.
Da das Projekt von der Bundeswehr initiiert worden und *Krupp* an der Integration des Hebewerks beteiligt war, erhielt die ehemalige *»Weser«-Flugzeugbau GmbH* die Produktionslizenz. Von den drei *S-64*-Prototypen, der erste flog am 9. Mai 1962, erhielt die US-Army den ersten, den sie in Fort Benning/Georgia erprobte und bereits im Juni 1963 die ersten sechs *S-64*, mit der militärischen Bezeichnung *YCH-54A*, bestellte, denen weitere *CH-54A*-Aufträge folgten. Der zweite und dritte Prototyp wurde aus den USA an die 1./Hubschrauber Rettungs- und Verbindungsstaffel der Bundeswehr nach Fürstenfeldbruck (mit den Kennzeichen *LA-112* und *LA-113)* zur Truppenerprobung geliefert. Da aber bei der Luftwaffe kein Bedarf mehr für ein solches Fluggerät bestand, entfiel die Produktionslizenz beim *»Weser«*-Flugzeugbau, und die beiden *S-64* wurden 1968 verkauft.
In den USA wurden die ersten sechs »Fliegenden Kräne« an die First Cavalry Division (Airmobil) nach Vietnam geliefert, wo sie hervorragende Leistungen erbrachten. Einer von ihnen hat am 29. April 1965 einen Personen-Transportbehälter mit 90 Mann, darunter 87 vollausgerüstete Soldaten, befördert. Zu weiteren Taten des *Tarhe*, so lautet der Beiname des *CH-54* der US-Army, gehören das Befördern von Bulldozern, Panzern und 155-mm-Feldhaubitzen sowie die Bergung von 380 beschädigten Flugzeugen.
Die vergrößerte *CH-54B*-Version mit zwei *Pratt & Whitney JFTD12-5A* von je 4800 WPS (3530,4 WkW) und einer um 2500 kg erhöhten Nutzlastkapazität ist ab 1969 von der US-Army in Dienst gestellt worden. Insgesamt wurden hiervon 29 gebaut.
Sikorsky hat den *Skycrane* auch für den zivilen Markt als *S-64E* und *S-64F* (entsprechende Versionen des *CH-54A* bzw. *B)* gefertigt. Bis zur Einstellung der Fertigung gegen Ende der 70er Jahre sind fast 100 »Fliegende Kräne« gebaut worden.

33 *Sikorsky CH-53D* werden seit 1970 auch von den israelischen Luftstreitkräften eingesetzt.

Sikorsky S-65

Anfang 1962 schrieb das US Marine Corps die Forderung für einen schweren Transporthubschrauber aus, der in der Lage sein sollte, 38 vollausgerüstete Marineinfanteristen mit hoher Geschwindigkeit (gefordert waren 278 km/h) unter allen Wetterbedingungen zu befördern. Darüber hinaus waren geringer Wartungsbedarf, Zugängigkeit zu den wichtigsten Teilen und eine mögliche Leistungssteigerung in der Zukunft gefordert. Im August 1962 gewann *Sikorsky* die Ausschreibung und entwickelte unter Verwendung einer Reihe dynamischer Komponenten des »Fliegenden Krans« *S-64/CH-54* eine neue Generation von Transporthubschraubern mit der Firmenbezeichnung *S-65*. Am 14. Oktober 1964 flog der *S-65*, jetzt unter der militärischen Bezeichnung *CH-53A Sea Stallion*, zum erstenmal, und die Auslieferung der ersten 106 Serienmodelle begann im September 1966.

Der *CH-53A* war ein von zwei *General Electric T64*-Wellenturbinen angetriebener Hubschrauber mit einem Sechsblatt-Gelenkrotor und einem Vierblatt-Heckrotor sowie einem aus Titan und Stahl gefertigten Hauptrotorkopf. Die Hauptrotorblätter ließen sich hydraulisch zurückklappen. Sein Rumpf war wasserdicht, hatte aber nicht die Boot-Eigenschaften der *S-61R*. Der Frachtraum konnte über eine Heckladerampe und eine Verladungsanlage durch einen Mann be- und entladen werden. Er bot Platz für 38 vollausgerüstete Soldaten oder 24 Tragbahren und konnte dafür wahlweise zwei Jeeps oder eine 105-mm-Haubitze oder eine entsprechende Nutzlast bis zu maximal 8000 kg befördern. Das Fahrwerk war einziehbar. Die Besatzung bestand aus Pilot, Kopilot und einem Lademeister.

Im Januar 1967 wurden die ersten *CH-53A Sea Stallion* nach Vietnam verlegt, wo sie sich vom ersten Tage an bewährten. Am 17. Februar 1968 flog ein *CH-53A* mit einem Gesamtgewicht von 23541 kg, wovon die Last + Kraftstoff 12927 kg betrug, einen inoffiziellen Gesamtgewicht- und Lastenrekord, und am 23. Oktober gelang die größte Leistung des Jahres 1968, als Lt.Col. Robert Guay vom Marine Corps und der *Sikorsky*-Testpilot Byron Graham die ausgezeichnete Flugstabilität und Manövrierfähigkeit des *Sea Stallion* mit Loopings und Rollen demonstrierten, wobei

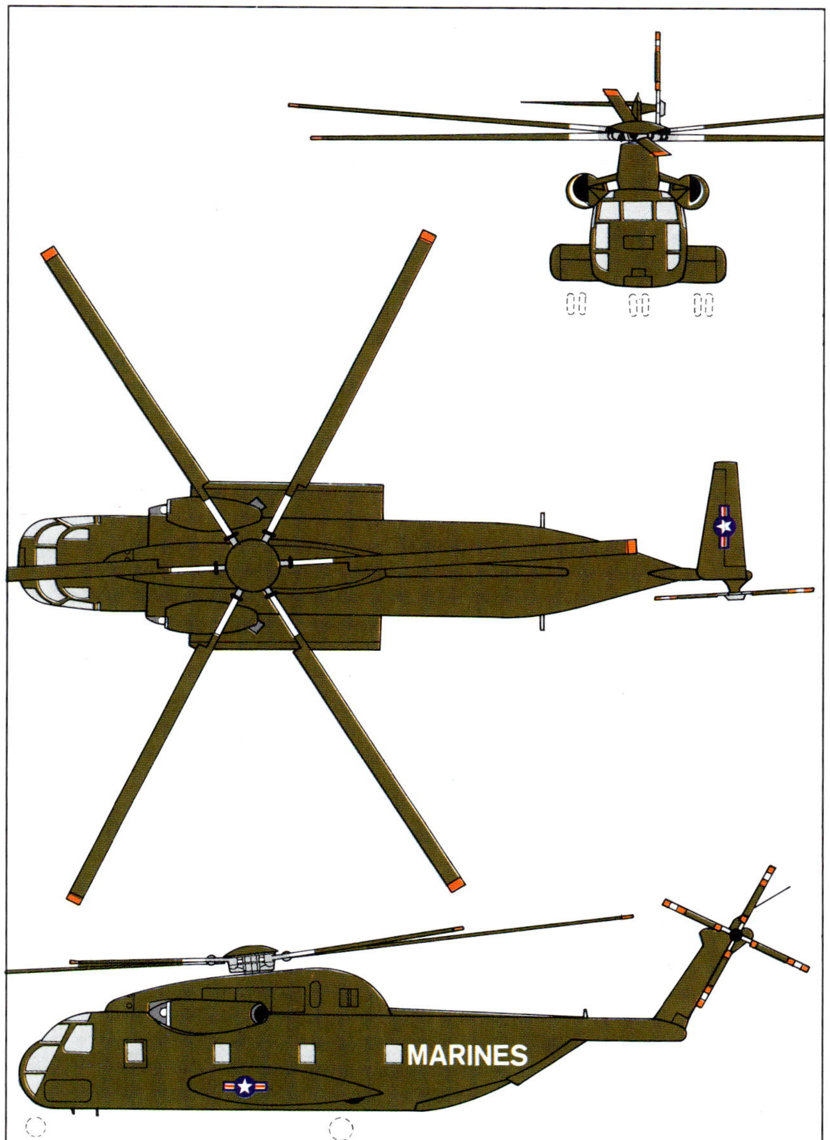

Sikorsky CH-53A – 1965

Sikorsky S-65A (CH-53A) Sea Stallion
Hersteller: Sikorsky Aircraft
Verwendungszweck: Taktischer Mehrzweckhubschrauber
Baujahr: 1965
Antrieb: 2 *General Electric T64-GE-6*, je 2850 WPS (2096 WkW)
Rotorkreisdurchmesser: 22,02 m
Rumpflänge: 20,47 m
Länge/Höhe über alles: 26,90 m/7,60 m
Rüst-/Startmasse: 10180 kg/16510 kg
Höchstgeschwindigkeit: 315 km/h
Schwebeflughöhe mit Bodeneffekt: 3660 m
Dienstgipfelhöhe: 6190 m
Reichweite: 300 km
Zuladung: 2 Piloten, 1 Lademeister und 38 vollausgerüstete Soldaten oder 24 Tragbahren oder bis zu 8000 kg Last

Sikorsky S-65 (CH-53E) Super Stallion
Hersteller: Sikorsky Aircraft
Verwendungszweck: Schwerer taktischer Mehrzweckhubschrauber
Baujahr: 1974
Antrieb: 3 *General Electric T64-GE-416*, je 4380 WPS (3221,5 WkW)
Rotorkreisdurchmesser: 24,08 m
Rumpflänge: 22,35 m
Länge/Höhe über alles: 30,18 m/8,46 m
Rüst-/Startmasse: 15071 kg/33339 kg
Höchstgeschwindigkeit: 315 km/h
Schwebeflughöhe mit Bodeneffekt: 3265 m
Dienstgipfelhöhe: 3780 m
Reichweite: 500 km
Zuladung: 2 Piloten, 1 Lademeister und 55 vollausgerüstete Soldaten oder bis zu 14512 kg Last

die Gesamtmasse des Hubschraubers 12247 kg betrug. Während dieser Flugzustände mußte der Hubschrauber Beschleunigungen von −0,2 bis 2,8 g aushalten.
Zirka 129 *CH-53A* sind an das Marine Corps ausgeliefert worden, 15 davon als *RH-53A* zur Minenräumung. Im August 1966 erteilte die US Air Force einen Auftrag über acht *HH-53B*, der zweiten *S-65*-Variante, für den Luft- und Raumfahrt-Rettungs- und Bergungsdienst (ARRS) zur Ergänzung ihrer *HH-3E*-»Jolly Green Giant«-Flotte. Diese *HH-53B Super Jollies* wurden in Vietnam von den Soldaten »große häßliche Fettsäcke«, genannt (»Big Ugly Fat Fellow«, kurz »Buffs«). Die USAF-ARRS flog von 1965 bis 1969 4071 Hubschrauber-Rettungseinsätze, davon allein 1990 in Kampfgebieten. Die *HH-53B* verfügten über eine ähnliche Ausrüstung wie der *HH-3E*, einschließlich des einfahrbaren Luftbetankungsstutzens, der abwerfbaren Zusatztanks, einer »Dschungel-Harpune« mit einem 73 m langen Seil sowie einer IFR-Avionik. Als *HH-53C* erschien am 30. August 1968 eine mit zwei *T64-GE-7*-Turbinen ausgerüstete verbesserte Variante, von der 64 für die US Air Force gebaut wurden. Eine Spezialvariante des *HH-53C* war der *HH-53H* des *Pave LowIII*-Programms für Nacht- und Schlechtwettereinsätze in jedem Gelände mit Infrarotsensor (FLIR) und Radar.
Auch das Marine Corps forderte inzwischen eine verstärkte Variante ihrer *CH-53A*, die sie in der mit zwei *T64-GE-413* ausgerüsteten neuen Version *CH-53D* erhielten. Dieser Hubschrauber konnte bei optimaler Raumausnutzung bis zu 56 vollausgerüstete Soldaten aufnehmen. Der letzte der 126 hergestellten *CH-53D* wurde am 31. Januar 1972 ausgeliefert.
Als Weiterentwicklung bestellte die US-Navy 30 Minensuch- und -räumhubschrauber mit der Bezeichnung *RH-53D*. Sie waren in der Lage, mit ihren Suchgeräten jede Art von Minen zu orten und zu räumen. Der erste *RH-53D* flog am 27. Oktober 1972. Ab 1973 sind sie an das 1. Hubschrauberminensuchgeschwader der US-Navy ausgeliefert und bei der »Operation Endsweep« eingesetzt worden, um die nordvietnamesischen Häfen von Minen zu säubern. Sechs *RH-53D* erhielt die Kaiserlich Iranische Marine im Jahr 1976.
Die Iraner aber waren nicht die einzigen ausländischen Kunden der *S-65*-Hubschrauberfamilie. Die Heeresflieger der Bundeswehr erhielten 112 mit den *T64-GE-7*-Triebwerken ausgerüstete *CH-53G*. Die ersten beiden Hubschrauber wurden von *Sikorsky* an *VFW-Fokker* geliefert, die 110 *CH-53G* in Lizenz herstellten und deren erster am 11. Oktober 1971 in Speyer den Jungfernflug machte. 1975 lief die Serienfertigung aus. Als *S-65-Oe* erwarben die österreichischen Streitkräfte 1970 zwei Exemplare für Rettungsflüge in den Alpen. Auch an Israel wurden 33 *CH-53D* und zwei *S-65C*, die zivile *S-65*-Version geliefert.

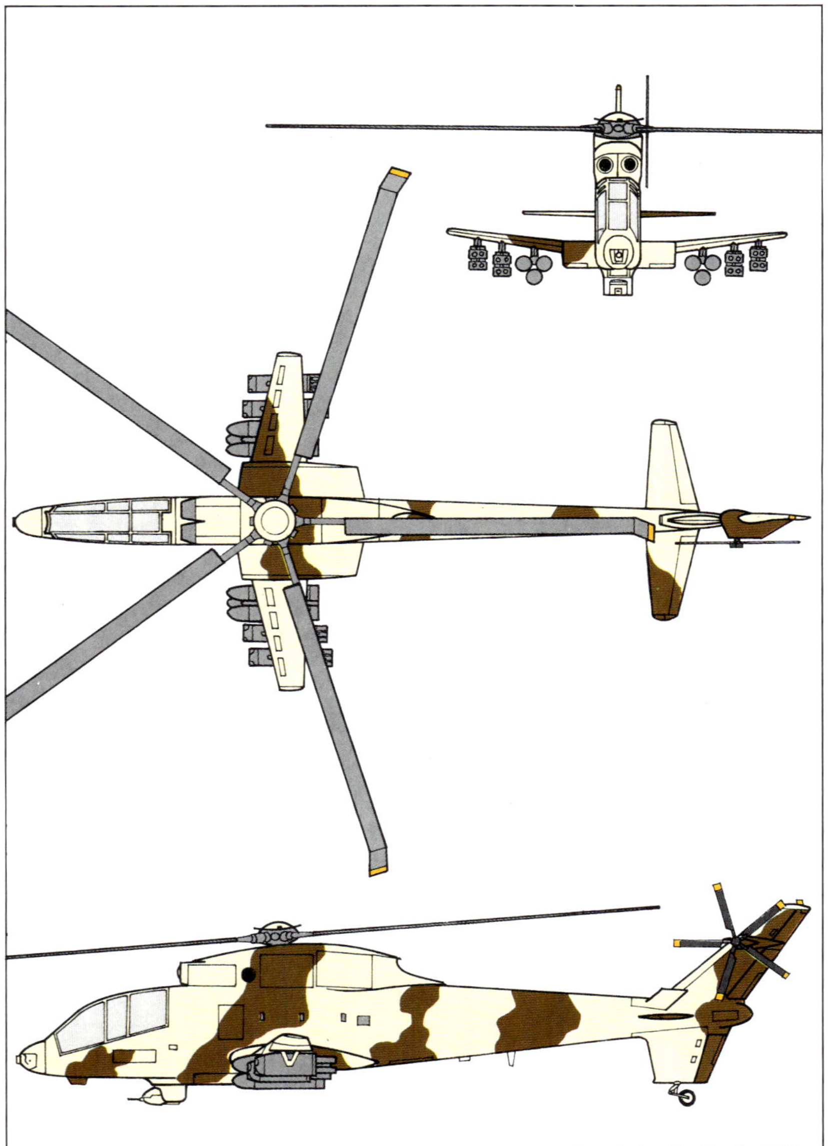

Sikorsky S-67 Blackhawk – 1970

Das jüngste Mitglied der *S-65*-Familie ist der *CH-53E Super Stallion* der US-Navy und des Marine Corps. Diese dreimotorige Version gehört zu den stärksten Hubschraubern der Welt, und er weist eine Reihe von entscheidenden Veränderungen auf, dazu zählen ein neues Hauptrotor-System mit sieben Rotorblättern. Die Blätter besitzen einen Hauptholm aus Titan, haben eine wabenstrukturierte Hinterkante und sind mit Glasfaser überzogen. Der Rumpf ist etwa 2,00 m länger und der Heckausleger leicht nach links geneigt. Neben einer dreiköpfigen Besatzung kann er 55 vollausgerüstete Soldaten aufnehmen bzw. eine Nutzlast von 14512 kg. Der erste *Super Stallion* flog als *YCH-53E* am 1. März 1974 zum erstenmal. Darüber hinaus wurde gemeinsam von der Navy und *Sikorsky* ein AMCM-Hubschrauber der nächsten Generation für den Minensuch- und -räumeinsatz aus der Luft entwickelt, der als *MH-53E Super Stallion* am 1. September 1983 seinen Jungfernflug machte.

Sikorsky S-67 Blackhawk

Im Rahmen der AAFSS-Ausschreibung der US-Army für eine neue Kampfhubschraubergeneration projektierte *Sikorsky* 1964 das Modell *S-66*, das gegen *Lockheed AH-56A Cheyenne* unterlag.
Der *S-66* glich dem Gewinner weitgehend. Unterschiedlich war jedoch das kombinierte Rotor-/Druckpropeller-Heck. Im Gegensatz zu dem starren Cheyenne-Heck konnte *Sikorskys* AAFSS-Verbundhubschrauber den Heckausleger um 90° schwenken, so daß der Heckrotor im Schwebe- und Transitionsflug als konventioneller Heckrotor und im horizontalen Schnellflug als Druckpropeller wirkte. Danach entwickelte *Sikorsky* jedoch in Eigeninitiative einen auf dem im AAF SS-Wettbewerb abgelehnten *S-66* basierenden schnellen Kampfhubschrauber unter Verwendung einer großen Anzahl von dynamischen Komponenten des *S-61*. Das Ergebnis war der *S-67 Blackhawk*, der am 20. August 1970 erstmals flog.

Sikorsky S-67 Blackhawk
Hersteller: Sikorsky Aircraft
Verwendungszweck: Versuchs-Kampfhubschrauber
Baujahr: 1970
Antrieb: 2 *General Electric T58-GE-5*, je 1500 WPS (1103,2 WkW)
Rotorkreisdurchmesser: 18,90 m
Rumpflänge: 19,56 m
Länge/Höhe über alles: 22,58 m/5,59 m
Rüst-/Startmasse: 5681 kg/11067 kg
Höchstgeschwindigkeit: 335 km/h
Schwebeflughöhe ohne Bodeneffekt: 1980 m
Reichweite: 354 km
Zuladung: 2 Mann Besatzung und 6 vollausgerüstete Soldaten und 4312 kg Kampflasten

Der *Blackhawk* sah zwar wie ein Hubschrauber mit konventionellen Rotoren (denen des *S-61*) aus, besaß aber die charakteristischen Konturen und Merkmale eines Kampfhubschraubers: schmaler Rumpf, Tandemcockpit und Stummelflügel mit vier Waffenstationen. Der Rotorkopf war verkleidet, und die Blattspitzen waren um 20° gepfeilt, wodurch im Vorwärtsflug die Beanspruchung und die Schwingungsneigung verringert wurden.
Der *Blackhawk* wurde Anfang bis Mitte der 70er Jahre einer langen Testserie unterworfen, am Ende jedoch als unbefriedigend beurteilt, obwohl Testpilot Byron Graham mit ihm am 14. Dezember 1970 einen Geschwindigkeitsweltrekord mit 348,971 km/h aufstellte, den Testpilot Cannon fünf Tage darauf mit einem neuen Rekord von 355,485 km/h überbot.
Während eines Demonstrationsfluges, anläßlich der Luftfahrtschau in Farnborough am 1. September 1976, erhielten die Rotorblätter bei einer zu tief angesetzten Rolle, Bodenberührung, so daß der Hubschrauber zerschellte. Beide Piloten überlebten den Absturz nicht. Aufgrund dieses Unfalls mit dem *S-67*-Prototyp, von dem nur einer gebaut worden war, stellte *Sikorsky* das Programm ein.

Sikorsky S-72

Im Oktober 1973 kündigte *Sikorsky* die Beteiligung an dem NASA/US Army-Forschungsprogramm »Rotor Systems Research Aircraft (RSRA)« zur Erprobung zukünftiger Rotorsysteme an. Hierfür wurden zwei *S-72*-Versuchsträger gebaut, deren erster am 12. Oktober 1976 seinen Erstflug machte. Im Februar 1977 ging die erste Erprobungsphase zu Ende. Der Rumpf dieses Hubschraubers war völlig neu. Er hatte einen Heckausleger mit einem T-Leitwerk und eine gepfeilte Seitenflosse wie ein konventionelles Flugzeug und wurde mit und ohne Tragflügel getestet. Darüber hinaus wurden verschiedene Rotorsysteme (Gelenk- und starre Rotoren) und Übertragungssysteme erprobt. Der zweite Prototyp wurde als Verbundhubschrauber mit zwei an den Außenseiten angeordneten *General Electric TF34-GE-400A Turbofan*-Triebwerken

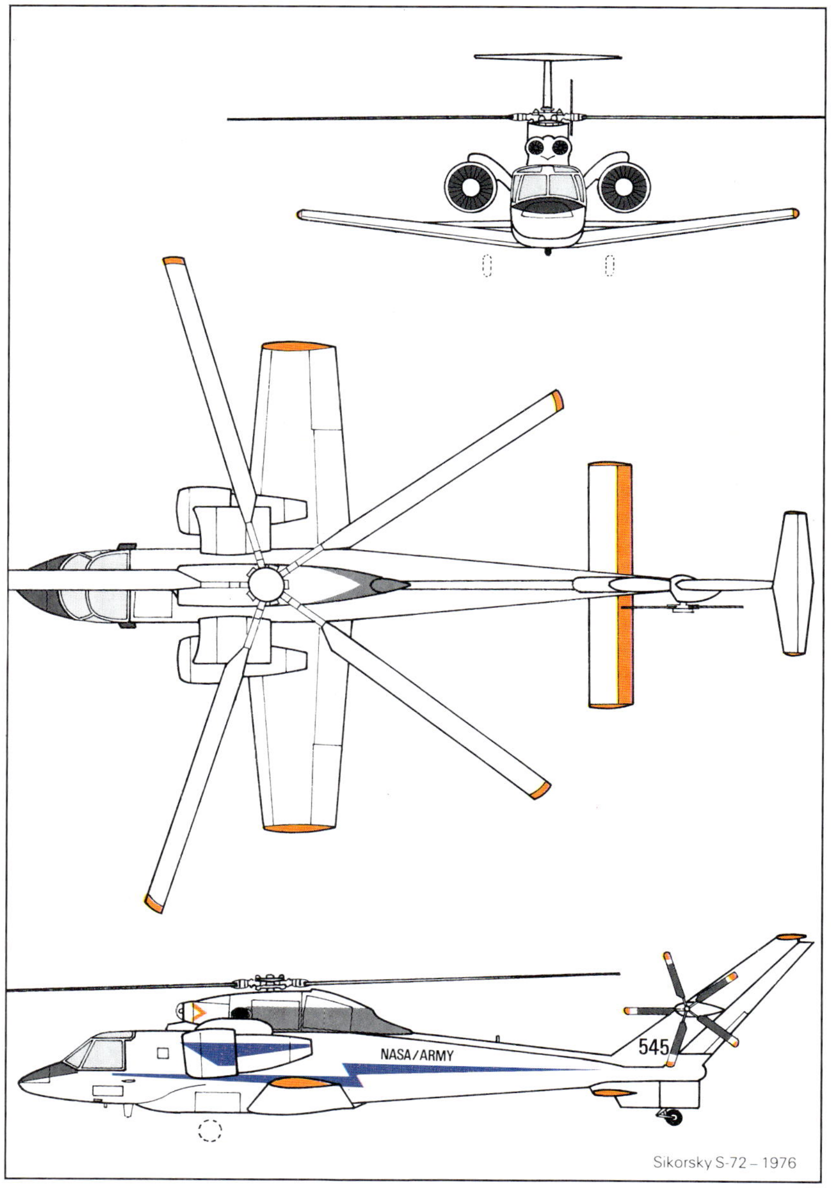

Sikorsky S-72 – 1976

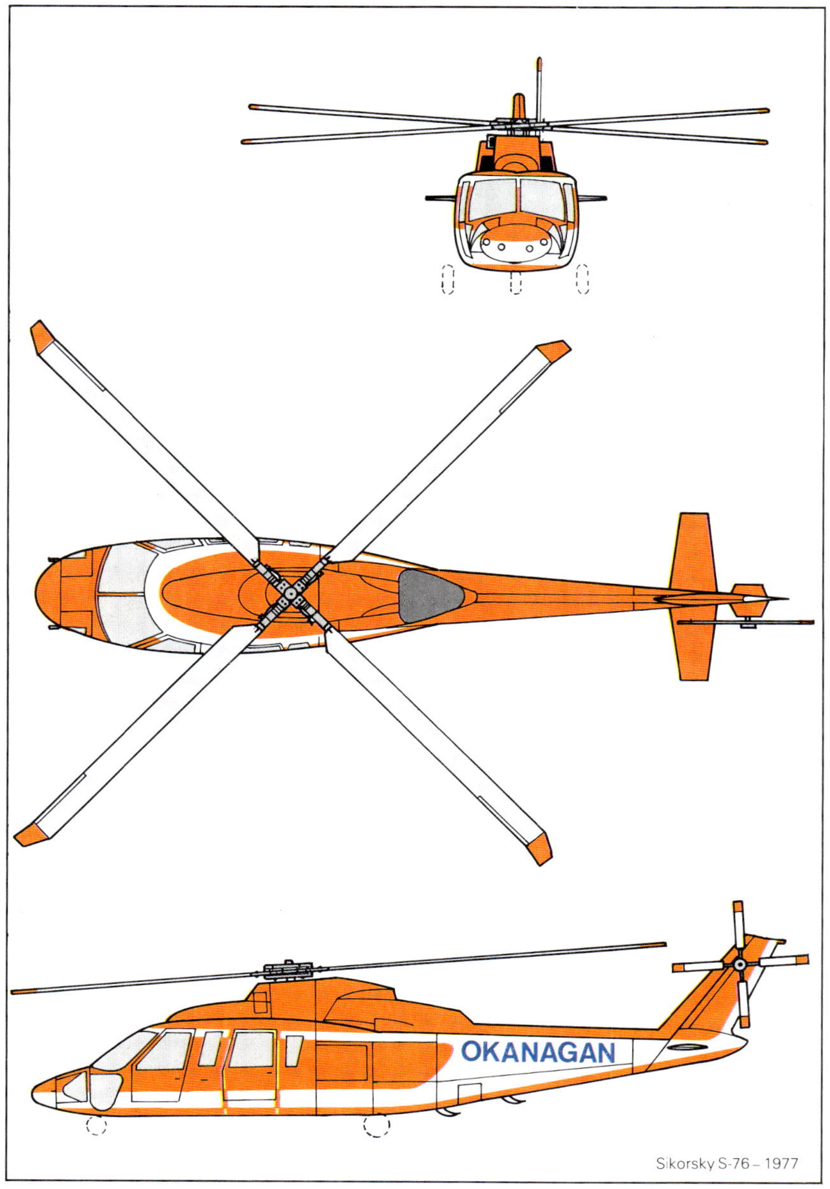

Sikorsky S-76 – 1977

ausgerüstet. Eine interessante Neuerung waren der Einbau von Schleudersitzen für die drei Mann Besatzung und das Abtrennsystem der Rotorblätter. Bei Blattbruch konnte der Rotor abgesprengt werden und der Verbundhubschrauber als konventionelles Flugzeug weiterfliegen. Dieser zweite Versuchsträger startete am 10. April 1978 zu seinem Jungfernflug. Mit ihm wurden Geschwindigkeiten von über 450 km/h geflogen.
Ende 1983 erhielt *Sikorsky* von der NASA und der DARPA den Auftrag, einen *S-72* mit einem »X-Wing-Rotor-System« (X-Flügel-Rotor) auszurüsten. Dabei soll der X-Wing-Rotor, wie ein Hubschrauberrotor, für den senkrechten Start und Landung sowie den Schwebeflug dienen, während bei abgestelltem Triebwerk, der X-Rotor stillgelegt, wie ein Tragflügel beim Hochgeschwindigkeitsvorwärtsflug für den Auftrieb sorgt, wozu die beiden *Turbofan*-Triebwerke den Schub liefern. Man rechnet zunächst mit Geschwindigkeiten von ca. 550 km/h.

Sikorsky S-72 (RSRA)
Hersteller: Sikorsky Aircraft
Verwendungszweck: Versuchs-Verbund-Hubschrauber
Baujahr: 1976
Antrieb: 2 *General Electric T58-GE-5*, je 1400 WPS (1029,7 WkW)
2 *General Electric TF34-GE-400A*, je 4180 kp (41 kN)
Rotorkreisdurchmesser: 18,90 m
Flügelspannweite: 13,74 m
Rumpflänge: 21,51 m
Länge über alles: 23,74 m
Höhe über alles: 4,42 m
Rüstmasse: 9535 kg
Startmasse: 11884 kg
Höchstgeschwindigkeit: 555 km/h

Sikorsky S-76

Nachdem sich *Sikorsky* fast ausschließlich auf den Bau militärischer Hubschrauber konzentriert hatte, kündigte die Firma 1975 die Entwicklung eines zivilen, zweiturbinigen Hubschraubers, in der Größenordnung eines 8/12-Sitzers an, da hierfür nach sorgfältigen Analysen ein zukünftiger Markt bestand. Noch bevor *Sikorsky* seinen neuen Hubschrauber *S-76* – man hatte die Bezeichnung im Hinblick auf die amerikanische Zweihundertjahrfeier gewählt – herausbrachte, lagen bereits 87 Festaufträge vor. Am 13. März 1977 fand der Erstflug des ersten Prototyps in Palm Beach statt. Die IFR-Zulassung erfolgte im November 1978, als sich die Zahl der Bestellungen bereits auf 189 Einheiten erhöht hatte. Anfang 1984 waren über 220 *S-76* von den weit über 400 Aufträgen ausgeliefert worden. Sein Vierblattrotor entsprach exakt dem des *S-70*. Die asymetrischen in sich verwundenen Rotorblätter haben abgewinkelte (gepfeilte), sich verjüngende Enden und erzeugen hohe Auftriebskräfte. Die Triebwerke sind oberhalb des Rumpfes hinter dem Rotorträger installiert und besitzen Schutzgitter (Fremdkörperabscheider) vor den Lufteinläufen.
Der Hubschrauber verfügt über ein einziehbares Bugradfahrwerk, er kann aber in vereinfachter Ausführung mit festem Fahrwerk geliefert werden. Die Kabine ist für eine zweiköpfige Besatzung (IFR-Flugbetrieb) und zwölf Passagiere ausgelegt. In der Utility-Version verfügt der *S-76* über einen Lastenhaken (Tragkraft bis zu 2,2 t), einen stärkeren Lastboden und Schiebetüren.
Die 1979 vorgestellte, sich in der gegenwärtigen Produktion (bis Mitte 1984 250 weltweit verkauft) befindliche, *S-76 Mark II*-Ausführung erfuhr zirka 30 Änderun-

Sikorsky S-76 MARK II
Hersteller: Sikorsky Aircraft
Verwendungszweck: Ziviler Mehrzweckhubschrauber
Baujahr: 1982
Antrieb: 2 *Detroit Diesel Allison 250-C30S*, je 650 WPS (478 WkW)
Rotorkreisdurchmesser: 13,41 m
Rumpflänge: 13,22 m
Länge/Höhe über alles: 16,00 m/3,58 m
Rüst-/Startmasse: 2540 kg/4671 kg
Höchstgeschwindigkeit: 287 km/h
Schwebeflughöhe mit Bodeneffekt: 1890 m
Dienstgipfelhöhe: 4572 m
Reichweite: 748 km
Zuladung: 2 Mann Besatzung und bis zu 12 Passagiere oder 2131 kg Last

gen und erhielt die leistungsstärkeren *Allison 250-C30S*-Turbinen von je 650 WPS (478 WkW). Anfang 1982 stellte der *S-76 Mark II* zwölf neue Weltrekorde auf. Inzwischen erfuhr dieser Hubschrauber eine weitere Leistungssteigerung durch den Einbau von zwei *Pratt & Whitney Canada PT6B-36* von je 1020 WPS (750 WkW) maximaler 2½ Minuten und 960 WPS (706 WkW) Leistung, dessen Erstflug am 22. Juni 1984 stattfand.
Das jüngste Mitglied der *S-76*-Familie ist die Militärversion *H-76*, die mit einer Vielzahl moderner Bewaffnungen und auch mit einem Mastvisier geliefert wird. Neben der Panzerabwehr-Grundkonfiguration mit acht TOW-Lenkflugkörpern wird eine Marine-Version für die Überwachung und Zielsuche gegnerischer Schiffe, die U-Boot-Bekämpfung, Bodenangriffe, Such- und Rettungs- und Versorgungs-Aufgaben angeboten. Der Hubschrauber ist so ausgelegt, daß er auf See über längere Zeitabschnitte, von Schiffen in Fregattengröße aus, operieren kann.

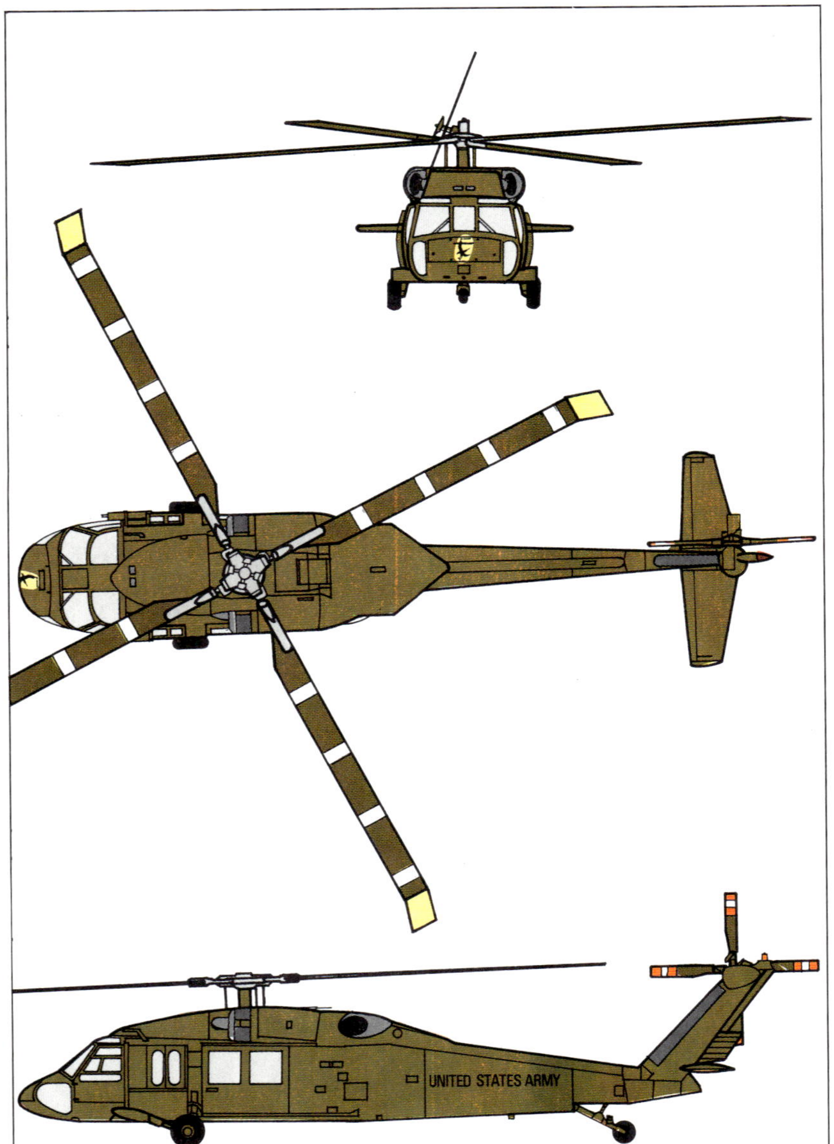

Sikorsky UH-60A Black Hawk – 1978

Sikorsky S-70A (UH-60A Black Hawk)
Hersteller: Sikorsky Aircraft
Verwendungszweck: Taktischer-Kampfzonen-Transporthubschrauber
Baujahr: 1978
Antrieb: 2 *General Electric T700-GE-700*, je 1565 WPS (1151 WkW)
Rotorkreisdurchmesser: 16,36 m
Rumpflänge: 15,26 m
Länge/Höhe über alles: 19,76 m/5,13 m
Rüst-/Startmasse: 4819 kg/9185 kg
Höchstgeschwindigkeit: 295 km/h
Schwebeflughöhe mit Bodeneffekt: 2895 m
Dienstgipfelhöhe: 5790 m
Reichweite: 600/1060 km (ohne/mit Zusatztanks)
Zuladung: 3 Mann Besatzung und 11 vollausgerüstete Soldaten oder 3630 kg Last

Sikorsky S-70L (SH-60B Seahawk)
Hersteller: Sikorsky Aircraft
Verwendungszweck: Bordgestützter Mehrzweckhubschrauber (LAMPS III)
Baujahr: 1979
Antrieb: 2 *General Electric T700-GE-401*, je 1690 WPS (1243 WkW)
Rotorkreisdurchmesser: 16,36 m
Rumpflänge: 15,26 m
Länge/Höhe über alles: 19,76 m/5,18 m
Länge/Höhe gefaltet: 12,47 m/4,04 m
Rüst-/Startmasse: 6191 kg/9930 kg
Höchstgeschwindigkeit: 250 km/h
Reichweite: 1100 km
Bewaffnung: Zwei Mk.46-Torpedos

Sikorsky S-70 Black Hawk

Das *UH-60A Black Hawk*-Programm, in der *Sikorsky*-Firmenterminologie mit *S-70* bezeichnet, stellt eines der größten Beschaffungsvorhaben der US-Army seit dem Vietnamkrieg dar. Insgesamt beläuft sich der Bedarf der US-Army auf 1107 *UH-60A*, von denen bis Mai 1984 bereits 525 ausgeliefert waren.
Der Ursprung der *H-60*-Hubschrauberfamilie kann auf die Zeit des Vietnamkrieges zurückgeführt werden, als der Bedarf für einen neuen Mehrzweckhubschrauber, der in einer zukünftigen Gefechtsfeldumgebung operieren konnte, immer dringender wurde, um den allgegenwärtigen *Bell UH-1 Huey* abzulösen. Die Spezifikationen für den neuen Hubschrauber wurden in dem UTTAS-Programm (Utility Tactical Transport Aircraft System) festgelegt. Darin wurden u.a. eine hohe Überlebensfähigkeit des Hubschraubers gefordert, daß er selbst mit beschädigtem oder fehlendem Heckrotor noch flugfähig bleibt, daß die Triebwerke bis zu 30 Minuten ohne Schmierung weiterarbeiten müßten und daß er ohne Zerlegen luftverlastbar sein soll. Ende August 1972 wählte die US-Army von den UTTAS-Bewerbern den *Sikorsky YUH-60* und den *Boeing Vertol YUH-61* aus, mit der Auflage, drei Prototypen und ein Bodenversuchsgerät für eine Vergleichserprobung zu bauen. Der erste *YUH-60*-Prototyp von *Sikorsky* machte am 17. Oktober 1974 in Stratford seinen Erstflug.
Für seinen UTTAS-Entwurf hatte *Sikorsky* das sehr bewährte Gelenkrotorsystem mit einem Vierblatt-Haupt- und einem Vierblatt-Heckrotor gewählt sowie für den Antrieb zwei *General Electric T700*-Wellenturbinen. Die Rotorkonstruktion war völlig neu, die Blätter mit ihren ovalen Titan-Holmen bestehen aus einer Nomex-Wabenkonstruktion für die Hinterkantenstruktur, die Blattwurzeln aus Graphit, einem Glasfasergewebe für die Oberflächen, glasfaserüberzogenem Blei als Vorderkanten-Gegengewichte, abriebfesten Titan-Vorderkanten und um 20° gepfeilte Rotorblattenden aus Kevlar, zur Reduzierung von Steuerlasten und Erreichung höherer Geschwindigkeiten. Die elastomeren Lager des aus geschmiedetem Titan bestehenden Hauptrotorkopfs brauchen nicht geschmiert zu werden, ferner zählen ein lagerloser Heckrotor aus Graphit, ein selbstregelnder Schwingungsdämpfer und eine modulare Transmission zu den Neuerungen. Am oberen Ende einer um 47° gepfeilten Seitenflosse ist der Heckrotor um 20° von der Vertikalen nach links abgewinkelt angeordnet, wodurch er zum Gesamtauftrieb beiträgt und der Hauptrotordurchmesser um 14% kleiner und die Rotorblätter entsprechend leichter ausgeführt werden können. Die Höhenflosse, ursprünglich zweiteilig, ist durch eine einteilige ersetzt worden. Obwohl der Rumpf in Leichtmetall-Halbschalenbauweise gefertigt ist, finden für die Zelle Verbundwerkstoffe weitgehend Einsatz. Zu den speziellen Konstruktionsmerkmalen gehören außerdem ein hohes energieabsorbierendes Fahrgestell sowie absturzsichere, selbstdichtende Kraftstoffbehälter und Leitungen. Besondere Sorgfalt ist der Wartung gewidmet; viele Untersysteme des Hubschraubers sind modular ausgebildet. Das Cockpit ist für zwei Piloten und ein weiteres Besatzungsmitglied ausgelegt, die Pilotensitze sind gepanzert. Die Kabine bietet Platz für bis zu elf vollausgerüstete Soldaten. Der Hubschrauber ist voll allwetterflugtauglich, besitzt Doppelsteuerung, doppelte IFR-Instrumentierung, einen digitalen Autopiloten, ein Selbststabilisierungsgerät, modernste Navigations- und Kommunikationsgeräte sowie Radarwarnempfänger und Infrarot-Störmaßnahmen, um nur einiges aufzuzählen. Selbstverständlich kann der Hubschrauber bewaffnet werden, wozu eine besondere Vorrichtung zur Ausrüstung mit den verschiedensten Kampflasten, das External Stores Support System (ESSS), von *Sikorsky* entwickelt wurde.
Während der sieben Monate dauernden Erprobungsphase durch die US-Army mußten verschiedene strukturelle und aerodynamische Detailverbesserungen an den drei Prototypen vorgenommen werden. Am 23. Dezember 1976 wurde der *Sikorsky*-Wettbewerbsentwurf als Sieger erklärt. Anfang 1977 erteilte die Army den ersten Auftrag über 15 *UH-60A* und außerdem eine Option über die Lieferung von weiteren 353 Einheiten in den nächsten drei Jahren. Darüber hinaus wurde die Beschaffung von nochmals 739 *Black Hawk*, welche die *Huey* ablösen sollen, geplant.
Gleichzeitig mit dem Hochlaufen der Serienproduktion setzte *Sikorsky* die Testserie mit den Prototypen fort. Dabei ging der erste Prototyp im Mai 1978 infolge eines Wartungsfehlers durch einen Unfall verloren, den die dreiköpfige Besatzung nicht überlebte.
Wegen eines Arbeitskampfes verzögerte sich das Rollout-Zeremoniell des ersten *UH-60A*-Serienhubschraubers um einige Monate. So konnte der Erstflug erst am 17. Oktober durchgeführt werden und danach die Übergabe an die 101st Airborne Division erfolgen. Neben den zu erwartenden 1107 *UH-60A*-Auslieferungen sind inzwischen 77 *EH-60A Quick Fix*, eine Ausführung zur elektronischen Kampfführung, bestellt worden. Ins Ausland gehen zwei *Black Hawk* an die philippinischen und drei an die Schweizer Streitkräfte.
Zusätzlich sind von *Sikorsky* weitere Varianten des *S-70* entwickelt worden, dazu zählen der schon erwähnte *EH-60A Quick Fix*, um Funk- bzw. Radar-Ausstrahlungen aufzufangen, zu orten, zu überwachen und zu stören; der *EH-60B*-SOTAS

(Stand-Off Target Acquisition System) für die Zielauffassung zum Einsatz von Abstandswaffen; der *HH-60D* und *E Night Hawk* für den ARRS-Luftrettungs- und Bergungsdienst der US Air Force mit Infrarot-Vorwärtssichtgerät (FLIR), Geländefolge-Radar, Luftbetankungsstutzen und Rettungswinden sowie Vorrichtungen zur Selbstverteidigung; und schließlich eine zivile Version, der *S-70C*, für 19 Passagiere, von der China 24 Einheiten bestellte.
Eine weitere Variante ist der *SH-60B Seahawk*, Sieger des *LAMPS III*-Wettbewerbs der US-Navy im Jahr 1977. Seine Firmenbezeichnung ist *S-70L*, sein Erstflug war am 12. Dezember 1979 in Palm Beach. Der *Seahawk* trägt das neue Light Airborne Multi-Purpose System der Marine zur U-Boot-Bekämpfung sowie zur Überwachung und Bekämpfung von gegnerischen Überwasserfahrzeugen. Darüber hinaus kann er für Sekundäraufgaben wie den Such- und Rettungsdienst, die Evakuierung von Verwundeten und für Versorgungsflüge aus der Luft eingesetzt werden.
Die Auslieferung des ersten Loses umfaßte 18 Einheiten, von denen der letzte *Seahawk* am 30. April 1984 an die Navy übergeben wurde. 26 weitere Hubschrauber des zweiten Loses sollen bis Juni 1985 ausgeliefert werden. Die derzeitige Planung der US-Navy sieht einen Bedarf von insgesamt 204 *SH-60B Seahawk LAMPS Mk III* vor. Eine weitere Version, der *SH-60 C* mit Tauchsonar und anderen Ausrüstungen, ist in der Entwicklung. Inzwischen hat die spanische Marine zehn *Seahawk* bestellt, und die australische Marine zeigt großes Interesse. Der *Seahawk* ist ein navalisierter *Black Hawk* mit zwei stärkeren *General Electric T700*-Wellenturbinen, automatisch faltbaren Hauptrotorblättern, faltbarer Höhenflosse und faltbarem Heckrotorausleger, vereinfachtem Fahrwerk, Zwillings-Spornrad, vereinfachter Kabine mit Schiebetür und Arretier-Harpune für Deckslandungen.

Silvercraft
Silvercraft SpA (Italien)

Diese kleine Firma wurde 1962 in Sesto Calende gegründet, um einen leichten Hubschrauber, den *Silvercraft XY*, zu entwickeln, der im Oktober 1963 erstmals flog. Er war der Vorläufer des *SH-4*, den die Firma dann gemeinsam mit *SIAI-Marchetti* baute.

Silvercraft SH-4

Der *SH-4* war ein Gemeinschaftsvorhaben von *Silvercraft* und SIAI-Marchetti, mit dem Ziel, einen ausgesprochen wirtschaftlichen Leichthubschrauber zu bauen. Er hat einige Besonderheiten wie halbstarre holzverleimte Rotorblätter mit einer GFK-Außenhaut und eine vereinfachte Mechanik mit Teilen, die leicht von außen überprüft und schnell ausgewechselt werden können. Der Prototyp flog erstmals im März 1965. Ein Vorserienmodell wurde 1967 auf dem Pariser-Aero-Salon ausgestellt.
Die Serienfertigung von 50 *SH-4* wurde mit Hilfe von *Aero-Engine* in den *Sesto Calende*-Werken aufgenommen. Aber Silvercraft geriet wegen des aus der Produktion genommenen *Franklin*-Motors in Schwierigkeiten. Eine zweisitzige Weiterentwicklung, der *SH-200*, mit einem 208-PS(153 kW)-4-Zyl.-*Lycoming LHIO-360-C1A*-Boxermotor, flog erstmals am 12. April 1977.

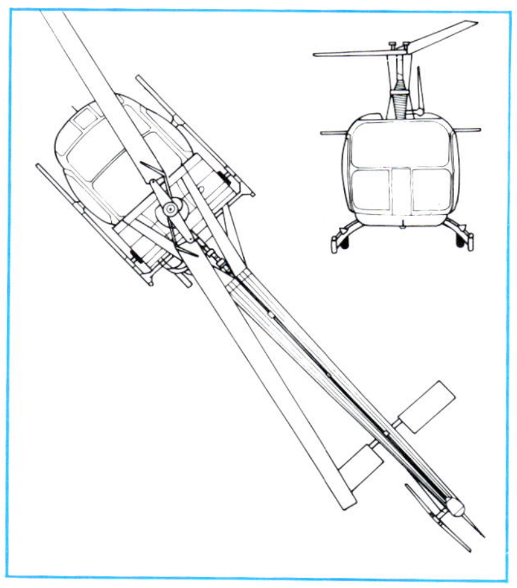

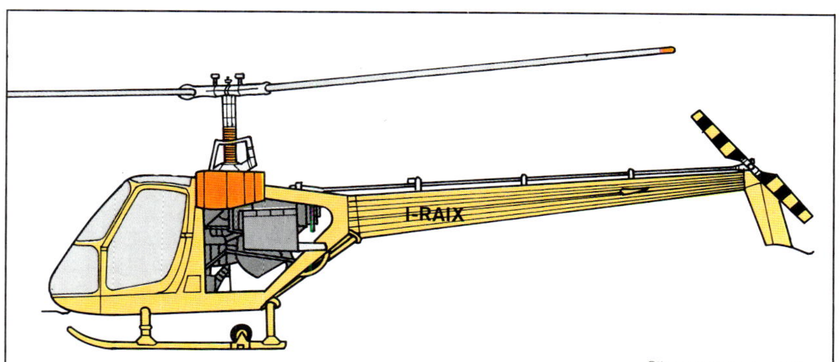

Silvercraft SH-4 – 1965

Silvercraft SH-4
Hersteller: Silvercraft
Verwendungszweck: 3-sitziger leichter Mehrzweckhubschrauber
Baujahr: 1965
Antrieb: *Franklin 6A-350-D1A*, 235 PS (173 kW), gedrosselt auf 170 PS (125 kW)
Rotorkreisdurchmesser: 9,03 m
Rumpflänge: 7,65 m
Länge über alles: 10,47 m
Höhe über alles: 2,98 m
Rüstmasse: 510 kg
Startmasse: 862 kg
Höchstgeschwindigkeit: 161 km/h
Schwebeflughöhe mit Bodeneffekt: 3000 m
Dienstgipfelhöhe: 4600 m
Reichweite: 320 km

Spitfire
Spitfire Helicopter Company (USA)

Ihr erstes Projekt war ein auf dem *Enstrom F-28A* basierender Hubschrauber. 1978 unterzeichnete die Firma ein Abkommen mit dem Außenhandelsunternehmen der polnischen Flugzeugindustrie Pezetel für den Vertrieb des *WSK-PZL-Swidnik Mi-2*, und 1982 ein weiteres Abkommen mit Sodian in Malaga, um gemeinsam in Spanien die Hubschrauber *Spitfire I* und *II* zu bauen.

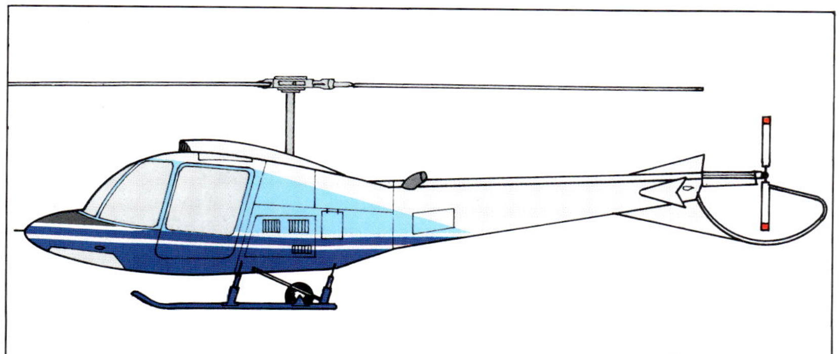
Spitfire Mk.II – 1978

Spitfire Mark II

Die Spitfire Helicopter Company hatte Mitte der 70er Jahre mit der Entwicklung eines leichten turbinengetriebenen Hubschraubers, dem *Spitfire Mark I*, begonnen, der auf dem *Enstrom F-28A* basierte. Abgesehen von der Verwendung einer Turbine, hatte der *Spitfire* ein durch und durch konventionelles Getriebe-System, das nicht nur 90 kg an Gewicht ersparte, sondern wodurch auch der Kabinenraum besser ausgenutzt werden konnte.
Bei der darauffolgenden *Spitfire Mark II*-Variante wurde die Kabine von drei auf vier Sitze erweitert, der Bug neu und stromlinienförmiger gestaltet sowie eine stärkere 420 WPS(309 WkW)-*Allison*-Turbine eingebaut. Trotz der Gewichtszunahme war die gesamte Leistungsfähigkeit der *Mark II* wesentlich besser. Weitere geplante Entwicklungen des Unternehmens, die auch seit 1978 den von *WSK-PZL-Swidnik* gefertigten *(Mil) Mi-2* vertreiben, beinhalten den *Spitfire Mark IIIA* und den mit zwei Turbinen ausgerüsteten 4–5sitzigen *Mark IV*-Verbundhubschrauber.

Spitfire Mark II
Hersteller: Spitfire Helicopter Company
Verwendungszweck: 4sitziger leichter Mehrzweckhubschrauber
Baujahr: 1978
Antrieb: *Allison 250-C20B*, 420 WPS (309 WkW)
Rotorkreisdurchmesser: 9,75 m
Rumpflänge: 9,30 m
Höhe über alles: 2,80 m
Rüst-/Startmasse: 601 kg/1134 kg
Höchstgeschwindigkeit: 217 km/h
Schwebeflughöhe mit Bodeneffekt: 4085 m
Dienstgipfelhöhe: 4570 m
Reichweite: 495 km

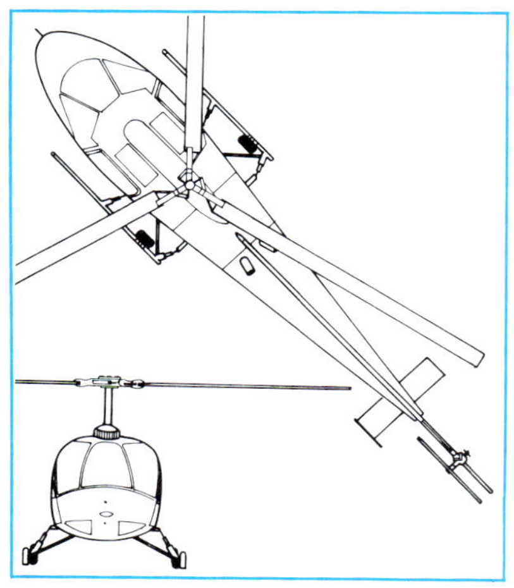

Sud-Aviation Aerospatiale
SNCASO – SNCASE
Aérospatiale (Frankreich)

Das französische Luft- und Raumfahrtunternehmen *Aérospatiale* (früher: *Société Nationale Industrielle Aérospatiale-(SNIAS)* wurde am 1. Januar 1970 aus dem Zusammenschluß von *Sud-Aviation, Nord-Aviation* und *SEREB* gegründet. Die *Sud-Aviation* wiederum entstand am 1. März 1957 durch die Fusion der beiden Staatsunternehmen *Sud-Est Aviation* (vormals *SNCASE*) und *Sud-Ouest Aviation* (vormals *SNCASO*). Diese Unternehmen hatten bereits vorher die Firmen *SNCA du Sud* und *SNCA de l'Ouest* übernommen. Der Unternehmensbereich Hubschrauber von *Aérospatiale* und seine Vorgänger verfügen über eine fast 40jährige Erfahrung im Entwurf und der Konstruktion von Drehflügelflugzeugen, die in den ersten Nachkriegsjahren, als es *Sud-Est* gelungen war, sich der Dienste des berühmten Hubschrauber-Konstrukteurs Professor Henrich Focke und einiger seiner engsten Mitarbeiter zu versichern, ihren Anfang genommen hatte. Nach dem Bau des *SE 3000*, einem Nachbau des *Fa 223 Drache*, arbeitete die Firma an weiteren Projekten der *3000er* Reihe. Auch *Sud-Ouest* hat in den 50erJahren sein Hubschrauber-Debüt gegeben mit dem *Ariel* und dem *Djinn* sowie dem *SO 1310 Farfadet* (Erstflug am 8. Mai 1953), einem Versuchs-Kombinations-Flugschrauber mit einem Dreiblattrotor, einem Zugpropeller, zwei getrennten Triebwerken und starren Flügeln.
Nach der Fusion von *Sud-Est* und *Sud-Ouest* wurden die zwei Entwicklungsrichtungen unter einem Dach, unter der Leitung von Charles Marchetti, fortgesetzt: das Ergebnis waren die *Alouette* und ihre Nachfolgemuster.

SE 3101

Dieser einsitzige leichte Versuchshubschrauber, den man zweifellos als Vorläufer der erfolgreichen *Alouette*-Hubschrauberreihe ansehen kann, ist kurz nach dem Krieg von Prof. Henrich Focke mit einer Gruppe französischer und deutscher Ingenieure entwickelt worden. Sein Erstflug fand am 15. Juni 1948 mit Jean Boulet am Steuer statt. Er besaß einen Dreiblatt-Hauptrotor und zwei Heckrotoren für den Drehmomentenausgleich, die an V-förmig (45°) angeordneten Leitwerksflossen befestigt waren. Antrieb: Vierzylinder *Mathis*-Motor, 100 PS (73,5 kW). Rotorkreisdurchmesser: 7,50 m. Länge: 6,90 m. Rüstmasse: 400 kg. Startmasse: 520 kg. Höchstgeschwindigkeit: 120 km/h. Dienstgipfelhöhe: 3000 m. Reichweite: 100 km.

SE 3110

Ein Jahr später ist aus dem *SE 3101* eine vergrößerte Variante, der *SE 3110* mit doppelten Heckrotoren und einer geschlossenen Kabine mit zwei nebeneinanderliegenden Sitzplätzen hervorgegangen. Antrieb: *Salmson 9NH*, 203 PS (149,3 kW). Rotorkreisdurchmesser: 12 m. Länge: 11,13 m. Rüstmasse: 650 kg. Startmasse: 950 kg. Höchstgeschwindigkeit: 160 km/h. Dienstgipfelhöhe: 4500 m. Reichweite: 300 km.

SE 3120 Alouette I

Aus dem *SE 3110* ist 1949 der *SE 3120* entwickelt worden, von dem zwei Prototypen gebaut wurden. Es war ein konventioneller Entwurf mit einem Dreiblatt-Gelenkrotor und einem normalen Heckrotor von 2 m Durchmesser. Der Erstflug fand 1950 statt. Er war der erste der erfolgreichen *Alouette*-Hubschrauberfamilie. Antrieb: *Salmson 9NH*, 203 PS (149,3 kW). Rotorkreisdurchmesser: 11,60 m. Länge: 10,45 m. Rüstmasse: 750 kg. Startmasse: 1150 kg. Höchstgeschwindigkeit: 125 km/h. Dienstgipfelhöhe: 4000 m. Reichweite: 225 km.

SE 3130 Alouette II

Der französische *SE 3130 Alouette II* war ohne Zweifel einer der erfolgreichsten zivilen und militärischen leichten Mehrzweckhubschrauber. Sein Entwurf entstand aus dem dreisitzigen *SE 3120 Alouette I*. Der Prototyp besaß einen rechtsdrehenden Dreiblatt-Hauptrotor und einen Zweiblatt-Heckrotor, die beide von einem 200-PS(147,1 kW)-Kolbenmotor angetrieben wurden. Ursprünglich verfügte dieses Modell über keine herausragenden Eigenschaften, aber mit dem Einbau einer *Turboméca Artouste II*-Wellenturbine sollte sich das schlagartig ändern. Am 12. März 1955 war der Erstflug des *SE 3130 Alouette II*, ein zweiter Prototyp flog kurze Zeit später. Drei Monate nach seinem Jungfernflug wurde der Hubschrauber durch einen Höhenrekord über 8209 m, den Jean Boulet am 6. Juni 1955 aufstellte, weltberühmt. Damit hatte der Hubschrauber auch seine Einsatzmöglichkeit in Gebirgsgegenden unter Beweis gestellt.
Durch die eiförmige Vollsicht-Plexiglas-Kabine und das unverkleidete, gitterförmige Stahlrohrgerüst des Heckauslegers, erinnerte die Struktur der *Alouette II* an die der frühen *Bell*-Modelle. Obwohl der Hubschrauber für viele kommerzielle Aufgaben geeignet war, ist er doch in erster Linie für militärische Zwecke verwendet worden, so für Beobachtungs-, Verbindungs- Such- und Rettungseinsätze, zur Schulung und für die Evakuierung von Verwundeten. Er konnte bewaffnet werden mit vier drahtgelenkten Panzerabwehrflugkörpern AS 11.

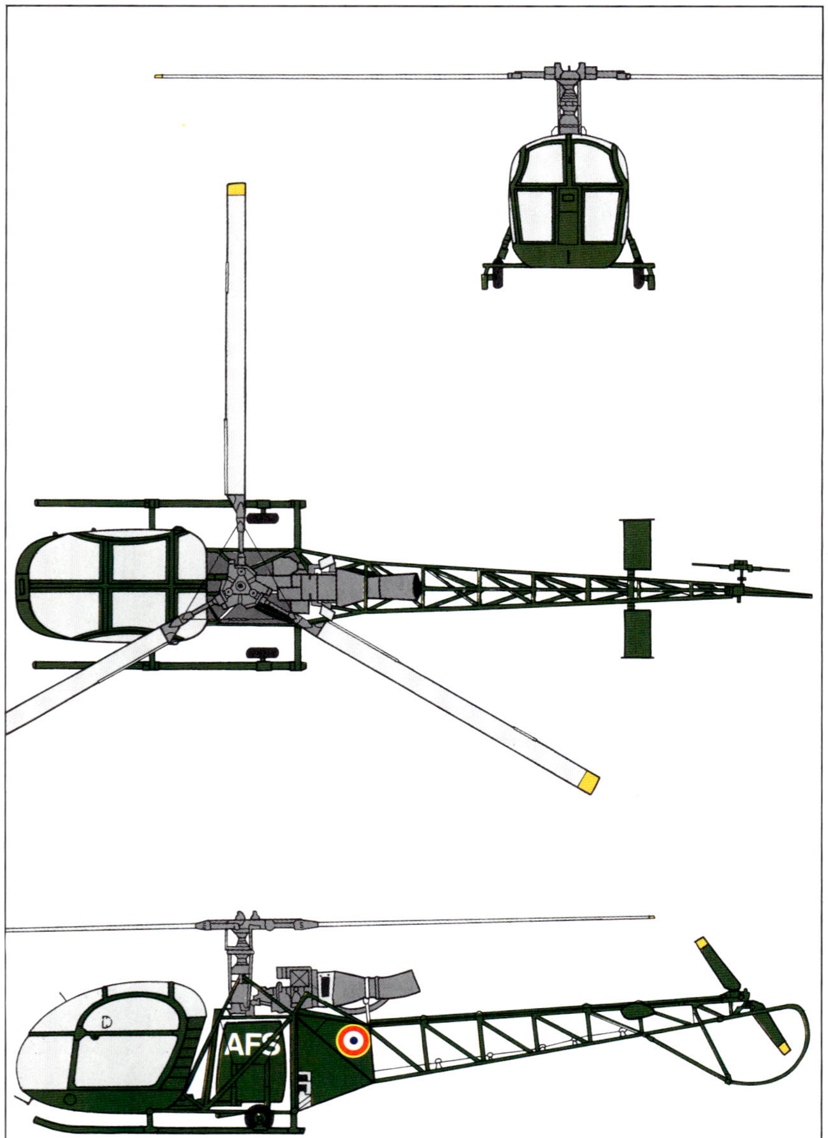

SE 3130 Alouette II – 1955

Nach einem Auftrag der französischen Marineflieger, dem weitere von Heer und Luftstreitkräften bis zu einer Gesamtzahl von 363 Maschinen gefolgt waren, ist die Serienproduktion der *Alouette II* mit der *Artouste*- Turbine aufgenommen worden. Bis Ende 1962 belief sich die Zahl der Bestellungen auf über 1000. 1967 erhielt die *Alouette II* die Bezeichnung *SE 313B*. Ihre Kunden waren die Heeresflieger der Bundeswehr (247), die belgische Armee (39), die Schweizer Armee (30) und das britische Army Air Corps (17). Außerdem sind sie an die Luftstreitkräfte von Österreich (16), Kambodscha (8), Belgisch Kongo (3), der Dominikanischen Republik (2), Indonesien (3), Israel (4), der Elfenbeinküste (2), Laos (2), des Libanon (3), Mexiko (2), Marokko (7), der Niederlande (8), Peru (6), Portugal (7), Südafrika (7) und Tunesien (8) geliefert worden.
1964 wurde die Produktion auf die Variante *SE 318C* umgestellt, die sich lediglich durch den Einbau der stärkeren, 530-WPS (390 WkW)-*Astazou IIA*-Turbine unterschied. Der Erstflug erfolgte am 31. Januar 1961. Die ALAT (Aviation Légère de l'Air de Terre) bestellte 15 und die Heeresflieger der Bundeswehr 54 *318C*, eine große Zahl wurde wieder an ausländische Streitkräfte verkauft. Nach der Auslieferung von 1300 *Alouette II* an 126 Kunden in 46 Ländern ist 1975 die Fertigung eingestellt worden. Eine *Alouette II-Astazou* wurde versuchsweise mit Rotorblättern in Glasfaserkunststoffbauweise von *Bölkow* zur Erprobung

SE 3130 Alouette II
Hersteller: SNCASE
Verwendungszweck: 4-sitziger leichter Mehrzweckhubschrauber
Baujahr: 1955
Antrieb: *Turboméca Artouste IIC*, 360 WPS (264,8 WkW)
Rotorkreisdurchmesser: 10,20 m
Rumpflänge: 9,70 m
Höhe: 2,75 m
Rüstmasse: 890 kg
Startmasse: 1500 kg
Höcbstgeschwindigkeit: 175 km/h
Schwebeflughöhe mit Bodeneffekt: 2000 m
Dienstgipfelhöhe: 3200 m
Reichweite: 600 km

des gelenklosen Dreiblattrotors ausgerüstet und flog in dieser Konfiguration erstmals am 24. Januar 1966. Schweden, Indien und die Vereinigten Staaten hatten Lizenzen für die Produktion der *Alouette II* erworben, aber nur wenige Exemplare gebaut.
Von dem *Alouette II*-Hubschrauber sind die Exekutiv-Version *SE 3131 Gouverneur* mit verkleidetem Heckausleger und der *SE 3140* mit einer *Turboméca Turmo*-Wellenturbine abgeleitet worden, ebenso der *SE 3150*, von dem nur zwei gebaut wurden.

SNCASO Ariel I und II

Schon bald nach dem Krieg wurde unter der Leitung von Paul Morain und unter Mitarbeit von Dr. Theodor Laufer und einigen Ingenieuren des Doblhoff-Teams in der Entwicklungsabteilung für Hubschrauber im *SNCASO*-Werk Courbevoie mit den Arbeiten an dem Experimental-Hubschrauber mit Reaktionsantrieb *SO 1100 Ariel I* begonnen. Ein 170 PS-(125 kW)*Mathis G8*-Kolbenmotor trieb einen Radialverdichter an, welcher die komprimierte Luft zu den Brenndüsen an den Spitzen des Dreiblatt-Rotors führte. In den Brenndüsen wurde Kraftstoff eingespritzt und gezündet, der dadurch entstehende kontinuierliche Düsenschub setzte den Rotor in Bewegung. Da bei diesem Prinzip kein Drehmoment auftritt, konnte der Heckrotor entfallen. An seiner Stelle besaß der *Ariel I* ein Doppelleitwerk. Am 7. März 1949 konnte schließlich der Erstflug erfolgen. Ihm folgte der *SO 1110 Ariel II*, der einen stärkeren 220-PS-(161,8 kW)-Kolbenmotor erhielt und das gleiche Antriebssystem wie sein Vorgänger verwendete, jedoch mit einem um 1,80 m auf 10,80 m vergrößerten Rotordurchmesser, außerdem bekam er einen völlig neuen Rumpf.
sor direkt an. Der Reaktionsantrieb und das Rotorsystem wurden vom *Ariel II* übernommen. Der Hubschrauber wurde gegenüber seinem Vorgänger mit einem weiteren Sitz als Dreisitzer ausgelegt und erhielt ein einfaches Leitwerk und ein neues Heck mit Abgasaustrittsöffnungen. Die Abgase der Turbine konnten so für Steuermanöver bei niedriger Geschwindigkeit und im Schwebeflug ausgenutzt werden, während bei höheren Geschwindigkeiten das Seitenruder betätigt wurde. Am 18. April 1951 fand der Erstflug statt. Der hohe Kraftstoffverbrauch und der starke Lärm des Blattspitzenantriebes sprachen jedoch gegen eine Serienproduktion.

SO 1221 Djinn

Die Erfahrungen, die *Sud-Ouest* durch den Bau seiner *Ariel*-Experimentalhubschrauber mit Reaktionsantrieb sammelte, führten zu dem *SO 1221 Djinn*. Dem waren zwei einsitzige *SO 1220*-Prototypen mit offenem Pilotensitz vorausgegangen, von denen der erste am 2. Januar 1953 mit

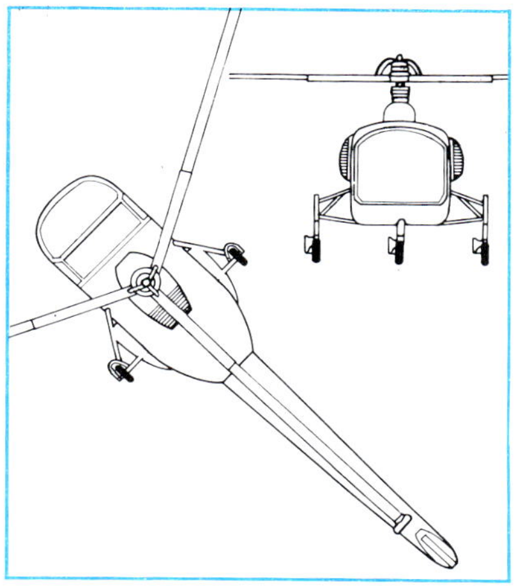

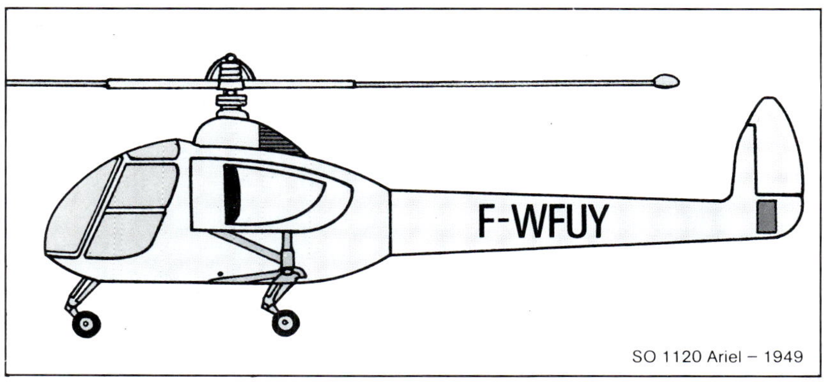

SO 1120 Ariel – 1949

SO 1120 Ariel III

Um die Leistung der *Ariel*-Hubschrauber zu erhöhen, wurde der *SO 1120 Ariel III* gebaut und als erster Hubschrauber der Welt mit einer *Turboméca Artouste*-Gasturbine ausgerüstet, die durch die Initiative der Firma *Turboméca*, die inzwischen eine Familie kleiner Strahltriebwerke entwickelt hatte, rechtzeitig zur Verfügung stand. Sie trieb, unter Fortfall des schweren Stufengetriebes, den neuen Kompres-

Sud-Ouest SO 1120 Ariel III
Herstellung: SNCASO
Verwendungszweck: Experimental-Hubschrauber Baujahr: 1951
Antrieb: *Turboméca Artouste*, 240 WPS (176,5 WkW)
Rotorkreisdurchmesser: 10,80 m
Rumpflänge: 7,15 m
Rüst-/Startmasse: 680 kg/1250 kg
Höchstgeschwindigkeit: 165 km/h
Schwebeflughöhe mit Bodeneffekt: 1800 m
Dienstgipfelhöhe: 4400 m
Reichweite: 250 km
Zuladung: 1 Pilot und 2 Passagiere

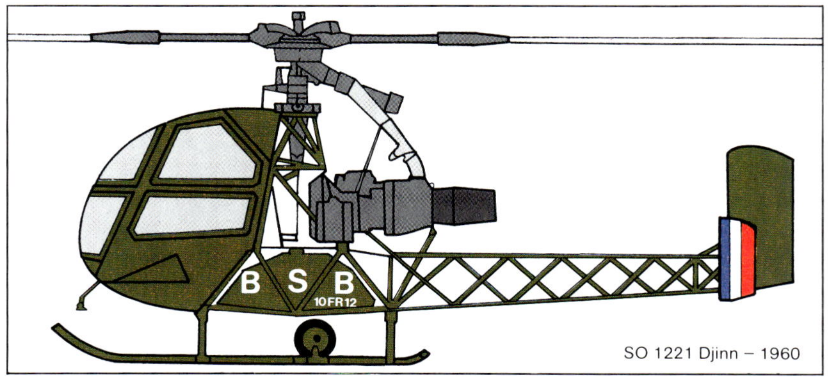

SO 1221 Djinn – 1960

Jean Dabos am Steuer seinen Jungfernflug machte. Der erste der fünf zweisitzigen Prototypen *SO 1221* flog am 16. Dezember des gleichen Jahres; er hatte ein verglastes Cockpit, zwei nebeneinanderliegende Sitze und ein unverkleidetes, gitterförmiges Stahlrohrgerüst als Leitwerksträger mit drei Seitenflossen. Im Gegensatz zu den *Ariel*-Hubschraubern, die Brennkammern an den Blattenden hatten, erfolgte der Rotorantrieb beim *Djinn* durch einen »kalten« Blattspitzenantrieb: Die vom Gebläse der Turbine abgezweigte, verdichtete Luft wurde zu den Blattspitzen geführt und kalt durch die Austrittsdüsen (ohne Kraftstoffeinspritzung und Verbrennung) gepreßt, wodurch der Rotor in Umdrehung gesetzt wurde. Die Abgase der Turbine beaufschlagten das zentrale Seitenruder. Der *Djinn* ließ sich leicht fliegen, er besaß gute Steuerfolgsamkeit und dadurch hohe Manövrierfähigkeit, was nicht zuletzt auf die gefederte Befestigung des Zweiblattrotors durch Stahllamellen, die die Funktion von Schlaggelenken übernahmen, zurückzuführen war. Schwenkgelenke waren nicht vorhanden. Am 29. Dezember 1953, schon 13 Tage nach dem Erstflug, stellte Dabos mit dem *Djinn* einen Höhenweltrekord in der Unterklasse bis 500 kg Startmasse mit einer Höhe von 4789 m und am 22. März 1957 einen internationalen Höhenrekord für alle Klassen mit einer Höhe von 8492 m auf.
Die französischen Streitkräfte nahmen 22 Vorserienmodelle in die Truppenerprobung und gaben danach eine Großserie von zirka 80 weiteren *Djinn* in Auftrag, die Heeresflieger der Bundeswehr erhielten fünf, die Schweiz vier und die US-Army drei zur Erprobung als *YHO-1Dj*. Insgesamt sind zwischen 1955 und 1961 180 *Djinn* für militärische und zivile Zwecke gebaut worden, letztere hauptsächlich für die Landwirtschaftsfliegerei.

Sud-Ouest SO 1221 Djinn
Hersteller: SNCASO
Verwendungszweck: 2-sitziger leichter Mehrzweckhubschrauber
Baujahr: 1953
Antrieb: *Turboméca Palouste IV*, 240 WPS (176,5 WkW)
Rotorkreisdurchmesser: 10,97 m
Rumpflänge: 5,30 m
Höhe: 2,60 m
Rüst-/Startmasse: 360 kg/800 kg
Höchstgeschwindigkeit: 130 km/h
Schwebeflughöhe mit Bodeneffekt: 1800 m
Dienstgipfelhöhe: 2750 m
Reichweite: 190 km

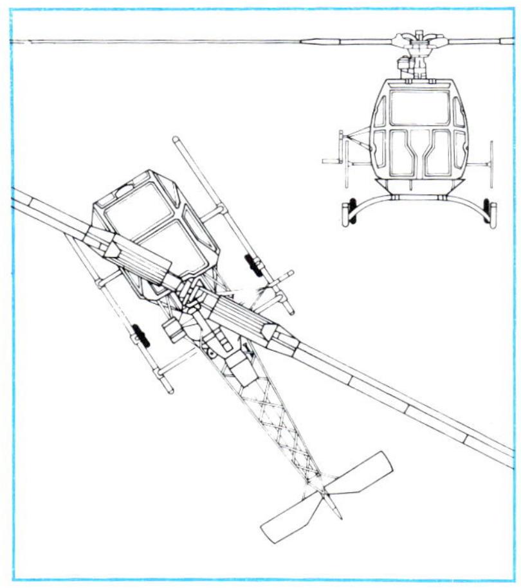

SA 3160/319 Alouette III

Der Mitte der 50er Jahre entwickelte *Alouette III* ist ein stromlinienförmiger, in Halbschalenbauweise gefertigter, vollbeplankter, eleganter Hubschrauber, dessen vergrößerte rundum verglaste Kabine einen Piloten und sechs Passagiere aufnehmen kann. Die dynamischen Komponenten sind von seinen Vorgängern abgeleitet worden, er besitzt eine *Artouste*-Wellenturbine, ein verstärktes Rotorgetriebe und die charakteristischen verspannten Dreiblatt-Hauptrotoren. Das übliche Kufenlandegestell ist durch ein starres Bugradfahrwerk ersetzt. Der am 28. Februar 1959 erstmals geflogene Prototyp erregte sofort das Interesse der französischen Streitkräfte, die für den Krieg in Algerien einen schnellen, gut bewaffneten Hubschrauber benötigten. Die ausgezeichnete Steuerbarkeit und hohe Stabilität im Tiefflug sowie die große Leistungsreserve, machten den Hubschrauber zu einer idealen fliegenden Waffenplattform für die verschiedensten Bewaffnungskonfigurationen, die von einer 20-mm-Kanone bis zu Panzerabwehr-Flugkörpern reichten. So ausgerüstet und mit einer Geschwindigkeit von annährend 210 km/h entsprach der Hubschrauber den Anforderungen der Streitkräfte.
Ende 1970 kam die *SA 316B*-Variante (Erstflug am 27. Juni 1968) mit einer neuen *Artouste IIIB* und verbessertem Rotor-

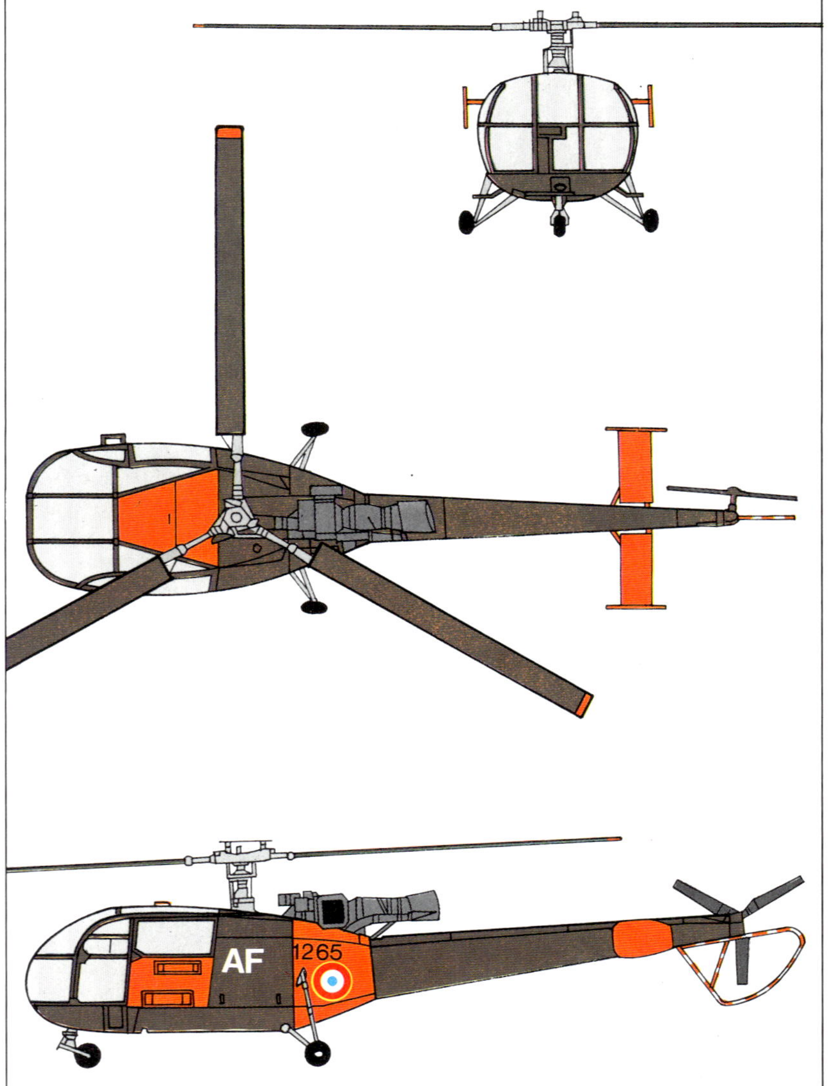

SA 319B Alouette III – 1967

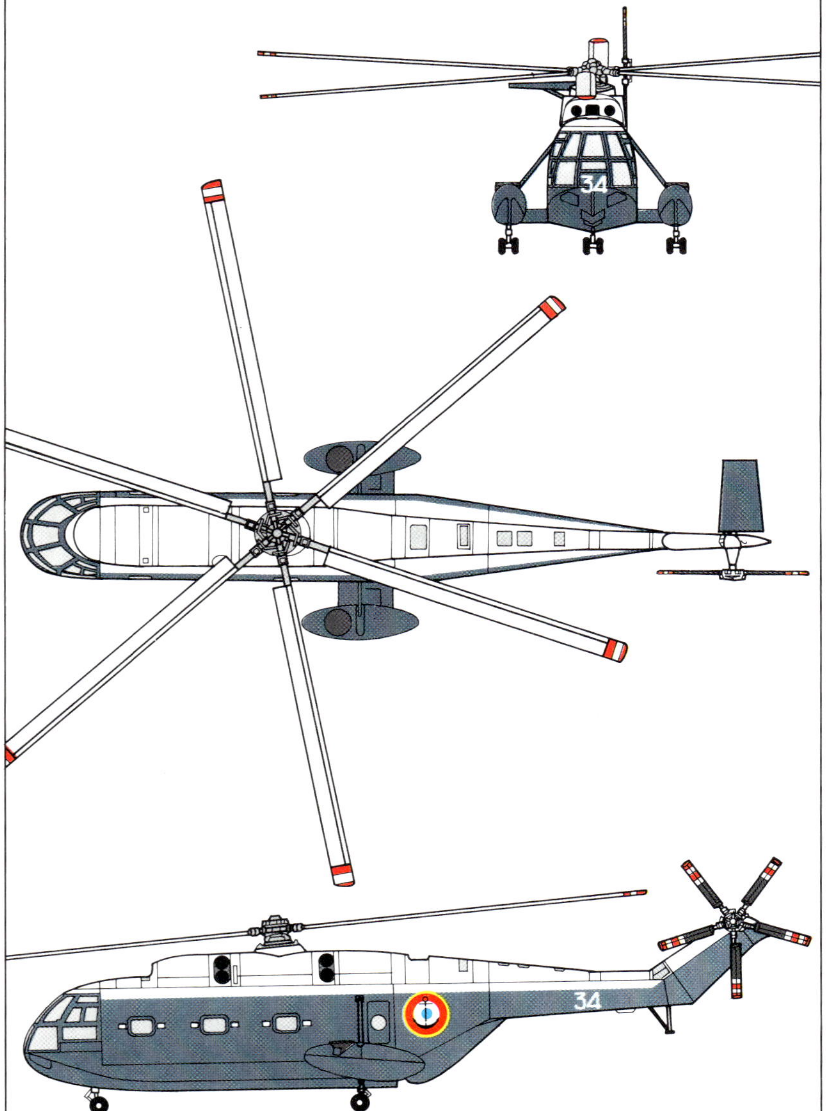

SA 321G Super Frelon – 1965

getriebe in die Serienfertigung, und 1972 folgte der *SA 316C* mit der *Artouste IIID*-Turbine. Eine weitere Version mit einer *Astazou XIV*-Turbine gleicher Leistung hatte die Bezeichnung *SA 319B* erhalten. Die *SA 316B*- und *SA 319B*-Varianten wurden nicht nur jahrelang in Frankreich selbst gebaut, auch Indien (bei *HAL* als *Chetak*), Rumänien (bei *ICA* als *IAR-316B*) und die Schweiz (bei *Eidgenössisches Flugzeugwerk* als *SE 316S*) produzierten eine Anzahl von zivilen und militärischen Baumustern in Lizenz. Bis Anfang 1984 waren 1445 *Alouette III*-Hubschrauber gebaut worden.

SA 319B Alouette III
Hersteller: Sud-Aviation/Aérospatiale
Verwendungszweck: 7-sitziger Mehrzweckhubschrauber
Baujahr: 1967
Antrieb: *Turboméca Astazou XIV*, 870 WPS (640 WkW) auf 600 WPS (441,3 WkW) gedrosselt
Rotorkreisdurchmesser: 11,00 m
Rumpflänge: 10,03 m
Länge/Höhe über alles: 12,84 m/3,00 m
Rüst-/Startmasse: 1108 kg/2250 kg
Höchstgeschwindigkeit: 220 km/h
Schwebeflughöhe mit Bodeneffekt: 3100 m
Dienstgipfelhöhe: 4250 m
Reichweite: 600 km

SA 3210 Super Frelon

Ende der 50er Jahre veröffentlichten die französischen Streitkräfte eine Spezifikation für einen schweren Transport- und Mehrzweckhubschrauber, nach deren Pflichtenheft *Sud-Aviation* das *SA 3200 Frelon*-Projekt einleitete. Dieser Hubschrauber, der von drei *Turmo IIIB*-Wellenturbinen angetrieben wurde, besaß unter anderem einen Vierblatt-Haupt- und Heckrotor und einen abklappbaren Heckausleger. Der Erstflug des ersten der zwei gebauten *SA 3200 Frelon*-Prototypen erfolgte am 10. Juni 1959. Aber die Flugerprobungen wurden 1963 zugunsten des mit Unterstützung durch *Sikorsky* entwickelten *SA 3210 Super Frelon*-Programms eingestellt. Der Einfluß von *Sikorsky* ließ sich bei diesem Vorhaben besonders auf das Rotorsystem mit seinen sechs automatisch nach rückwärts faltbaren Metallblättern, den wasserdichten, als Bootskörper ausgebildeten Rumpf und auf die abnehmbaren Stützschwimmer zurückführen. Die Grundstruktur des *Super Frelon* unterschied sich dagegen nicht von der des *SA 3200*: Die drei Turbinen waren oberhalb des Rumpfes angeordnet, auch das starre Bugradfahrwerk war beibehalten worden.

Der erste *SA 3210*-Prototyp wurde von drei *Turmo IIIC*-Turbinen angetrieben und hob am 7. Dezember 1962 zu seinem Jungfernflug ab. Schon ein halbes Jahr später stellte Jean Boulet mit ihm drei Weltrekorde auf: am 19. Juli 1963 über

SA 321F Super Frelon
Hersteller: Sud-Aviation/Aérospatiale
Verwendungszweck: Verkehrshubschrauber
Baujahr: 1967
Antrieb: 3 *Turboméca Turmo IIIC6*, je 1550 WPS (1140 WkW)
Rotorkreisdurchmesser: 18,90 m
Rumpflänge: 19,40 m
Kabinenlänge: 9,67 m
Höhe über alles: 6,66 m
Rüst-/Startmasse: 7580 kg/12500 kg
Höchstgeschwindigkeit: 230 km/h
Schwebeflughöhe mit Bodeneffekt: 2170 m
Dienstgipfelhöhe: 3500 m
Reichweite: 175 km
Zuladung: 2 Piloten und 34 bis 37 Passagiere

SA 321G Super Frelon
Hersteller: Sud-Aviation/Aérospatiale
Verwendungszweck: U-Boot-Bekämpfungs- und Mehrzweckhubschrauber
Baujahr: 1965
Antrieb: 3 *Turboméca Turmo IIIC6*, je 1550 WPS (1140 WkW)
Rotorkreisdurchmesser: 18,90 m
Rumpflänge: 19,40 m
Länge/Höhe über alles: 23,03 m/6,66 m
Rüst-/Startmasse: 6863 kg/13000 kg
Höchstgeschwindigkeit: 275 km/h
Schwebeflughöhe mit Bodeneffekt: 2170 m
Dienstgipfelhöhe: 3150 m
Reichweite: 820 km
Zuladung: 2 Piloten und 5 Mann Besatzung
Kampfmittel: 4 Zielsuchtorpedos oder gegen Überwasserschiffe zwei AM39 Exocet-Lenkflugkörper

Der 27sitzige *SA 321J* ist die zivile Version des *Super Frelon*, hier in den Farben des norwegischen Unternehmens Bergen Air Transport.

eine 3-km-Strecke mit 341,230 km/h, am 23. Juli 1963 über eine 15/25-km-Strecke mit 350,470 km/h und am gleichen Tag auf geschlossenem Kurs über 100 km mit 334,280 km/h.
Der zweite *SA 3210*-Prototyp war nach den Erfordernissen der französischen Marine ausgerüstet und besaß zwei Stützschwimmer oberhalb des zwillingsbereiften Hauptfahrwerks, in denen Such-Radar-Radome sowie Sonar-Sonden integriert waren. Der Erstflug fand am 28. Mai 1963 statt. Im Oktober wurde der erste Auftrag zum Bau von 17 *SA 321G*, der U-Boot-Bekämpfungs-Version für die Aéronavale, erteilt. Die Transport-Version *SA 321H* für das Heer und die Luftstreitkräfte erhielten *Turmo IIIE*-Turbinen anstelle der *IIIC* der Marine und besaßen keine Stützschwimmer. Von den 99 gebauten *SA 321 Super Frelon* erhielten in der Truppentransportausführung die israelischen 12 und die südafrikanischen Luftstreitkräfte 16, neun gingen nach Libyen für SAR-Aufgaben, 12 (teils mit AM-39 Exocet ausgerüstet) in den Irak und 11 nach China.
Die 7 m lange Kabine des *Super Frelon* in der Transportausführung kann 30 Soldaten oder 15 Tragbahren und zwei Sanitäter aufnehmen oder 4500 kg Fracht. Die Heckladerampe wird hydraulisch betätigt. Von den drei *Turmo IIIC*-Turbinen befinden sich zwei vor dem Rotorgetriebe und die dritte in der Mitte hinter dem Rotorgetriebe.
Neben den militärischen Versionen werden auch zwei zivile Ausführungen mit den Bezeichnungen *SA 321F* (Erstflug am 7. April 1967) als Verkehrs- und *SA 321J* (Erstflug am 6. Juli 1967) als Personen- und Transporthubschrauber in Serie hergestellt. In der schallisolierten, klimatisierten Kabine des *SA 321F* können je nach Ausstattung 34 bis 37 Passagiere befördert werden. Der *SA 321J* verfügt über 27 Sitzplätze, die schnell ein und ausgebaut werden können. Als Transporthubschrauber kann er teilbestuhlt Personen und Fracht, oder als reiner Frachter innen bis zu 4 000 kg, oder außen am Lastengeschirr bis zu 5 000 kg befördern.

SA 315B Lama

Der *SA 315B Lama* verdankt seinen Namen der Tatsache, daß er für Einsätze in hochgelegenen Regionen und bei hohen Umgebungstemperaturen entworfen wurde. Ende 1968 hatten die indischen Streitkräfte ihren Wunsch nach einem leistungsfähigen Hubschrauber geäußert, der im Himalajagebiet eingesetzt werden könnte. Ein ähnlicher Bedarf bestand auch bei den Streitkräften einiger südamerikanischer Länder, die in den Anden stationiert waren. Daraufhin ist von *Sud-Aviation* das Projekt *SA 315B Lama* in Angriff genommen worden. Der Prototyp, der sich äußerlich kaum von dem *Alouette II* unterschied, flog am 17. März 1969 zum erstenmal und erhielt seine Musterzulassung am 30. September 1970.
Strukturell entspricht der *Lama* dem *Alouette II*, jedoch mit einem hohen Kufenlandegestell. Der einzige sofort erkennbare Unterschied besteht aus einem kleinen Kästchen für die elektronische Ausrüstung vorn außerhalb am Cockpitbug. Am 21. Juni 1972 stellte Jean Boulet mit dem *SA 315/001* einen absoluten Höhenweltrekord für Hubschrauber über 12442 m auf.
Bis Ende 1983 sind insgesamt 374 *SA 315B* ausgeliefert worden. In Indien werden für das Heer 120 *SA 315B*, unter dem Namen Cheetah, bei *HAL* in Lizenz gefertigt, für südamerikanische Kunden werden sie in Brasilien bei *Helibras* endmontiert.

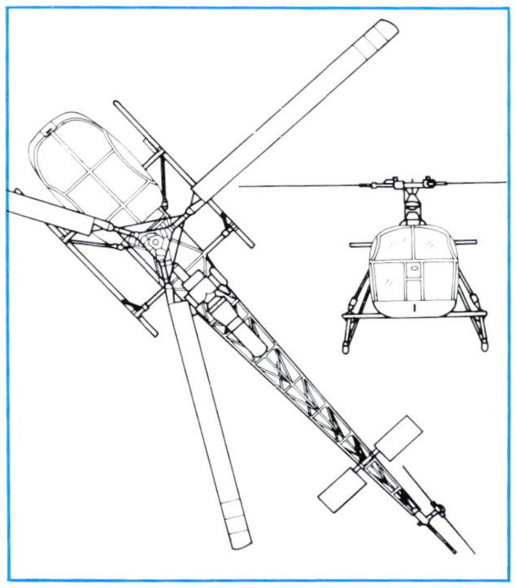

SA 315B Lama
Hersteller: Sud-Aviation/Aérospatiale
Verwendungszweck: 5sitziger Mehrzweckhubschrauber · Baujahr: 1969
Antrieb: *Turboméca Artouste IIIB*, 870 WPS (640 WkW), gedrosselt auf 500 WPS
Rotorkreisdurchmesser: 11,02 m
Länge/Höhe über alles: 12,92 m/3,09 m
Rüstmasse: 1021 kg
Startmasse: 1950 kg, mit Hängelast: 2300 kg
Höchstgeschwindigkeit: 210 km/h
Schwebeflughöhe mit Bodeneffekt: 3750 m
Dienstgipfelhöhe: 4 000 m
Reichweite: 515 km

SA 330 Puma

Der *SA 330 Puma* war das Ergebnis einer 1962 von den französischen Heeresfliegern herausgegebenen Spezifikation für einen allwetterfähigen, mittelschweren Kampfzonen-Tansporthubschrauber, den »hélicoptère de manoeuvre«. Zu diesem Zeitpunkt stellte *Sud-Aviation* zwei abgeänderte Ausführungen des *Sikorsky S-58* fertig, für dessen Produktion sie die Lizenzrechte erworben hatten. Beide Hubschrauber waren mit der *Turboméca Bi-Bastan*-Turbine ausgerüstet worden, und der erste machte am 5. Oktober 1962 seinen Jungfernflug. Aber die Entwicklung des inzwischen technisch veralteten *S-58* wurde nicht weitergeführt.
Sud-Aviation, die über Zeit und Gelegenheit verfügten, um einen eigenen Entwurf zu entwickeln, der einen technologischen Fortschritt repräsentierte, begann mit den Arbeiten am *SA 330*, der von zwei *Turboméca Bastan VII* angetrieben werden sollte. Im Juni 1963 stellte das französische Kriegsministerium 20 Millionen Franc für die Entwicklung des *SA 330* (damals als *Alouette IV* bezeichnet) zur Verfügung. Bei der Auswahl des Antriebes wurden

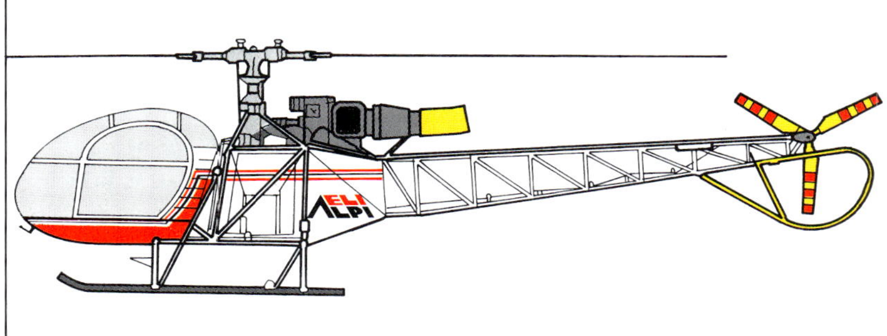

SA 315B Lama – 1969

zwei *Turboméca Turmo IIIC4* vorgezogen, die bereits beim *Super Frelon* erprobt worden waren. Am 15. April 1965 unternahm der erste der beiden Prototypen seinen Jungfernflug.
Äußerlich glich der *SA 330* dem *Super Frelon* mehr als dem *Alouette III*, besonders in der Rumpfstruktur. Die Zuladekapazität übertraf sogar die Forderungen der Spezifikation, der Hubschrauber konnte außer den beiden Besatzungsmitgliedern 18 vollausgerüstete Soldaten transportieren statt der 12 geforderten. Die französischen Heeresflieger (ALAT) zeigten sich von den Ergebnissen der Truppenerprobungen beeindruckt und bestellten 130 *SA 330B*, wie die militärische Bezeichnung lautete, die ab 1969 ausgeliefert wurden.
1967 wählte die Royal Air Force den *Puma* für ihr taktisches Transportprogramm und verlieh mit der Bestellung von 40 Einheiten bei *Westland*, die ihn aufgrund einer Vereinbarung für ein Gemeinschaftsprogramm mit *Sud-Aviation* bauten, der Entwicklung dieses Hubschraubers einen beachtlichen Aufschwung. Je nach Wünschen der Bedarfsträger konnte der *Puma* mit MGs oder Kanonen, mit Raketenbehältern und Lenkflugkörpern ausgerüstet werden. 1969 bestellte auch die Armée de l'Air 30 *Puma*, so daß sich die Anzahl der bei den französischen Streitkräften eingesetzten *SA 330B* auf über 160 erhöhte.
Auch die militärischen Exportversionen *SA 330C/H* sind 1969 in die Serienproduktion gegangen. Die zwischen 1970 und 1971 von *Westland* gefertigten *SA 330E* kamen unter der Bezeichnung *Puma HC.Mk 1* zur RAF. Die Zivilversionen *SA 330F/G* flogen mit zwei *Turboméca Turmo IVA*-Turbinen, sie wurden später durch die 1976 eingeführte Variante *SA 330J* ersetzt. Gleichzeitig mit den zivilen *SA 330J* erschienen die *SA 330L* für militärische Zwecke. Beide hatten *Turboméca Turmo IVC*-Wellenturbinen, Hauptrotorblätter aus Verbundwerkstoffen und eine erhöhte Startmasse von 7400 kg. Insgesamt sind 686 *SA 330 Puma* gebaut worden, von denen die meisten exportiert wurden. Der Bundesgrenzschutz fliegt 22 *SA 330 Puma*, davon zwei *F*, vier *G* und 16 *J*.

SA 330H Puma
Hersteller: Sud-Aviation/Aérospatiale
Verwendungszweck: Mittelschwerer Transporthubschrauber
Baujahr: 1968
Antrieb: 2 *Turboméca Turmo IVC*, je 1575 WPS (1158,4 WkW) ab Ende 1973 eingebaut
Rotorkreisdurchmesser: 15,00 m
Rumpflänge: 14,06 m
Länge/Höhe über alles: 18,15 m/5,14 m
Rüst-/Startmasse: 3536 kg/7000 kg
Höchstgeschwindigkeit: 273 km/h
Schwebeflughöhe mit Bodeneffekt: 2230 m
Dienstgipfelhöhe: 6000 m
Reichweite: 580 km
Zuladung: 2 Piloten und 16 bis 20 Soldaten oder 2500 kg Fracht

AS 332 Super Puma

Der Entschluß für die Entwicklung einer leistungsstärkeren und größeren Variante des *SA 330 Puma* datiert aus dem Jahr 1974. Dem endgültigen neuen Prototyp war ein experimenteller, der *AS 331*, vorausgegangen, der am 5. September 1977, mit einem verstärkten Rotorgetriebe und zwei stärkeren *Turboméca Makila*-Turbinen seinen Erstflug machte. Am 13. September 1978 flog dann der *AS 332 Super Puma* zum erstenmal und stellte eine Reihe weiterer Verbesserungen vor, die sich auf die Nutzlast, die Flugeigenschaften, die Überlebensfähigkeit und eine Reduzierung der Wartung bezogen.
Diese Änderungen schließen auch ein neues stoßabsorbierendes Fahrwerk mit vergrößertem Radstand und Spurweite ein, ferner einen verlängerten vorderen Rumpfabschnitt, leistungsfähigere

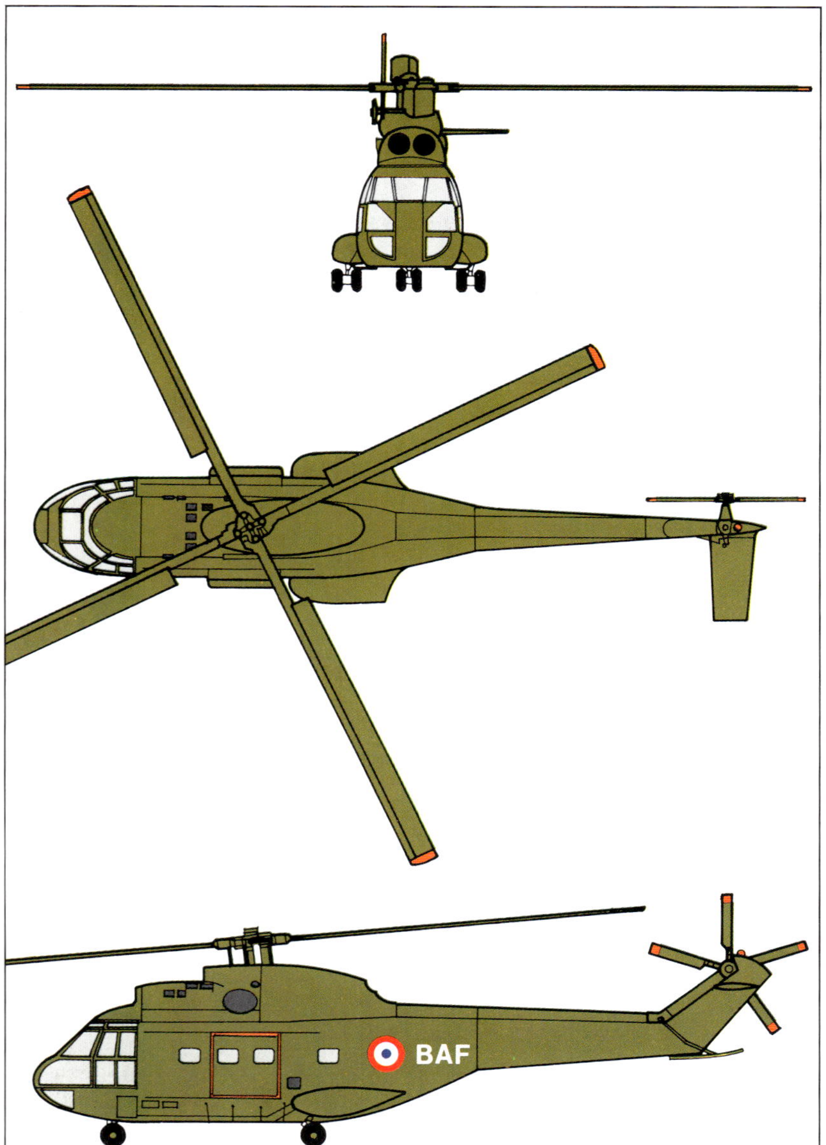

SA 330H Puma – 1968

Einer der zehn *SA 330J Puma* des größten britischen Hubschrauber-Unternehmens Bristow Helicopters. Bristow betreibt weit über 100 Hubschrauber der verschiedensten Typen.

Haupt- und Heckrotorblätter aus Verbundwerkstoffen, eine größere Kraftstoffkapazität sowie eine neue untere Seitenflosse am Heck zur Verbesserung der Steuereigenschaften.
Der vierte, am 10. Oktober 1980 vorgestellte, vorletzte Prototyp besaß eine um 0,76 m gestreckte Kabine mit zwei zusätzlichen Fenstern und Sitze für weitere drei Personen.
Zur Zeit gibt es fünf Hauptversionen, die auf kurzen und langen Rumpfvarianten basieren. Der *AS 332B* ist die Standard-Militärversion für 21 vollausgerüstete Soldaten, und die navalisierte Version, der *AS 332F,* ist für den SAR-Dienst oder zur U-Boot- bzw. Überwasserschiffs-Bekämpfung bestimmt und für letztere Einsatzrolle mit zwei AM-39-Exocet- oder sechs AS-15TT-Lenkflugkörpern oder einem Mix aus beiden ausgerüstet. Das zivile Äquivalent dieser beiden Varianten mit kurzem Rumpf ist der 19sitzige AS 332C. Die beiden gestreckten Versionen sind der Militärtransporter *AS 332M* für 25 vollausgerüstete Soldaten und die 22sitzige Zivilversion *AS 332L.* Dieser wird bevorzugt für Offshore-Einsätze verwendet, besonders im Nordseeraum, wo er seit 1983 von sechs Betreibern geflogen wird. Dazu gehören auch die 34 *AS 332L* von *Bristow Helicopters,* die in *Tiger* umbenannt wurden, um die bessere Ausstattung, nur 19 Sitze im Abstand von 79 cm sowie die dem Luftverkehr entlehnten Kabinenwandverkleidungen usw., gegenüber der 22-sitzigen Standardversion, hervorzuheben.
Bis Ende 1983 sind Bestellungen für 150 *Super Puma* eingegangen, einschließlich der 50 bei *Nurtanio* in Indonesien in Lizenz zusammengebauten.

SA 341/SA 342 Gazelle

Sud-Aviation hatte bereits 1966 mit den Arbeiten an einem *Alouette II*-Nachfolger begonnen. Das Ziel war die Entwicklung eines leichten fünfsitzigen Beobachtungs- und Mehrzweckhubschraubers. Er sollte einige der wichtigsten Baugruppen des *Alouette* übernehmen, aber technisch weniger aufwendig sein. Am 7. April 1967 flog der *SA 340* zum erstenmal mit einer *Turboméca Astazou IIN*-Turbine. Die drei Hauptrotorblätter des gelenklosen Rotors waren aus Glasfaser-Kunststoff und von *Bölkow* in Zusammenarbeit mit *Sud-Aviation* entwickelt worden. Ursprünglich sollte auch der Zweiblatt-Heckrotor durch eine Neukonstruktion, einen ummantelten Heckrotor mit 13 Blättern, von *Sud-Aviation* »Fenestron« genannt, ersetzt werden. Das verwirklichte man aber erst bei dem zweiten Prototyp, der dem Serienhubschrauber *SA 341* schon weitgehend glich und ein Jahr später, nach Änderung des Rotorkopfes, am 17. April 1968, seinen Jungfernflug machte.
Der *SA 341 Gazelle* gehörte zu den Hubschraubern (*Puma* und *Lynx*), die aufgrund einer Vereinbarung zwischen *Westland* und *Sud-Aviation* in einem bilateralen Gemeinschaftsprogramm in Großserie für die britischen und französischen Streitkräfte gebaut werden sollten.
Die *Gazelle* ist als Mehrzweckhubschrauber ausgelegt und kann in der schnittigen, keulenförmig gestalteten Kabine einen Piloten und vier Passagiere mitsamt Gepäck aufnehmen und eine 600 kg schwere Außenlast tragen. Mit einer Marschgeschwindigkeit von 264 km/h und wegen seiner hohen Manövrierfähigkeit ist der Hubschrauber im militärischen Bereich gut geeignet. Seine Bewaffnungsmöglichkeiten sind recht vielfältig und können aus Raketen oder MG-Behältern oder aus Panzerabwehrlenkflugkörpern mit entsprechenden Visier- und Lenkeinrichtungen, bestehen.
Von den britischen Streitkräften werden 225 *SA 341B* als *Gazelle AH.1* bei der Army, 40 *SA 341C* als *Gazelle HT.2* bei der Royal Navy, 34 *SA 341D* als *Gazelle HT.3* (Trainer-Version) bei der RAF und eine *SA 341E* als Gazelle *HCC.4* (Verbindungs-Version) ebenfalls bei der RAF eingesetzt. Die französischen Heeresflieger (ALAT) haben 166 *SA 341F* in Dienst gestellt, von denen 110 in die *341M*-Version mit HOT-Panzerabwehr-Lenkflugkörpern umgerüstet werden. Die militärische Export-Version mit einer *Astazou IIIB*-Turbine läuft unter der Bezeichnung *SA 341H.*
Die *SA 341G*-Zivilversion wurde in den USA von *Vought Helicopters Inc. (VHI)* vertrieben und betreut, die 40 Einheiten verkauften bevor die *VHI* in *Vought Helicopter Corp.* umfirmiert und Tochterfirma von *Aérospatiale* wurde.
Als Weiterentwicklung des *SA 341* erschien der *SA 342* mit der leistungsstärkeren *Turboméca Astazou XIVH*-Turbine, in der militärischen Exportausführung als *342K.* Als *SA 342J* wird eine zivile Version mit verbessertem *Fenestron*-Heckrotor und das militärische Gegenstück als *342L* angeboten, während die französischen Heeresflieger 128 *SA 342M* mit HOT-Panzerabwehrflugkörpern in Dienst stellten.
Bis Anfang 1984 waren über 1140 *SA 341* und *342* in Auftrag gegeben worden, und die Produktion hält bei *Aérospatiale* und *Westland* sowie als Lizenzfertigung bei *Soko* in Jugoslawien, hier als *Gazela,* weiter an.

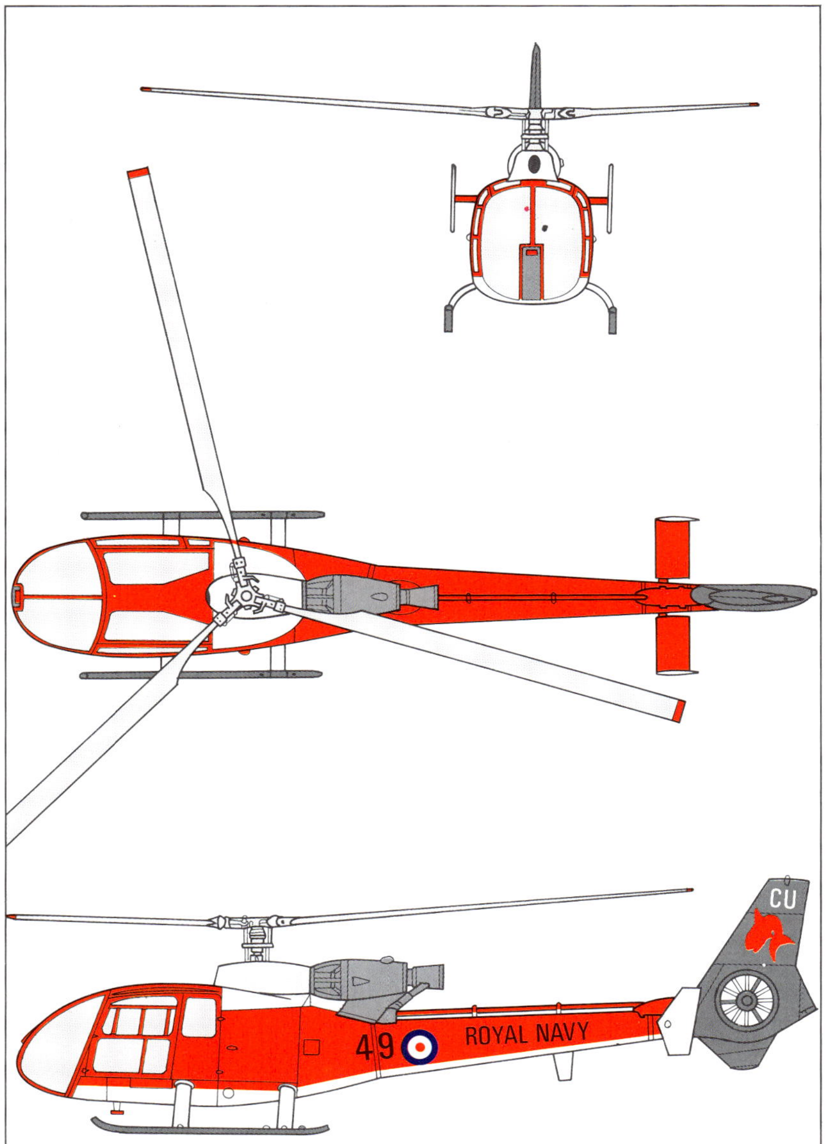

SA 341C Gazelle – 1971

AS 332L Super Puma
Hersteller: Aérospatiale
Verwendungszweck: Mittlerer Transporthubschrauber
Baujahr: 1978
Antrieb: 2 *Turboméca Makila IA,* je 1780 WPS (1309 WkW)
Rotorkreisdurchmesser: 15,60 m
Rumpflänge: 16,25 m
Länge/Höhe über alles: 18,70 m/4,92 m
Rüst-/Startmasse: 4265 kg/8350 kg
Höchstgeschwindigkeit: 296 km/h
Schwebeflughöhe mit Bodeneffekt: 2700 m
Dienstgipfelhöhe: 4600 m
Reichweite: 635 km
Zuladung: 2 Piloten und 22 Passagiere

SA 341C Gazelle
Hersteller: Sud-Aviation/Aérospatiale
Verwendungszweck: 5-sitziger leichter Mehrzweckhubschrauber
Baujahr: 1971
Antrieb: *Turboméca Astazou IIIA,* 592 WPS (435,4 WkW)
Rotorkreisdurchmesser: 10,50 m
Rumpflänge: 9,53 m
Länge über alles: 11,97 m
Höhe über alles: 3,15 m
Rüst-/Startmasse: 917 kg/1800 kg
Höchstgeschwindigkeit: 264 km/h
Schwebeflughöhe mit Bodeneffekt: 2850 m
Dienstgipfelhöhe: 5000 m
Reichweite: 670 km

AS 350/AS 355 Ecureuil

Wenn die *Alouette II* (Lerche) die erste französische Hubschraubergeneration repräsentiert, der *Puma* und die *Gazelle* die zweite Generation darstellt, so ist der *Ecureuil* (Eichhörnchen) ohne Zweifel der Repräsentant einer dritten Generation, und das nicht nur in technologischer Hinsicht, sondern weil es den Ingenieuren in Marignane gelungen ist, die Fertigungsmethoden beim *Ecureuil* auf Fließbandtechniken für Hubschrauber umzustellen, vergleichbar denen beim Automobilbau. Seine hauptsächlichste Neuerung ist der von *Aérospatiale* entwickelte Starflex-Rotokopf aus GFK-Verbundwerkstoff, der mit einem Viertel der Teile eines klassischen Gelenkkopfes auskommt und sehr wartungsarm ist. Die Verwendung von Kunststoffen und vorgefertigten Teilen hat wesentlich zur Vereinfachung des Produktionsvorganges beigetragen. Die gewöhnlich in Rotornaben befindlichen Lager sind durch wartungsfreie, kugelförmige Drucklager aus laminiertem Kunststoff (Elastometerlager) ersetzt worden.
Der erste Prototyp in der *AS 350C*-Ausführung mit einer *Lycoming LTS101*-Turbine flog am 27. Juni 1974 und der zweite in der *AS 350B*-Ausführung mit einer etwas stärkeren *Turboméca Arriel* am 14. Februar 1975. Bis Ende Dezember des gleichen Jahres konnte *Aérospatiale* bereits 459 Bestellungen verbuchen. Als Zivilhubschrauber war der *Ecureuil,* der in den USA *Astar* genannt wird, ein großer Erfolg. Anfang 1984 waren schon über 700 ausgeliefert.

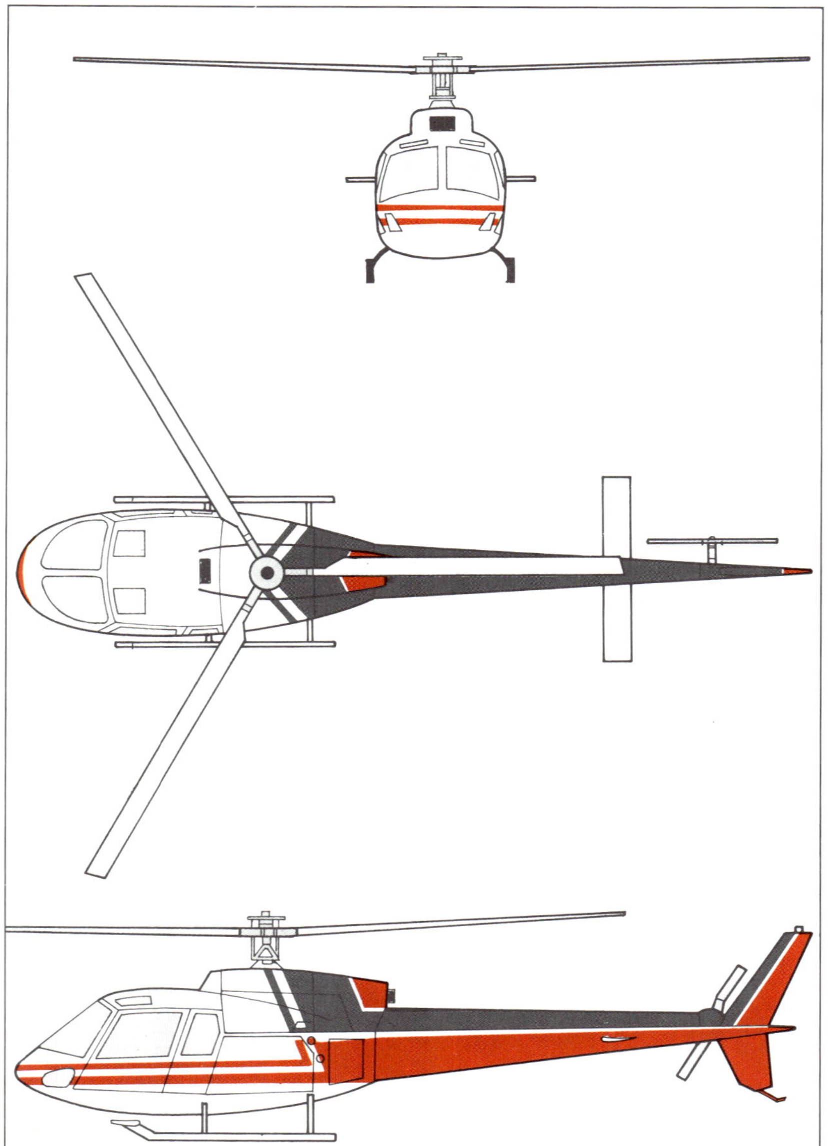

AS 350 Ecureuil I – 1975

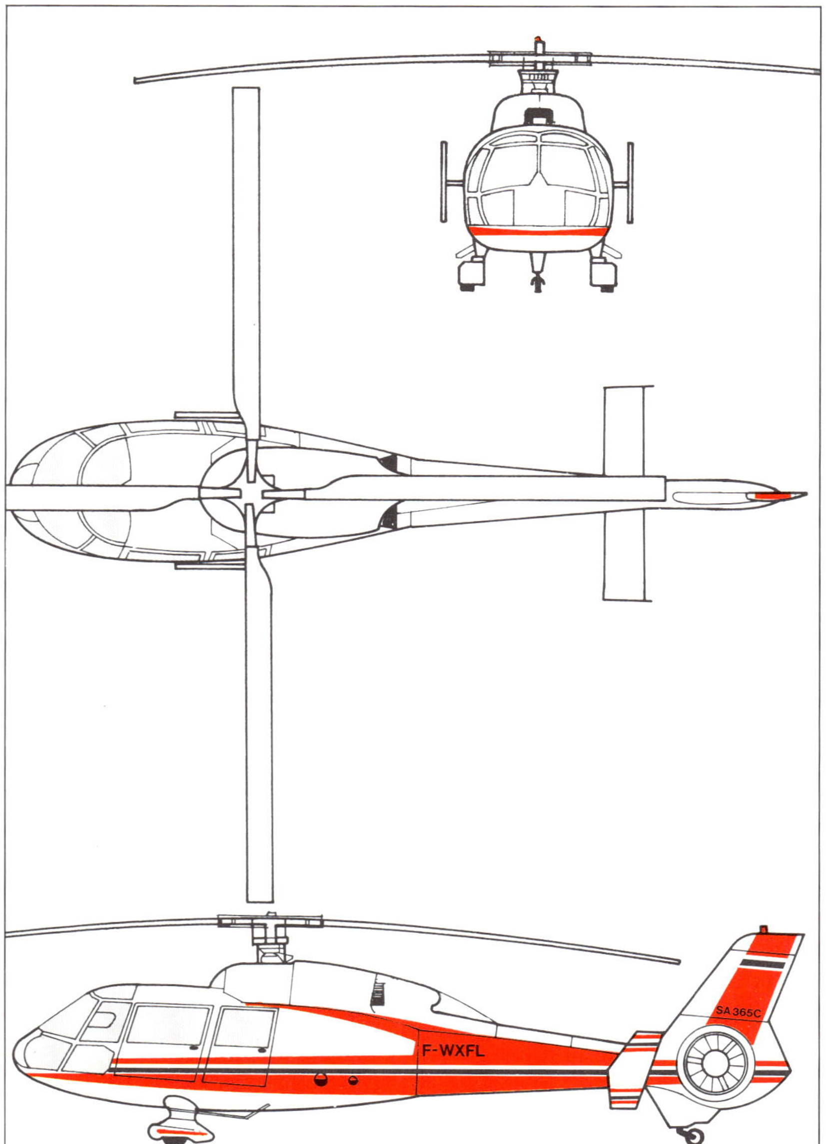

SA 365C Dauphin 2 – 1975

Der Bedarf für einen leichten, für den IFR-Flugbetrieb zugelassenen Zweiturbinen-Hubschrauber, besonders in den USA für Offshore-Einsätze, veranlaßte *Aérospatiale,* eine leistungsfähigere Version, den *Ecureuil 2* oder *Twinstar,* zu entwickeln, der von zwei *Allison 250-C20F*-Turbinen angetrieben wird. Der *AS 355E Ecureuil 2* machte am 27. September 1979 seinen Erstflug. Dem *AS 355E* folgten der verbesserte *AS 355F,* der *F1* mit vergrößerter Startmasse sowie die militärische *355M-version,* die wie der *350L* eine leichte Bewaffnung tragen kann und von der 50 Einheiten von den französischen Heeresfliegern in Auftrag gegeben worden sind. Weltweit wurden bis Anfang 1984 über 500 *Ecureuil 2* bestellt.

AS 350B Ecureuil I
Hersteller: Aérospatiale
Verwendungszweck: 6sitziger leichter Mehrzweckhubschrauber
Baujahr: 1975
Antrieb: *Turboméca Arriel,* 641 WPS (471,4 WkW)
Rotorkreisdurchmesser: 10,69 m
Rumpflänge: 10,91 m
Länge über alles: 12,99 m
Höhe über alles: 3,08 m
Rüstmasse: 1027 kg
Startmasse: 1900 kg
Höchstgeschwindigkeit: 272 km/h
Schwebeflughöhe mit Bodeneffekt: 3250 m
Dienstgipfelhöhe: 5000 m
Reichweite: 710 km

SA 360/SA 365 Dauphin

Der als Ersatz für den *Alouette III* entwickelte Hubschrauber *SA 360 Dauphin* (Thronfolger) wurde erstmals 1973 auf dem Pariser Aero-Salon der Öffentlichkeit vorgeführt, obwohl der erste der beiden Prototypen bereits ein Jahr zuvor, am 2. Juni 1972 mit einer *Astazou XVI*-Turbine geflogen war. Er besaß einen Vierblatt-Hauptrotor mit den gleichen Blättern wie der *Alouette III,* das charakteristische Leitwerk mit Stabilisierungsflächen mit Endscheiben, einen ummantelten Heckrotor (Fenestron) in der gepfeilten Seitenflosse, wie die Gazelle, und einen vollverglasten vorderen Rumpfabschnitt. Nach 180 Flügen wurde der Prototyp mit einem *Astazou XVIIIA*-Triebwerk und neuen GFK-Rotorblättern umgerüstet und so modifiziert, daß die Vibrationen beim Schnellflug und die Bodenresonanzen eliminiert werden konnten.
Am 15., 16. und 17. Mai 1973 stellte Roland Coffignot mit dem *SA 360/001* in Istres drei Geschwindigkeitsweltrekorde auf. Mit einer Zuladung, die dem Gewicht von acht Passagieren entsprach und einem Kraftstoffvorrat für eine Flugstunde, flog er mit 299,000 km/h auf geschlossenem Kurs über 100 km, mit 312,000 km/h über der 3 km Basis und mit 303,000 km/h über der 15 km Basis.
Der zweite Prototyp, der am 29. Januar 1973 erstmals flog, erhielt neue GFK-Rotorblätter und hatte den geänderten, für die Serie vorgesehenen, leicht abgestuften Rumpfbug.
Die Serienproduktion des *Dauphin* begann 1974 mit dem *SA 360C,* aber der Markt war für diesen mittleren einmotorigen zehnsitzigen Hubschrauber begrenzt, der sich außerdem als zu leistungsschwach erwies. So sah sich *Aérospatiale* Ende 1976 mit nicht weniger als 15 fertiggestellten *Dauphin*-Zellen in Zivilausführung konfrontiert und wartete auf Kunden. In der Zwischenzeit war ein Prototyp für die geplante militärische *SA 361H*-Version mit einer *Astazou XXB*-Turbine

SA 365C Dauphin 2
Hersteller: Aérospatiale
Verwendungszweck: Leichter 10-sitziger Mehrzweckhubschrauber
Baujahr: 1975
Antrieb: 2 *Turboméca Arriel,* je 650 WPS (478 WkW)
Rotorkreisdurchmesser: 11,68 m
Rumpflänge: 10,98 m
Länge über alles: 13,29 m
Höhe über alles: 3,54 m
Rüstmasse: 1825 kg
Startmasse: 3400 kg
Höchstgeschwindigkeit: 280 km/h
Schwebeflughöhe mit Bodeneffekt: 2050 m
Dienstgipfelhöhe: 4575 m
Reichweite: 550 km

Die geplante militärische Ausführung des zivilen *SA 360C Dauphin*, der *SA 361H*, wurde nur als Prototyp gebaut. Hier der unbewaffnete, aber mit einem Dachvisier ausgestattete Prototyp.

und einem Starflex-Rotorkopf entwickelt worden.
Nach der Fertigung von 34 einmotorigen *Dauphin* wurde die Produktion eingestellt; aber man experimentierte mit dem militärischen Prototyp weiter. In der *SA 361H/HCL* (Helicoptère de Combat Léger)-Ausführung sollte er acht HOT-Panzerabwehr-Lenkflugkörper tragen und mit einer von SFIM entwickelten stabilisierten Plattform in einer sphärischen Kuppel am Bug nachtkampftauglich werden.
Die 1973 angekündigte, auf dem *SA 360* basierende zweimotorige Version des *Dauphin* flog mit zwei *Arriel*-Turbinen am 24. Januar 1975 unter der Bezeichnung *SA 365C Dauphin 2*. Der Erstflug des *SA 366*, ausgerüstet mit zwei *Avco Lycoming LTS101*-Turbinen, erfolgte zwei Tage danach. Die Produktion des *Dauphin 2*, der einen Starflex-Hauptrotor erhielt und je nach Wunsch mit festem Dreipunktfahrwerk oder Kufenlandegestell geliefert werden konnte, begann 1977; seitdem ist die Nachfrage nach diesem Hubschrauber ständig gestiegen.
Über 70 der *SA 365C*-Version sind an zivile Betreiber verkauft worden. Von diesem Modell ist dann die wesentlich verbesserte Variante *AS 365N* (Erstflug am 31. März 1979) abgeleitet worden, die äußerlich ihrem Vorgänger gleicht, aber tatsächlich zu 90% aus neuen oder verbesserten Teilen besteht. Diese erstrecken sich auf eine vermehrte Verwendung von Verbundwerkstoffen, auf einen aerodynamisch verbesserten Rumpf und auf ein einziehbares Bugradfahrwerk.
Zum gegenwärtigen Zeitpunkt werden vier *Dauphin 2*-Versionen produziert: der zivile 10-14sitzige *SA 365N*, der militärische *SA 365M*, mit zwei *Turboméca TM333* anstelle der *Arriel*-Turbinen; der navalisierte *SA 365F* mit faltbaren Rotorblättern, und schließlich der *SA 366G Dolphin*, Gewinner der Ausschreibung der US Küstenwache für einen »Short Range Recovery (SRR)«-Hubschrauber, der die US-Bezeichnung *HH-65A Seaguard* erhielt. Diese Variante (Erstflug am 23. Juli 1980) ist mit zwei je 618-WPS(454 WkW)-*Avco Lycoming LTS101-750A1*-Turbinen ausgerüstet, hat als erster Hubschrauber ein Instrumentenbrett mit elektronischen (CRT) Bildschirmgeräten und eine Kabine, in der drei Tragbahren und vier Pfleger aufgenommen werden können. Seine Startmasse ist auf 3900 kg erhöht, der Durchmesser des *Fenestron* von 0,90 auf 1,10 m vergrößert und die Blätterzahl von 14 auf 11 verringert worden. Insgesamt sollen bis 1985 alle 90 georderten *SA 366G/HH-65A* an die USCG ausgeliefert worden sein.
Einer der ersten SA 365N flog im Februar 1980 mit sechs Personen an Bord vom Paris Heliport (Issy les Moulineaux) zum London Heliport (Battersea) in der Rekordzeit von einer Stunde und drei Minuten, was einer Durchschnittsgeschwindigkeit von 321,900 km/h entspricht.
1984 betrug die monatliche Produktionsrate acht SA 365N, und 70 waren von den zu Anfang des Jahres vorliegenden 430 Bestellungen bereits ausgeliefert worden.

U-W

Jakowlew Jak-24, *siehe* Seite 119
Jakowlew Jak-100, *siehe* Seite 119

Kamow Ka-10, *siehe* Seite 138

Smolensk, *siehe* Seite 138

VFW-Fokker H3 Sprinter, *siehe* Seite 125

Wagner Sky-Trac, *siehe* Seite 125
Westland Lynx 3, *siehe* Seite 138
WSK-PZL Kania/Kitty Hawk/Sokol, *siehe* Seite 125

Umbaugh
Umbaugh Company (USA)

Diese Firma hatte Ende der 50er Jahre mit dem Bau eines leichten Tragschraubers begonnen und in Zusammenarbeit mit *Fairchild Engine* and *Airplane Corporation* das *Umbaugh 18*-Autogiro konstruiert.

Umbaugh Model 18
An das 1960 gemeinsam mit der *Fairchild Engine and Airplane Corporation* entwickelte zweisitzige *Umbaugh*-Autogiro hatten seine Konstrukteure hohe Erwartungen geknüpft. Aber nach den ersten zwei Prototypen konnten tatsächlich nur wenige gefertigt werden, da die sehr hohen Kosten die Verkaufsmöglichkeiten einschränkten. Der in Halbschalenbauweise gefertigte Rumpf hatte in der Kabine zwei hintereinander angeordnete Sitze und Doppelsteuerung, der kleine tiefangesetzte Heckausleger trug ein dreifaches Seitenleitwerk. Ein 180-PS(132,4 kW)-4-Zyl.-*Lycoming*-Boxermotor, der einen Druckpropeller antrieb, war im hinteren Rumpfabschnitt eingebaut. Der Dreiblattrotor konnte für einen Sprungstart vorher in Umdrehung gesetzt werden.

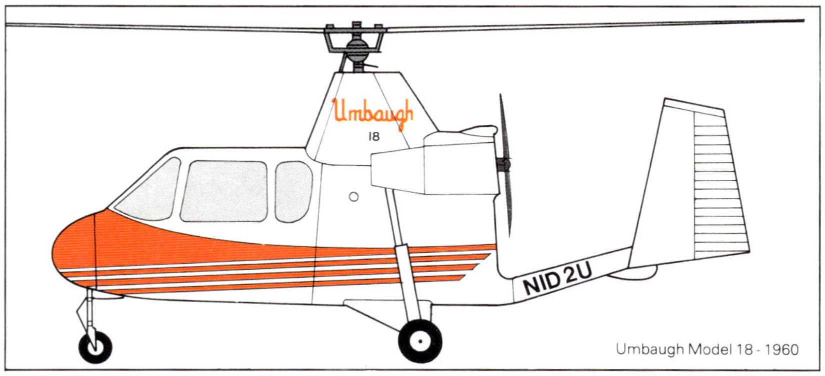

Umbaugh Model 18 - 1960

Umbaugh 18
Hersteller: Umbaugh Aircraft Corporation
Verwendungszweck: 2-sitziger leichter Tragschrauber
Baujahr: 1960
Antrieb: *Lycoming 0360*, 180 PS (132,4 kW)
Rotorkreisdurchmesser: 10,67 m
Rumpflänge: 6,50 m
Länge über alles: 9,27 m
Höhe über alles: 3,05 m
Rüst-/Startmasse: 550 kg/815 kg
Höchstgeschwindigkeit: 202 km/h
Dienstgipfelhöhe: 4570 m
Reichweite: 560 km

Wallis
Wallis Autogyros Ltd.
(Großbritannien)

Diese kleine Firma ist 1961 von Wing Commander K.H. Wallis gegründet worden und hat eine große Auswahl an kleinen Tragschraubern für Spezialzwecke hergestellt.

Wallis WA-116/122
Wing Commander K.H. Wallis flog im August 1961 seinen ersten ultraleichten Tragschrauber, den *WA-116*, der eine modifizierte Ausführung des *Bensen B-8M Gyro-Copter* war. Der Druckpropeller wurde, wie beim *Bensen*, von einem 4-Zyl.-*McCulloch*-Boxermotor angetrieben. 1969 begann er mit der Konstruktion einer zweisitzigen Variante, dem *WA-116-T*. Danach erprobte Wallis einen Vierblattrotor und baute schließlich den mit einem *Franklin 2A-120*-Motor ausgestatteten *WA-116/F*, mit dem er im Juli 1974 einen Weltrekord auf einem geschlossenen Kurs über 670,360 km aufstellte und dabei auf geschlossenem Kurs über 100 km und über 500 km die Weltrekordgeschwindigkeiten in seiner Klasse von 130,670 resp. 126,140 km/h flog.

Wallis WA-116/F
Hersteller: Wallis Autogyros Ltd.
Verwendungszweck: 1-sitziger ultraleichter Tragschrauber
Baujahr: 1969
Antrieb: *McCulloch 4318E*, 72 PS (53 kW)
Rotorkreisdurchmesser: 6,20 m
Rumpflänge: 3,38 m
Höhe: 1,85 m
Rüstmasse: 143 kg
Startmasse: 317 kg
Höchstgeschwindigkeit: 160 km/h
Dienstgipfelhöhe: über 3000 m
Reichweite: 1207 km mit Zusatztank

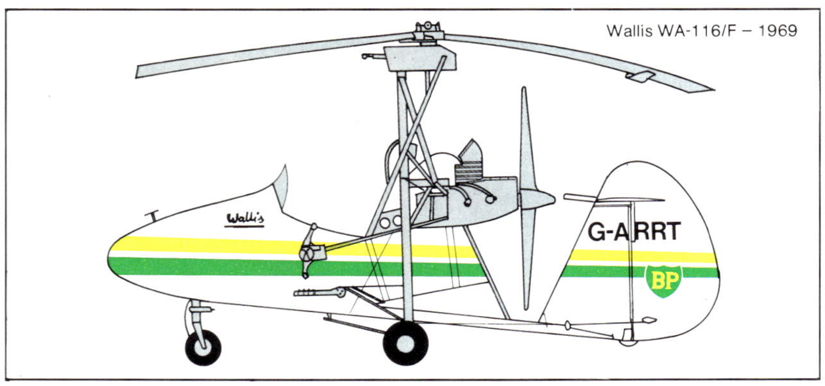

Wallis WA-116/F – 1969

Die Tragschrauber von Wallis verwenden die unterschiedlichsten Motoren und werden gern für Forschungsprogramme eingesetzt, einschließlich eines von Plessey-Radar geförderten.
1983 wurde gemeinsam mit *Vinten Ltd.* die Entwicklung eines von einem *Weslake*-Boxermotor angetriebenen Tragschraubers aufgenommen, der für halbmilitärische Zwecke, für Polizei- und Vermessungsdienste eingesetzt werden soll.

Westland
Westland Helicopters Ltd.
(Großbritannien)

Bei dem großen Bedarf an Flugzeugen im Ersten Weltkrieg entstand in Großbritannien eine Anzahl neuer Produktionsstätten, die den Lizenzbau von Kriegsflugzeugen aufnahmen; unter ihnen *Westland*, eine Firma, die im April 1915 gegründet wurde, und deren Produktion mit der Serienfertigung von *Short*-Seeflugzeugen anlief. Gegen Ende des Krieges beschloß das junge Unternehmen seine eigenen Entwürfe zu entwickeln. 1935 änderten die Westland Aircraft Works ihren Namen in Westland Aircraft, Ltd.
Erst nach dem Zweiten Weltkrieg beschloß Westland auch auf dem Drehflügelflugzeug-Sektor tätig zu werden und erwarb zunächst von *Sikorsky* eine Lizenz, um den *S-51* zu bauen. Auf sanften Druck der Regierung übernahm Westland 1959 *Saunders-Roe*, die ihrerseits vorher *Cierva Autogiro* übernommen hatten, und 1960 kamen noch die Hubschrauber-Unternehmensbereiche der Firmen *Bristol* und *Fairey* hinzu. Im Oktober 1966 wurde aus der Westland Aircraft Ltd. die Westland Helicopters Ltd.. Heute befindet sich der Hauptgeschäftssitz von Westland Helicopters in Yeovil, mit Unterabteilungen in Cowes und Weston-super-Mare.
Der *Wessex*-Hubschrauber ist weiterentwickelt und in Großserie gebaut worden. Die bei der Übernahme der Firmen *Bristol* und *Saunders-Roe* zu Westland gekommenen Hubschrauberentwürfe wurden ebenfalls teilweise weiterentwickelt und gebaut. Im Juni 1966 begann Westland mit der Lizenzfertigung des *Sikorsky SH-3 (S-61 B)* und unterzeichnete im Februar 1967 ein bilaterales Gemeinschaftsprogramm mit *Sud-Aviation*, heute *Aérospatiale*, für die Koproduktion der drei Hubschrauber *Puma, Gazelle* und *Lynx*. Die jüngste Entwicklung ist der militärische und zivile Dreiturbinen-Mehrzweckhubschrauber *EH101* des Gemeinschaftsunternehmens *E.H. Industries Ltd.* unter der gemeinsamen Leitung von *Westland* und *Agusta*.

Westland Westminster

Diese eigene Entwicklung von *Westland* verwendete das Getriebesystem, die Fünfblatt-Haupt- und Vierblatt-Heckrotoren und die hydraulischen Steuerorgane des *Sikorsky S-56*. Die beiden *Napier Eland*-Propellerturbinen waren oberhalb des Rumpfes, einer Stahlrohrkonstruktion, angeordnet. Der Prototyp flog am 15. Juni 1958. Den *Westminster* hatte man als fliegenden Kran oder als Transporthubschrauber für zivile oder militärische Verwendung vorgesehen, aber das Projekt wurde nach dem Bau des zweiten Prototyps (Erstflug am 4. September 1959) eingestellt. Antrieb: Zwei *Napier Eland E. 229A*, je 2800 WPS (2059,4 WkW). Rotorkreisdurchmesser: 21,95 m. Länge über alles: 27,40 m. Höhe: 5,04 m. Rüstmasse: 10 125 kg. Startmass: 16 345 kg. Höchstgeschwindigkeit: 185 km/h. Schwebeflughöhe mit Bodeneffekt: 2 750 m. Reichweite: 330 km. Passagierzahl: 45.

Westland Whirlwind

Die ersten von der Royal Navy in Dienst gestellten *S-55* sind noch von *Sikorsky* gebaut worden. Dann nahm *Westland* die Lizenzproduktion auf, und am 12. November 1952 flog in Yeovil der erste der in Großbritannien gefertigten *S-55*.
Wie einige amerikanische Ausführungen hatten auch die ersten *Whirlwind Series 2*, wie sie nun bezeichnet wurden, die 600-PS (441,3 kW)-*Pratt & Whitney R-1340-40 Wasp*-Sternmotoren. Nach der Navy bestellte auch die Royal Air Force diesen Hubschrauber für SAR- und für Transportdienste, als *Whirlwind H.A.R. Mk.2*, der sich von der *H.A.R. Mk.1* der Royal Navy nur durch eine andere Ausrüstung unterschied. Er kam 1955 zum Transport- und zum Küstenkommando der RAF. Mit *Wright R-1300*-Sternmotoren ging 1953 der *Whirlwind H.A.R.3* in die Produktion für die Royal Navy, die ihn jahrelang von Schiffen und von Küstenstationen aus einsetzten. Die darauffolgende RAF-Version *H.A.R.4* wurde für den Tropeneinsatz modifiziert und erhielt als neuen Antrieb den *Pratt & Whitney R-1340-57*. Diese Version ist in Malaysia verwendet worden.
Als *Westland* mit der Lizenzherstellung des *S-55* begann, wurde schon damals der Einbau eines britischen Triebwerks in Erwägung gezogen. Bis zum Vorhandensein eines solchen geeigneten Antriebs mußte man auf amerikanische zurückgreifen. Um dem abzuhelfen, entwickelte Alvis den *Leonides Major*, ein 14-Zyl.-Doppelsternmotor, der 880 PS (647 kW), gedrosselt auf 750 PS (551,6 kW) Startleistung, lieferte. Der erste dieser mit dem neuen Antrieb ausgerüsteten *Whirlwind*-Hubschrauber flog am 28. August 1955. Er wurde bei der Army als *H.A.R.5* eingesetzt. Ihm folgte 1956 die U-Boot-Bekämpfungsversion *H.A.S.7* mit gleichem Triebwerk, um die *Fairey Gannet A.S. Mk.1*-U-Bootjäger abzulösen.

Westland Whirlwind Series 3 – 1959

Westland Whirlwind H.A.R.5
Hersteller: Westland Aircraft Ltd.
Verwendungszweck: 10-sitziger Mehrzweckhubschrauber
Baujahr: 1955
Antrieb: *Alvis Leonides Major 755*, gedrosselt auf 750 PS (551,6 kW)
Rotorkreisdurchmesser: 16,15 m
Rumpflänge: 12,71 m
Länge über alles: 18,95 m
Höhe über alles: 4,06 m
Rüstmasse: 2531 kg
Startmasse: 3538 kg
Höchstgeschwindigkeit: 175 km/h
Schwebeflughöhe mit Bodeneffekt: 1680 m
Reichweite: 570 km

Westland Whirlwind Series 3
Hersteller: Westland Aircraft Ltd.
Verwendungszweck: 12-sitziger Mehrzweckhubschrauber
Baujahr: 1959
Antrieb: *De Havilland Gnome H.1000*, 1050 WPS (772,2 WkW)
Rotorkreisdurchmesser: 16,15 m
Rumpflänge: 13,46 m
Höhe: 4,76 m
Rüstmasse: 2130 kg
Startmasse: 3630 kg
Höchstgeschwindigkeit: 175 km/h
Schwebeflughöhe mit Bodeneffekt: 4820 m
Dienstgipfelhöhe: 5000 m
Reichweite: 510 km

Inzwischen war bei *Westland* die Entwicklung einer turbinengetriebenen Version des *Whirlwind* aufgenommen worden, die zunächst mit einer *General Electric T58* und dann mit der stärkeren *De Havilland Gnome*-Turbine ausgerüstet wurde.
Der Prototyp dieser *Whirlwind Series 3* machte am 28. Februar 1959 seinen Jungfernflug. Der Rumpfbug war neu gestaltet worden und ermöglichte dadurch eine bessere Sicht vom Cockpit aus, als sie bei der Kolbenmotorversion vorhanden war.

Die Zuladung des *Whirlwind Srs.3* war von 568 auf 836 kg gesteigert worden, er konnte zehn Personen oder sechs Tragbahren oder eine vergleichbare Ladung befördern. Ab 1960 diente der *Whirlwind H.A.R. 10* beim Transport- und Küstenkommando der RAF als Mehrzweckhubschrauber. Von den über 400 gebauten *Whirlwind* sind an die 100 nach Brasilien, Frankreich, Ghana, Iran, Jordanien, Jugoslawien, Kanada, Kuba, Kuweit, Österreich, Saudi-Arabien und Spanien exportiert worden.

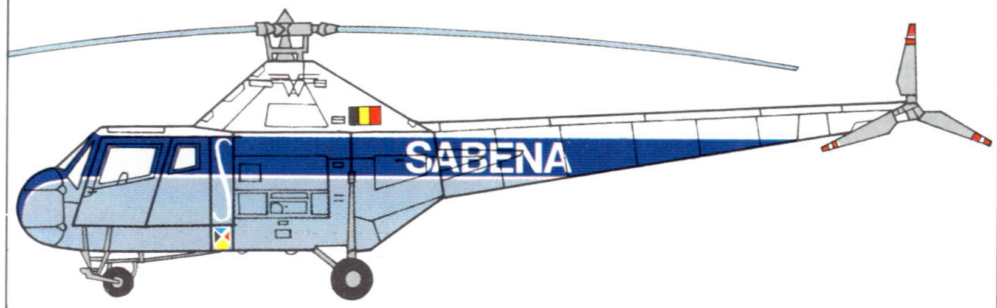

Westland Widgeon – 1955

Westland Widgeon

Anfang 1947 hatte in Großbritannien die lange Zusammenarbeit zwischen *Sikorsky* und *Westland* mit dem Lizenzbau des *S-51*, als *Dragonfly*, begonnen, von dem bis zum Erscheinen des *Westland Widgeon*, Ende 1955, 133 gefertigt wurden. Der *Widgeon*, der am 23. August 1955 seinen Erstflug machte, war eine Ableitung des *Dragonfly* und besaß eine neukonstruierte Kabine, die außer den Piloten vier Personen aufnehmen konnte und einen Dreiblatt-Haupt- und Heckrotor, der von einem 500-PS(367,7 kW)-*Alvis Leonides*-Sternmotor angetrieben wurde. Über 15 *Widgeon* sind neben der Serienproduktion des größeren *Whirlwind* gebaut worden.

Einige davon waren Geschäftsreise-Ausführungen, andere Ambulanzhubschrauber, die Platz für zwei Tragbahren und einen Pfleger aufnehmen konnten, und er wurde auch für Rettungseinsätze mit einer Rettungswinde von 455 kg Traglast angeboten. Außer den Streitkräften von Brasilien und Jordanien, die einige *Widgeon* erworben hatten sowie einigen zivilen Käufern war der Hauptbetreiber dieses Hubschraubers die Polizei in Hongkong, die ihn zur Hafenüberwachung einsetzte.

Westland Widgeon
Hersteller: Westland Aircraft Ltd.
Verwendungszweck: 5-sitziger Mehrzweckhubschrauber
Baujahr: 1955
Antrieb: *Alvis Leonides 521/2*, 500 PS (367,7 kW)
Rotorkreisdurchmesser: 14,99 m
Rumpflänge: 12,44 m
Höhe: 4,04 m
Rüstmasse: 2007 kg
Startmasse: 2676 kg
Höchstgeschwindigkeit: 167 km/h
Schwebeflughöhe mit Bodeneffekt: 1525 m
Dienstgipfelhöhe: 3100 m
Reichweite: 500 km

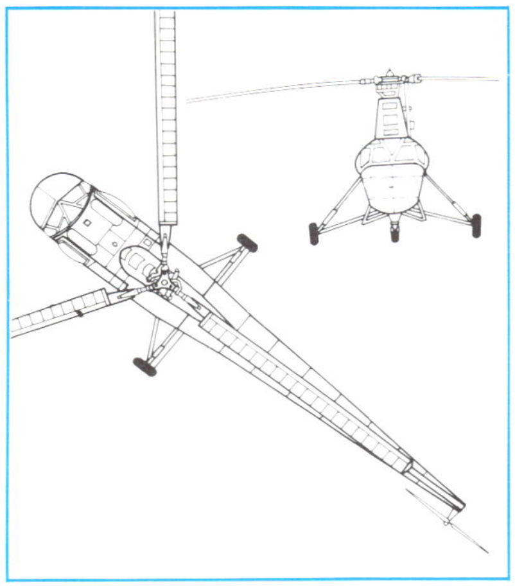

Westland Scout AH.Mk 1
Hersteller: Westland Aircraft Ltd.
Verwendungszweck: 5sitziger Mehrzweckhubschrauber
Baujahr: 1961
Antrieb: *Rolls-Royce/Bristol Nimbus 101/102*, 685 WPS (504 WkW) gedrosselt
Rotorkreisdurchmesser: 9,83 m
Rumpflänge: 9,24 m
Länge über alles: 12,29 m
Höhe über alles: 3,56 m
Rüstmasse: 1465 kg
Startmasse: 2405 kg
Höchstgeschwindigkeit: 211 km/h
Dienstgipfelhöhe: 4085 m
Reichweite: 510 km

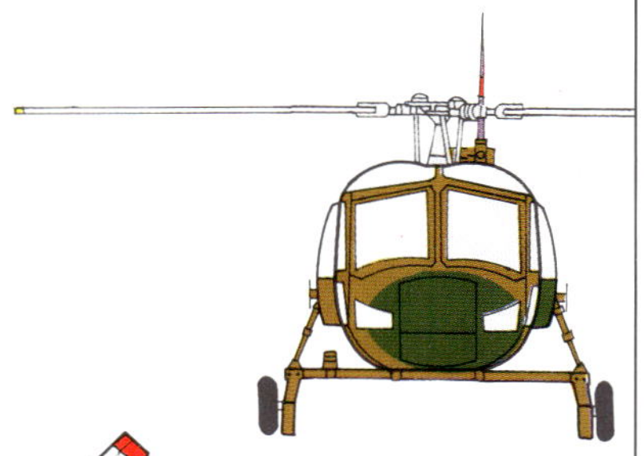

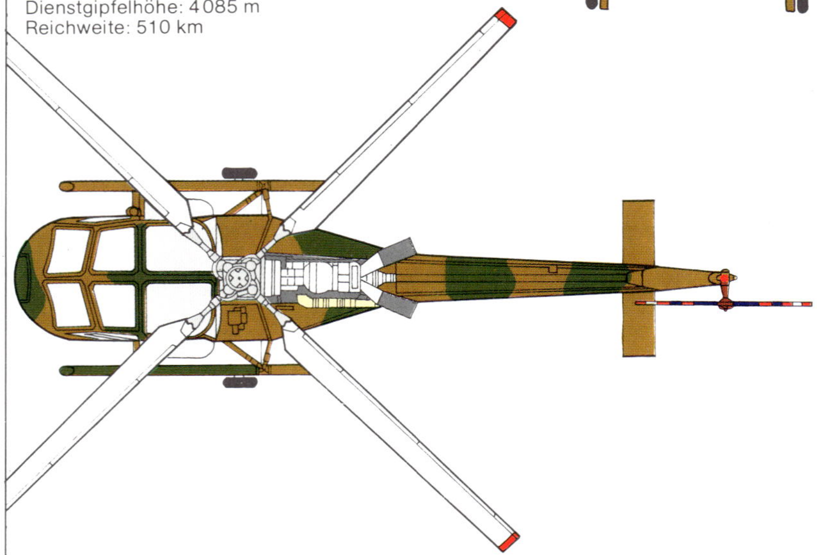

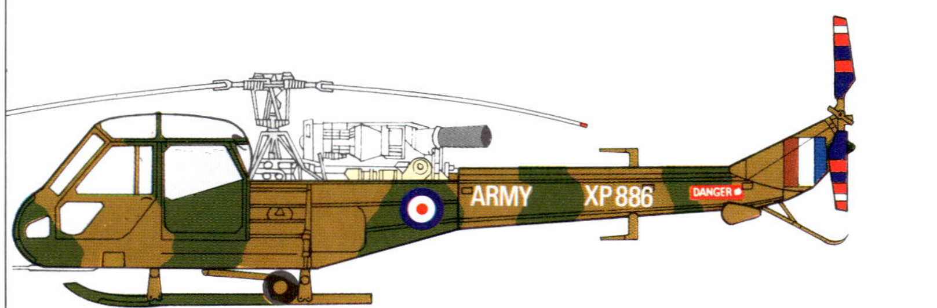

Westland Scout AH Mk.1 - 1961

Westland Wasp/Scout

Die Entwicklung der *Wasp/Scout*-Familie begann 1957, als *Saunders-Roe Ltd.* den Bau eines Nachfolgemusters für den *Skeeter* in Erwägung zog. Basierend auf diesem früheren Modell, sollte ein Hubschrauber moderner Bauart und mit fortschrittlicherem Triebwerk geschaffen werden. Das Ergebnis war der *Saunders-Roe P.531*, dessen erster Prototyp mit einer 400-WPS (294,2 WkW)-, auf 325 WPS (239 WkW) gedrosselten *Blackburn Turboméca Turmo 603*-Turbine am 20. Juli 1958 erstmals flog, gefolgt vom zweiten Prototyp am 30. September mit gleichem Triebwerk.

Nachdem *Westland* 1959 *Saunders-Roe* übernommen hatte, beschloß man, die Entwicklung dieses interessanten Leichthubschraubers fortzusetzen. Zwei weitere Prototypen wurden fertiggestellt, der erste flog am 9. August 1959 mit einer auf 635 WPS (467 WkW) gedrosselten 1050-WPS-(772,2 WkW)-*Bristol Siddeley Nimbus*-Turbine und der zweite am 3. Mai 1960 mit einer auf 685 WPS (504 WkW) gedrosselten *de Havilland Gnome H.1000*-Turbine.

Die British Army bestellte ein Vorserien-Modell (Erstflug am 4. August 1960), dem im September 1960 ein Auftrag über 66 des *P.531-2 Scout AH.Mk 1* mit *Rolls-Royce Bristol Nimbus 101/102*-Antrieb von 980 WPS (722 WkW), gedrosselt auf 685 WPS (504 WkW), folgte. Eine weitere Bestellung von 40 Hubschraubern ging im September 1964 ein.

Der *Scout* besaß ein Kufenlandegestell und war für alle Aufgaben eines Leichthubschraubers geeignet, d.h. für Beobachtungs- und Verbindungs-, für Schulungs- und SAR-Einsätze. Einige Aufträge kamen aus dem Ausland, von der Polizei in Bahrain (2), von den Streitkräften Ugandas (2), von der Royal Australian Navy (2) und der Royal Jordanien Air Force (3). Insgesamt sind bis zur Produktionseinstellung im Jahre 1970 150 *Scout* gebaut worden, und obwohl ihre Leistungen nicht überdurchschnittlich waren, spielten sie doch in der British Army die Rolle, die von der *Bell 206* in vielen anderen Armeen eingenommen wurde. Erst der *Westland Lynx* konnte später die Bedeutung des *Scout* übertreffen.

Die Entwicklung der Marine-Version *Wasp* verlief mehr oder weniger parallel, dauerte aber länger. Die Royal Navy verwendete einen der Prototypen, die mit höherem Landekufengestell für Decklandungen modifiziert waren, und bestellte auch zwei *P.531* mit *Nimbus*-Turbinen für Decklandungs- und Einsatzerprobungen. Die drei Hubschrauber führten im November 1959 eine beachtliche Anzahl von Start- und Landeversuchen, von Bord des Geleitschiffes »HMS Undaunted« aus, durch.

Die endgültige *Wasp*-Version sollte hauptsächlich zur U-Boot-Bekämpfung, von Bord der Fregatten der *Tribal*- und *Leander*-Klasse aus, eingesetzt werden. Für diesen Zweck konnte der *Wasp* eine 250 kg schwere Waffenlast, die aus zwei zielsuchenden Mk-44-Torpedos oder dem entsprechenden Gewicht an Wasserbomben bestand, tragen. Im September 1961 war diese Ausführung für die Royal Navy mit der Bezeichnung *Wasp HAS.Mk 1* (der erste flog am 28. Oktober 1962 mit einer auf 710 WPS (522,2 WkW) gedrosselten 980-WPS(722 WkW)-*Nimbus*-Turbine) in Auf-

Westland Wasp HAS.Mk 1
Hersteller: Westland Aircraft Ltd.
Verwendungszweck: 5sitziger Mehrzweck- und U-Boot-Bekämpfungs-Hubschrauber
Baujahr: 1962
Antrieb: *Rolls-Royce/Bristol Nimbus 503*, 710 WPS (522 WkW) gedrosselt
Rotorkreisdurchmesser: 9,83 m
Rumpflänge: 9,24 m
Länge über alles: 12,29 m
Höhe über alles: 3,56 m
Rüstmasse: 1566 kg
Startmasse: 2495 kg
Höchstgeschwindigkeit: 193 km/h
Schwebeflughöhe mit Bodeneffekt: 3810 m
Dienstgipfelhöhe: 3750 m
Reichweite: 488 km
Bewaffnung: 2 je 120-kg-Mk-44-Torpedos oder 250 kg Waffenlast

Der leichte Hubschrauber *Saunders-Roe P.531* war der Vorgänger der beiden *Westland Scout* und *Wasp*, die von der British Army und der Royal Navy eingesetzt wurden. Eine Anzahl dieser Hubschrauber ist in mehrere Länder exportiert worden.

trag gegeben worden. Seine Indienststellung erfolgte im Oktober 1963. Der *Wasp* unterschied sich von dem *Scout* in erster Linie durch das langstrebige Vierrad-Landegestell mit vollständig um sich selbst drehbaren Laufrädern zur besseren Handhabung des Hubschraubers an Bord sowie durch die halbe Höhenstabilisierungsflosse, die fast am oberen Ende, an der rechten Seite des Heckrotorauslegers, angeordnet war. Zur besseren Hangarisierung konnten seine Hauptrotorblätter gefaltet und der ganze Heckausleger umgeklappt werden.

Der bordgestützte *Wasp*, von dem 63 gebaut wurden, wurde in erster Linie in der »Killer«-Rolle zur U-Boot-Bekämpfung eingesetzt, d.h., er sollte U-Boote direkt mit Waffen bekämpfen und trug keine Suchgeräte an Bord. Die Royal Navy hat ihn inzwischen durch den moderneren *Lynx* ersetzt, aber er wird heute noch von den Marinestreitkräften Südafrikas, Brasiliens, Neuseelands und Indonesiens verwendet. Letztere haben zehn ausgesonderte *Wasp* von den Niederlanden gekauft, als deren Marine ihre *Wasp*-Flotte durch *Westland Lynx* ersetzte.

Westland Wessex

1956 hatten *Westland*, die bereits die Lizenzrechte zum Bau des *Sikorsky S-55* besaßen, diese auch für die Herstellung des moderneren *S-58* erworben. Da der Antrieb des *S-58* nicht ganz den britischen Vorstellungen entsprach, begannen sie mit einer Teilumkonstruierung des amerikanischen Hubschraubers, um eine 1100-WPS(809 WkW)-*Napier Gazelle N.Ga.11*-Turbine anstelle des 1525-PS(1121,6 kW)-*Wright R-1820-84*-Sternmotors einbauen zu können. Der dadurch entstandene geringe Leistungsverlust wurde durch eine Verringerung der Vibrationen und des Gewichts sowie einer einfacheren Wartung und Reduzierung des Kraftstoffverbrauchs wieder ausgeglichen.

Die Royal-Navy bestellte sofort diesen neuen Hubschrauber als *Wessex HAS. Mk 1*, als Ersatz für den älteren *Whirlwind HAS.Mk 7*. Der *Wessex*, dessen Prototyp am 17. Mai 1957 und der *Mk 1* am 20. Juni 1958 erstmals flogen, unterschied sich im Grunde nur geringfügig vom *S-58*, lediglich das Bugprofil war, wegen des Einbaus der Turbine, geändert worden.

Der *Westland Wessex*, hier in Wintertarnung, wird von der Royal Air Force als taktischer Transporthubschrauber eingesetzt.

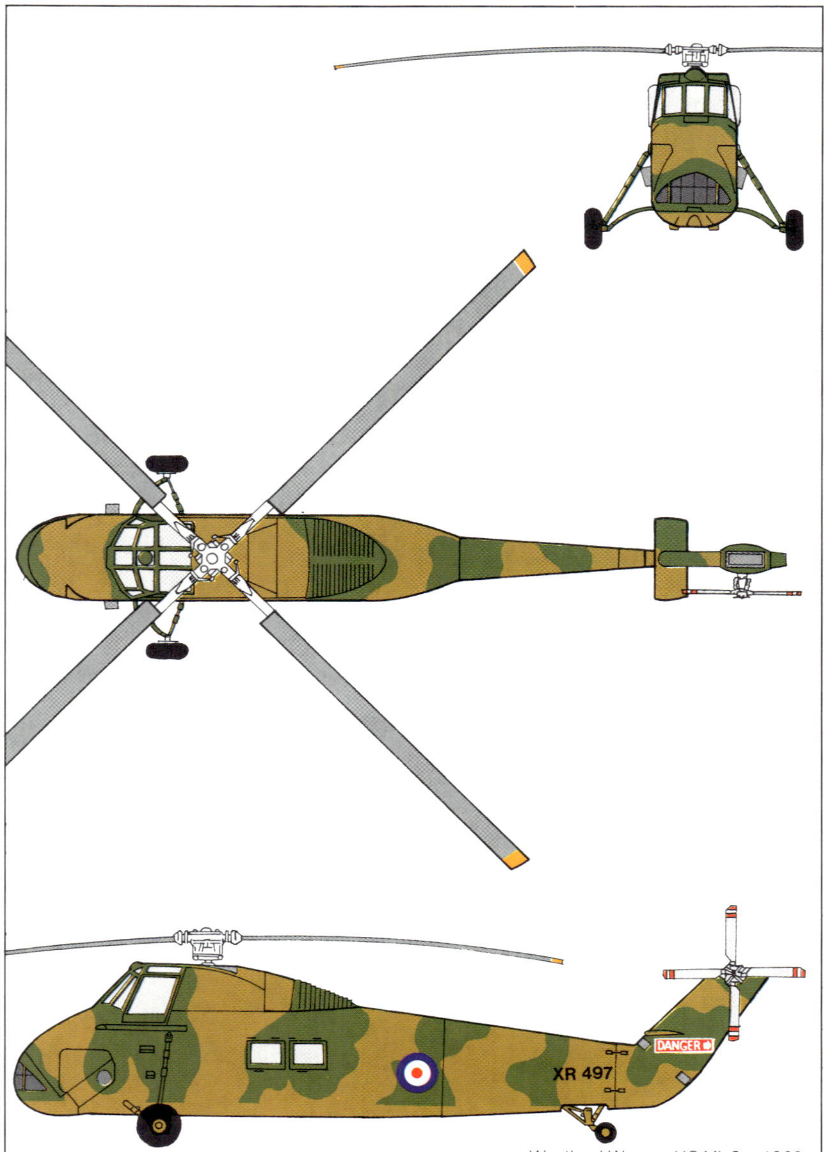

Westland Wessex HC.Mk 2 – 1962

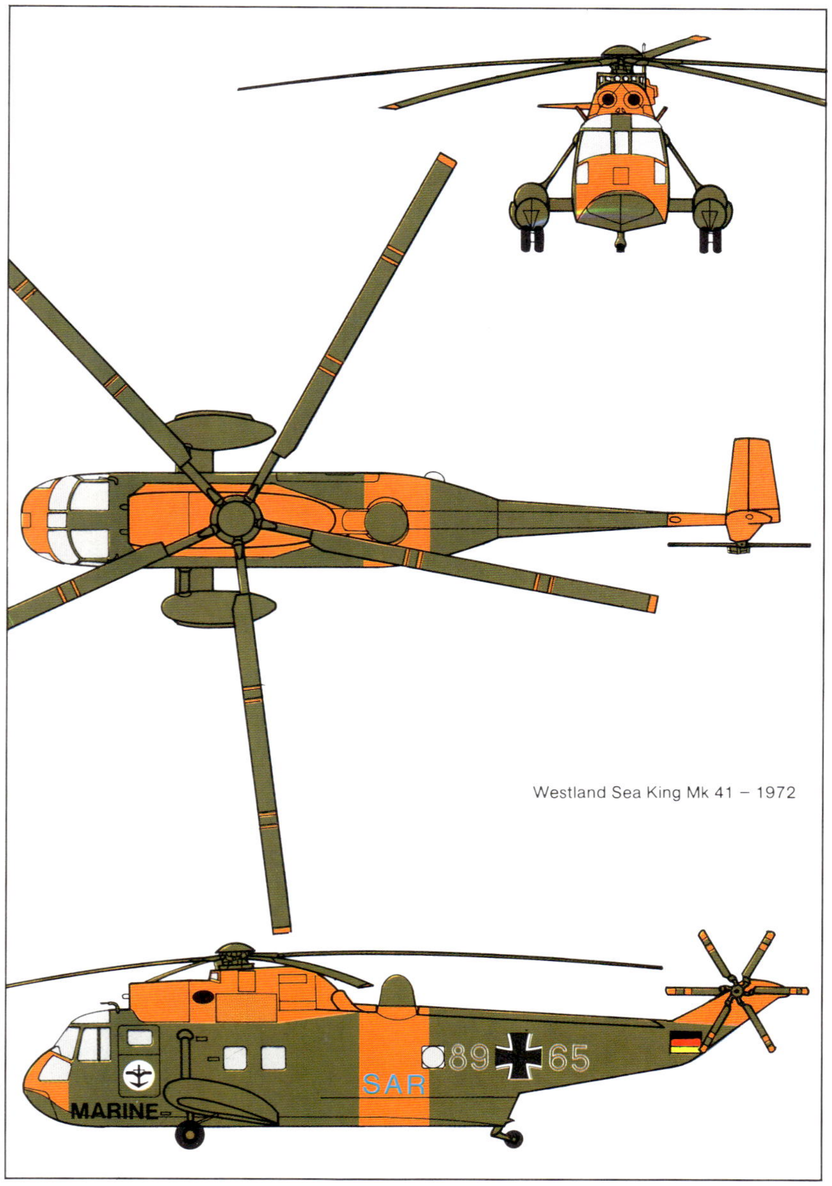

Westland Sea King Mk 41 – 1972

In den ersten Serienhubschraubern war als Antrieb eine *Napier* (später *Rolls-Royce) Gazelle N.Ga.13*-Wellenturbine mit 1450 WPS (1066 WkW) Leistung eingebaut, spätere *Wessex*-Versionen, der *Mk 2* und *Mk 5*, wurden von zwei gekoppelten *Rolls-Royce Gnome 101/111* angetrieben und als *HC.2*-Truppen-bzw. *HU.5*-Kampfzonentransporter eingesetzt. *Westland* hatte einschließlich der zivilen Ausführungen 356 *Wessex* gebaut: den *HAS.Mk 1* als U-Boot-Jäger mit *Gazelle 161* für die Royal-Navy; den *HC.Mk 2* als taktischen Transporter mit gekoppelten *Gnome* für die RAF; den *HAS.Mk 3*, eine Ableitung des *Mk 1*, zur U-Boot-Bekämpfung mit dem charakteristischen Radom auf dem Rumpfrücken und mit einer 1550-WPS (1140 WkW)-*Rolls-Royce Gazelle 165* ausgestattet; den *HU.Mk 5*, eine Ableitung des *Mk 2*, als Commando-Kampftransporter der Royal-Navy; den *Mk 31*, eine Ableitung des *Mk 1* mit *Gazelle 165*, für die Royal Australian-Navy; den *Wessex Mk52*, *Mk 53* und *Mk 54* als Exportmodell des

Westland Wessex HC.Mk 2
Hersteller: Westland Aircraft Ltd.
Verwendungszweck: Taktischer Transporthubschrauber
Baujahr: 1962
Antrieb: 2 gekoppelte *Bristol Siddeley Gnome*, je 1250 WPS (919 WkW) gedrosselt
Rotorkreisdurchmesser: 17,07 m
Rumpflänge: 14,74 m
Länge über alles: 20,03 m
Höhe über alles: 4,93 m
Rüstmasse: 3842 kg
Startmasse: 6124 kg
Höchstgeschwindigkeit: 195 km/h
Schwebeflughöhe mit Bodeneffekt: 1800 m
Dienstgipfelhöhe: 4300 m
Reichweite: 630 km
Zuladung: 2 Piloten und 16 vollausgerüstete Soldaten

Mk 2 für die Irakische Marine (2), die Luftstreitkräfte von Ghana (3) und für Brunei; den *Wessex Mk 60*, eine Ableitung des *Mk 2* als 10-16sitzige Zivilversion und schließlich den *Wessex HCC.4* als VIP-Transporter der RAF.

Westland Sea King

Westland erhielt 1959 die Lizenzrechte für den Bau des *Sikorsky S-61B*, der den *Wessex* in der U-Jagd-Rolle ersetzen sollte. Aber entsprechend den Forderungen der Royal-Navy mußte der Hubschrauber mit britischen Triebwerken und modernerer britischer Avionik ausgerüstet und darüber hinaus seine Einsatzmöglichkeiten erweitert werden.
Westland wählte für seine *Sea King*-Version zwei *Rolls-Royce Bristol Gnome* (Ableitung der *GE T58)*-Wellenturbinen mit voll computerisierter Steuerung und eine hauptsächlich in England hergestellte U-Jagd-Ausrüstung, woraus auch das charakteristiischste Merkmal des Hubschraubers, der auf dem Rumpfrücken angeordnete Radom des AW.391-Suchradars, resultierte. Zu den weiteren Avionik-Systemen zählten unter anderem ein Doppelnavigationsgerät, ein Autopilot und ein Waffenrechner. Nach fünf Vorserienmustern flog am 7. Mai 1969 der erste Serien-

Westland Sea King Mk 41
Hersteller: Westland Helicopters Ltd.
Verwendungszweck: SAR-Hubschrauber
Baujahr: 1972
Antrieb: 2 *Rolls-Royce Gnome H.1400*, je 1500 WPS (1103 WkW)
Rotorkreisdurchmesser: 18,90 m
Rumpflänge: 17,02 m
Länge über alles: 22,15 m
Höhe über alles: 5,13 m
Rüstmasse: 5613 kg
Startmasse: 9300 kg
Höchstgeschwindigkeit: 230 km/h
Schwebeflughöhe mit Bodeneffekt: 1525 m
Dienstgipfelhöhe: 3050 m
Reichweite: 1200 km
Zuladung: 2 Piloten, 1 Bordmechaniker (Luftretter) und 18 Personen oder sechs Feldtragen

hubschrauber *Sea King HAS.Mk 1* zum erstenmal, und im darauffolgenden August wurden die ersten sechs *Sea King* in Culdrose an die Royal-Navy ausgeliefert.
Der *Sea King* ist ein U-Jagd-Hubschrauber mit hervorragender Allwetterfähigkeit und einem Navigations- und Angriffssystem, das ihn befähigt, getauchte U-

Boote aufzuspüren, zu identifizieren und wirkungsvoll mit Waffen zu bekämpfen. Aber er ist kein amphibisches Luftfahrzeug im eigentlichen Sinn des Wortes, weil nach einer längeren Wasserung einige der hochempfindlichen Ausrüstungen erhebliche Schäden davontragen würden. Deshalb soll eine Wasserung nur im Notfall und nur für eine kurze Zeitspanne von zirka 15 Minuten vorgenommen werden, wobei der wasserdichte, gekielte, bootsförmige Rumpf und die beiden seitlichen Stützschwimmer ein Kentern des Hubschraubers verhindern.
Zur Standard-U-Jagd-Ausrüstung gehören schließlich verschiedene Markierungsbojen, vier zielsuchende Mk.44-Torpedos oder vier Wasserbomben. Der *Sea King* kann auch mit modernen tiefstfliegenden Seeziel-Lenkflugkörpern gegen Überwasserschiffe eingesetzt werden.
Folgende *Sea King*-Versionen wurden ausgeliefert:
Sea King HAS.Mk 1 (56), *HAS.Mk 2* (21) und *HAS.Mk 5* (30) als U-Boot-Jäger an die Royal-Navy; *Sea King HAR.Mk 3* (19) für den Such- und Rettungsdienst an die Royal Air Force; an die Marineflieger der Bundeswehr der *Sea King Mk 41* (22) für den Such- und Rettungsdienst, die zur Seezielbekämpfung mit *Sea Spray* Radar und *Sea Skua FK* kampfwertgesteigert werden; an die Indische Marine 27 *Mk 42/42A/42B;* an Norwegen 11 *Mk 43;* an Pakistan 6 *Mk 45;* an Ägypten 6 *Mk 47;* an Belgien 5 *Mk 48* und an die Royal-Australian-Navy 12 *Mk 50/50A.* Von den 21 *HAS.2* der Royal-Navy werden aufgrund des Falkland-Konflikts acht zu Frühwarn-Hubschraubern umgerüstet.
Als reiner Land-Hubschrauber wurde der *Commando* (Erstflug am 12. September 1973) vom *Sea King* abgeleitet. Er besitzt anstelle der Stützschwimmer mit dem einziehbaren Hauptfahrwerk ein starres Fahrwerk und wurde in bezug auf seine Einsatzrolle als taktischer Truppentransporter ausgerüstet. Seine Reichweite mit zwei Piloten und 28 vollausgerüsteten Soldaten (mit 30 min Kraftstoffreserve) beträgt 445 km. Die Royal-Navy erhielt (als *Sea King HC.4)* 29, Ägypten 25 und Qatar 4 (ausgerüstet mit AM39 FK) Commando-Hubschrauber.

Westland Lynx

Einige Jahrzehnte lang hatte *Westland* anglisierte *Sikorsky*-Hubschrauberentwürfe in Lizenz gebaut, die meistens wesentliche Änderungen aufwiesen, und erst nach dem Zusammenschluß der britischen Hubschrauberindustrie 1959–61 konnten eigene Entwürfe realisiert werden. 1964 wurde in Yeovil mit dem Entwurf einer militärischen Hubschrauberfamilie (mit dem Präfix WG.), begonnen, deren 13. Modell die von den britischen Streitkräften verwendeten *Scout* und *Wasp* ersetzen und durch seine fortschrittlichere Technologie eine Alternative zu dem amerikanischen *Bell Huey* darstellen sollte. Viele Komponenten des Entwurfs waren offensichtlich von den sich im Einsatz bereits bewährten *Scout*- und *Wasp*-Hubschraubern abgeleitet worden, aber der Rotor zum Beispiel, in halbstarrer Bauform mit Blättern von gleichbleibender Profiltiefe und sich nach den Blattenden zu stetig verändernden Profilen, war vollständig neu. Die Blattnasen bestanden aus einem mit Längsgurten ausgesteiften Kasten aus nichtrostendem Stahl, und das Blatthinterteil war in Wabenbauweise hergestellt. Mit diesen Rotorblättern konnten nicht nur sehr hohe Blattspitzengeschwindigkeiten erzielt, sondern auch der Auftrieb erhöht und der Widerstand verringert werden. Das Ergebnis war ein Hubschrauber, der hinsichtlich seines modernen Entwurfs und der einfachen Wartung mehr dem fortschrittlichen Standard entsprach, als vergleichbare amerikanische Hubschrauber.
Im Frühjahr 1968 wurde dann zwischen *Sud-Aviation* und *Westland* ein Hubschrauber-Gemeinschaftsprojekt *»Puma-Gazelle-Lynx«* vereinbart, wonach der *Lynx* in Anteilen von 70% zu 30% von *Westland/Aérospatiale* gebaut werden sollte.
Der erste von 13 *Westland WG.13 Lynx* startete – später als vorgesehen – am 21. März 1971 zu seinem Erstflug. Es folgten vier weitere Hubschrauber in zwei Grundkonfigurationen: als *AH.Mk 1* für das Heer und als *HAS.Mk 2* für die Marine. Die bereits bei den Flugerprobungen gezeigten erstaunlichen Flugeigenschaften stellte der *Lynx* am 20. Juni 1972 unter Beweis, als Roy Moxam mit dem fünften Prototyp einen Geschwindigkeitsweltrekord in seiner Klasse über der 15/25 km Basis mit 321,740 km/h und zwei Tage später einen weiteren Weltrekord mit 318,504 km/h auf geschlossenem Kurs über 100 km aufstellte.
Die British-Army erteilte einen Auftrag von über 100 *Lynx AH.Mk 1* in der (Utility-) Mehrzweckausführung für eine ganze Reihe von Aufgaben, die sich auf taktische Transporte, bewaffneten Begleitschutz, auf Panzerabwehr (mit HOT- oder TOW-Lenkflugkörpern), auf Beobachtungsflüge und Verwundetenevakuierung erstrecken.
Der Heeres-*Lynx* ist mit einem automatischen Flugreglersystem ausgerüstet, das den Hubschrauber um alle drei Achsen automatisch kontrolliert und stabilisiert und daß auch als Autopilot bei ausgedehnten Flügen verwendet werden kann. Der Heeres-*Lynx* hat darüber hinaus ein Kufenlandegestell, während der Marine-*Lynx* mit einem starren Bugrad-Fahrwerk (Bugrad zwillingsbereift) mit Öl-Luftfederbeinen ausgestattet ist.
Die *HAS.Mk 2*-Version wird von der Royal-Navy mit vier Luft/Schiff-Lenkflugkörpern Sea Skua zur Bekämpfung von Überwasserschiffen, mit Sonar-Bojen zur U-Boot-Ortung und mit einer Rettungswinde für SAR-Einsätze verwendet. Der *Lynx* (FN) für die französische Aéronavale unterscheidet sich durch die Bewaffnung mit zwei AS 12 FK sowie in der Avionik- und ASW-Ausrüstung. Mit stärkeren Triebwerken und anderen Änderungen entstanden schließlich noch zwei weitere Varianten, der *HAS.Mk 3* für die Royal-Navy und der *Mk4* für die Aéronavale. Eine parallele Heeres-Version erhielt die Bezeichnung *A.H.Mk 5.*
Der »Utility«-*Lynx* mit Kufenlandegestell wurde geliefert an die British-Army (114 *AH.Mk 1,* 9 *AH.Mk 5)* und an die Polizei von Qatar (3 *AH.Mk 28),* der navalisierte *Lynx* ging an die Royal-Navy (60 *HAS. Mk 2,* 20 *HAS.Mk 3*); an die Aéronavale (26 *Mk 2,* 14 *HAS.Mk 4*); an Brasilien (9 *Mk 21*); Argentinien (2 *Mk 23*); an die Niederlande (6 *Mk 25* als *UH-14A,* 10 *Mk 27* als *SH-14B,* 8 *Mk 81* als *SH-14C*); an Dänemark (8 *Mk 80*); Norwegen (6 *Mk 86*); an die Marineflieger der Bundeswehr als bordgestützte U-Jäger auf den Fregatten der 122er Klasse (12 *Mk 88*) und an Nigeria (3 *Mk 89*).

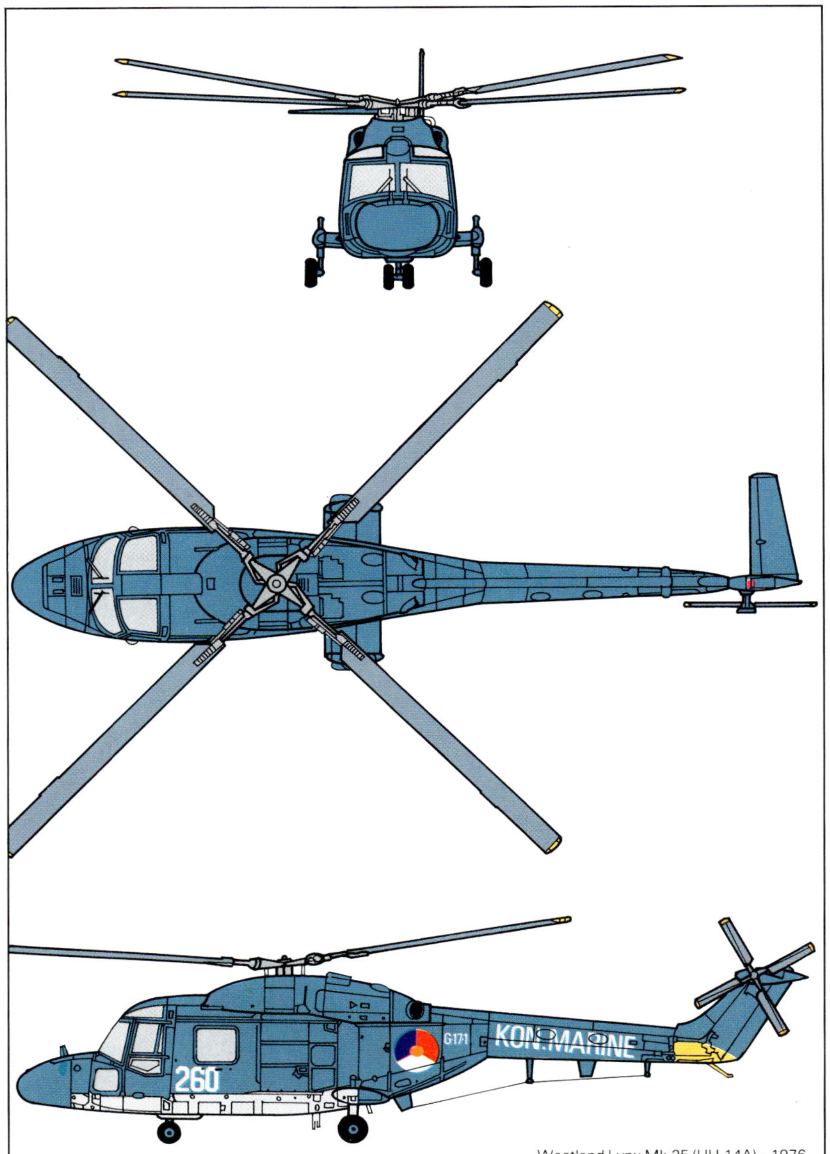

Westland Lynx Mk.25 (UH-14A) – 1976

Westland Lynx HAS.Mk 2
Hersteller: Westland Helicopters Ltd.
Verwendungszweck: Mehrzweckhubschrauber
Baujahr: 1976
Antrieb: 2 *Rolls-Royce BS.360 Gem,* je 900 WPS (662 WkW)
Rotorkreisdurchmesser: 12,80 m
Rumpflänge: 11,66 m
Länge über alles: 15,16 m
Höhe über alles: 3,60 m
Rüstmasse: 3162 kg
Startmasse: 4309 kg
Höchstgeschwindigkeit: 269 km/h
Schwebeflughöhe ohne Bodeneffekt: 2920 m
Reichweite: 630 km
Zuladung: 1 Pilot und 10 vollausgerüstete Soldaten (Utility) oder 3 Mann Besatzung, 2 Torpedos oder 2 Wasserbomben

Westland 30

Der Ursprung des *Westland 30* (oder *WG 30 Super Lynx)* geht bis in die 60er Jahre zurück, als *Westland* Überlegungen, bezüglich eines Nachfolgemusters für die damals in verschiedenen militärischen

Westland 30-100
Hersteller: Westland Helicopters Ltd.
Verwendungszweck: Verkehrshubschrauber
Baujahr: 1979
Antrieb: 2 *Rolls-Royce Gem 41-1*, je 1060 WPS (779,6 WkW)
Rotorkreisdurchmesser: 13,31 m
Rumpflänge: 14,33 m
Länge über alles: 15,90 m
Höhe über alles: 4,30 m
Rüstmasse: 3120 kg
Startmasse: 5330 kg
Höchstgeschwindigkeit: 245 km/h
Schwebeflughöhe mit Bodeneffekt: 2195 m
Schwebeflughöhe ohne Bodeneffekt: 1525 m
Dienstgipfelhöhe: 3000 m
Reichweite: 470 km
Zuladung: 2 Piloten und 17/22 Passagiere

Mit dem *Westland 30* ist die britische Firma auf den Markt der Luftverkehrshubschrauber eingestiegen. Die geräumige Kabine bietet Platz für 17 bis 22 Passagiere.

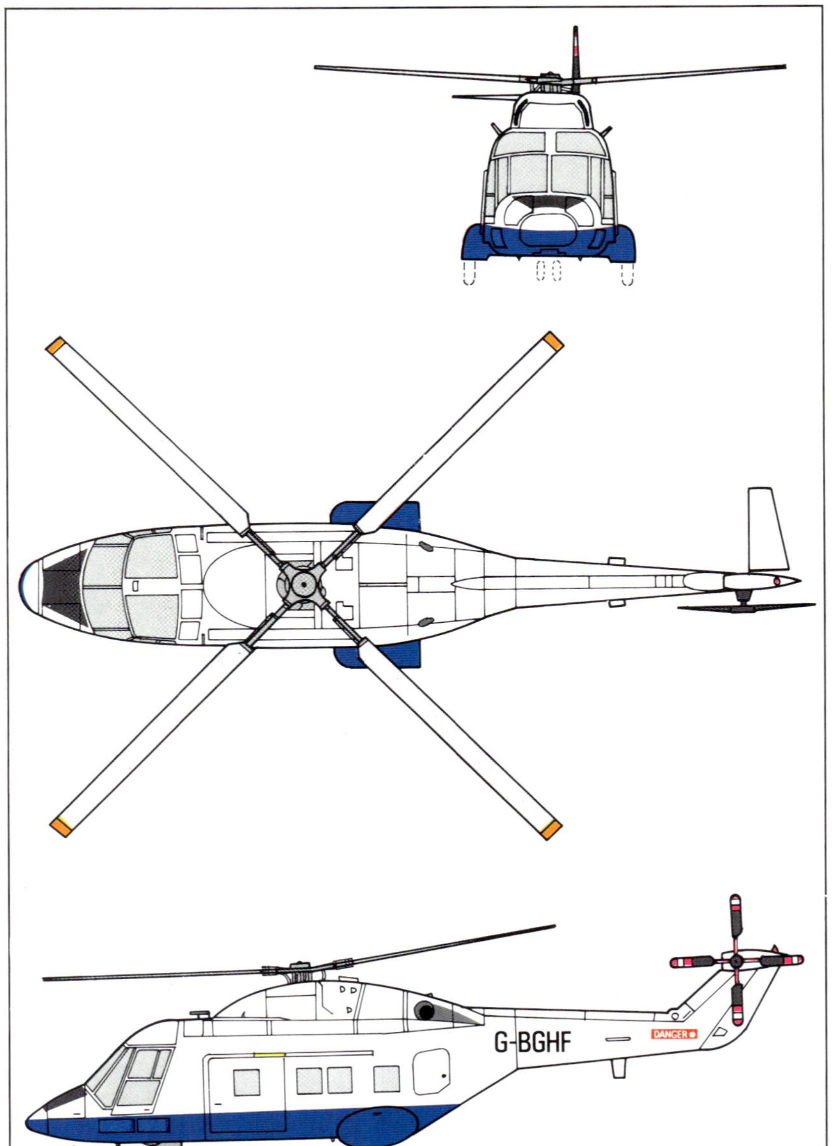

Westland 30 – 1979

und zivilen Diensten stehenden *Whirlwind* und *Wessex* anstellte.
Nachdem man zunächst an eine Zivilversion des *Lynx* gedacht hatte, entschied sich die britische Herstellerfirma für eine vergrößerte Transportversion des *Lynx* (Utility), die eine ganze Reihe von dynamischen Komponenten des Militärhubschraubers verwenden sollte. Folglich erhielt der *Westland 30* das Rotorsystem, wobei der Durchmesser des Hauptrotors um 51 cm und der des Heckrotors um 23 cm vergrößert wurden, und einige andere Systeme und Zubehörteile des *Lynx*. Der Rumpf dagegen ist nicht nur vergrößert, sondern vollständig neu konstruiert worden, auch wenn er in aerodynamischer Hinsicht dem des *Lynx* gleicht. Er ist in herkömmlicher Leichtmetall-Halbschalenbauweise hergestellt und mit dünnen Alu-Blechen beplankt, während bei dem Leitwerksträger Verbundwerkstoffe zur Anwendung kamen. Das Bugradfahrwerk ist starr, die Bugradeinheit ist zwillingsbereift, und das einfachbereifte Hauptfahrwerk ist in zwei kleinen Verschalungen an beiden Seiten des hinteren Rumpfabschnitts angelenkt. Das Kraftstoffsystem umfaßt zwei 521 kg/630 Liter-Tanks, die am vorderen und hinteren Kabinenende angeordnet sind. Dem *Lynx* entsprechend sind auch die zwei völlig getrennten Hydrauliksysteme und das Instrumentenbrett, abgesehen von einigen Ergänzungen wie Flugleitgeräten und einem Farbwetterradar. Besondere Sorgfalt hat man auf die Reduzierung der Rumpfvibrationen verwendet.
Ursprünglich war der *Westland 30* für militärische Zwecke als taktischer Transporter und für Ambulanz- und SAR-Einsätze konzipiert worden, aber er stellte seine besondere Eignung für den zivilen Markt unter Beweis. In dieser Rolle ist der Hubschrauber für den IFR-Flugbetrieb zugelassen. Die schallisolierte, komfortable Kabine verfügt über eine Ausstattung von 17 Plätzen bei normaler und 22 bei enger Bestuhlung. An beiden Seiten befinden sich Schiebetüren, die auf Wunsch gegen Türen mit eingebauten Treppen ausgetauscht werden können. Hinter der Kabine befindet sich ein getrennter Gepäckraum. Der Hubschrauber, von dem bis Ende 1983 41 ausgeliefert waren, wird inzwischen von Airspur Helicopters in Los Angeles, Omniflight im Einsatz für PAN AM in New York, British Airways Helicopters im Offshore-Einsatz in East Anglia, Helicopter Hire of Southend in Südengland und, als jüngster Kunde, von der in San Francisco ansässigen SFO Helicopter Airlines, geflogen. In der militärischen *W30-404*-Version kann der Hubschrauber 14 vollausgerüstete Soldaten bzw. 17 ohne Ausrüstung, oder sechs Tragbahren und das Sanitätspersonal aufnehmen.
Der Prototyp des *Westland 30-100* mit zwei je 1120-WPS(823,7 WkW)-*Rolls-Royce Gem41*-Turbinen flog erstmals am 10. April 1979, gerade rechtzeitig für einen erfolgreichen Auftritt auf dem Pariser Aero-Salon des gleichen Jahres. Dieser Ausführung folgten inzwischen der *Westland 30-160* mit den stärkeren je 1260-WPS(926,7 WkW)-*Gem60-3*-Turbinen, der *Westland 30-200* (Erstflug am 3. September 1983) mit zwei je 1712-WPS(1259,1 WkW)-*General Electric CT7-2*-Turbinen, mit einer Startmasse von 5806 kg und für Einsätze in hochgelegenen und heißen Gegenden vorgesehen, der auch erstmals eine EFIS-Instrumentierung (elektronische Bildschirmgeräte) erhalten wird, und schließlich der projektierte *Westland 30-300* mit *CT7/T700*-Triebwerken und neuem Fünfblatt-Rotorsystem aus Verbundwerkstoffen mit Paddelenden versehen sowie erhöhter Startmasse von 7272 kg und weiteren erheblich verbesserten Leistungen.

Die sowjetische Hubschrauberindustrie

Das sowjetische wissenschaftliche »Zentralinstitut für Aero- und Hydrodynamik (ZAGI)« war 1918 aufgrund eines Beschlusses des Rates der Volkskommissare gegründet worden. Eine Abteilung dieses Instituts befaßte sich unter der Leitung von Boris Nikolajewitsch Jurjew mit Forschungsarbeiten über die mit dem Drehflügelflug zusammenhängenden Probleme. Jurjew, ein Pionier des Senkrechtfluges, der bereits 1912 einen kleinen Hubschrauber mit Haupt- und Heckrotor gebaut hatte, begann 1925 im ZAGI erneut mit der Entwicklung von Hubschrauberentwürfen. Kurze Zeit später wurde er als Professor an die Technische Hochschule nach Moskau versetzt, aber man führte seine Entwicklungen in der neuen, 1928 eingerichteten »Abteilung für Sonderkonstruktionen« weiter. Unter der Leitung von A.M. Isaakson und Tscheremuchin erfolgte im Frühjahr 1930 die Fertigstellung des ersten sowjetischen Hubschraubers mit der Bezeichnung *ZAGI-1-EA* (EA steht für Experimentalnij Awtoshir), dessen Vierblattrotor von zwei Umlaufmotoren angetrieben wurde. Am 14. August 1932 erreichte dieser Hubschrauber bereits eine Höhe von 605 m. Zur gleichen Zeit befaßte sich ein anderes Konstruktionskollektiv, unter der Leitung von I.P. Bratuchin, mit der Entwicklung eines Tragschraubers, dem *2-A*, der auf Konstruktionen von La Cierva basierte. Zu den später berühmt gewordenen Mitgliedern dieses Konstruktionskollektivs gehörten Anfang der 30er Jahre auch N.I. Kamow und M.L. Mil.
Iwan Pawlowitsch Bratuchin war während der 30er Jahre Leiter des Drehflügler-Programms am ZAGI und übernahm im März 1940 Jurjews Stellung als Leiter des Versuchs- und Konstruktionsbüros OKB-3 (Opitno-Konstruktorski Bjuro) der Spezialabteilung für Hubschrauberentwicklung des Moskauer Luftfahrtinstituts »Sergej Ordshonikidse«, die den *Omega*-Hubschrauber entwickelt hatte. Im Verlauf einer Überprüfung dieses Hubschrauber-Programms Ende der 40er Jahre, wurden jedoch Bratuchins Pläne aufgegeben, und das OKB-3 beteiligte sich an der Ausschreibung zur Entwicklung eines Hubschraubers, der parallel zum *Jakowlew Jak-100* und dem *Mil Mi-1* gebaut werden und an einem Vergleichsfliegen teilnehmen sollte. Von 1947 an arbeitete Bratuchin an dem Aufklärungshubschrauber *B-11* und an dem großen zweimotorigen *Omega II*-Transporter, aber keiner dieser Hubschrauber kam über das Projektstadium hinaus.
Nikolai Iljitsch Kamow hatte Anfang der 30er Jahre als junger Ingenieur zusammen mit Nikolai K. Skrshinski am ZAGI am Entwurf des ersten erfolgreichen sowjetischen Tragschraubers *KASKR-1 (Kamow-Skrshinski)* mitgearbeitet. Nach dem Zweiten Weltkrieg befaßte sich Kamow, als Leiter eines neuen Versuchs- und Konstruktionsbüros für Sonderkonstruktionen am ZAGI, zunächst mit der Entwicklung leichter Einmann-Hubschrauber mit koaxialer Rotoranordnung. Andere Projekte folgten. Kamow starb 1973, aber sein Konstruktionsbüro blieb unter der Leitung von Sergei Michejew bestehen.
Michail Leontjewitsch Mil trat 1931 nach Beendigung seines Studiums am Luftfahrtinstitut Nowotscherkask in die Abteilung für Sonderkonstruktionen (Autogiros und Versuchshubschrauber) des ZAGI ein. Ab 1943 übernahm er die Leitung dieser Abteilung und wurde gleichzeitig Professor an dem Luftfahrttechnischen Institut Kasan. 1948 ernannte man ihn zum Chefkonstrukteur des Versuchs- und Konstruktionsbüros für Hubschrauber, und von diesem Zeitpunkt an entwickelte er mit seinem Kollektiv eine ganze Reihe äußerst erfolgreicher Hubschrauber. Nach Mils Tod im Januar 1970 übernahm Marat N. Tischenko die Leitung des Konstruktionsbüros.
Alexander Sergejewitsch Jakowlew, einer der vielseitigsten russischen Konstrukteure, hatte seine Laufbahn in der Flugmotoren-Abteilung der Shukowski-Luftfahrt-Militär-Akademie in Moskau begonnen, wo er 1931 sein Ingenieurstudium abschloß. Anschließend arbeitete er als Konstrukteur von Starrflügelflugzeugen im Flugzeugwerk Nr.39 der staatlichen sowjetischen Luftfahrtindustrie, wurde dort 1934 Chefkonstrukteur und 1937 Generalkonstrukteur. Sein erster Entwurf, der zweisitzige Schul- und Übungstiefdecker *UT-2*, kam 1935 heraus und wurde in großer Serie hergestellt. Sein erster Jäger, die *I-26* (*Jak-1*), ist am 7. November 1940 erstmals der Öffentlichkeit vorgeführt worden. Jakowlew war ein außergewöhnlich profilierter Konstrukteur, und gegen Ende der 40er Jahre befaßten er und sein Konstruktionsbüro sich auch mit der Entwicklung eigener Hubschrauber. 1948 brachten sie den von einem 420/575-PS(309/423 kW)-*AI-26GRFL*-Motor angetriebenen, einrotorigen Versuchshubschrauber *Jak-100* heraus, und 1952 folgte der mit zwei je 1700-PS(1250 kW)-*Schwezow ASch-82W*-Doppelsternmotoren ausgestattete Tandem Großhubschrauber *Jak-24* »Fliegender Waggon«. Der *Jak-24* wurde in der militärischen Version mit Heckladerampe und als Verkehrshubschrauber für 30 Personen gebaut.

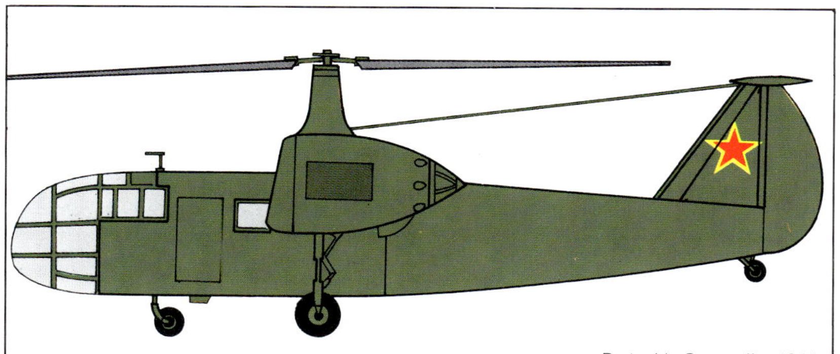

Bratuchin Omega II – 1944

Bratuchin Omega

Iwan Pawlowitsch Bratuchin, einer der ersten Mitarbeiter in der Trag- und Hubschrauberabteilung des Versuchs- und Konstruktionsbüros OKB-3 im Zentralinstitut für Aero- und Hydrodynamik (ZAGI), war anfangs nicht besonders erfolgreich, bis 1940 sein Konstruktionsbüro den zweisitzigen *Omega 2MG* entwickelte. Dieser Hubschrauber glich mit seinen beiden nebeneinander auf seitlichen Auslegern montierten gegenläufigen Dreiblatt-Rotoren dem *Focke Fw 61*. Die beiden je 220-PS(162 kW)-*MW-6*-Reihenmotoren waren in Gondeln unterhalb der Rotoren angeordnet. Der 1941 fertiggestellte Prototyp machte Anfang 1943 seinen ersten freien Flug, der im allgemeinen zufriedenstellend verlief. Bis auf Schwierigkeiten, die durch die zu schwachen Motoren aufgetreten waren, hatte sich der Hubschrauber mit einem einfachen und zuverlässigen Steuersystem als stabil erwiesen. 1943 beschloß das Institut den Bau des *Omega II*, einer sechssitzigen Version mit stärkeren Motoren und einigen geringfügigen Änderungen. Der *Omega II* absolvierte seinen ersten freien Flug 1944 und gehörte zu den Hubschraubern, die auf der Luftfahrtschau in Tuschino 1946 der Öffentlichkeit vorgeführt wurden.
Inzwischen war der *G-3* mit zwei je 450-PS (331 kW)-*Pratt & Whitney R-985-AN-1*-Sternmotoren als Artillerie-Beobachtungs-Hubschrauber für das Heer gebaut worden und flog erstmals 1945. Ihm folgte einige Monate später der *Omega G-4* mit zwei je 500-PS(367,7 kW)-*Iwtschenko AI-26GR*-Sternmotoren, von dem zwischen 1947 und 1948 fünf Modelle produziert wurden. Das Bratuchin-Konstruktionskollektiv entwickelte bis zu seiner Auflösung 1951 noch eine Reihe Experimentalhubschrauber, die alle die gleiche Bauform verwendeten, nämlich nebeneinander an seitlichen Stahlrohrauslegern oder Stummelflügeln montierte gegenläufige Rotoren, die direkt von unterhalb in Gondeln angeordneten Motoren angetrieben wurden. Alle diese Entwicklungen brachten wesentliche Erkenntnisse für den Aufschwung des sowjetischen Hubschrauberbaus.

Bratuchin Omega II
Hersteller: Staatliche Luftfahrtindustrie
Verwendungszweck: Experimental-Hubschrauber
Baujahr: 1944
Antrieb: 2 *MG-31F*, je 350 PS (257,4 kW)
Rotorkreisdurchmesser: 7,00 m
Rumpflänge: 8,20 m
Höhe über alles: 3,24 m
Rüstmasse: 1760 kg
Startmasse: 2050 kg
Höchstgeschwindigkeit: 150 km/h
Dienstgipfelhöhe: 3000 m

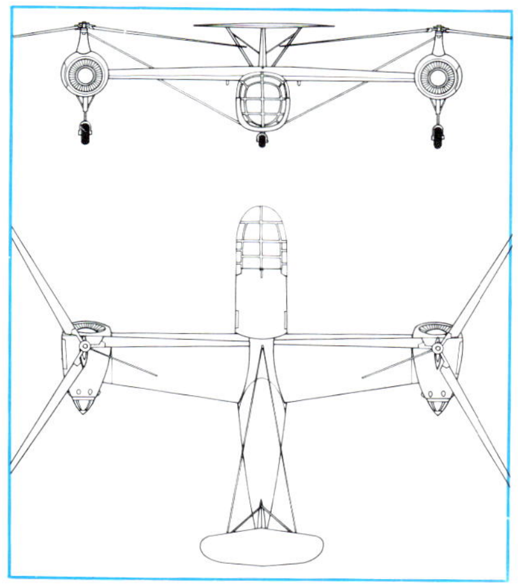

Kamow Ka-8

In den ersten Jahren nach dem Zweiten Weltkrieg beschäftigte sich Nikolai Iljitsch Kamow, damals Leiter eines kleinen Konstruktionskollektivs, mit Entwürfen für einen leichten einsitzigen Hubschrauber, einem »fliegenden Motorrad« von denkbar einfachster Konstruktion. Das erste Modell, der *Ka-8*, flog am 12. November 1947 erstmals mit dem Testpiloten M.D. Gurow am Steuer. Der *Ka-8* war eine Ableitung des zwei Jahre zuvor entworfenen *Ka-7* und verwendete dessen Rotorsystem von zwei koaxial angeordneten, gegenläufigen Dreiblatt-Rotoren, wodurch die Verwendung eines Heckrotors überflüssig wurde. Der kleine Hubschrauber war mit zwei luftgefüllten, zylinderförmigen Gummischwimmern ausgestattet, die ein Starten und Landen auf Wasser, Sand, Eis- und Schneeflächen ermöglichten. Aber der 750 cm³-2-Zyl.-*M-76*-Motorradmotor war als Antrieb zu schwach, und so wurden nur drei Prototypen fertiggestellt. An-

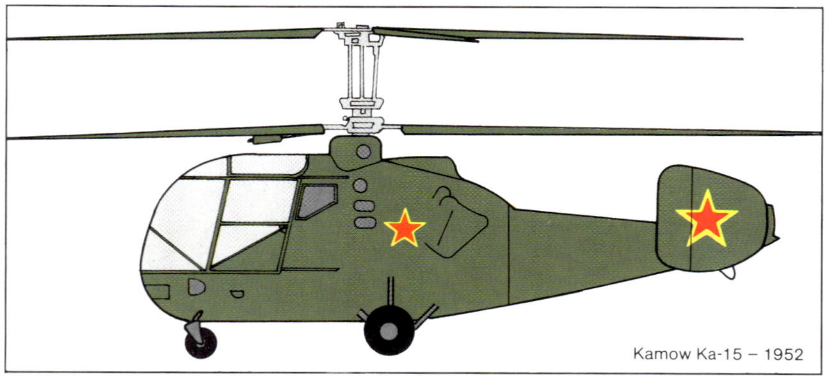
Kamow Ka-15 – 1952

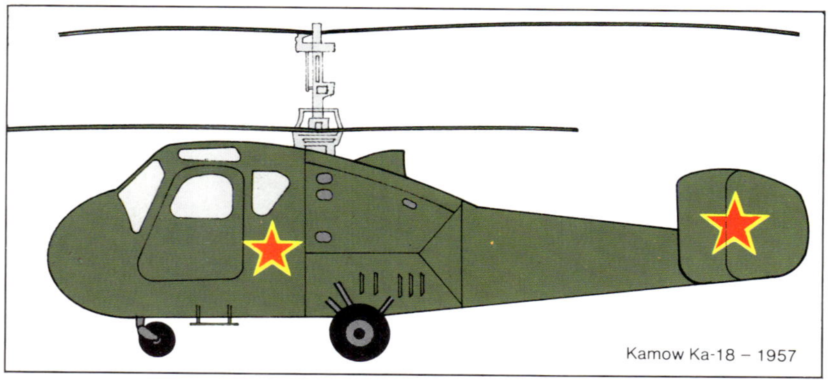
Kamow Ka-18 – 1957

trieb: *M-76*, 44,8 PS (33 kW). Rotorkreisdurchmesser: 5,60 m. Länge: 3,70 m. Höhe: 2,50 m. Rüstmasse: 183 kg. Startmasse: 275 kg. Höchstgeschwindigkeit: 80 km/h. Dienstgipfelhöhe: 250 m. Reichweite: 40 km.

Kamow Ka-15 (Hen)

Die bei der Entwicklung des »fliegenden Motorrades« *Ka-10* gewonnenen Erkenntnisse wurden vom Kamow-Konstruktionsbüro beim Bau eines zweisitzigen Hubschraubers, mit einer geschlossenen Kabine und der gleichen koaxialen Dreiblatt-Rotoren-Anordnung sowie den beiden Stabilisierungsflächen am Rumpfheck, verwendet. Dieser aufgrund einer Spezifikation der sowjetischen Seeflieger entstandene neue Hubschrauber, der die Bezeichnung *Ka-15* erhalten hatte, machte Ende 1952 mit Testpilot W.W. Winitzkij am Steuer seinen Jungfernflug. Der als *Ka-15M* modifizierte Hubschrauber fand ab 1958 sowohl in den Kampfeinheiten der Roten Flotte als auch im zivilen Bereich für vielerlei Aufgaben Verwendung.

Kamow Ka-15M
Hersteller: Staatliche sowjetische Luftfahrtindustrie
Verwendungszweck: 2-sitziger Mehrzweckhubschrauber
Baujahr: 1957
Antrieb: *Iwtschenko AI-14WF*, 280 PS (206 kW)
Rotorkreisdurchmesser: 9,96 m
Rumpflänge: 6,25 m
Höhe über alles: 3,35 m
Rüstmasse: 1006 kg
Startmasse: 1410 kg
Höchstgeschwindigkeit: 150 km/h
Schwebeflughöhe mit Bodeneffekt: 680 m
Dienstgipfelhöhe: 3000 m
Reichweite: 390 km

Kamow Ka-18
Hersteller: Staatliche sowjetische Luftfahrtindustrie
Verwendungszweck: 4-sitziger Mehrzweckhubschrauber
Baujahr: 1956
Antrieb: *Iwtschenko AI-14WF*, 280 PS (206 kW)
Rotorkreisdurchmesser: 9,96 m
Rumpflänge: 7,03 m
Höhe über alles: 3,34 m
Rüstmasse: 1053 kg
Startmasse: 1480 kg
Höchstgeschwindigkeit: 150 km/h
Schwebeflughöhe mit Bodeneffekt: 680 m
Dienstgipfelhöhe: 3500 m
Reichweite: 400 km

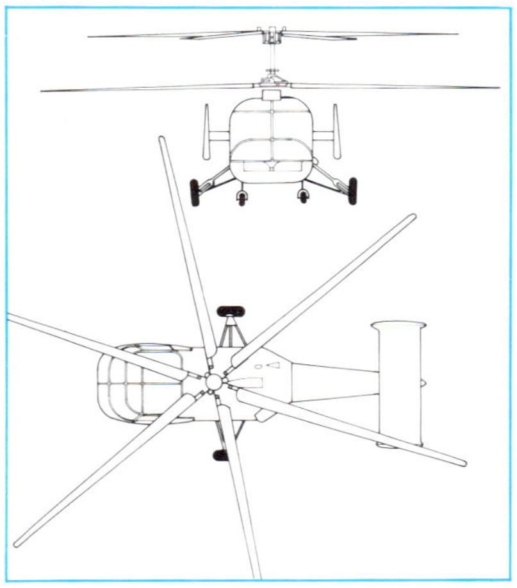

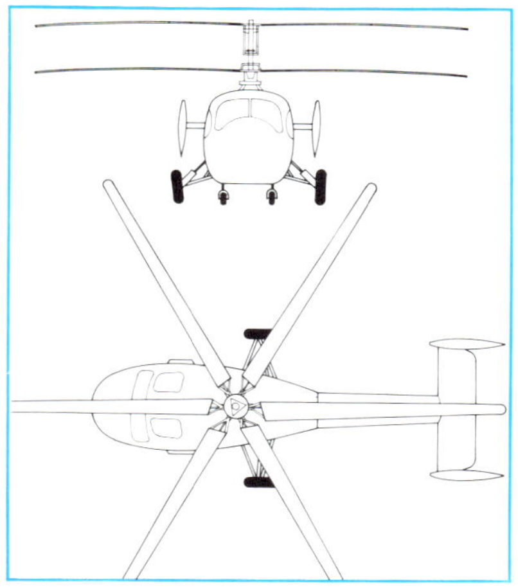

Kamow Ka-18 (Hog)

Der *Kamow Ka-18* (NATO-Bezeichnung *Hog*) war eine viersitzige Weiterentwicklung des zweisitzigen *Ka-15M*. Der tatsächliche Unterschied bestand im Rumpf, der für die Aufnahme von vier Personen gestreckt worden war. Auch die Gemischtbauweise wurde beibehalten. Anfang 1957 begannen die Flugerprobungen des 1956 fertiggestellten Prototyps. Der *Ka-18* ist in begrenzter Anzahl für verschiedene Zwekke als Passagier-, Fracht- und Posttransporter sowie für geologische, geographische und landwirtschaftliche Aufgaben und als Ambulanzhubschrauber gebaut worden. Ab Ende 1960 wurde der frühere *Iwtschenko AI-14W*-Sternmotor durch die *AI-14WF*-Version dieses Triebwerks ersetzt, die eine verbesserte Leistung bot und eine Erhöhung der Startmasse um über 100 kg ermöglichte. Der *Ka-18* besaß eine Enteisungsanlage und eine komplette Schlechtwetterflugeinrichtung. Er wurde hauptsächlich zur Forstüberwachung, für die Landwirtschaft und für die Fischereikontrolle eingesetzt.

Kamow Ka-22 (Hoop)

Der *Ka-22 Wintokryl* (NATO-Bezeichnung *Hoop)* war ein Kombinationsflugschrauber, der am 9. Juli 1961 in Tuschino vorgeführt wurde. Er verwendete zur Entlastung des Rotorsystems konventionelle Starrflügel, an deren Enden die Triebwerke in Gondeln montiert waren. Jede dieser *Iwtschenko TB-2*-Propellerturbinen trieb einen unmittelbar darüber angebrachten Vierblatt-Rotor bei senkrechtem Start und senkrechter Landung an. Im Horizontalflug ging die Antriebskraft auf die beiden normalen vierflügligen Zugpropeller über. Der Rumpf entsprach in seiner Größe dem eines *An-12*-Transportflugzeugs und war für die Beförderung von 80 vollausgerüsteten Soldaten oder 15000 kg Zuladung ausgelegt. Ende 1961 stellte der *Wintokryl* zwei Rekorde auf: am 7. Oktober erreichte Jefremow eine Geschwindigkeit von 356,300 km/h, und am 24. November brachte er eine Nutzmasse von 16458 kg auf eine Höhe von 2588 m.

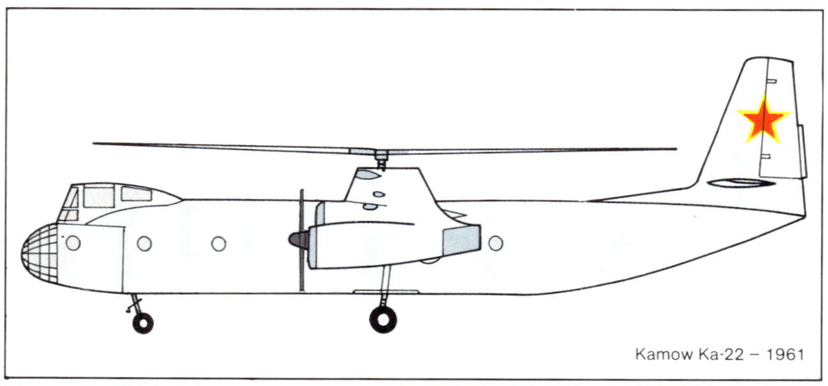
Kamow Ka-22 – 1961

Kamow Ka-22 Wintokryl
Hersteller: Staatliche sowjetische Luftfahrtindustrie
Verwendungszweck: Versuchs-Transporthubschrauber · Baujahr: 1960
Antrieb: 2 *Iwtschenko TW-2WK*, je 5500 WPS (4045 WkW)
Rotorkreisdurchmesser: 22,00 m
Rumpflänge: 22,90 m
Höhe über alles: 8,24 m
Rüstmasse: 22000 kg
Startmasse: 29000 bis 32000 kg
Höchstgeschwindigkeit: 356 km/h
Dienstgipfelhöhe: 3500 m
Zuladung: 2 Piloten, 2 Besatzungsmitglieder und 80 Soldaten oder 16000 kg Last

Kamow Ka-25 (Hormone)

Der *Ka-20* mit dem NATO-Codenamen *Harp* wurde auf der Flugparade von Tuschino im August 1961 erstmals der Öffentlichkeit vorgestellt. Er war Ende der 50er Jahre von Kamows-Konstruktionsbüro nach einer Spezifikation der sowjetischen Kriegsflotte für einen U-Boot-Bekämpfungs-Hubschrauber entwickelt worden. Der Antrieb dieses Hubschraubers, der trotz seiner größeren Auslegung den *Ka-15*- und *Ka-18*-Serien ähnelte, bestand aus zwei nebeneinander über dem Rumpf angeordneten *Isotow*-Wellenturbinen, die zwei koaxiale, gegenläufige Dreiblatt-Rotoren antrieben.
Als *Ka-25* (NATO-Bezeichnung *Hormone*) ging der *KA-20* in die Serienproduktion, der sich von dem Prototyp nur durch geringfügige Details unterschied. Zwischen

Lange Jahre hindurch war der robuste *Kamow Ka-25* – mit der NATO-Bezeichnung Hormone – Standardbordhubschrauber der sowjetischen Flotte und wurde hauptsächlich zur U-Boot-Jagd eingesetzt, wozu er mit Suchradar (unter dem Rumpfbug) und anderen Sensoren sowie Wasserbomben und Lenkflugkörpern ausgerüstet war. Seit Anfang der 80er Jahre wird der *Ka-25* nach und nach abgelöst von dem moderneren *Ka-27* (Helix).

1966 und 1975 sind ungefähr 460 *Ka-25* gebaut worden. Sie haben die mit Kolbenmotoren angetriebenen *Mil Mi-4* der sowjetischen Flotte und der Seeflieger ersetzt.
Die NATO unterscheidet zwischen vier Hauptvarianten (mit mehreren Untertypen) des *Ka-25*. Die erste mit der Bezeichnung *Hormone-A* ist die bordgestützte U-Jagd-Grundversion, die auf den Kreuzern der Kresta- und Kara-Klasse, an Bord der U-Jagd-Flugzeugträger und -Flugdeckkreuzer sowie von Land aus eingesetzt werden. Die UAW-Flugdeckkreuzer (Unterwasserabwehr) haben ungefähr je 18 *Ka-25*, die großen Flugzeugträger neben je 14 *Jak-36 (Forger)* bis zu 16 *Ka-25 Hormone-A/B* und die Lenkflugkörper-Kreuzer der »Kirow«-Klasse zwei bis vier *Ka-25* an Bord. Die *Hormone-A* sind mit einem Suchradar in einem großen Radom unter dem Rumpfbug und einem Magnetstörfelddetektor (MAD) ausgestattet, während im hinteren Kabinenabschnitt ein Tauchsonar untergebracht ist. Der Hubschrauber verfügt auch über elektro-optische Sensoren. Die Bewaffnung besteht aus U-Jagd-Torpedos und nukleare oder konventionelle Wasserbomben.
Die zweite *Ka-25*-Variante, mit der Bezeichnung *Hormone-B*, verfügt über eine spezielle elektronische Ausrüstung zur Überhorizont-Zielerfassung und Lenkung von bordgestützten Flugkörpern. Unter dem Rumpfbug befindet sich ein größerer, mehr kugelförmiger und unter dem hinteren Kabinenabschnitt ein zylindrischer Radom. Diese Variante hat keine Wasserbombenschächte. Die dritte Variante, die *Hormone-C*, ist eine SAR-Mehrzweckausführung.
Die Besatzung eines *Ka-25* besteht normalerweise aus zwei Piloten und zwei oder drei U-Jagd-Operateuren. Der Hubschrauber kann aber auch als Transporter verwendet werden, da die Kabine groß genug ist, um zwölf Personen aufzunehmen. Über jedem der vier Räder des Fahrgestells sind schnell aufblasbare Luftschläuche für Notwasserungen angebracht.
Das Nachfolgemuster des *Ka-25* ist der *Ka-27* (NATO-Bezeichnung *Helix)*, der seinem Vorgänger bis auf die stärkeren Turbinen sehr ähnlich ist und in erster Linie zur U-Boot-Bekämpfung mit modernsten Mitteln ausgerüstet und eingesetzt wird.
Eine Zivilvariante des *KA-25*, der *KA-25K*, ist 1967 auf dem Pariser Aero-Salon erstmals der Öffentlichkeit vorgestellt worden. Der als fliegender Kran konzipierte Hubschrauber besitzt eine kleine verglaste Beobachtungskanzel an der Unterseite des Rumpfbugs (wo bei der militärischen Version der Radom der Radarantenne angeordnet ist) mit Blick nach hinten und einer kompletten Steuerungsausrüstung. Von dort aus kann ein Besatzungsmitglied Be- und Entladevorgänge sowie Montagear-

Kamow Ka-25K
Hersteller: Staatliche sowjetische Luftfahrtindustrie
Verwendungszweck: Fliegender Kranhubschrauber
Baujahr: 1967
Antrieb: 2 *Gluschenkow GTD-3F*, je 900 WPS (662 WkW)
Rotorkreisdurchmesser: 15,74 m
Rumpflänge: 9,83 m
Länge über alles: 15,74 m
Höhe über alles: 5,37 m
Rüstmasse: 4200 kg
Startmasse: 7300 kg
Höchstgeschwindigkeit: 220 km/h
Dienstgipfelhöhe: 3500 m
Reichweite: 650 km
Zuladung: 2 Piloten und 12 Personen oder 2000 kg Last

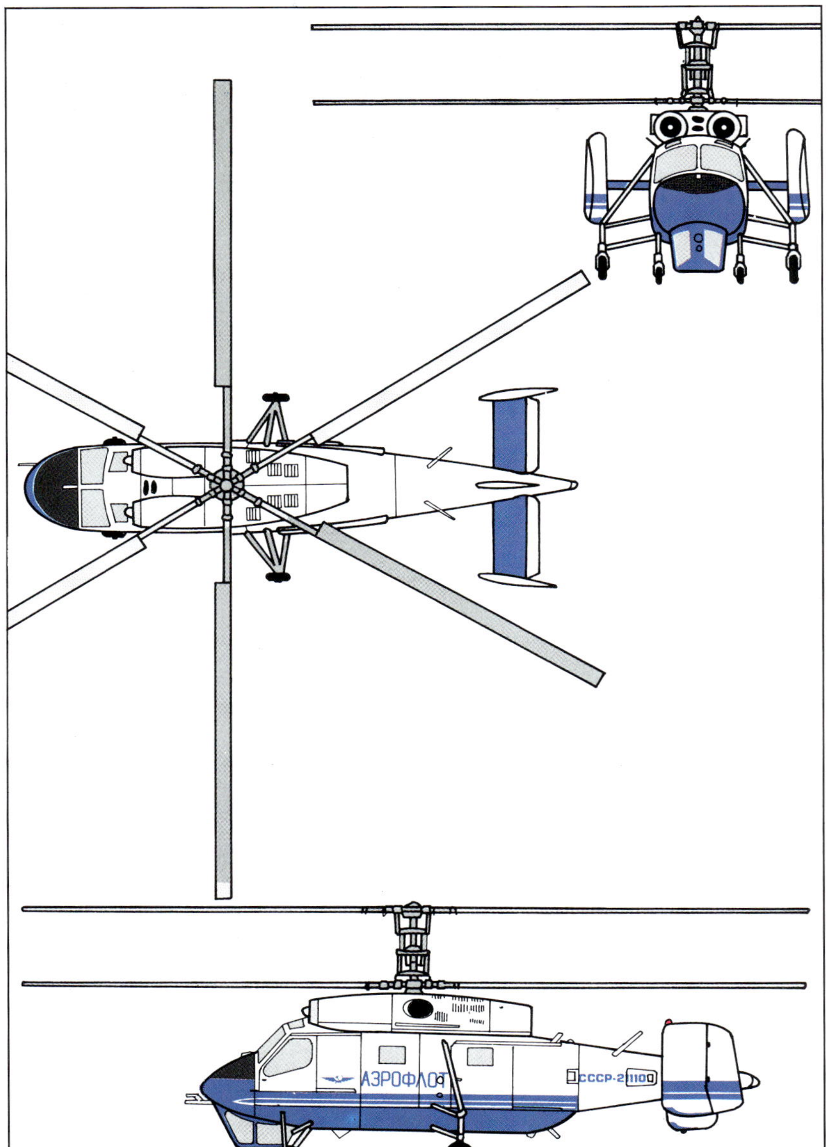

Kamow Ka-25K – 1967

beiten im Schwebeflug überwachen und steuern. Die maximale Hakenlast kann bis zu 2000 kg betragen. Mit einer Passagierversion des *Ka-25K* können bis zu zwölf Personen auf Klappsitzen entlang der Kabinenwand Platz finden oder vier Tragbahren mit einem Pfleger befördert werden. Das Nachfolgemuster dieser Variante ist der *Ka-32*, die Zivilausführung des *Ka-27 Helix*.

Kamow Ka-26 (Hoodlum)

Der *Ka-26,* mit der NATO-Bezeichnung *Hoodlum*, der wie alle vorherigen *Kamow*-Hubschrauber koaxiale, gegenläufige Dreiblatt-Rotoren besitzt, erschien erstmals 1965. Bei diesem vielseitig verwendbaren Fluggerät läßt sich der Raum hinter dem Zweimann-Cockpit von zwei Personen in wenigen Minuten auswechseln gegen eine sechssitzige Kabine oder einen 900 kg fassenden Chemikalien- bzw. Bestäubungsbehälter für Land- und Forstwirtschaftseinsatz oder gegen eine Frachtplattform. Außerdem kann der Hubschrauber als fliegender Kran für eine Hakenlast von 900 kg verwendet werden. Eine Variante für geophysikalische Vermessungen ist mit einem elektromagnetischen Pulsgenerator in der Kabine und einer großen, den ganzen Hubschrauber umgebenden, Ringantenne ausgerüstet worden. Dank seiner Kompaktheit, Stabilität und Korrosionsfestigkeit kann der *Ka-26* auch von Schiffen, wie von Walfänger-Booten und Eisbrechern aus, operieren. Die beiden 9-Zyl.-Sternmotoren sind in Gondeln an Stummelflügeln beiderseits der Rumpfoberseite angebracht. Das starre Fahrwerk besteht aus zwei frei drehbaren Bugrädern und zwei an den Motorgondeln befestigten Haupteinheiten. Die Rotorblätter, die beiden Leitwerksträger mit dem doppelten Seitenleitwerk sowie der Chemikalienbehälter und andere Bauteile, sind aus glasfaserverstärktem Kunststoff hergestellt.
Der *Ka-26* ist ab 1970 in großer Zahl in Dienst gestellt worden und wurde sowohl für zivile als auch für militärische Zwecke exportiert.

Mil Mi-1 (Hare) und Mi-2 (Hoplite)

Der *Mi-1, ursprünglich als GM-1 (Gelikopter Mil)* bezeichnet, war der erste Serienhubschrauber, der von den sowjetischen Streitkräften in Dienst gestellt wurde. Seine Entwicklung hatte gegen Ende 1947 begonnen, der erste der drei Prototypen unternahm im September 1948 mit M.K. Baikalow am Steuer seinen Erstflug, und die Auslieferung der Serienmaschinen begann 1951.
Der *Mi-1* war ein viersitziger Mehrzweckhubschrauber mit einem Dreiblatt-Haupt- und Heckrotor, zu dessen Varianten der *Mi-1T*, ein Dreisitzer mit einem anderen Steuersystem und der *Mi-1U* als Trainer mit Doppelsteuerung gehörten.
Nachdem die militärischen Aufträge ausgeliefert waren, wurde der *Mi-1* in verschiedenen Versionen einem weiten Betätigungsfeld auf dem zivilen Sektor angepaßt. Eine Landwirtschaftsversion, der *Mi-1NKh,* konnte 400 kg Chemikalien in zwei je 250-Liter-Behältern an beiden Rumpfseiten tragen. 1960 wurde die für die Aeroflot entwickelte, verbesserte Passagierversion *Mi-1 Moskwitsch* der Öffentlichkeit vorgestellt. Im Unterschied zur *Mi-1*, deren Rotorblätter in Gemischtbauweise hergestellt waren, bestanden die des *Moskwitsch* aus Ganzmetall. Der Rumpf war in Stahlrohrbauweise mit Metallbeplankung und der Heckrotorträger in Halbschalenbauweise gefertigt. Darüber hinaus besaß er hydraulische Steuerungen, eine schallisolierte, heizbare Kabine mit Ventilatoren sowie eine Nacht- und Schlechtwetterflugausrüstung. Ein weiterer Prototyp war 1956 mit einen Vierblattrotor entwickelt worden, der aber nicht in die Serienproduktion ging.
Zahlreiche *Mi-1* sind für zivile und für militärische Zwecke an befreundete Nationen der Sowjetunion geliefert worden. Zwischen 1958 und 1968 wurden mit ihm 23 Weltrekorde aufgestellt. Ab 1955 wurde der *Mi-1* in Polen in Serie hergestellt. Die *WSK*-Werke in Swidnik bauten ihn ab 1956 unter der Bezeichnung *SM-1*, hauptsächlich für den Export. Später kamen noch mehrere Versionen dazu. Ende 1959 flog der *SM-2,* eine polnische Weiterentwicklung der Grundversion. Er besaß einen längeren Bug, wodurch die vergrößerte Kabine neben dem Piloten vier Passagiere aufnehmen konnte. Die Serienherstellung des *SM-2* lief 1961 an. Im gleichen Jahr stellte die Sowjetunion ihre *Mi-*

Mil Mi-1
Hersteller: Staatliche sowjetische Luftfahrtindustrie
Verwendungszweck: 4-sitziger leichter Mehrzweckhubschrauber
Baujahr: 1948
Antrieb: *Iwtschenko AI26-W*, 575 PS (423 kW)
Rotorkreisdurchmesser: 14,35 m
Rumpflänge: 12,10 m
Länge/Höhe über alles: 17,00 m/3,30m
Rüst-/Startmasse: 1880 kg/2404 kg
Höchstgeschwindigkeit: 170 km/h
Schwebeflughöhe mit Bodeneffekt: 3000 m
Dienstgipfelhöhe: 4000 m
Reichweite: 590 km

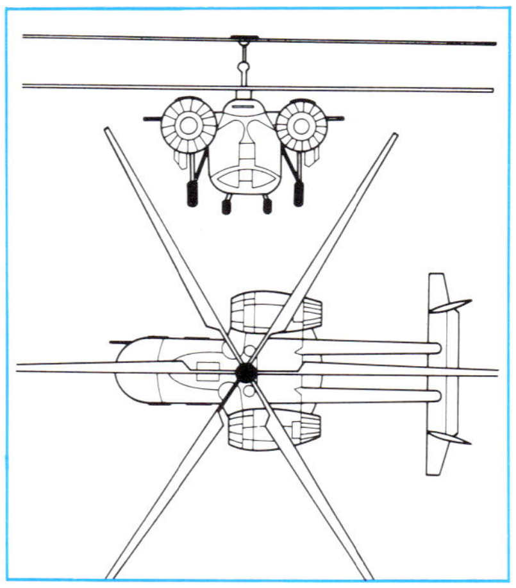

Kamow Ka-26
Hersteller: Staatliche sowjetische Luftfahrtindustrie
Verwendungszweck: Leichter Mehrzweckhubschrauber · Baujahr: 1965
Antrieb: 2 *Wedenjew M-14W26*, je 325 PS (239 kW)
Rotorkreisdurchmesser: 13,00 m
Rumpflänge: 7,75 m
Länge/Höhe über alles: 13,00 m/ 4,05 m
Rüst-/Startmasse: 2055 kg/3250 kg
Höchstgeschwindigkeit: 170 km/h
Schwebeflughöhe mit Bodeneffekt: 1300 m
Reichweite: 400 bis 1200 km
Zuladung: 2 Piloten und 6 Personen oder 900/1100 kg Last

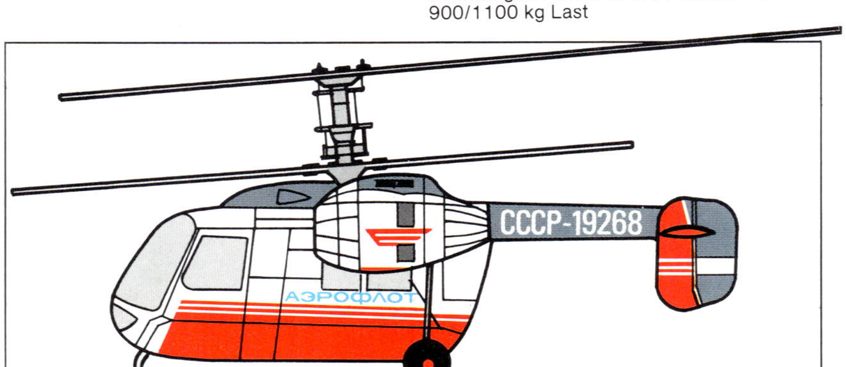

Kamow Ka-26 – 1965

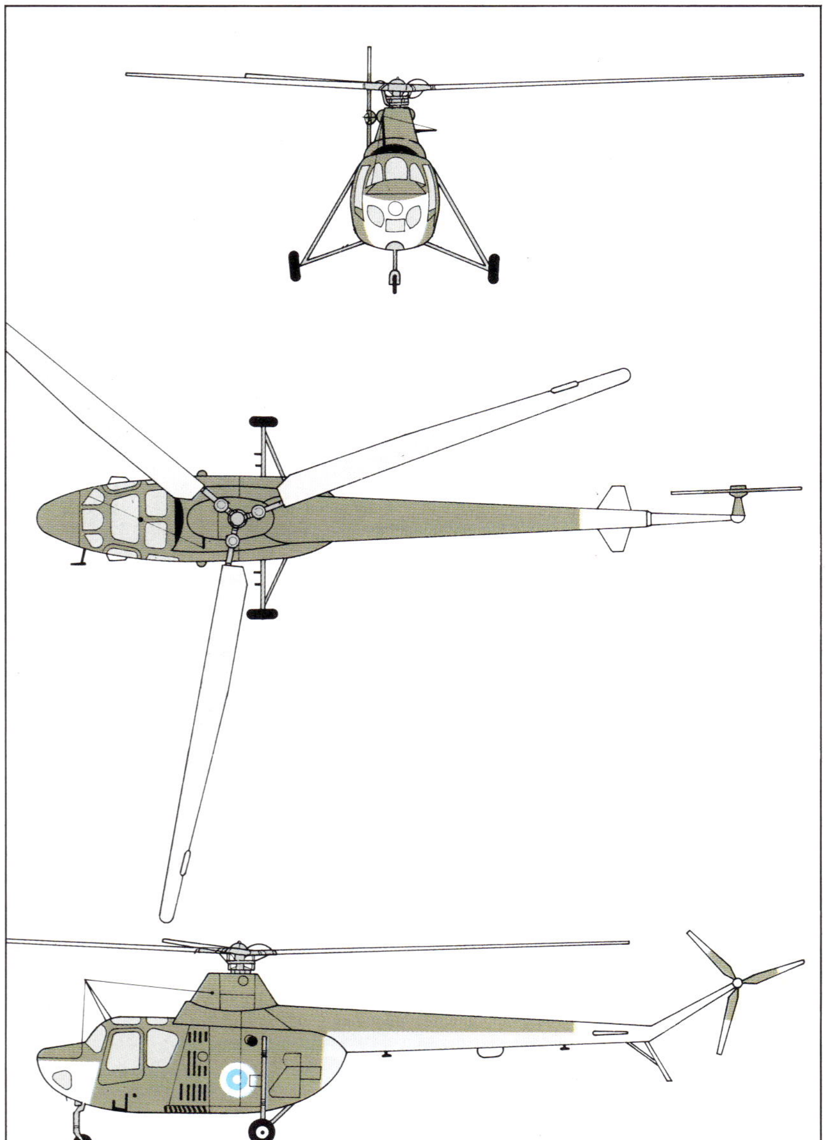
Mil Mi-1 – 1948

1-Produktion ein, in Polen ging sie 1965 zu Ende.
Mitte der 50er Jahre beschloß das *Mil*-Konstruktionsbüro, die Flugleistungen des *Mi-1* durch die Entwicklung einer Version mit Turbinenantrieb zu verbessern. Hierfür wählte man zwei neue 400-WPS-(294,2 WkW)-*Isotow GTD-350*-Wellenturbinen, die zusammen über die Hälfte leichter waren als der einzelne *Iwtschenko*-Sternmotor und fast 30% mehr Leistung abgaben. Durch ihre Installation nebeneinander über der Kabine, konnte der gesamte Innenraum für die Aufnahme von Passagieren oder Nutzlast verfügbar gemacht werden. Der erste Prototyp mit der Bezeichnung *W-2* (W = Wertolet) und später *Mi-2,* flog im September 1961. Nach den ersten Flugerprobungen wurde der hölzerne Dreiblatt-Heckrotor durch einen Zweiblattrotor aus Metall ersetzt, und ab 1965 erhielt der Hubschrauber eine neue Rotornabe, die von der des *Mi-6* abgeleitet war.
Da die sowjetischen Flugzeugwerke völlig mit der Produktion des *Mi-8* und anderer schwerer *Mil*-Hubschrauber ausgelastet waren, wurde die gesamte Serienproduktion des *Mi-2* nach Polen verlegt, wo sie ab 1965 bei *WSK-PZL-Swidnik* anlief. Die ersten Serienhubschrauber waren mit den je 400 WPS (294,2 WkW) leistenden *Isotow GTD-350*-Turbinen ausgerüstet, die ab 1974 von den stärkeren 450 WPS (331 WkW) ersetzt wurden. Weitere Neuerungen betrafen die Steigerung der Flugleistungen durch die Verwendung von GFK für den Haupt- und Heckrotor sowie für die Höhenflosse.
Von der *Mi-2* sind 25 Versionen oder Ausstattungsarten, vom Rettungs- bis zum Landwirtschaftshubschrauber oder dem Militärhubschrauber mit Maschinengewehren und Panzerabwehr-Lenkflugkörpern gebaut worden. Interessant ist auch die *Mi-2M*-Ausführung mit vergrößerter Kabine für zehn Personen und einem einziehbaren Bugrad. Eine *Mi-2* stellte am 14. Mai 1963 auf geschlossenem Kurs über 100 km einen Geschwindigkeitsweltrekord mit 253,818 km/h auf.

Mil Mi-2
Hersteller: Staatliche sowjetische Luftfahrtindustrie
Verwendungszweck: 10-sitziger leichter Mehrzweckhubschrauber
Baujahr: 1961
Antrieb: 2 *Isotow GTD-350P,* je 400 WPS (294,2 WkW)
Rotorkreisdurchmesser: 14,56 m
Rumpflänge: 11,94 m
Länge über alles: 17,42 m
Höhe über alles: 3,75 m
Rüstmasse: 2384 kg
Startmasse: 3700 kg
Höchstgeschwindigkeit: 210 km/h
Schwebeflughöhe mit Bodeneffekt: 2000 m
Dienstgipfelhöhe: 4000 m
Reichweite: 240 km
Zuladung: 1 Pilot und bis zu 9 Personen oder 950 kg Last

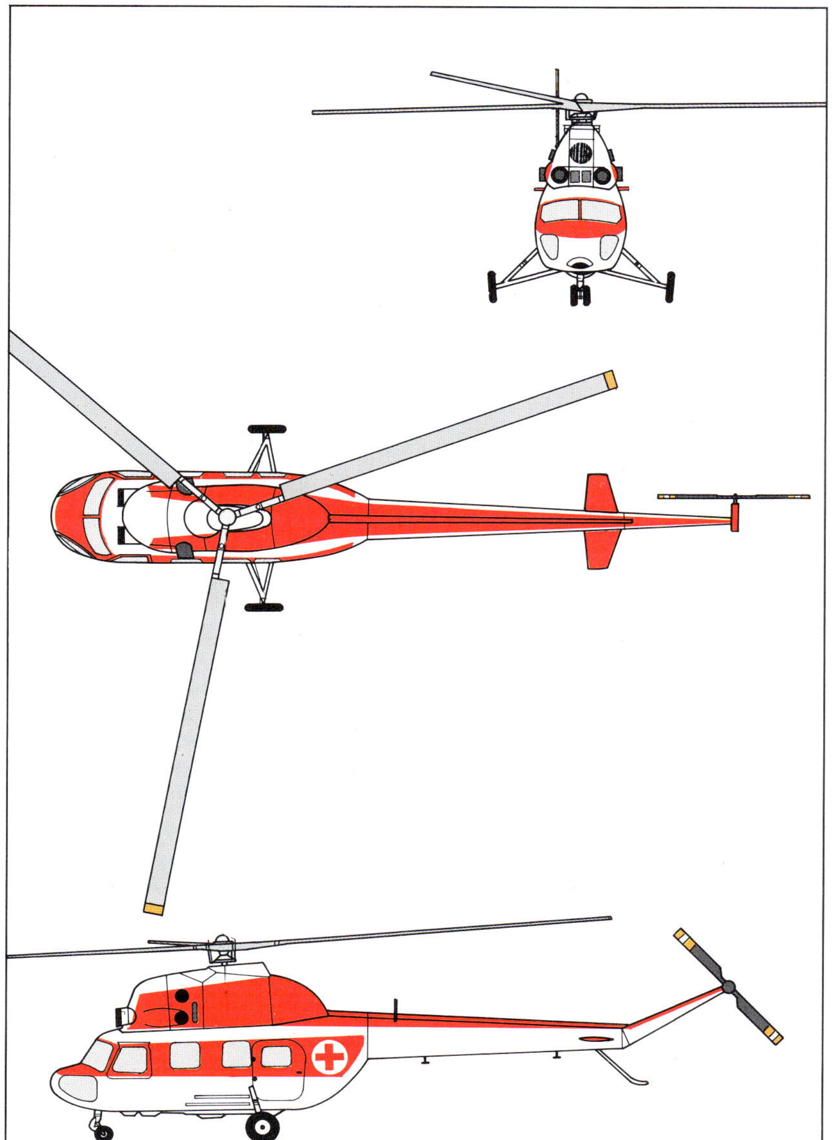

Mil Mi-2 (gebaut in Polen) – 1966

Der Zivil-Hubschrauber *Mil Mi-2* wird von der staatlichen sowjetischen Luftverkehrsgesellschaft Aeroflot als leichter Mehrzweckhubschrauber eingesetzt. Er kann neben dem Piloten sechs bis acht Personen oder vier Tragbahren und einen Pfleger befördern.

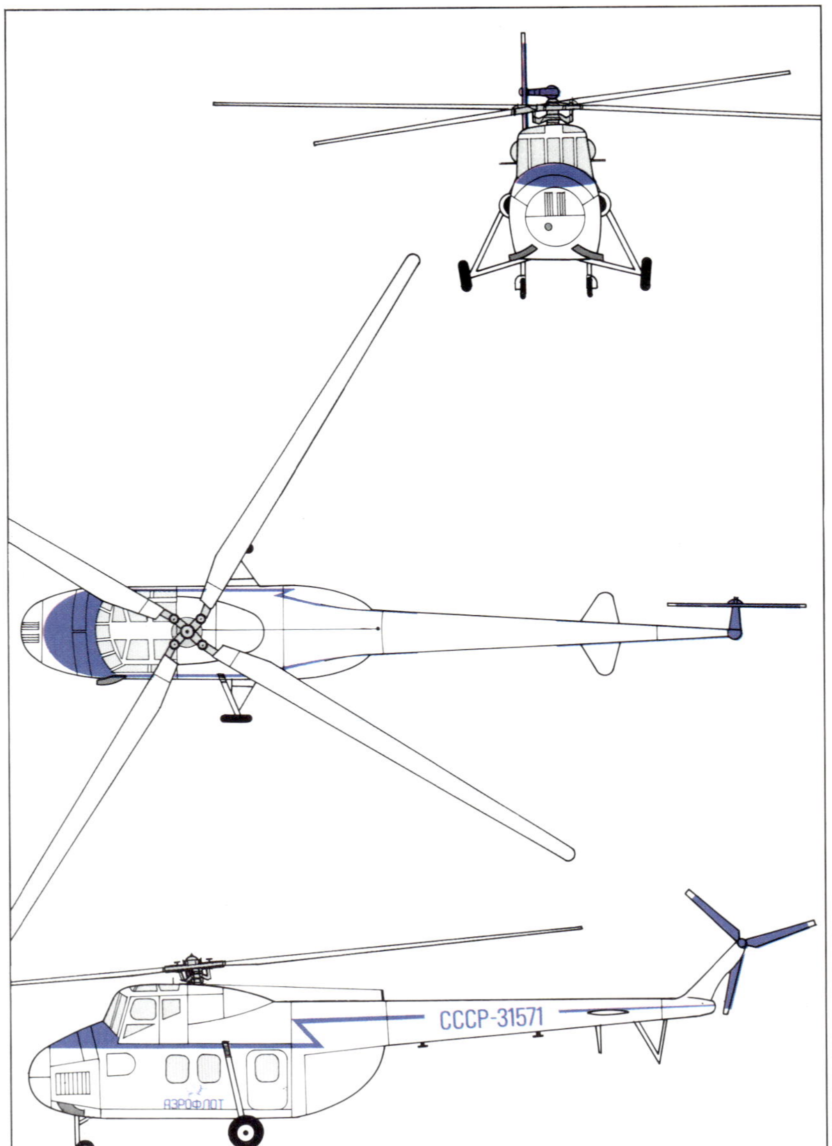

Mil Mi-4P – 1958

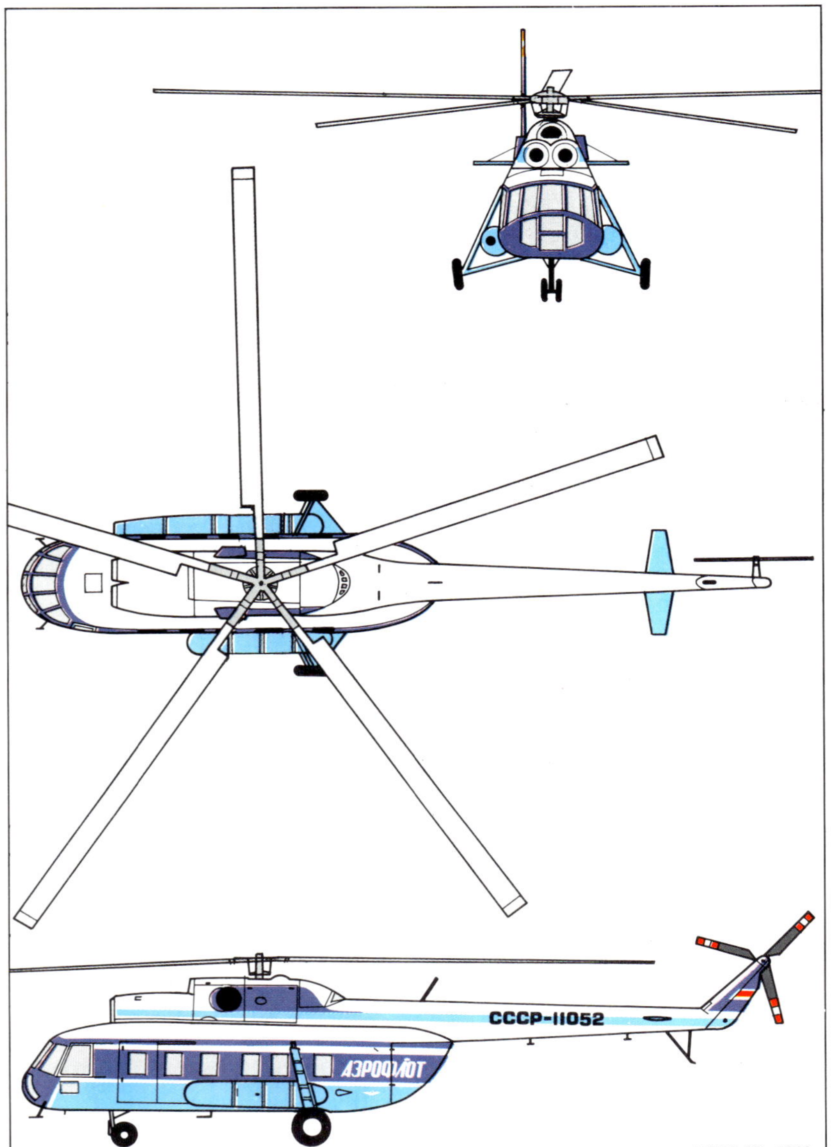

Mil Mi-8P – 1962

Mil Mi-4 (Hound) und Mi-8 Hip

Der *Mi-4* war der zweite Hubschrauber aus dem *Mil*-Büro, von dem mehrere tausend gebaut und in drei Hauptversionen von der Sowjetunion und anderen Ländern in Dienst gestellt wurden.
Der *Mi-4*, der im August 1953 erstmals in Tuschino während der Flugparade vorgestellt wurde, hatte seinen Erstflug bereits ein Jahr zuvor absolviert und war anschließend in die Serienproduktion gekommen, die in den ersten Jahren ausschließlich für die sowjetische Armee bestimmt war. Die Grundversion des *Mi-4* (NATO-Bezeichnung *Hound)* war ein Transporthubschrauber mit einer Gondel unter dem Rumpf für die Aufnahme des Navigators. Durch die Installierung des Motors im Rumpfbug wie beim *Sikorsky S-55/58*, war in der Kabine genügend Platz für bis zu 14 Soldaten in voller Kampfausrüstung oder eine maximale Nutzlast von 1600 kg. Der Zugang zur Kabine wurde durch eine Heckflügeltür erleichtert. Neben diesem Grundmodell ist auch eine Heereskampfversion mit Maschinengewehren oder mit Panzerabwehr-Lenkflugkörpern gebaut worden. Der *Mi-4* ist auch von den Seefliegerstreitkräften als U-Boot-Jäger (*Hound-B*) verwendet worden. Hierfür wurde vor der Navigatorgondel ein Bugradar installiert und der Hubschrauber mit Tauchsonar, einem geschleppten Magnetstörfelddetektor und anderen Ortungsgeräten ausgerüstet, dazu kamen Torpedos oder Wasserbomben. Eine weitere militärische Variante, mit der NATO-Bezeichnung *Hound-C*, diente der elektronischen Kampfführung.
Neben den militärischen gab es zwei zivile Varianten: die Passagierausführung *Mi-4P* und die Ausführung für Landwirtschaftszwecke *Mi-4S*. Der *Mi-4P*, mit dem die Aeroflot ab 1958 den Flugdienst aufnahm, konnte in der Standard- bis zu elf und in der Economyausführung 16 Fluggäste befördern. Die Kabine war entsprechend eingerichtet und hatte große viereckige Fenster anstelle der runden der Militärversion. Auch besaß er keinen Radom und keine Navigatorgondel an der Rumpfunterseite. Die Landwirtschaftsversion ist mit einem Behälter für 1000 kg Chemikalien oder einem Tank für 1600 Liter Sprühmittel ausgestattet. Der *Mi-4* stellte sieben Weltrekorde auf und übertraf in seinen Leistungen sogar den *Sikorsky S-58*.

Mil Mi-4P
Hersteller: Staatliche sowjetische Luftfahrtindustrie
Verwendungszweck: Mehrzweckhubschrauber
Baujahr: 1958
Antrieb: *Schwezow ASh-82W*, 1700 PS (1250,3 kW)
Rotorkreisdurchmesser: 21,00 m
Rumpflänge: 16,80 m
Länge über alles: 25,05 m
Höhe über alles: 5,18 m
Rüstmasse: 4860 kg
Startmasse: 7600 kg
Höchstgeschwindigkeit: 210 km/h
Schwebeflughöhe mit Bodeneffekt: 1700 m
Dienstgipfelhöhe: 6000 m
Reichweite: 250 km
Zuladung: 1 bis 3 Mann Besatzung und 6 bis 16 Passagiere oder 1600 kg Last

Mil Mi-8 (W-8)
Hersteller: Staatliche sowjetische Luftfahrtindustrie
Verwendungszweck: Mehrzweckhubschrauber
Baujahr: 1962
Antrieb: 2 *Isotow TB-2-117A*, je 1500 WPS (1103,2 WkW)
Rotorkreisdurchmesser: 21,29 m
Rumpflänge: 18,31 m
Länge über alles: 25,28 m
Höhe über alles: 5,60 m
Rüstmasse: 7417 kg
Startmasse: 12000 kg
Höchstgeschwindigkeit: 250 km/h
Schwebeflughöhe mit Bodeneffekt: 1320 m
Dienstgipfelhöhe: 4500 m
Reichweite: 360 km
Zuladung: 3 Mann Besatzung und 28 Passagiere oder 4000 kg Last

Ende der 50er Jahre stellte sich die sowjetische Hubschrauberindustrie auf die Verwendung von Wellenleistungsturbinen um, was bei *Mil* zur Entwicklung des *Mi-6* und des *Mi-8* führte. Der *Mi-8* kann in gleicher Weise als eine Ableitung des *Mi-4* gelten, wie der *Mi-2* als eine Ableitung des Mi-1. Der *Mi-8*, NATO-Bezeichnung *Hip*, wurde erstmals 1961 während der Flugparade in Tuschino der Öffentlichkeit vorgeführt. Der ursprüngliche Prototyp *(Hip-A)* war anfangs mit einer einzelnen 2700-WPS(1985 WkW)-*Solowjew*-Wellenturbine, die zentral über der Kabine angeordnet war, sowie mit dem Rotor, dem Getriebe und dem Heckausleger des *Mi-4* ausgestattet worden. Der Rumpf war komplett neu, die beiden Pilotensitze waren vorn in der Kabine integriert und befanden sich nicht mehr darüber. Aber der zweite Prototyp *(Hip-B)*, der am 17. September 1962 erstmals flog, wurde bereits von zwei kleineren *Isotow*-Turbinen von je 1500 WPS (1103,2 WkW) angetrieben. Die nachfolgende Serienproduktion ist in dieser Ausführung angelaufen. Später erfolgte eine weitere Konstruktionsänderung durch die Übernahme eines Fünfblattrotors anstelle des von dem *Mi-4* übernommenen.

Die Produktion des *Mi-8* wurde in großer Eile vorangetrieben. Seit seinem Erscheinen sind bis heute mehr als 10000 zivile und militärische *Mi-8* gebaut und in mehr als 30 Länder exportiert worden.

Die kommerzielle Version mit ihren großen rechteckigen Fenstern statt der runden, wird von der Aeroflot und anderen Luftverkehrsunternehmen für viele Aufgaben eingesetzt. Man unterscheidet heute zwischen drei Zivilvarianten: dem Standard *Mi-8* für 28/32 Passagiere; dem Mehrzweckhubschrauber *Mi-8T*, der in erster Linie für Frachtflüge eingesetzt wird, aber im Notfall durch 24 Klappsitze entlang der Kabinenwand schnell zur Personenbeförderung umgewandelt werden kann; und der *Mi-8 Salon*, einer DeLux-Ausführung für Geschäftsreisen mit bis zu elf Sitzen. Alle *Mi-8* sind mit Autopilot und modernen Navigationssystemen für den Schlechtwetter- und Nachteinsatz ausgerüstet. Der *Mi-8* stellte vier Flugrekorde auf.

Gemeinsam mit dem Kampfhubschrauber *Mi-24* gehört der *Mi-8* heute zur Standard-Ausrüstung der taktischen sowjetischen Mehrzweckhubschrauber-Verbände in den Frontluftarmeen. Die von der NATO unterschiedenen Versionen schließen neben den Prototypen *Hip-A* und *Hip-B* noch die *Hip-C*-Standard-Kampfzonentransportversion für 24/30 Soldaten sowie vier Außenlaststationen für Raketenbehälter und andere Waffen, ein. Ferner die *Hip-D*-Version, einen Verbindungshubschrauber mit rechteckigen Fenstern sowie zusätzlichen Antennen zur elektronischen Kampfführung. Die *Hip-E*-Version ist die schwerstbewaffnete Ausführung und fast schon mit einem Kampfhubschrauber vergleichbar, ausgerüstet mit sechs Außenlaststationen für sechs Abschußbehälter mit je 32 ungelenkten 57-mm-Raketen, vier Panzerabwehr-Lenkflugkörper AT-2 *Swatter* und einem 12,7-mm-Bug-Maschinengewehr. Der *Hip-F* ist die Export-Version mit sechs AT-3 *Sagger* anstelle der vier *Swatter*. Der *Hip-G* ist eine weitere Variante des *Hip-D*, während die *Hip-J*- und *Hip-K*-Versionen unterschiedliche Ausrüstungen zur elektronischen Kampfführung tragen. Zwanzig dieser bewaffneten Kampfzonen-Transporthubschrauber können ein Bataillon von 550 Mann anlanden und außerdem, dank ihrer großen Heckladepforten, kleine Späh- und andere Gefechtsfahrzeuge befördern.

1981 ist eine neue verbesserte Version des *Mi-8* identifiziert worden, der *Mi-17*, NATO-Bezeichnung *Hip-H*, mit zwei leistungsstärkeren *Isotow TW3-117MT*-Wellenturbinen von je 2200 WPS (1618 WkW) und Anordnung des Heckrotors an der linken Seite des Heckauslegers.

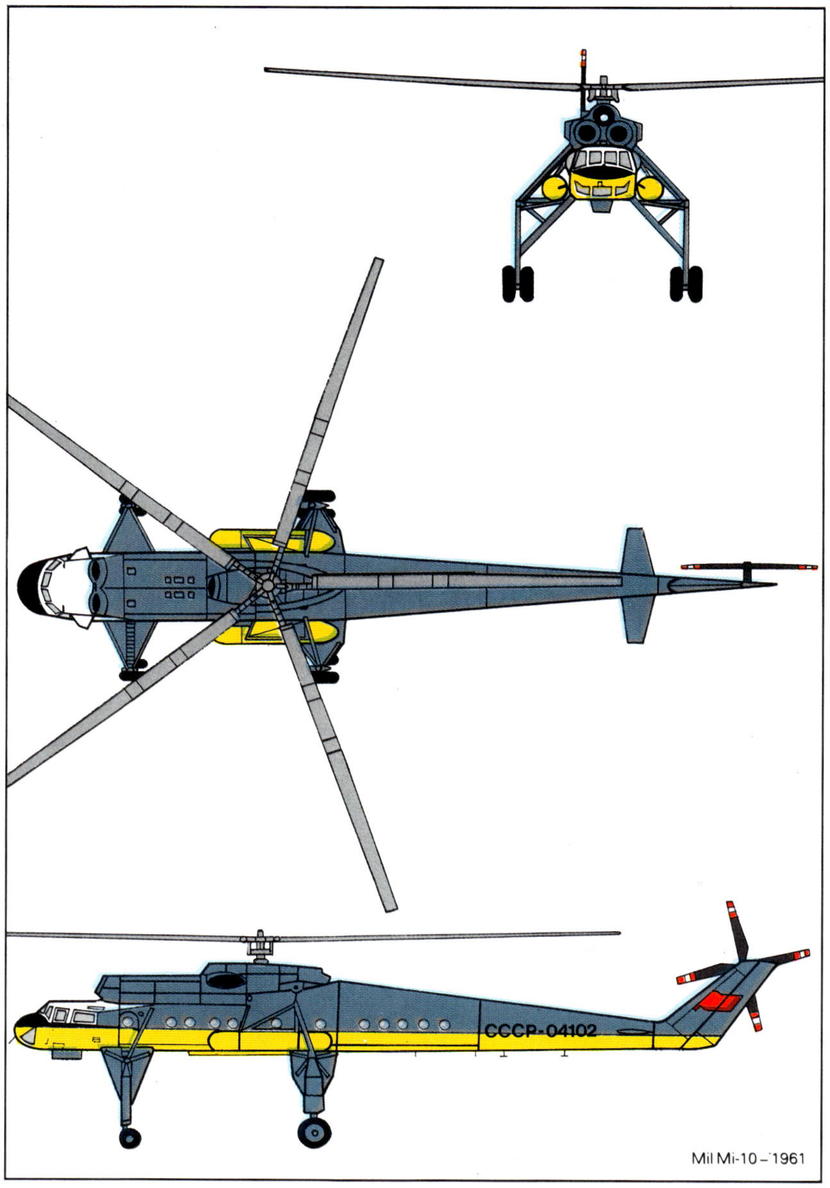

Mil Mi-10 – 1961

Mil Mi-6 (Hook), Mi-10 (Harke) und Mi-10K

Der *Mi-6* war nicht nur zwölf Jahre lang der größte Hubschrauber der Welt, er war auch der erste mit zwei Turbinen ausgerüstete Hubschrauber der Welt und der erste Turbinenhubschrauber der Sowjetunion, der in Serie hergestellt wurde. Die Entwicklungsarbeiten hatten Mitte der 50er Jahre begonnen, und der erste von fünf Prototypen flog, gesteuert von R.I. Kapreljan, im Herbst 1957.

Die Serienherstellung begann 1960 mit einem ersten Los von 30 Einheiten, denen über 800 weitere für zivile und militärische Zwecke folgten. Als Militärtransporter konnte der *Mil Mi-6*, mit der NATO-Bezeichnung *Hook*, 70 vollausgerüstete Soldaten, oder eine entsprechend schwere Nutzlast wie Lastkraftwagen, taktische Raketen oder Feldgeschütze tragen. Die Aeroflot setzte ihn für Passagier- und Frachtflüge ein, in welcher Rolle sie weit abgelegene Gegenden bedienten. Als fliegender Kran konnte der *Mi-6* bei großen technischen Unternehmen, wie dem Verlegen von Erdöl- und Erdgasleitungen oder beim Brückenbau, verwendet werden.

Die Kabine mit den Abmessungen von 12,00 m Länge, 3,00 m Breite und 2,50 m Höhe konnte im Innern 12000 kg Nutzlast aufnehmen, die Standard-Passagierversion bot 65 Fluggästen Platz. Als Ambulanzhubschrauber trug er 41 Tragbahren und zwei Pfleger. Sperrige Güter bis zu 8000 kg Gewicht konnten als Hakenlast befördert und an einer elektrischen Winde bis zu 800 kg aufgehoben werden. In der Feuerbekämpfungs-Version konnte der *Mi-6* in 12 Sekunden 12 Tonnen Wasser oder chemische Bekämpfungsmittel durch eine Luke im Kabinenboden entladen oder, entsprechend langsamer, durch zwei Vorrichtungen mit vier Düsen versprühen. In dieser Rolle und bei seinen Einsätzen als fliegender Kran fehlten die zwei Stummelflügel, die gewöhnlich an beiden Seiten des Rumpfes, oberhalb der starren Hauptfahrwerkseinheit angebracht waren, und während des Reisefluges um zirka 20% den fünfblättrigen Rotor entlasteten. Die Spannweite der abnehmbaren Stummelflügel betrug 15 m.

Der *Mi-6*, der als erster Hubschrauber eine Geschwindigkeit von 300 km/h übertraf, stellte nicht weniger als 14 Weltrekorde in seiner Klasse auf. Dazu zählten unter anderen: am 13. September 1962 das Heben einer 20117 kg schweren Nutzlast bis auf eine Höhe von 2738 m und am 26. August 1964 ein Geschwindigkeitsweltrekord mit 340,150 km/h auf geschlossenem Kurs über 100 km. Der *Mi-6*, der in erster Linie von der sowjetischen Armee verwendet wurde, ist auch an die Regierung von Peru und an die Luftstreitkräfte von Bulgarien, Ägypten, Irak, Indonesien, Syrien und Vietnam geliefert worden.

Inzwischen hatte 1961 während der Flugparade in Tuschino der *Mi-10*, mit der NATO-Bezeichnung *Harke*, sein Debüt gegeben. Diese Ableitung aus dem *Mi-6* als reiner »Fliegender Kran«, besaß einen völlig neuen, flacheren Rumpf und ein Vierstreben-Portalfahrwerk mit Zwillingsrädern. Bei einer Spurweite vorn von 6,01 m und hinten von 6,92 m, einem Radstand von 8,29 m und einer freien Höhe von 3,75 m konnte er über schwere Lasten hinwegrollen und die Beladung erleichtern. Auf einer speziellen Plattform konnten die Lasten bis zu 20 m Länge, 10 m Breite und 3,10 m Höhe, und ohne Plattform übergroße Lasten wie vorgefertigte Häuser befördert werden. Zusätzlich zu der unter dem Rumpf befestigten Last, bot die Kabine auf faltbaren Sitzen 28 Per-

Mil Mi-10
Hersteller: Staatliche sowjetische Luftfahrtindustrie
Verwendungszweck: Schwerer Kranhubschrauber
Baujahr: 1961
Antrieb: 2 *Solowjew D-25W*, je 5500 WPS (4045,2 WkW)
Rotorkreisdurchmesser: 35,00 m
Rumpflänge: 32,86 m
Länge über alles: 41,89 m
Höhe über alles: 9,90 m
Rüstmasse: 27000 kg
Startmasse: 43450 kg
Höchstgeschwindigkeit: 220 km/h
Dienstgipfelhöhe: 3000 m
Reichweite: 430 km
Zuladung: 3 Mann Besatzung und 28 Personen, maximale Nutzlast + Frachtplattform 15000 kg

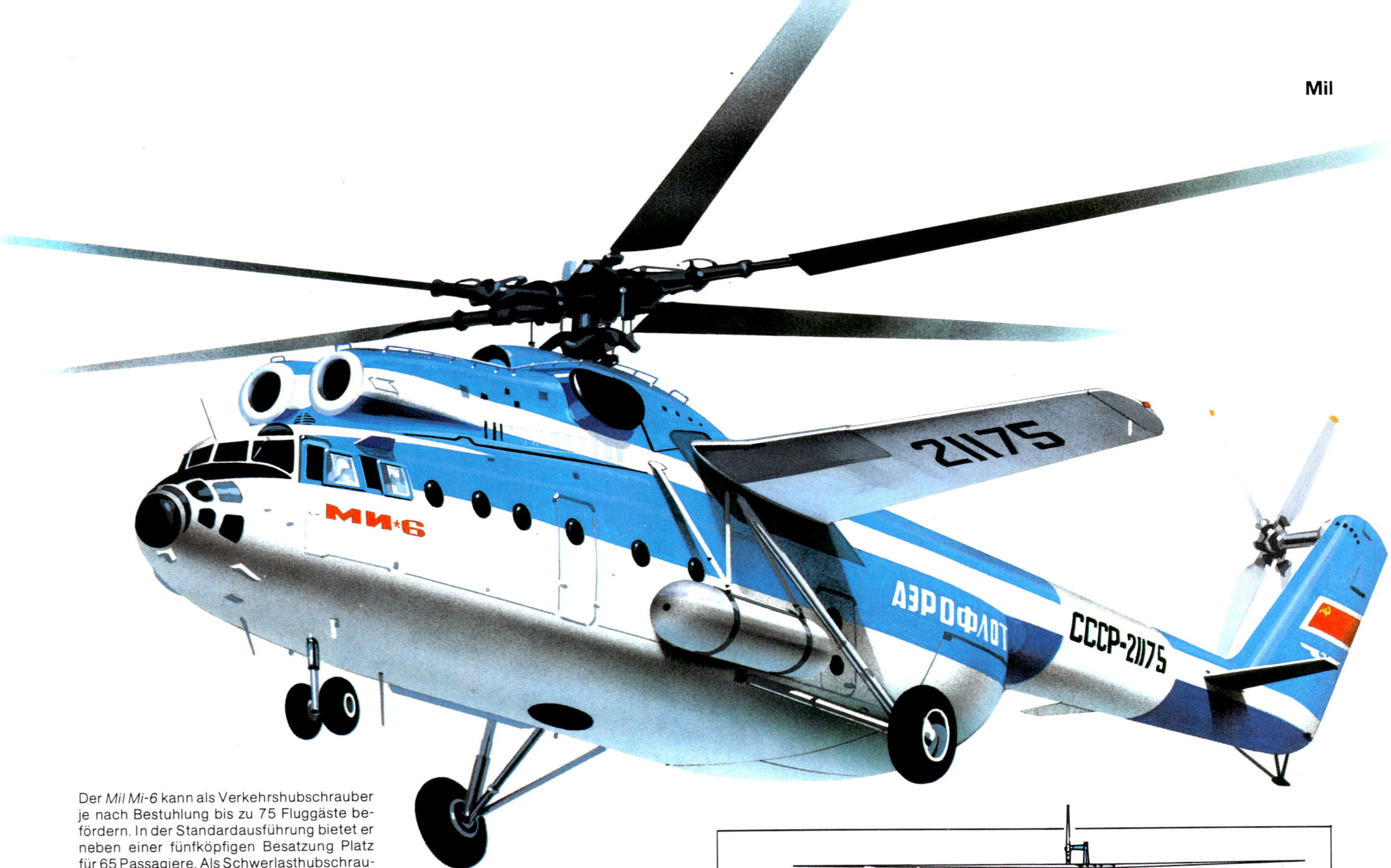

Der *Mil Mi-6* kann als Verkehrshubschrauber je nach Bestuhlung bis zu 75 Fluggäste befördern. In der Standardausführung bietet er neben einer fünfköpfigen Besatzung Platz für 65 Passagiere. Als Schwerlasthubschrauber kann er Frachtgüter bis zu 12 t tragen. Die Aeroflot fliegt ihn als Verkehrs- und Transporthubschrauber.

sonen Platz. Mehrere Fernsehkameras ermöglichten der Besatzung auf Monitoren eine visuelle Kontrolle der beförderten Ladung und des Fahrwerks, was besonders im Augenblick des Aufsetzens erforderlich war.
Der *Mi-10* befindet sich bei der Aeroflot und bei der sowjetischen Armee im Einsatz. Einige der bis 1978 hergestellten 55 *Mi-10* sind in den Irak exportiert worden. Der *Mi-10K*, die wohl letzte Version dieses fliegenden Krans, wurde am 26. März 1966 zum erstenmal gezeigt. Der Hubschrauber unterscheidet sich von seinem Vorgänger durch ein wesentlich kürzeres vierstrebiges Fahrwerk und eine abgeänderte Heckstruktur. Unterhalb des Rumpfbugs befindet sich ein zusätzliches Cockpit mit einer kompletten Steuerungseinrichtung in einer Gondel mit Blick nach hinten, von wo aus einer der beiden Piloten die Fracht während des Ladens und Absetzens überwachen und die Steuerung des Hubschraubers übernehmen kann. Die maximale Zuladung des *Mi-10K* beträgt 11000 kg, durch die Installierung stärkerer *Solowjew D-25WF*-Turbinen von je 6500 WPS (4780,7 WkW), kann der Hubschrauber eine Hakenlast von 14000 kg heben. Am 28. Mai 1965 hob ein *Mi-10K* eine Nutzlast von 25105 kg auf 2840 m Höhe.

Mil Mi-6
Hersteller: Staatliche sowjetische Luftfahrtindustrie
Verwendungszweck: Schwerer Transporthubschrauber
Baujahr: 1957
Antrieb: 2 *Solowjew D-25W*, je 5500 WPS (4045,2 WkW)
Rotorkreisdurchmesser: 35,00 m
Rumpflänge: 33,18 m
Länge über alles: 41,74 m
Höhe über alles: 9,86 m
Rüstmasse: 27240 kg
Startmasse: 42500 kg
Höchstgeschwindigkeit: 300 km/h
Dienstgipfelhöhe: 4500 m
Reichweite: 620 km
Zuladung: 5 Mann Besatzung und 65 Personen oder 12000 kg Last

Mil Mi-12 (Homer)

Der *Mi-12*, sowjetische Bezeichnung *W-12*, war das letzte Hubschrauberprojekt, das im OKB unter Mils 22jähriger Leitung in Angriff genommen wurde. In seinem Tagebuch notierte Michail L. Mil damals: »Das ist bestimmt das kühnste ingenieurtechnische Fluggerät, das ich je

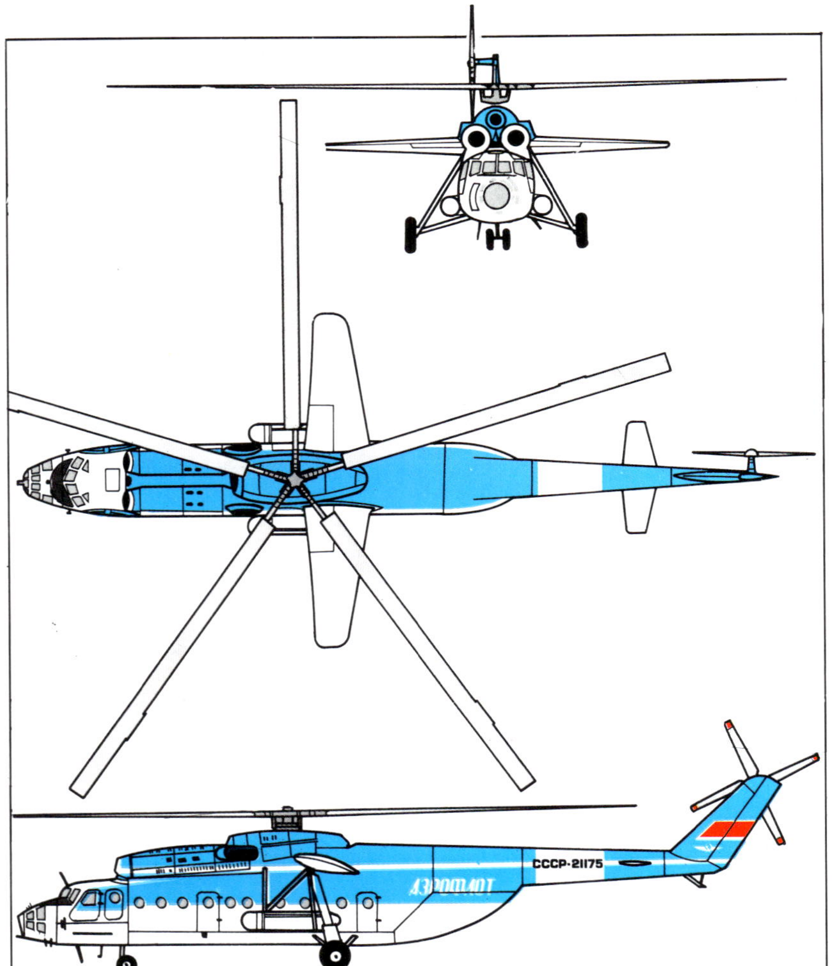

Mil Mi-6 – 1957

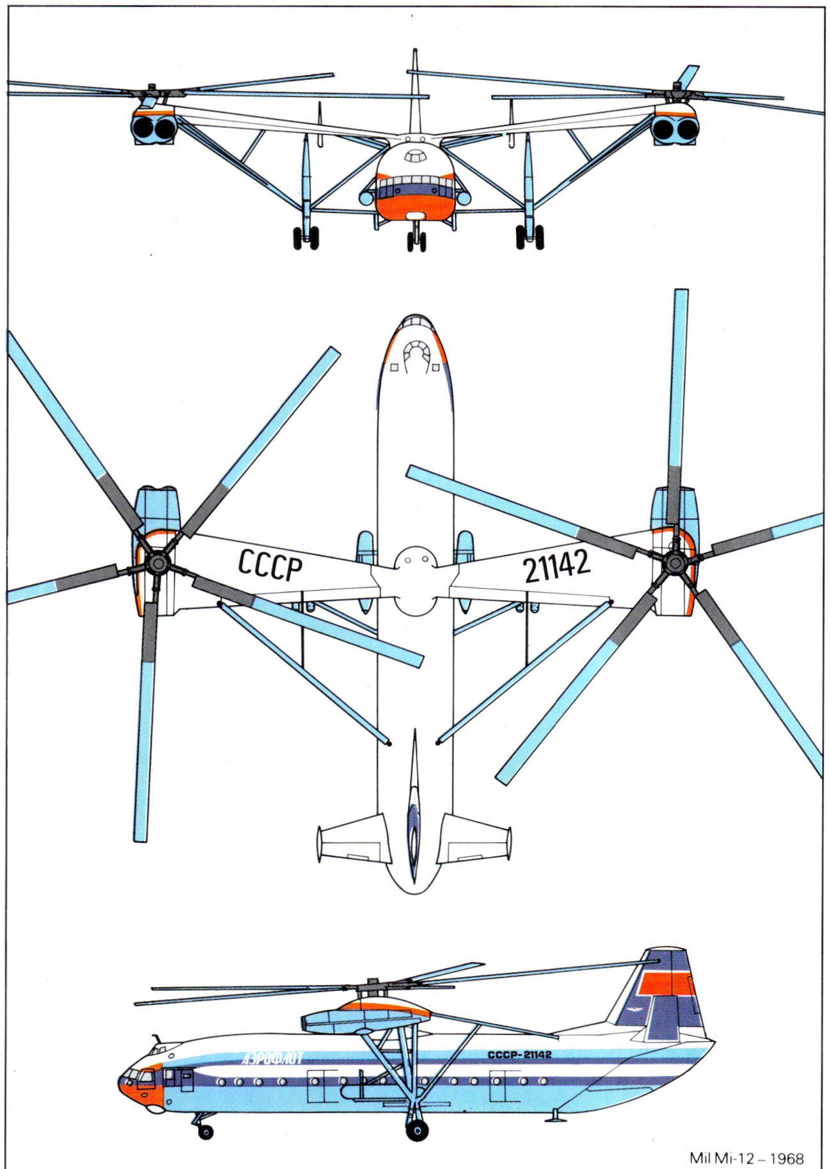

Mil Mi-12 – 1968

zu bauen hatte ...« Dieser erstmals 1968 geflogene und nicht in Serienproduktion gegangene Hubschrauber galt als der größte der Welt. Der erste *W-12*-Prototyp ging 1969 infolge eines Triebwerkschadens zu Bruch. Zwei weitere Prototypen flogen 1971. Mit dem ersten Prototyp stellte Wasilij Koloschenko 1969 mehrere Nutzlastrekorde auf. So hob er am 22. Februar 1969 eine Nutzlast von 31030 kg auf eine Höhe von 2951 m und am darauffolgenden 6. August 40204 kg auf 2255 m. Die Entwicklung des *Mi-12*, mit der Nato-Bezeichnung *Homer*, ist 1965 mit dem Ziel erfolgt, einen Schwerlast-Hubschrauber zu bauen, der wie die viermotorige *AN-22*, fähig war, strategische Güter tragen zu können. Das Konstruktionsbüro entschied sich für die Bauform der nebeneinander angeordneten Rotoren, um die dynamischen Baugruppen Triebwerke-Getriebe-Rotoren der *Mi-6/Mi-10* mit minimalen Modifikationen übernehmen zu können. Zwei dieser Baugruppen wurden auch an den Enden der beiden abgestreb-

Mil Mi-12
Hersteller: Staatliche sowjetische Luftfahrtindustrie
Verwendungszweck: Schwerlast-Hubschrauber
Baujahr: 1968
Antrieb: 4 *Solowjew D-25WF*, je 6500 WPS (4780,7 WkW)
Rotorkreisdurchmesser: je 35,00 m
Abstand der Blattspitzen: 67,00 m
Rumpflänge: 37,00 m
Höhe über alles: 12,50 m
Startmasse: 97000 kg (normal) 105000 kg (maximal)
Höchstgeschwindigkeit: 260 km/h
Dienstgipfelhöhe: 3500 m
Reichweite: 500 km
Zuladung: 6 Mann Besatzung und 50 Personen oder bis zu 30000 kg Last

ten, in Schulterdeckerbauweise angeordneten Flügel montiert, deren Tiefe sich von den Flügelwurzeln zu den Flügelenden hin stetig verbreiterte. Die vier paarweise an den unteren Enden der Ausleger montierten *Solowjew D-25WF*-Turbinen ermöglichten dem Hubschrauber im Senkrechtstart eine Nutzlast von 25000 kg und im Kurzstart eine Nutzlast von 30000 kg zu heben und zu befördern. Der Frachtraum hatte eine Länge von 28,15 m sowie eine Breite und Höhe von je 4,40 m. Der Rumpf war in herkömmlicher Halbschalenbauweise gefertigt und hatte eine große Heckladerampe. Das Flugdeck war aufgeteilt in ein oberes für den Navigator und Bordfunker und das untere für die beiden Piloten, einen Bordingenieur und Bordelektriker. Der Drehflügler hatte ein festes Bugradfahrwerk mit Zwillingsrädern an allen Streben.
Man kann davon ausgehen, daß der *Mi-12* nicht nur für militärische Zwecke vorgesehen war, auch die Aeroflot wollte ihn besonders in abgelegenen Gebieten Sibiriens, die reich an Bodenschätzen, aber arm an Verkehrsverbindungen sind, einsetzen. Es wird angenommen, daß wegen technischer Probleme die Weiterentwicklung dieses Giganten zugunsten des *Mil-26* aufgegeben wurde.

Mil Mi-14 (Haze)

Der *Mil Mi-14*, eine Ableitung des *Mi-8*, ist ab Mitte der 70er Jahre von den Seefliegerstreitkräften der Sowjetunion als landgestützter, amphibischer U-Boot-Bekämpfungs-Hubschrauber in Dienst gestellt worden, um die älteren und kleineren *Mi-4* zu ersetzen. Für seine speziellen Aufgaben verfügt er über einen bootsförmigen, gekielten Rumpf mit an beiden Seiten des hinteren Rumpfabschnitts angebrachten Stützschwimmern, in welche die zwillingsbereifte Hauptfahrwerkseinheit während des Fluges und beim Wassern eingezogen wird. Zwei Bugräder zu beiden Seiten des Bugradoms sind ebenfalls einziehbar.

Mil Mi-14
Hersteller: Staatliche sowjetische Luftfahrtindustrie
Verwendungszweck: Amphibischer U-Boot-Bekämpfungshubschrauber
Baujahr: 1974
Antrieb: 2 *Isotow TW-3*, je 1900 WPS (1397,4 WkW)
Rotorkreisdurchmesser: 21,29 m
Rumpflänge: 18,15 m
Startmasse: 12000 kg
Höchstgeschwindigkeit: 230 km/h
Schwebeflughöhe mit Bodeneffekt: 1600 m
Reichweite: 450 km
Zuladung: Zielsuchende Torpedos, nukleare und konventionelle Wasserbomben

Die NATO unterscheidet den *Haze-A* als U-Boot-Jäger mit Suchradar, geschleppter Magnetfeldsonde (MAD), Tauchsonar und anderen U-Boot-Ortungsgeräten sowie zielsuchenden Torpedos als Bewaffnung, und den *Haze-B* als Minenabwehr-Hubschrauber, der u.a. in der Lage ist, ein über der Wasseroberfläche gleitendes, akustisches Minensuchgerät zu ziehen. Exportiert wird der *Mi-14* nach Bulgarien, in die DDR, nach Kuba und Libyen.

Mil Mi-24 (Hind)

Der *Mi-24* war der erste sowjetische Kampfhubschrauber, der seit 1973 den Verbänden der Gruppe der sowjetischen Truppen in der DDR (GSTD) zugeführt wurde. Inzwischen wird er auch an elf weitere der UdSSR befreundete Nationen ausgeliefert. Seit Dezember 1979 steht er in Afghanistan im ständigen Einsatz. Schätzungsweise sind bereits 2000 *Mi-24* gebaut worden, und die Produktion hält mit einer Fertigungsrate von 15 Einheiten pro Monat unvermindert an.

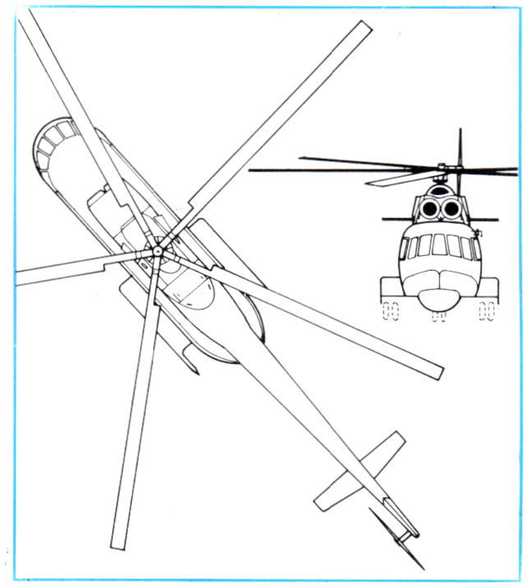

Der *Mi-24* mit der NATO-Bezeichnung *Hind* soll auf dem Transporthubschrauber *Mi-8* basieren, besitzt jedoch einen kleineren Fünfblatt-Hauptrotor, ist wesentlich kürzer, wiegt fast eine Tonne weniger und hat ein einziehbares Bugradfahrwerk. Zwei Hauptversionen wurden bisher unterschieden, der *Hind-A/B/C* und der *Hind-D/E*, von denen die eine in erster Linie als Unterstützungs- und Kampfzonen-

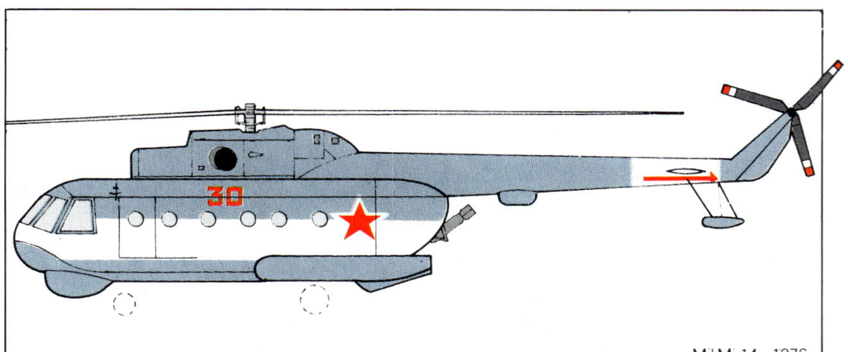

Mil Mi-14 – 1976

Der sowjetische Kampfhubschrauber *Mil Mi-24* – mit der NATO-Bezeichnung Hind – wurde seit seinem Erscheinen Anfang der 70er Jahre ständig im Kampfwert gesteigert und zählt gegenwärtig mit seiner außergewöhnlich starken Angriffsbewaffnung zu den leistungsstärksten fliegenden Panzerabwehr-Waffensystemen der Warschauer-Pakt-Staaten.

transporthubschrauber für eine Gruppe von acht Soldaten, und die andere als Kampfhubschrauber zur Panzerabwehr mit zweitrangiger Transportaufgabe vorgesehen ist.

Der *Hind-A* für allgemeine Angriffs- und Transporteinsätze besitzt ein geräumiges, rundum verglastes Cockpit, das vier Besatzungsmitglieder aufnimmt (Pilot, Kopilot, Bordschütze/Navigator und den Bordkommandanten/Einsatzleiter). Letzterer soll vermutlich die Sturmtruppen anlanden und den Gegner mit seinen Waffen niederhalten. Außer dem beweglichen 12,7-mm-Maschinengewehr im Rumpfbug kann der *Hind-A*, unter den rotorentlastenden Stummelflügeln mit negativer V-Form zu beiden Seiten, je zwei UB-32-Raketen-Abschußbehälter mit je 32 ungelenkten 57-mm-Raketen des Typs S-5 mit Hohlladungsgefechtskopf aufnehmen und an den Stummelflügelenden je eine Doppelstartschiene für je zwei funkgelenkte Panzerabwehr-Flugkörper AT-2 *Swatter*. Bei dem ersten *Hind-A*-Prototyp befand sich der dreiflügelige Heckrotor noch auf der rechten Seite des Heckauslegers, während er bei späteren Ausführungen auf die linke Seite versetzt wurde.

Der *Hind-B* ist dem *Hind-A* ähnlich, besitzt jedoch gerade Stummelflügel anstelle der negativ-V-förmigen und hat nur die beiden inneren Unterflügel-Waffenstationen an jeder Seite. Der Heckrotor befindet sich an der rechten Seite des Heckauslegers. Diese Version, die nur in begrenzter Anzahl gebaut wurde, ist vermutlich noch vor der *Hind-A* als deren Vorserienversion in Dienst gestellt und heute wahrscheinlich auf Standard *Hind-A* umgerüstet worden.

Der *Hind-C* entspricht der letzten *Hind-A*-Version, jedoch ohne das Bug-MG und die Doppelstartschienen an den Stummelflügelenden.

Der *Hind-D*, der 1976 erstmals beobachtet wurde, ist in seiner Grundstruktur den späteren *Hind-A*-Serien mit dem Heckrotor an der rechten Seite ähnlich, erhielt aber einen vollständig umkonstruierten Rumpfbug für den Einsatz als Kampfhubschrauber. Die beiden Besatzungsmitglieder sitzen in gepanzerten Einzelcockpits in Tandemanordnung, wobei der Waffensystemoffizier vorn, und der Pilot wegen des besseren Blickfeldes erhöht hinter ihm sitzt. Die Bewaffnung besteht wie beim *Hind-A* aus vier Raketenabschußbehältern an den inneren Unterflügelwaffenstationen und vier Lenkflugkörpern AT-2C *Swatter-C* an Doppelstartschienen an den Stummelflügelenden, hinzu kommt ein vierrohriges 12,7-mm-Maschinengewehr vom Gatling-Typ mit 2000 Schuß Munition, das beweglich in einem Kinnturm unter dem Rumpfbug lafettiert ist. Darüber hinaus ist der Kampfhubschrauber mit einem Infrarotvisier (FLIR), einem Nachtsichtsystem (LLTV) einem Sensor für geringe Geschwindigkeiten für den präzisen Einsatz der ungelenkten Raketen, einem Funkhöhenmesser, einem Dopplerradar und einer Anzahl Antennen für die modernen Avionik-Geräte ausgerüstet.

Mil Mi-24 (Hind-A)
Hersteller: Staatliche sowjetische Luftfahrtindustrie
Verwendungszweck: Taktischer bewaffneter Mehrzweckhubschrauber
Baujahr: 1971
Antrieb: 2 *Isotow TW2-117A*, je 1500 WPS (1103,2 WkW)
Rotorkreisdurchmesser: 17,00 m
Länge über alles: 17,00 m
Höhe über alles: 4,25 m
Rüstmasse: 4700 kg
Startmasse: 10000 kg
Höchstgeschwindigkeit: 275 km/h
Zuladung: 3 bis 4 Mann Besatzung und acht vollausgerüstete Soldaten und 1275 kg Waffenlast

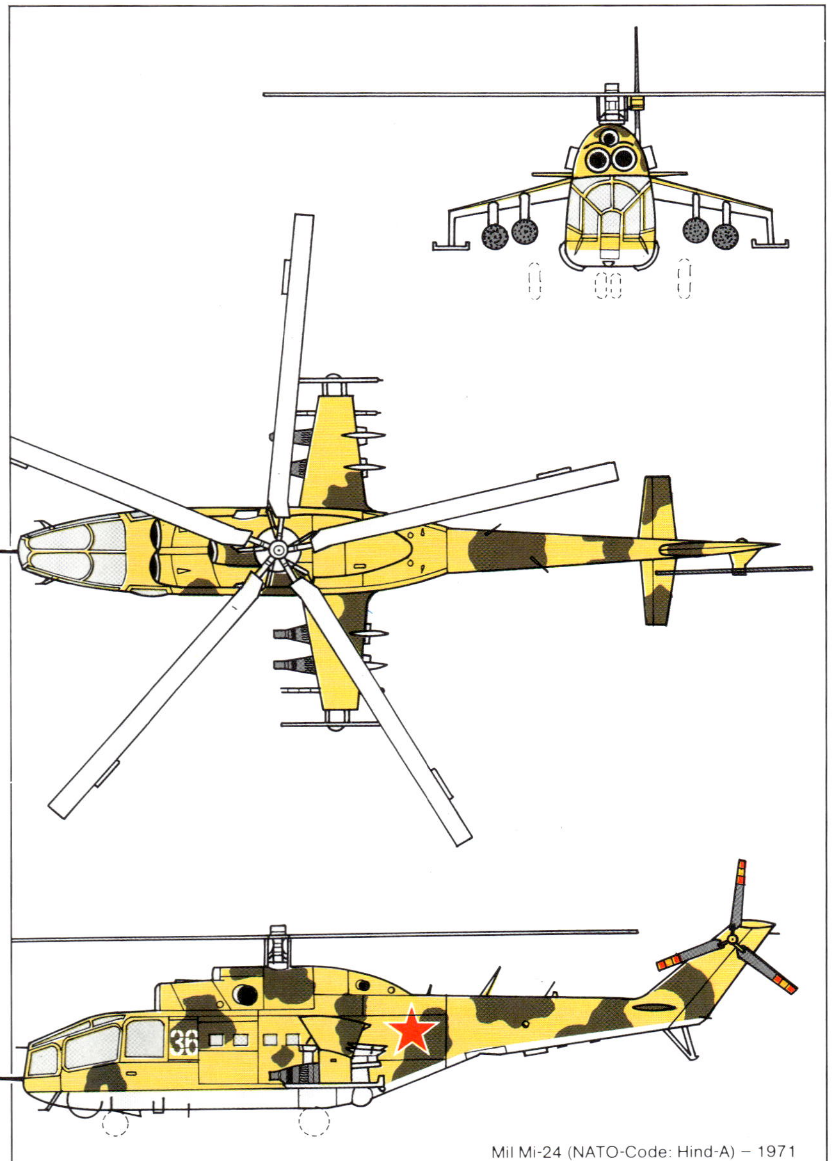

Mil Mi-24 (NATO-Code: Hind-A) – 1971

Der größte und leistungsstärkste Hubschrauber der Welt, der *Mil Mi-26,* wurde 1981 zum erstenmal im Westen auf dem Aero Salon in Paris/Le Bourget der Öffentlichkeit vorgeführt. Er wird gleichermaßen im zivilen wie militärischen Bereich verwendet und stellte 1982 eine Reihe von Zuladungs-Weltrekorde auf.

Der 1978 erstmals beobachtete *Hind-E* ist eine kampfwertgesteigerte *Hind-D*-Version, bei der bestimmte kritische Strukturabschnitte durch die Verwendung von Stahl und Titan anstelle von Aluminium verstärkt wurden. Außerdem erhielt der *Hind-E* Kugelkalotten vor den Lufteinläufen, einen Datengeber für den Waffenrechner am Pitotrohr, in Form und Größe geänderte Lenkantennen für die Flugkörper, vier aus Abschußrohren abzufeuernde, funkgelenkte Panzerabwehr-Lenkflugkörper AT-6 *Spiral* statt der AT-2C *Swatter* und teilweise eine an der rechten Bugseite lafettierte starre doppelrohrige 23-mm-Kanone anstelle des vierrohrigen Gatling-MG. Inzwischen sollen einige *Hind-E* auch mit Luft-Luft-Lenkflugkörpern zur Selbstverteidigung ausgestattet sein.

Die Existenz einer weiteren *Hind*-Version, mit der Bezeichnung *Hind-F*, erscheint als möglich. Dagegen liegen Berichte vor, nach denen sich, als Gegenstück zum amerikanischen *AH-64 Apache, der Mi-28* mit der *NATO*-Bezeichnung *Havoc* in der Flugerprobungsphase befinden soll.

Zwischen dem 18. Juli und 9. Oktober 1975 stellten die sowjetische Pilotin Galina Rastorgujewa und die Navigatorin Ludmila Peljanskaja mit einem Hubschrauber des Typs *A-10* sechs neue Weltrekorde in der E1-Klasse auf, wobei u.a. eine Geschwindigkeit von 341,350 km/h über der 15/25 km Basis erflogen wurde. Gurgen Karapetjan erreichte am 21. September 1978 sogar 368,400 km/h. Was sich hinter dem *A-10* verbirgt, ist nicht völlig geklärt; man weiß nur, daß es sich dabei um eine Konstruktion aus dem *Mil*-Büro handelt, mit zwei auf dem Rumpfrücken montierten je 1500-WPS(1103,2 WkW)-*Isotow TW2-117A*-Turbinen, und man vermutet, daß der Hubschrauber, seinen Leistungsparametern nach, eine Ableitung des *Mi-24* ist.

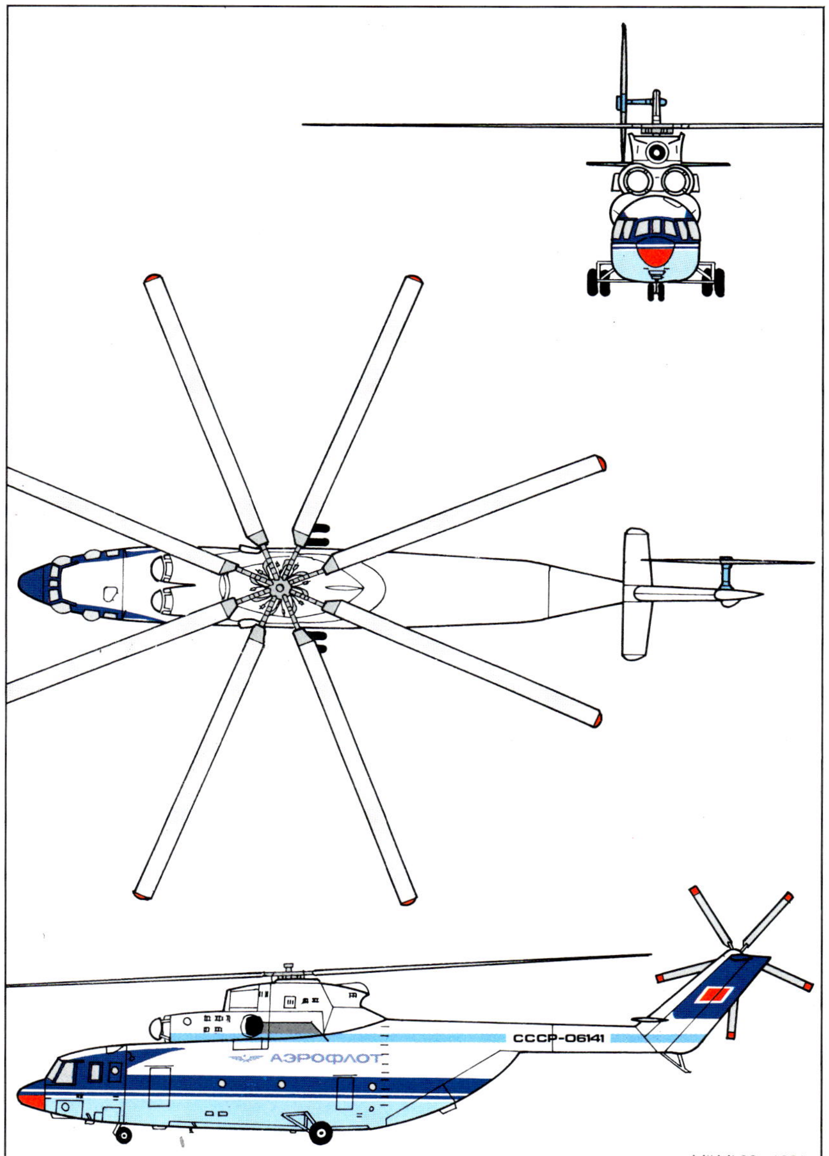

Mil Mi-26 – 1981

Mil Mi-26 (Halo)

Der 1981 auf dem Pariser Aero-Salon zum erstenmal vorgestellte *Mi-26* (Chefkonstrukteur Marat Tischenko) war das Ergebnis einer Anfang der 70er Jahre erarbeiteten Spezifikation für einen Schwerlast-Transporthubschrauber, dessen Leermasse ohne Kraftstoff nicht die halbe maximale Startmasse übertreffen sollte.

Der Erstflug des *Mi-26*, mit der NATO-Bezeichnung *Halo*, hatte am 14. Dezember 1977 stattgefunden. 1982 stellte er eine Reihe von Rekorden auf. Die beiden starken *Lotarew*-Turbinen treiben einen Achtblatt-Haupt- und einen Fünfblatt-Heckrotor an. Die in herkömmlicher Weise mit Stahlrohrholmen gefertigten Blätter sind mit Schlag- und Schwenkgelenken an den 3000 kg schweren Titanrotorkopf angeschlossen. Das Hauptrotorgetriebe wiegt allein 3500 kg. Der geräumige Frachtraum ist 15 m lang, 3,20 m breit und 3,15 m hoch, seine beiden Laufkräne haben eine Tragkraft von je 2,5 t und können zusammen Lasten bis zu 5 t heben. Der Zugang zum Frachtraum erfolgt über eine Heckladerampe. Die maximale Zuladung ist

Mil Mi-26
Hersteller: Staatliche sowjetische Luftfahrtindustrie
Verwendungszweck: Militärischer und ziviler Schwerlast-Transporthubschrauber
Baujahr: 1977
Antrieb: 2 *Lotarew D-136*, je 11400 WPS (8384,7 WkW)
Rotorkreisdurchmesser: 32,00 m
Rumpflänge: 33,72 m
Länge über alles: 40,02 m
Höhe über alles: 8,05 m
Rüstmasse: 28200 kg
Startmasse: 56000 kg
Höchstgeschwindigkeit: 295 km/h
Schwebeflughöhe mit Bodeneffekt: 4500 m
Schwebeflughöhe ohne Bodeneffekt: 1800 m
Dienstgipfelhöhe: 4600 m
Reichweite: 800 km
Zuladung: 5 Mann Besatzung und 70 bis 100 Personen, oder 20000 kg Last

größer als die des *AN-12*-Transportflugzeugs und beträgt 20000 kg, oder 70 vollausgerüstete Soldaten, oder 40 Tragbahren. Die fünfköpfige Besatzung setzt sich zusammen aus Pilot, Kopilot, Flugingenieur, Navigator und dem Lademeister. Modernste Navigationsausrüstung ermöglicht ein unabhängiges Navigieren von Bodennavigationshilfen. Über drei Fernsehkameras kann der Lademeister alle Be- und Entladevorgänge auf einem Bildschirm überwachen.

Jakowlew Jak-24 (Horse)

Nachdem das Entwicklungsbüro von Alexander S. Jakowlew in den Jahren 1942 bis 1947 einen Experimental-Hubschrauber mit koaxialer Rotoranordnung und den *Jak-100* entworfen hatte, erhielt es im Sommer 1951 den Auftrag, einen schweren zweimotorigen Hubschrauber für 24 Passagiere zu entwickeln. Für die Projekterarbeitung, den Bau des Prototyps und die Versuchsflüge war eine Frist von einem Jahr gesetzt worden. Am 3. Juli 1952 machte bereits der Prototyp seinen Jungfernflug. Bei dem Hubschrauber handelte es sich um einen Drehflügler mit zwei vierblättrigen, gegenläufigen Rotoren in Tandemanordnung, die jeder von einem Doppelsternmotor angetrieben wurden. Die zwei Rotorpaare und das Rotorgetriebe hatte man von dem *Mil Mi-6* übernommen. Das V-förmige Höhenleitwerk wurde bei den späteren Serienhubschraubern gegen ein abgestrebtes, horizontales Höhenleitwerk mit zwei Seitenleitwerken als Endscheiben ausgetauscht. Das feste, an Rumpfauslegern befestigte Vierradfahrwerk hatte frei drehbare einfachbereifte Räder. Die ersten beiden *Jak-24* hatten eine Rumpflänge von 24 Metern.
Der erste Prototyp zerbrach bei Bodenläufen, und der zweite knickte bei einem Probeflug in der Luft ein und mußte notlanden. Nachdem es schließlich gelungen war, das Problem der Schwingungen der Triebwerke und der Rotoren zu überwinden, ging der *Jak-24* in die Serienproduktion. Auf der Luftparade in Tuschino wurden 1965 erstmals vier *Jak-24* der Öffentlichkeit vorgestellt. Am 17. Dezember des gleichen Jahres stellten G.A. Tinjakow und Jegor Miljutitschew mit der *Jak-24* zwei Nutzlastrekorde auf durch Heben einer 2000 kg Nutzlast auf 5082 m und Heben einer 4000 kg Nutzlast auf 2000 m Höhe. Wegen seines geräumigen Rumpfes erhielt der *Jak-24* die Bezeichnung »Fliegender Güterwagen«. Es wurden eine Anzahl verschiedener Versionen gebaut und die ursprünglichen Triebwerke durch leistungsstärkere ersetzt. Die drei- bis vierköpfige Besatzung ist im verglasten Rumpfbug untergebracht. In der Transportausführung konnten in dem 10 m langen Frachtraum mit Beladerampe unter dem hochgezogenen Heck 40 vollausgerüstete Soldaten oder 18 Tragbahren oder drei kleine Kraftwagen befördert werden.

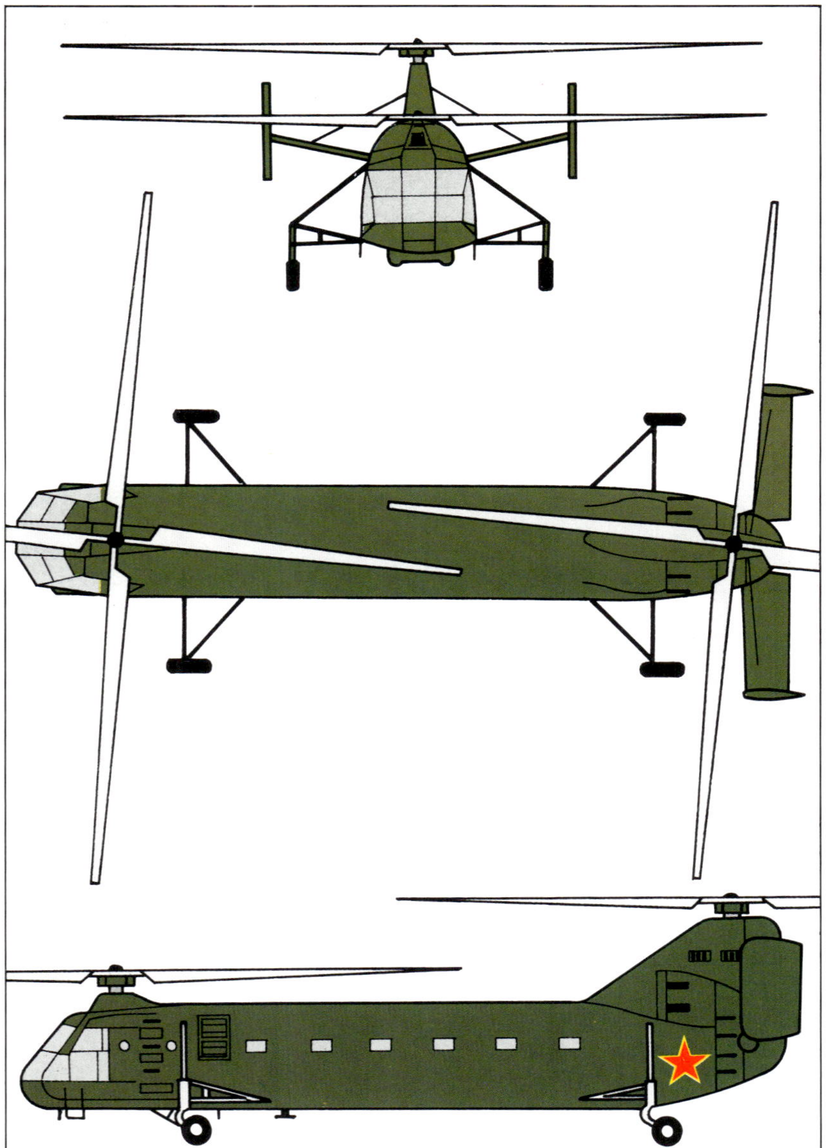
Jakowlew Jak-24U – 1957

1957 erschien der *Jak-24U* mit Ganzmetallrotorblättern, breiterem Rumpf und Einrichtungen für Außenlasten, einem Autopiloten und verbesserter Ausrüstung. Diese Version konnte 4000 kg heben. In der zivilen Ausführung, dem *Jak-24A* von 1960, fanden 30 Passagiere Platz, und es ließ sich eine entsprechende Menge Fracht mitführen. Die Salonausführung, die *Jak-24K*, hatte als Inneneinrichtung acht drehbare Sessel mit Tischen und bot acht bis neun Fluggästen Platz. Von dieser Version wurde nur eine kleine Anzahl gebaut. Ein weiteres Projekt, den *Jak-24P*, mit zwei Wellenturbinen, hat man wieder eingestellt. Die Gesamtproduktion des *Jak-24* wird mit 100 angegeben, manche Quellen sprechen von nur 40 Maschinen. Der Hubschrauber hatte die NATO-Bezeichnung *Horse* erhalten. Er ist in erster Linie von den sowjetischen Luftstreitkräften eingesetzt worden und während seiner gesamten Einsatzdauer von zahlreichen Zwischenfällen betroffen gewesen.

Jakowlew Jak-24U
Verwendungszweck: Schwerer Transporthubschrauber · Baujahr: 1957
Antrieb: 2 *Schwezow ASch-82W*, je 1700 PS (1250,3 kW)
Rotorkreisdurchmesser: je 21,00 m
Rumpflänge: 21,30 m
Länge/Höhe über alles: 34,03 m/6,50 m
Rüst-/Startmasse: 11000 kg/15830 kg
Höchstgeschwindigkeit: 175 km/h
Schwebeflughöhe mit Bodeneffekt: 1500 m
Dienstgipfelhöhe: 2700 m
Reichweite: 265 km
Zuladung: 3 bis 4 Mann Besatzung und 40 Soldaten oder 4000 kg Last

Aero Vodochody Narodni Podnik
(Tschechoslowakei)

Die tschechoslowakische Luftfahrtindustrie ist nach 1945 mehrmals umstrukturiert worden. Heute unterstehen die einzelnen noch verbliebenen Werke einer zentralen Leitung, der Generaldirektion von *Aero* in Prag. Zu den ihr unterstellten Betrieben zählt auch *Aero* in Vodochody. Hier wurde neben der Produktion von Flächenflugzeugen auch mit Drehflüglern experimentiert und von 1951 bis 1960 unterschiedliche Typen kleiner Hubschrauber entwickelt.

HC-102 Helibaby

Der *HC-102 Helibaby*, ein Entwurf von H. Slechta, war von dem *HC-2* abgeleitet worden, dem ersten rein tschechischen Hubschrauber, der in einer kleinen Serie gebaut wurde. Wie seine Vorgänger war auch der *HC-102* ein Leichthubschrauber mit zwei nebeneinanderliegenden Sitzen in einer rundum verglasten Kabine. Der ursprüngliche 83-PS(61 kW)-*Praga DH*-Vierzylinder-Boxermotor des *HC-2* war in dem *HC-102* durch einen 115-PS(84,5 kW)-*M-110H*-Vierzylinder-Boxermotor ersetzt worden. Ein Großteil der bei der Konstruktion verwendeten Baustoffe bestand aus Kunststoff. Einige *HC-102* sind für die tschechischen Streitkräfte für Verbindungs-, Beobachtungs- und Ambulanzeinsätze gebaut worden. Die Weiterentwicklung dieses Hubschraubers war der fünfsitzige, von einem 240 PS (176,5 kW) *M-108H* angetriebene *HC-3*.

HC-102 Helibaby
Hersteller: Aero Vodochody Narodni Podnik
Verwendungszweck: 2-sitziger Ultraleicht-Hubschrauber · Baujahr: 1953
Antrieb: *M-110H*, 115 PS (84,5 kW)
Rotorkreisdurchmesser: 8,78 m
Rumpflänge: 8,40 m
Höhe: 2,54 m
Rüst-/Startmasse: 480 kg/680 kg
Höchstgeschwindigkeit: 120 km/h
Dienstgipfelhöhe: 3100 m
Reichweite: 175 km

HC-102 – 1953

Moravan
(Tschechoslowakei)

Während der 50er Jahre wurden in dem Flugzeugwerk Moravan in Otrokovice auch Hubschrauber gebaut.

Z-35 Heli-Trener
Hersteller: Moravan
Verwendungszweck: 2-sitziger Übungshubschrauber
Baujahr: 1960
Antrieb: *M-332*, 140 PS (103 kW)
Rotorkreisdurchmesser: 8,80 m
Rumpflänge: 8,22 m
Höhe: 2,58 m
Rüstmasse: 520 kg
Startmasse: 725 kg
Höchstgeschwindigkeit: 130 km/h
Schwebeflughöhe mit Bodeneffekt: 1800 m
Dienstgipfelhöhe: 3850 m
Reichweite: 320 km

Z-35

Der von dem tschechoslowakischen *Moravan*-Flugzeugwerk entwickelte *Z-35 Heli-Trener* flog erstmals 1960. Dieser kleine zweisitzige Trainer war im Hinblick auf eine einfachst mögliche Struktur und geringe Wartung entworfen worden. Neben der Trainer-Version hatte man einen Einsitzer *Z-35* für landwirtschaftliche Zwecke gebaut. Der Prototyp ist bis 1964 intensiv erprobt worden, kam aber wegen einer zu geringen Nachfrage nicht in die Serienproduktion.

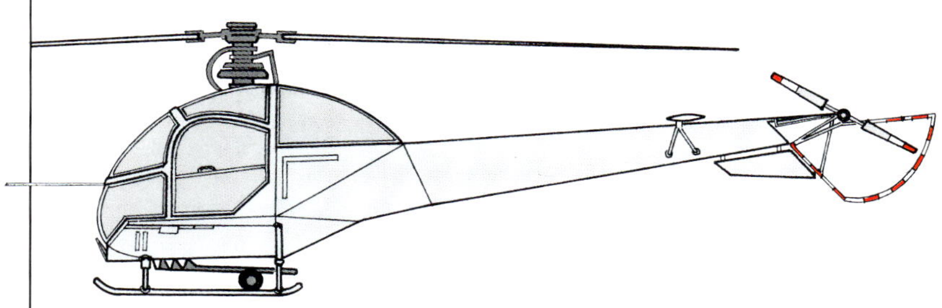

Z-35 Heli-Trener – 1960

WSK-PZL-SWIDNIK
(Polen)

Nach dem Auslaufen der *MiG-15/17*-Fertigung in den Werken von Mielec und Swidnik spezialisierte man sich in Swidnik auf Hubschrauber und nahm ab 1955 die Lizenzfertigung des *Mil Mi-1* auf.

Kania/Kitty Hawk
Hersteller: WSK-PZL-Swidnik
Verwendungszweck: 8/10-sitziger leichter Mehrzweckhubschrauber
Baujahr: 1979
Antrieb: 2 *Allison 250-C20B*, je 420 WPS (309 WkW)
Rotorkreisdurchmesser: 14,56 m
Rumpflänge: 11,95 m
Länge/Höhe über alles: 17,41 m/3,75 m
Rüst-/Startmasse: 2140 kg/3550 kg
Höchstgeschwindigkeit: 210 km/h
Schwebeflughöhe mit Bodeneffekt: 1940 m
Dienstgipfelhöhe: 3500 m
Reichweite: 510 km

WSK-PZL Kania und Sokol

Gegen Ende der 70er Jahre befaßte sich *WSK-PZL-Swidnik* mit der Weiterentwicklung des in Lizenzfertigung stehenden *Mil Mi-2*. Der Hubschrauber erhielt für den Inlandmarkt die Bezeichnung *Kania* und für den Export *Kitty Hawk*. Er ist mit zwei *Allison*-Turbinen und mit amerikanischer Instrumentierung ausgerüstet worden. Der Prototyp machte am 3. Juni 1979 seinen Erstflug. Er sollte durch Spitfire Helicopters vertrieben werden. Diese hatten ihm den Namen *Taurus* gegeben, aber durch die heutige politische und finanzielle Situation in Polen ist das Kania-Programm aufgeschoben worden. Die gleichen Probleme beeinträchtigten auch die Entwicklung des 14sitzigen *W-3 Sokol (Falke)*, dessen erster von zwei Prototypen am 16. November 1979 erstmals flog.

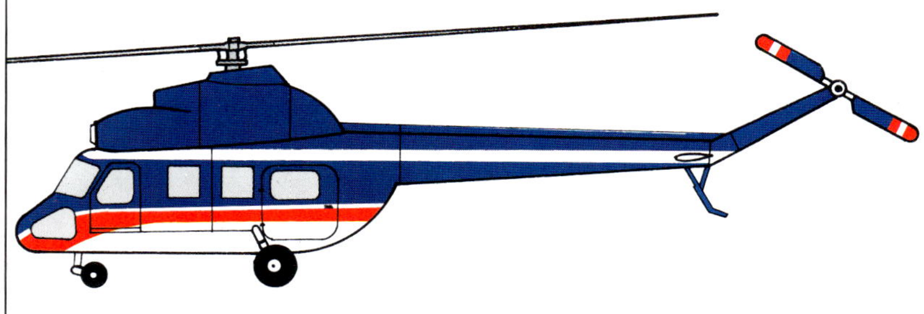

WSK-PZL Kania/Kitty Hawk – 1979

Weitere Hubschrauber

1952 American Helicopter XH-26 Jet Jeep.
Der in Zusammenarbeit mit der USAF und der US-Army entwickelte leichte Kabineneinsitzer auf Bugradfahrwerk konnte in einem luftverlast- und am Fallschirm absetzbaren 1,52 x 1,52 x 4,26 m-Container untergebracht und in wenigen Minuten zusammengebaut werden. Er wurde von zwei kleinen Pulstriebwerken an den Blattspitzen des Zweiblattrotors angetrieben, die je 16 kp (0,15 kN) Schub lieferten. Rotorkreisdurchmesser: 8,24 m. Höhe: 1,83 m. Rüstmasse: 136 kg. Startmasse: 397 kg. Höchstgeschwindigkeit: 144 km/h. Reichweite: 168 km.

1953 Baumgartl PB-63
Dieser Einsitzer einer Serie von Experimental-Hubschraubern war von dem nach dem Zweiten Weltkrieg nach Brasilien ausgewanderten österreichischen Ingenieur Paul Baumgartl entworfen worden. Nach dem ersten Modell mit Koaxialrotoren von unterschiedlichen Durchmessern (oben 6,40 m, unten 7,47 m) erhielt der *PB-63* einen konventionellen Zweiblatt-Gelenkrotor, dessen Heckrotor über einen langen Keilriemen betrieben wurde. Das Stahlrohrrumpfgerüst war unverkleidet, der an beiden Seiten offene Führersitz durch eine große mehrfach unterteilte Frontscheibe geschützt. Antrieb: 85-PS-(62,5 kW)-*Continental C85.* Rotorkreisdurchmesser: 6,00 m. Rüstmasse: 238 kg. Startmasse: 360 kg. Dienstgipfelhöhe: 2285 m.

1959 Beija-Flôr.
Der *Beijaflôr (Kolibri)* wurde in Brasilien im Auftrag der brasilianischen Luftstreitkräfte von der deutschen Gruppe um Henrich Focke entwickelt. Dieser zweisitzige Hubschrauber für Verbindungsaufgaben war speziell den brasilianischen Umweltbedingungen angepaßt. Sein Rotorkopf mit drei in Gemischtbauweise hergestellten Rotorblättern trug nur Schlaggelenke, Schwenkgelenke fehlten. Professor Focke hatte ein besonderes System entwickelt, durch das der Hubschrauber volle dynamische Stabilität um alle drei Achsen erreichte. Das Leitwerk bestand aus zwei kleinen ineinanderkämmenden Heckrotoren, die zur Steuerung und zur Kompensierung des Hochachsendrehmoments beitrugen. Der Leichthubschrauber wurde in Serie gebaut.

1945 Bendix Model K.
Der von Martin Jensen entworfene kleine Drehflügler war ein einsitziger Koaxialhubschrauber mit zwei 70 cm übereinanderliegenden, entgegengesetzt drehenden Rotoren. Antrieb: 100-PS(73,5 kW)-*Continental C100.* Rotorkreisdurchmesser: 7,62 m. Länge: 3,81 m. Höhe: 2,97 m. Rüstmasse: 366 kg. Startmasse: 544 kg. Höchstgeschwindigkeit: 96 km/h. Dienstgipfelhöhe: 3050 m. Reichweite: 80 km.

1971 Bensen B-8M.
Die von Igor Bensen 1954 gegründete *Bensen Aircraft Corporation* ist in den USA der größte Hersteller von Leichthubschraubern, Trag- und Schlepptragschraubern, von denen eine Anzahl Baumuster in Bausatz-Ausführung erhältlich sind. Nach dem ersten Experimental-Tragschrauber *B-7M* begann die Firma mit der Massenproduktion ihres Standard-Modells, dem *B-8M Gyro-Copter* mit einem stärkeren Antrieb und einem größeren Zweiblattrotor. Eine weitere Variante mit Rotorbremse, schwenkbarem Bugrad und einer annähernd 100 kg höheren Startmasse ist der *B-8M Super Bug,* der seinen Rotor durch einen kleinen zweiten 1-PS (0,7 kW)-Hilfsmotor am Boden in Umdrehung versetzen und dann senkrecht starten kann. Eine Version des *B-8,* der *B-8W Hydro-Glider,* ist mit langen Fiberglas-Schwimmkörpern ausgerüstet.

1969 Campbell Cricket.
Die in Großbritannien ansässige *Campbell Aircraft Ltd.* war ursprünglich Lizenznehmer der *Bensen Aircraft Corporation* und entwickelte später eigene Varianten des *Bensen*-Standard-*Gyro Copter,* von denen der erste Prototyp, der *Cricket,* ausgerüstet mit einem 75-PS(55,1 kW)-Volkswagenmotor, im Juli 1969 erstmals flog. Etwa 47 *Cricket* waren bis April 1972 hergestellt worden. Danach wurde eine Version mit einem 80-PS(58,8 kW)-VW-Motor gebaut. Versuche, einen zweisitzigen Flugschrauber zu entwickeln, führten 1973 zur Konstruktion des *Campbell Cougar,* einem Drehflügler mit doppelten Leitwerksträgern und mit einem *Rolls-Royce Continental*-Boxermotor von 130 PS (95,6 kW) als Antrieb. Nach erfolgter Erprobung in einer Einsitzer-Konfiguration, wurde die weitere Entwicklung eingestellt. Antrieb: 4.Zyl.-1,6 Liter-VW-Motor, 72 PS (53 kW). Rotorkreisdurchmesser: 6,63 m. Rumpflänge: 3,43 m. Höhe: 2,08 m. Rüstmasse: 149 kg. Startmasse: 272 kg. Höchstgeschwindigkeit: 144 km/h. Dienstgipfelhöhe: 1524 m, Reichweite: 225 km.

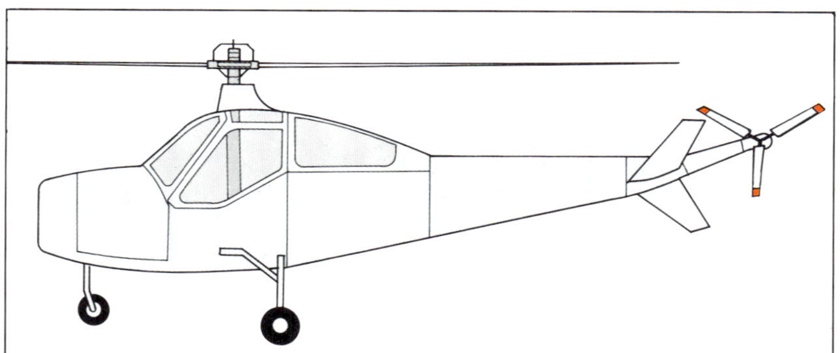
Beija-Flôr BF-1 – 1959

Beija-Flôr BF-1
Hersteller: Centro Tecnico de Aeronautica
Verwendungszweck: 2-sitziger Verbindungs-Hubschrauber
Baujahr: 1959
Antrieb: *Continental E225,* 225 PS (165,4 kW)
Rotorkreisdurchmesser: 9,40 m
Länge über alles: 8,75 m
Höhe: 3,15 m
Rüstmasse: 700 kg
Startmasse: 950 kg
Höchstgeschwindigkeit: 160 km/h
Schwebeflughöhe mit Bodeneffekt: 2700 m
Dienstgipfelhöhe: 3500 m
Reichweite: 270 km

Bensen B-8M – 1971

Bensen Model B-8M Gyro-Copter
Hersteller: Bensen Aircraft Corporation
Verwendungszweck: 1-sitziger Tragschrauber
Baujahr: 1971
Antrieb: *McCulloch Model 4318E,* 72 PS (53 kW)
Rotorkreisdurchmesser: 6,70 m
Rumpflänge: 3,45 m
Länge über alles: 6,70 m
Höhe über alles: 1,90 m
Rüst-/Startmasse: 112 kg/227 kg
Höchstgeschwindigkeit: 137 km/h
Schwebeflughöhe mit Bodeneffekt: –
Dienstgipfelhöhe: 3800 m
Reichweite: 160 km

C-H

1976 Cicaré C.K.1.

Die argentinische *Cicaré Aeronautica* wurde 1972 gegründet und entwickelte kleine Flugmotoren und leichte Hubschrauber. Nach dem *Cicaré I* und *II* folgte der *C.K.1,* ursprünglich als *CH-III Kolibri* bezeichnet, der im September 1976 erstmals flog. Es ist ein zwei-/dreisitziger leichter Hubschrauber mit starrem Vierblattrotor aus Fiberglas. Antrieb: 4.-Zyl.-*4C-27,* 200 PS (147 kW). Rotorkreisdurchmesser: 7,60 m. Länge über alles: 8,53 m. Höhe über alles: 2,47 m. Rüstmasse: 469 kg. Startmasse: 800 kg. Höchstgeschwindigkeit: 163 km/h. Dienstgipfelhöhe: 3900 m. Reichweite: 480 m.

1969 Cierva CR LTH-1.

Der mit zwei Kolbentriebwerken ausgerüstete fünfsitzige Koaxialhubschrauber ist unter der Leitung von Jacob Shapiro entwickelt worden, der bereits 1940 Technischer Direktor der früheren *Cierva Autogiro Company* war und den *Air Horse* und den *Saunders-Roe Skeeter* entwickelt hatte. Der *CR LTH-1* ist eine fortschrittlichere Ableitung des *Cierva Rotorcraft Grasshopper* von 1962, der von zwei 65-PS(47,8 kW)-*Walter Mikron*-Motoren angetrieben wurde. Von dem neuen *Cierva Twin* wurden zwei Prototypen gebaut, von denen der erste am 18. August 1969 zum Jungfernflug startete. Die Serienhubschrauber sollen dann, je nach Wahl, mit zwei 205-PS(150,7 kW)- oder 320-PS(235,3 kW)-6-Zyl.-Boxermotoren ausgestattet werden. Die beiden Zweiblattrotoren sind aus Fiberglas, die Blattvorderkanten aus rostfreiem Stahl. Antrieb: Zwei 145-PS(106,6 kW)-*Rolls-Royce Continental 0-300.* Rotorkreisdurchmesser: 9,75 m. Länge über alles: 10,51 m. Startmasse: 1474 kg. Höchstgeschwindigkeit: 201 km/h. Reichweite: 400 km.

1955 CJC-3.

Dieser kleine zweisitzige Hubschrauber mit Tandem-Rotoren war in Metallbauweise hergestellt, wurde von einem in der Rumpfmitte installierten Motor angetrieben und besaß ein starres Vierradfahrgestell. 1952 hatte *General Chu* in Taiwan mit den Arbeiten an dem *CJC-3* begonnen und im Januar 1955 die Flugerprobung aufgenommen. Obwohl diese zufriedenstellende Ergebnisse brachte, mußte das Projekt wegen technischer Probleme eingestellt werden. Antrieb: 190-PS(139,7 kW)-*Lycoming.* Rotorkreisdurchmesser: 6,47 m. Rüstmasse: 857 kg. Startmasse: 1290 kg. Höchstgeschwindigkeit: 180 km/h.

1958 Doman D-10.

Dieser achtsitzige Mehrzweckhubschrauber, eine Ableitung des Modells *LZ-5,* sollte von der sizilianischen Firma *Aeronautica Sicula S.p.A.,* deren Präsident Ing. Angelo Ambrosini war, in Großserie gebaut werden, aber das Programm kam nicht voran. Antrieb: *Lycoming THIO 720,* 525 PS (386 kW). Rotorkreisdurchmesser: 14,64 m. Länge über alles: 17,81 m. Höhe: 4,93 m. Rüstmasse: 1577 kg. Startmasse: 2495 kg. Höchstgeschwindigkeit: 167 km/h. Dienstgipfelhöhe: 6075 m. Reichweite: 1205 km.

1952 Doman LZ-5.

Der mittelschwere *LZ-5,* eine Ableitung des *LZ-4,* war nach einer Spezifikation der US-Army für einen Ambulanzhubschrauber mit der Bezeichnung *YH-31* entworfen, aber dann für kommerzielle Zwecke verwendet worden. Er wurde nur in geringer Stückzahl hergestellt. Antrieb: *Lycoming 580D,* 400 PS (294,2 kW). Rotorkreisdurchmesser: 14,64 m. Rumpflänge: 11,57 m. Höhe: 3,12 m. Rüstmasse: 1297 kg. Startmasse: 2363 kg. Höchstgeschwindigkeit: 169 km/h. Dienstgipfelhöhe: 5490 m. Reichweite: 392 km. Zuladung: 4 Tragbahren.

1952 Dorand DH-011.

René Dorand hatte 1950 ein eigenes Unternehmen, die *Société d'Etudes des Giravions Dorand* gegründet, wo er mehrere Experimental-Drehflügler mit Reaktionsantrieb entwickelte. Bei dem *DH-011* vermischte er die zu den Blattspitzen geleitete Heißluft der Turbine mit der von einem Kompressor gelieferten verdichteten Kaltluft. Antrieb: *Turboméca Aspin I.* Rüstmasse: 540 kg. Startmasse: 1025 kg. Theoretische Dienstgipfelhöhe: 6000 m. Reichweite: 200 km.

1956 Fiat 7002.

Der siebensitzige Mehrzweckhubschrauber verwendete einen Kaltluftreaktionsantrieb. Die dabei von den Blattspitzendüsen ausgestoßene Preßluft wurde von dem 530-PS(390 kW)-*Fiat 4700*-Turbogenerator geliefert. Rotorkreisdurchmesser: 12,00 m. Rumpflänge: 6,12 m. Höhe: 2,88 m. Rüstmasse: 650 kg. Startmasse: 1400 kg. Höchstgeschwindigkeit: 170 km/h. Dienstgipfelhöhe: 3400 m. Reichweite: 300 km.

1952 Firth FH-1.

Dieser Experimental-Hubschrauber mit Bugradfahrwerk war um die Zelle eines normalen Flächenflugzeugs, des *Planet Satellite* von 1948, herumgebaut worden. Der in Halbschalenbauweise hergestellte Drehflügler besaß einen starren Dreiblatt-Rotor, der von einem 146-PS(107,3 kW)-*Gipsy Major* angetrieben wurde. Das Projekt ist noch vor den Flugerprobungen wegen technischer und finanzieller Schwierigkeiten aufgegeben worden.

1957 Gaucher Remicopter.

Der leichte einsitzige Hubschrauber besaß einen Stahlrohrrumpf, einen von zwei Staustrahl-Triebwerken angetriebenen Zweiblattrotor und ein großes Leitwerk. Der *Remicopter* kam über das Versuchsstadium nicht hinaus. Antrieb: 2 *SNECMA*-Staustrahl-Triebwerke. Rotorkreisdurchmesser: 5,80 m. Rumpflänge: 3,20 m. Höhe: 2,15 m. Rüstmasse: 140 kg. Höchstgeschwindigkeit: 140 km/h. Reichweite: 150 km.

1954 Goodyear GA.400 Gizmo.

Dieser einsitzige Ultraleicht-Hubschrauber mit Zweiblatt-Haupt- und Heckrotor wurde den amerikanischen Streitkräften angeboten. Er war in Ganzmetallbauweise gefertigt worden. Antrieb: 38-PS(28 kW)-*Johnson*-Außenbordmotor. Rotorkreisdurchmesser: 6,10 m. Länge über alles: 6,40 m. Höhe: 2,14 m. Startmasse: 236 kg. Höchstgeschwindigkeit: 104 km/h. Dienstgipfelhöhe: 3600 m. Reichweite: 80 km.

1976 Helicop-Jet.

Dieser leichte vier-/fünfsitzige Hubschrauber mit Kaltluftreaktionsantrieb wurde vom *Etablissements Charles Déchaux* in Paris gebaut. Als Luftlieferer für die Blattspitzendüsen an den Vierblatt-Rotorenden diente anfangs ein 250-PS(184 kW)-*Turboméca Palouste*-Turbogenerator. Der *Helicop-Jet* machte im Dezember 1976 seinen Erstflug. Antrieb: *Turboméca Astazou II,* 500 WPS (367,7 WkW). Rotorkreisdurchmesser: 9,40 m. Rumpflänge: 3,10 m. Rüstmasse: 450 kg. Startmasse: 1060 kg. Höchstgeschwindigkeit: 200 km/h. Reichweite: 450 km.

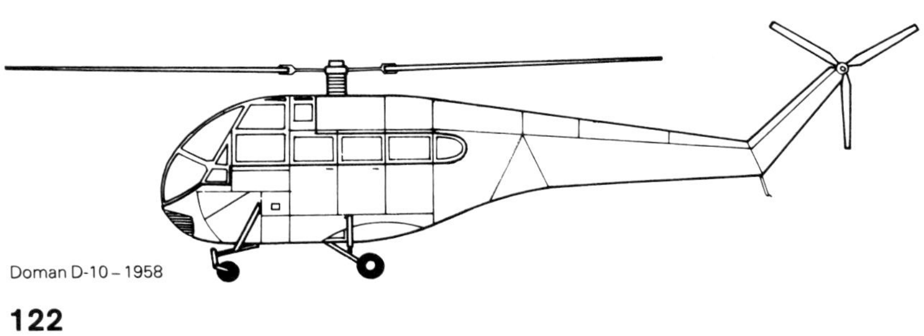

Doman D-10 – 1958

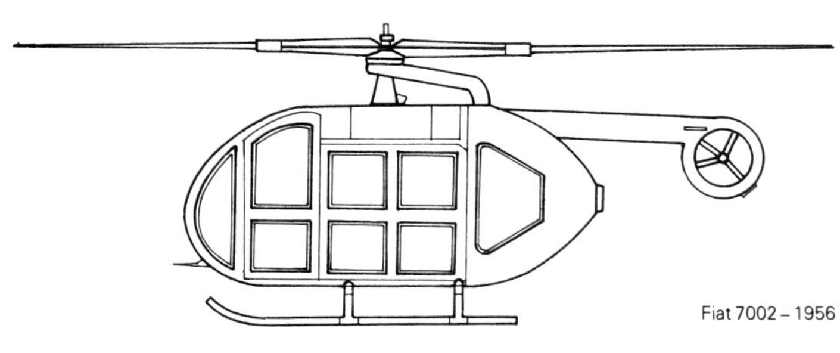

Fiat 7002 – 1956

H-M

1981 Hillman 360.
Anfang der 70er Jahre konstruierte Douglas »Doug« Hillman in Arizona, USA, seinen ersten Hubschrauber, den *Hornet,* mit Wankelmotor. Der Erstflug fand im Juli 1975 statt. Aus diesem Projekt entwickelte er einen zweisitzigen Hubschrauber *Hornet II*, der 1978 mit einem konventionellen *Avco Lycoming*-Kolbenmotor herauskam und als Bausatz angeboten wurde. 1979 tat sich Hillman mit Rudolph J. Enstrom zusammen, die gemeinsam den *Hillman 360* konstruierten, der im Oktober 1981 erstmals flog. Der *360* war ein dreisitziger Leichthubschrauber mit einem aus glasfaserverstärktem Kunststoff hergestellten, halbstarren Zweiblatt-Hauptrotor, einem über eine Freilaufkupplung verlaufenden Keilriemenantrieb und einem Zweiblatt-Heckrotor. Die Weiterentwicklung des *360* wurde nach Hillmans Tod, der bei einem Autounfall 1983 eintrat, aufgeschoben. Antrieb: *Avco Lycoming HIO-360-C1A*, 205 PS (150,7 kW). Rotorkreisdurchmesser: 8,15 m. Länge über alles: 9,47 m. Startmasse: 998 kg. Höchstgeschwindigkeit: 185 km/h. Reichweite: 2511 km.

1949 Hoppicopter Mark II.
Dieser ultraleichte, einsitzige Koaxial-Hubschrauber war eine Weiterentwicklung des 1945 von dem Amerikaner Horace Pentecost entwickelten »Rucksack-Hubschraubers«. Der Einsitzer wurde von einem, unter dem Pilotensitz montierten, 40-PS(29,4 kW)-2-Zyl.-*Triumph*-Motorradmotor angetrieben. Rotorkreisdurchmesser: je 5,18 m. Rüstmasse 66 kg. Startmasse: 136 kg. Höchstgeschwindigkeit: 97 km/h. Reichweite: 113 km.

1974 HTM Skyrider.
Der viersitzige Zweiblatt-Koaxial-Hubschrauber *HTM Skyrider* der *Helicopter-Technik-München* war eine Ableitung des dreisitzigen *Wagner-Helicopter-Technik Sky Trac III* von 1967. Das erste Vorserienmuster des *Skyrider* mit *Lycoming*-Triebwerk flog am 21. Februar 1974 zum erstenmal. Für die Serienfertigung konnten die Kosten für diesen eleganten Kabinenhubschrauber nicht mehr aufgebracht werden, und so mußte die 1971 gegründete Firma den Konkurs anmelden. Antrieb: *Lycoming HIO-540*, 260 PS (191,2 kW). Rotorkreisdurchmesser: je 10,00 m. Rumpflänge: 7,40 m. Höhe: 3,60 m. Rüstmasse: 935 kg. Startmasse: 1500 kg. Höchstgeschwindigkeit: 190 km/h. Dienstgipfelhöhe: 3860 m. Reichweite: 500 km.

1952 Hunting P.74.
Bei diesem Projekt der *Percival Aircraft Ltd.* in Großbritannien für einen Hubschrauber mit Blattspitzenantrieb durch gemischten Kaltluft- und Heißgasbetrieb sollte eine Turbine die Druckluft liefern. Vorgesehen waren ein Dreiblattrotor und ein Vierrad-Fahrwerk. Der 1956 gebaute Prototyp kam nicht zum Fliegen. Antrieb: *Napier Oryx,* 654 WPS (481 WkW). Rotorkreisdurchmesser 16,77 m. Startmasse: 3518 kg. Höchstgeschwindigkeit: 178 km/h. Dienstgipfelhöhe: 8530 m. Reichweite: 530 km. Zuladung: Zehn Personen.

1954 Lualdi ES.53.
Dieser von Carlo Lualdi und Sergio Tassotti entworfene Einsitzer war das erste Mitglied einer Familie von italienischen Leichthubschraubern. Der Erstflug fand 1954 in Campoformido statt, gebaut wurde nur ein einziger. Antrieb: *Continental C85*. Rotorkreisdurchmesser: 7,31 m. Länge: 6,55 m. Höhe 2,60 m. Rüstmasse: 400 kg. Startmasse: 850 kg. Höchstgeschwindigkeit: 110 km/h. Dienstgipfelhöhe: 2000 m. Reichweite: 250 km.

1955 Lualdi L.55.
Diese Ableitung des vorhergehenden Hubschraubers hatte einen größeren Rumpf und im Cockpit zwei nebeneinanderliegende Sitze. Die Konfiguration war von konventioneller Bauform mit einem Zweiblattrotor mit Stabilisierarm und Heckrotor. Antrieb: *Lycoming 0-360*, 180 PS (132,4 kW).

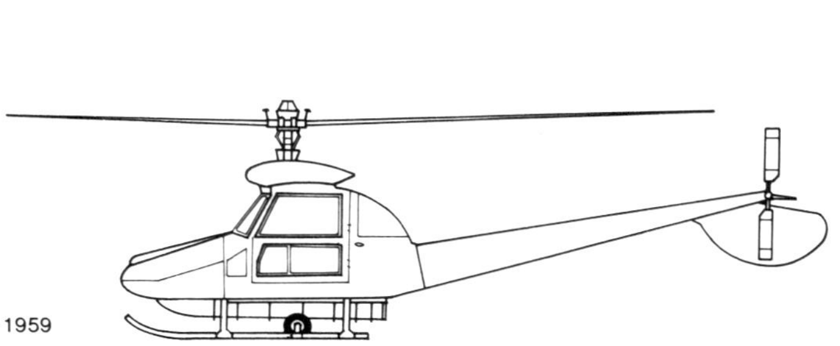

Lualdi L.59 – 1959

1959 Lualdi L.59
Einer dieser leichten vom Modell *L.55* abgeleiteten Viersitzer wurde von der italienischen Armee in die Truppenerprobung genommen. Er verwendete einen Rotortyp des *Hiller UH 12E* mit dem *Hiller-Rotormatic*-System, in Verbindung mit einer *Lualdi*-Kreiselstabilisierung. Es blieb bei einem gebauten Exemplar. Antrieb: *Continental IO-470*, 260 PS (191 kW). Rotorkreisdurchmesser: 10,60 m. Rumpflänge: 8,98 m. Höhe: 3,00 m. Rüstmasse: 740 kg. Startmasse: 1200 kg. Höchstgeschwindigkeit: 159 km/h. Dienstgipfelhöhe: 5900 m.

1952 Manzolini Libellula II.
Von diesem, vom dem italienischen Ingenieur Bordini entworfenen und von dem Grafen Manzolini finanzierten kleinen einsitzigen Koaxial-Hubschrauber wurde nur ein Prototyp gebaut. Antrieb: *Walter Minor III*, 100 PS (73,5 kW). Rotorkreisdurchmesser: je 9,00 m. Rumpflänge: 4,75 m. Höhe: 3,30 m. Rüstmasse: 500 kg. Startmasse: 650 kg. Höchstgeschwindigkeit: 109 km/h. Reichweite: 200 km.

1982 Marquion RM-02.
Der kleine einsitzige Hubschrauber in Bausatz-Form ist von Roger Marquion entworfen worden, der dem Gyroclub der Provence angehört. Das Modell basiert auf den Erfahrungen des Amerikaners Max Williams und des *RotorWay Scorpion,* aber es besitzt einen größeren und längeren Rumpf. Der Rotorkopf ist ein völlig neuer Entwurf, der Heckrotor wurde von *Max Williams*-Hubschrauber übernommen, nur der Durchmesser ist um ungefähr 4 cm vergrößert worden. Marquion beabsichtigt, den Hubschrauber in Frankreich auf den Markt zu bringen. Als Antrieb dient ein 100 PS (73,5 kW) 2-Liter-Porsche-Motor.

1952 Matra Cantinieau.
Bei diesem zweisitzigen Experimental-Hubschrauber *M.C.101* von Jean Cantinieau war zur Erhöhung der Stabilität das Triebwerk auf eine ungewöhnliche Art über den beiden offenen Sitzen, die nur durch eine Frontglasscheibe geschützt waren, weit nach vorn ragend angeordnet worden. Der Erstflug fand am 11. November 1952 statt. Der Entwurf wurde in Spanien bei *Aerotecnica* weiterentwickelt und flog dort mit einem 168-PS(123,5 kW)-*Lycoming 0-320* unter der Bezeichnung *AC-12*. Antrieb: *Hirth HM 504 A*, 105 PS (77,2 kW). Rotorkreisdurchmesser: 8,00 m. Länge: 6,70 m. Rüstmasse: 400 kg. Startmasse: 600 kg. Höchstgeschwindigkeit: 100 km/h. Reichweite: 200 km.

1954 McCulloch 4E.
D.K. Jovanovich baute 1951 bei der *McCulloch Motors Corp.* in Los Angeles den kleinen *MC-4(YH-30)*-Tandem-Hubschrauber (Erstflug 20. März 1951), den er mit einem 200-PS(147,1 kW)-*Franklin 6A4-200-C6* ausrüstete. Einige Jahre später entwickelte er in seiner eigenen Firma, der *Jovair Corp.*, den *Jovair 4A* und den viersitzigen Tandem-Hubschrauber *Jovair Sedan 4E*, von dem nur ein Prototyp gebaut wurde. Antrieb: *Franklin 6A-350*, 235 PS (172,8 kW). Rotorkreisdurchmesser: je 7,01 m. Rumpflänge: 5,48 m. Höhe: 2,82 m. Rüstmasse: 680 kg. Startmasse: 1090 kg. Höchstgeschwindigkeit: 145 km/h. Reichweite: 400 km.

1956 Molyneux.
Dieser Entwurf mit dreiblättrigen Tandem-Rotoren war der erste Hubschrauber, der in Australien gebaut wurde. Sein Konstrukteur war der Ingenieur Molyneux aus Melbourne. Antrieb: Ein 500-PS(367,7 kW)-Motor. Rotorkreisdurchmesser: je 9,14 m. Startmasse: 1814 kg. Höchstgeschwindigkeit: 145 km/h. Reichweite: 560 km. Zuladung: 5 Sitzplätze.

1959 Montecopter Triphibian.
Leichter dreisitziger amerikanischer Amphibien-Hubschrauber mit Kaltluftreaktionsantrieb. Antrieb: *Continental 141 air compressor,* 200 (gas) PS (147,1 kW). Rotorkreisdurchmesser: 10,97 m. Rumpflänge: 4,65 m. Höhe: 2,52 m. Rüst-/Startmasse: 545 kg/907 kg. Höchstgeschwindigkeit: 158 km/h. Dienstgipfelhöhe: 4570 m. Reichweite: 160 km.

N-R

1947 N.1700 Norelic.

Die *Société Nationale de Constructions Aéronautiques du Nord* baute 1947 ihren ersten Versuchs-Hubschrauber. Er besaß einen Zweiblatt-Haupt- und Zweiblatt-Heckrotor. Antrieb: *Mathis,* 170 PS (125 kW). Rotorkreisdurchmesser: 10,00 m. Länge: 7,00 m. Rüstmasse: 510 kg. Startmasse: 800 kg. Höchstgeschwindigkeit: 130 km/h. Dienstgipfelhöhe: 3000 m. Reichweite: 350 km.

1946 NC-2001.

Der von René Dorand entworfene fünfsitzige Hubschrauber *NC 2001 Abeille* besaß nach dem Flettner-Vorbild ineinanderkämmende zweiblättrige Doppelrotoren, deren Blattenden zur Reduzierung der Vibrationen mit Stahleinlagen versehen waren. Nach Auflösung der SNCAC wurde die Erprobung des Hubschraubers zugunsten anderer Projekte eingestellt. Antrieb: 450-PS(331 kW)-*Renault*-Motor. Rotorkreisdurchmesser: je 14,00 m. Länge: 9,70 m. Rüstmasse: 2550 kg. Höchstgeschwindigkeit: 160 km/h. Dienstgipfelhöhe: 4880 m.

1956 NHI H-3 Kolibrie

Der von der *Nederlandse Helicopter Industrie N.V.* entworfene und gebaute Hubschrauber mit kleinen Staustrahltriebwerken an den Enden des Zweiblattrotors flog im Mai 1956 zum erstenmal. Er war sehr einfach aufgebaut und besaß zusätzlich einen kleinen 2-PS(1,4 kW)-Hilfsmotor, um die Rotoren zur Zündung der Staustrahltriebwerke bis auf 70 min^{-1} anzudrehen. Im Flug verhielt sich der *Kolibrie* so stabil, daß er ungefähr vier Minuten lang freihändig geflogen werden konnte. Seine Flugdauer hing von der Startmasse ab und schwankte zwischen einer Stunde bis zu 15 Minuten. Die Firma *Aviolanda* übernahm die Fertigung und baute zehn *H-3 Kolibrie.*

NHI H-3 Kolibrie
Hersteller: Nederlandse Helicopter Ind.
Verwendungszweck: Landwirtschafts-Hubschrauber
Baujahr: 1956
Antrieb: 2 *TJ5 Staustrahltriebwerke,* je 25 kp (0,24 kN)
Rotorkreisdurchmesser: 10,57 m
Rumpflänge: 4,00 m
Höhe: 2,57 m
Rüst-/Startmasse: 200 kg/650 kg
Höchstgeschwindigkeit: 120 km/h
Reichweite: 100 km
Zuladung: 1 Pilot, 1 Passagier oder 375 kg Chemikalien in drei Tanks

Nord 500
Hersteller: Nord-Aviation
Verwendungszweck: Experimental-Fluggerät
Baujahr: 1968
Antrieb: 2 *Allison 250-C18,* je 317 WPS (233 WkW)
Luftschraubendurchmesser: 1,90 m
Rumpflänge: 6,50 m
Spannweite: 6,10 m
Höhe: 3,09 m
Startmasse: 1250 kg
Höchstgeschwindigkeit: 350 km/h

Nord 500 – 1968

1968 Nord 500.

Nach einer Forschungsperiode von zehn Jahren entwickelte *Nord-Aviation* 1967 ein kleines Wandelflugzeug, die *Nord 500,* mit zwei schwenkbaren ummantelten Propellern. Der Entwurf war ungewöhnlich, da er wie ein Hubschrauber ohne Rotoren aussah. Der gedrungene Flugzeugrumpf mit dem einsitzigen Cockpit lief in einem freitragenden Heckausleger mit konventionellem Leitwerk aus. An den beiden Enden des starren Tragflügelmittelstücks in Schulterdeckeranordnung waren die ummantelten fünfblättrigen Druckpropeller montiert, die um 90° aus der Vertikalen in die Horizontale, oder umgekehrt, geschwenkt werden konnten. Nach den ersten gefesselten Schwebeflügen machte der zweite Prototyp im Juli 1968 seinen ersten freien Flug, aber die Weiterentwicklung wurde kurz danach eingestellt.

1956 Omega BS-12

Der von Bernard Sznycer bei der *OMEGA Aircraft Corp.* in den USA gebaute, von struktureller Einfachheit gekennzeichnete Mehrzweckhubschrauber besaß einen Vierblatt-Gelenkrotor, der von zwei an beiden Seiten des Rumpfrückens montierten *Franklin*-Motoren angetrieben wurde. In der kurzen Kabine hatten vier/fünf Personen Platz. Zwischen der Kabine und der verstrebten Hauptfahrwerkseinheit (des Bugradfahrwerks) wurde die Nutzlast frei hängend transportiert. Der Erstflug fand am 29. Dezember 1956 statt. Der zweite, der *BS-12D,* wurde von zwei 6-Zyl.-*Lycoming 0-540-F1B5*-Turbolader-Motoren angetrieben. Antrieb: Zwei *Franklin 6AS-335,* je 225 PS (165,4 kW). Rotorkreisdurchmesser: 11,89 m. Rumpflänge: 11,12 m. Höhe: 3,96 m. Rüstmasse: 1338 kg. Startmasse: 1905 kg. Höchstgeschwindigkeit: 138 km/h. Dienstgipfelhöhe: 3450 m. Reichweite: 250 km.

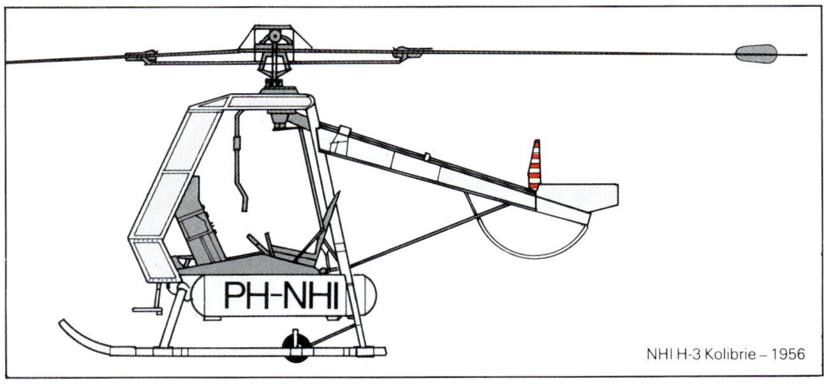

NHI H-3 Kolibrie – 1956

1956 Partenavia P.53 Aeroscooter.

Der Prototyp des kleinen Tragschraubers ist von *Partenavia* in Neapel gebaut worden. Er besaß einen hinter dem einsitzigen Cockpit angeordneten Zweiblattrotor. Dieser konnte durch Preßluft, die zu den Blattspitzendüsen geleitet wurde, angetrieben werden, wenn bei einem Geschwindigkeitsverlust die Gefahr des Abkippens bestand. Der Luftschraubenantrieb erfolgte durch einen tschechischen 72-PS(53 kW)-*Praga*-Motor.

1971 Phillicopter Mk.1.

Die Entwicklungsarbeiten an diesem leichten, zweisitzigen Hubschrauber mit einem Zweiblatt-Haupt- und Heckrotor, mit Vollsichtskabine und unverkleidetem Gittergerüst-Heckausleger, sind 1962 von Mr. *Phillips* in Australien aufgenommen worden. Der Prototyp flog 1971, und die Flugerprobungen erstreckten sich bis 1975. Bis zu dieser Zeit war das Fluggerät überholt und fand keine Käufer. Antrieb: *Rolls-Royce Continental 0-300-C,* 145 PS (106,6 kW). Rotorkreisdurchmesser: 7,77 m. Rumpflänge: 6,65 m. Höhe: 2,54 m. Rüstmasse: 476 kg. Startmasse: 748 kg. Höchstgeschwindigkeit: 145 km/h. Dienstgipfelhöhe: 4880 m. Reichweite: 370 km.

1950 Piaggio PD.3.

Dieser von Corradino D'Ascanio entworfene Experimental-Hubschrauber verwendete Bauteile eines am Anfang des Zweiten Weltkrieges gebauten Flugzeugs. Er besaß einen selbststabilisierenden Dreiblattrotor und wurde auf dem Flugplatz von Pontedera erprobt. Antrieb: *Alfa 115,* 200 PS (147,1 kW). Rotorkreisdurchmesser: 13,02 m. Rüstgewicht: 810 kg. Reichweite: 300 km.

1975 Robinson R22.

Der in Kalifornien von Franklin D. *Robinson* entwickelte zweisitzige Leichthubschrauber *Modell R22* zeichnet sich durch sehr klare Linien aus. Er besitzt einen Rumpf in geschweißter Stahlröhrenbauweise, der zum Teil mit dünnen Aluminiumblechen und Fiberglasplatten beplankt ist. Ein 4-Zyl.-*Lycoming*-Boxermotor treibt mit Keilriemen über eine Freilaufkupplung den halbstarren Ganzmetall-Zweiblattrotor an. Am 28. August 1975 fand der Erstflug statt.

R-W

1962 Rotorcraft Grasshopper.
Dieser leichte Koaxial-Hubschrauber mit halbstarren Zweiblattrotoren, Schmetterlings-Stabilisierungsflächen und Kufenlandegestell war von J.S. Shapiro bei der *Rotorcraft Ltd.* in Großbritannien zum Preis eines Luxusautos entworfen worden. Beide Triebwerke und das Rotorsystem waren, unüblich für diese Kategorie, vor der Kabine angeordnet. Der Erstflug des mit zwei offenen Sitzen ausgestatteten *Grasshopper Mk.I,* der von zwei je 65-PS(47,8 kW)-*Walter Mikron*-Motoren angetrieben wurde, flog im März 1962 zum erstenmal. Im November des gleichen Jahres erfolgte der Jungfernflug des *Grasshopper Mk.II* mit geschlossener Kabine und zwei je 100-PS(73,5 kW)-*Walter Mikron*-Motoren. Der viersitzige *Grasshopper MK.III* nahm 1969 die Flugerprobung auf. Er erhielt als Antrieb zwei je 135-PS(99,3 kW)-*Rolls-Royce Continental 0-300* und ging in die Entwicklung des *LTH-1* über. Der *Grasshopper* besaß zwei entgegengesetzt drehende halbstarre Zweiblattrotoren, einen stromlinienförmigen Rumpf und ein Kufenlandegestell. Antrieb: *Continental 0-240,* 125 PS (92 kW). Rotorkreisdurchmesser: je 8,23 m. Rumpflänge: 5,60 m. Höhe: 2,69 m. Rüstmasse: 645 kg. Startmasse: 1305 kg. Höchstgeschwindigkeit: 200 km/h. Reichweite: 400 km.

1966 RotorWay Scorpion
B.J. Schramm hat aus dem *Javelin* den einsitzigen Ultraleicht-Hubschrauber *Scorpion* mit halbstarrem Zweiblatt-Rotor entwickelt und ihn als Bausatz für Hobby-Piloten angeboten. Antrieb: 100 PS (73,5 kW) 4-Zyl. *Evinrude*-Außenbordmotor: Rotordurchmesser: 5,96 m. Länge/Höhe: 5,21 m/1,83 m. Rüst-/Startmasse: 204 kg/317 kg. Höchstgeschw.: 145 km/h. Dienstgipfelhöhe: 3655 m. Reichweite: 165 km.

Robinson R22
Hersteller: Robinson Helicopter Company Inc.
Verwendungszweck: Leichter 2-sitziger Hubschrauber
Baujahr: 1975
Antrieb: *Lycoming 0-320-A2B,* 150 PS (110,3 kW)
Rotorkreisdurchmesser: 7,67 m
Rumpflänge: 6,30 m
Länge über alles: 8,76 m
Höhe über alles: 2,67 m
Rüstmasse: 346 kg
Startmasse: 590 kg
Höchstgeschwindigkeit: 174 km/h
Schwebeflughöhe mit Bodeneffekt: 1980 m
Dienstgipfelhöhe: 4265 m
Reichweite: 386 km

1966 Scheutzow Model B Chevy.
1964 entwickelte Webb *Scheutzow* in seiner Firma in Cleveland, Ohio, einen einfachen, leichten, zweisitzigen Kabinenhubschrauber mit unverkleidetem Stahlrohrgerippe des Heckauslegers und einem Kufenlandegestell. Der *Scheutzow Model B Chevy* war zur Verringerung der Vibrationen mit einem gummigelagerten Zweiblatt-»Flexhub«-Hauptrotor ausgestattet. Die ersten, 1966 durchgeführten Probeflüge verliefen erfolgreich. Das Projekt wurde aus finanziellen Gründen von der *Bunker Hunt Helicopter Corp.* übernommen und bis 1977 weitergeführt. *Hunt* löste dann wegen finanzieller Schwierigkeiten seine *Helicopter Corp.* auf. Antrieb: *Lycoming IVO-360-A1A,* 165 PS (121,3 kW). Rotorkreisdurchmesser: 8,23 m. Länge über alles: 9,45 m. Höhe: 2,49 m. Rüstmasse: 453 kg. Startmasse: 702 kg. Höchstgeschwindigkeit: 137 km/h. Dienstgipfelhöhe: 4250 m. Reichweite: 270 km.

1980 Seguin/Adams Wilson.
Der kleine einsitzige Hubschrauber zum Selbstbauen ist eine Ableitung des *Hobbycopters* von T.G. Adams und Paul Wilson, der als Bausatz in großer Anzahl verkauft worden war. Der *Seguin/Adams Wilson* besitzt einen Zweiblattrotor in Holzbauweise und eine geschweißte Stahlrohrstruktur sowie ein einfaches Fahrwerk ohne Stoßdämpfer. Antrieb: 52-PS(38,2 kW)-*Triumph*-Motor. Rotorkreisdurchmesser: 6,55 m. Rumpflänge: 4,60 m. Höhe: 1,52 m. Rüstmasse: 155 kg. Startmasse: 257 kg.

1976 Seremet W.S.8.
Der offene einsitzige Ultraleicht-Hubschrauber auf Dreibeingestell ist 1976 von Vincent *Seremet* entworfen und in Dänemark gebaut worden. Er hatte einen Zweiblatt-Hauptrotor und einen durch Fußpedale angetriebenen Heckrotor. Antrieb: 35-PS(25,7 kW)-*Kiekhaefer*-Motor. Rotorkreisdurchmesser: 4,50 m. Länge über alles: 3,05 m. Höhe: 1,80 m. Rüstmasse: 52 kg. Startmasse: 150 kg.

1964 Siemetzki ASRO 4.
Der Prototyp dieses von Alfons *Siemetzki* in Kirchdorf an der Iller in Gemischtbauweise gefertigten Leichthubschraubers *ASRO 4* hatte eine geschlossene Kabine mit zwei nebeneinanderliegenden Sitzen, einen Dreiblatt-Hauptgelenkrotor, einen Zweiblatt-Heckrotor sowie ein Kufenlandegestell. Er war eine Weiterentwicklung des ersten *Siemetzki*-Hubschraubers *ASRO 3,* der am 3. Oktober 1959 erstmals flog. Antrieb: *BMW 6012,* 110 PS (81 kW). Rotorkreisdurchmesser: 7,22 m. Rumpflänge: 5,78 m. Rüstmasse: 210 kg. Startmasse: 465 kg. Höchstgeschwindigkeit: 160 km/h. Reichweite: 200 km.

1968 Tervamäki-Eerola ATE-3.
Dieser kleine einsitzige Tragschrauber ist von den Finnen Jukka *Tervamäki* und *Eerola* entworfen und gebaut worden. Der Erstflug fand am 11. Mai 1968 statt. Das nachfolgende verbesserte Modell mit geschlossenem Führersitz, der *JT-5,* besaß ein dreifaches Seitenleitwerk mit zentraler Seitenflosse und -ruder sowie zwei kleinen Endscheibenflossen zur Verbesserung der Stabilität. Antrieb: 75-PS(55 kW)-Volkswagen-Motor. Rotordurchmesser: 7,00 m. Länge/Höhe: 3,20 m/1,90 m. Rüst-/Startmasse: 150 kg/260 kg. Höchstgeschw.: 140 km/h. Reichwweite: 300 km.

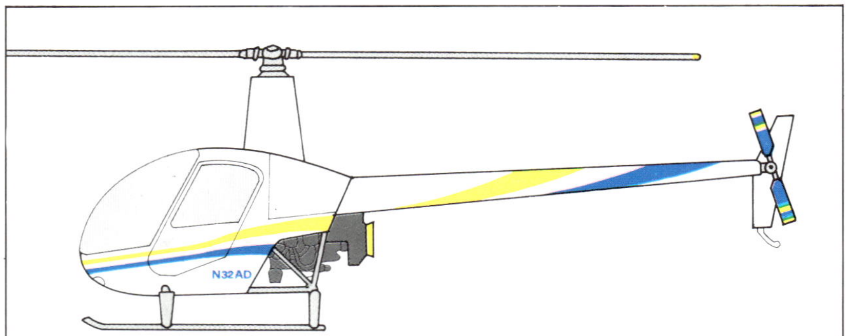

Robinson R 22 – 1975

1967 Thruxton Gadfly
Die *Thruxton Aviation Co.* in Andover/England, hat 1964 mit den Entwicklungsarbeiten an ihrem zweisitzigen Kabinen-Autogiro *ES101 Gadfly,* mit einem Zweiblatt-Wipprotorsystem und einem Druckpropeller, der von einem 165-PS(121,3 kW)-*Rolls-Royce Continental*-Motor angetrieben wurde, begonnen. Der *ES101* hatte einen doppelten Leitwerksträger. 1967 begannen auf dem Flugplatz von Thruxton die Bodenerprobungen mit dem einzigen Prototyp. Die anschließenden Flugversuche schlugen fehl, woraufhin das Projekt eingestellt wurde. Rotorkreisdurchmesser: 9,14 m. Länge: 3,35 m.

1971 VFW-Fokker H 3 Sprinter.
Dieser dreisitzige Verbundhubschrauber mit einem Dreiblattrotor und zwei seitlich angeordneten Mantelschrauben wurde ab 1968 entwickelt. Er flog am 15. März 1971, ohne die beiden Mantelschrauben, zum erstenmal. Der Dreiblattrotor wurde für den Start, Schwebeflug und für die Landung über ein Druckluftsystem mit Blattspitzen-Schlitzdüsen angetrieben. Für den Horizontalflug sollten die zwei siebenblättrigen Mantelschrauben den Vortrieb übernehmen und der Rotor nur noch in Autorotation weiterdrehen. Das Programm dieses Kabinen-Verbundhubschraubers und aller nachfolgenden Projekte wurde abgebrochen. Antrieb: *Allison 250-C20 (-C18* im Prototyp), 400 WPS (294 WkW). Rotorkreisdurchmesser: 8,70 m. Rumpflänge: 7,37 m. Länge über alles: 9,29 m. Höhe: 2,50 m. Rüstmasse: 495 kg. Startmasse: 968 kg. Höchstgeschwindigkeit: 300 km/h. Dienstgipfelhöhe: 4000 m. Reichweite: 500 km.

1965 Wagner Sky-Trac.
Hierbei handelt es sich um eine ganze Familie von leichten Mehrzweck-Koaxial-Hubschraubern, die Dipl.-Ing. Alfred Vogt bei *Josef Wagner* in Friedrichshafen, entwickelt hatte. Die Rotorblätter waren an den beiden Rotorköpfen über elastische Schlag-, jedoch ohne Schwenkgelenke, angeschlossen. Antrieb: *Franklin 6AS-335-B,* 260 PS (191,2 kW). Rotorkreisdurchmesser: je 10,00 m. Rumpflänge: 2,10 m. Länge über alles: 7,10 m. Höhe: 3,60 m. Rüstmasse: 760 kg. Startmasse: 1500 kg. Höchstgeschwindigkeit: 160 km/h. Dienstgipfelhöhe: 3860 m. Reichweite: 200 km.

Hubschrauber-Modell mit Dampfmaschinenantrieb von Forlanini - 1877 (I)

Brennan-Hubschrauber - 1925 (GB)

Koaxialhubschrauber von D'Ascanio - 1930 (I)

Cierva C. 19 - 1931 (GB)

Cierva C. 24 - 1932 (GB)

Weir W.5 - 1938 (GB)

Doblhoff WNF 342 VA - 1943 (D)

Focke Achgelis Fa 223 E V16 - 1943 (D)

Sikorsky R-4 - 1942 (USA)

Hiller J-5 - 1947 (USA)

Agusta A 101 G - 1964 (I)

Agusta-Bell AB-47G-2 - 1957 (I)

Agusta-Bell AB 47J Ranger - 1957 (I)

Agusta A 109 - 1977 (I)

Agusta A 129 - 1983 (I)

Bell 533 - 1962 (USA)

Agusta-Bell AB 204B - 1963 (I)

Bell Model 205 - 1963 (USA)

Agusta-Bell AB 206A - 1967 (I)

Agusta-Bell AB 212 - 1971 (I)

Bell X-22A - 1966 (USA)

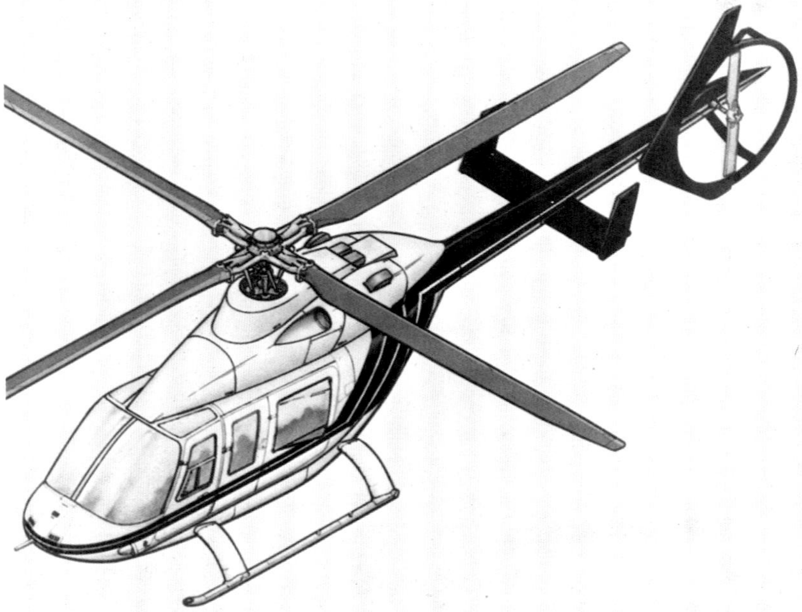

Bell 400 Twin Ranger - 1984 (USA)

Bell XV-15 - 1977 (USA)

Bell-Boeing JVX - geplanter Erstflug 1987 (USA) ▸

Boeing Vertol CH-47C - 1968 (USA)

Bristol 171 Mk.52 Sycamore - 1958 (GB)

Bristol 192 Belvedere - 1960 (GB)

Breguet G.IIE Gyroplane - 1949 (F)

Cierva Rotorcraft CR LTH-1 - 1969 (GB)

Cessna CH-1B - 1954 (USA)

Fairey Jet-Gyrodyne -1954 (GB)

Fairey Rotodyne - 1957 (GB)

Fairey Ultra Light - 1957 (GB)

Hiller YH-32 Hornet - 1952 (USA)

Hillman 360 - 1981 (USA)

Hiller YROE-1 Rotorcycle - 1958 (USA)

Hiller HJ-1 Hornet - 1952 (USA)

Hiller H-23A - 1950 (USA)

HC-102 Helibaby - 1960 (CS)

Lockheed AH-56A Cheyenne - 1967 (USA)

Kamow Ka-26 - 1970 (UdSSR)

PZL Swidnik (Mil) Mi-2 - 1965 (PL/UdSSR)

Mil Mi-6 - 1956 (UdSSR)

Mil Mi-10 - 1961 (UdSSR)

Mil Mi-10 - 1961 (UdSSR)

Bölkow BO 105D - 1970 (D)

MBB/Kawasaki BK 117 - 1979 (D/J)

Saunders-Roe Skeeter - 1958 (GB)

Nord 500 - 1968 (F)

Sikorsky S-51 - 1953 (USA)

Silvercraft SH-4 - 1967 (I)

Sikorsky SH-3D - 1967 (USA)

Sikorsky S-61R - 1965 (USA)

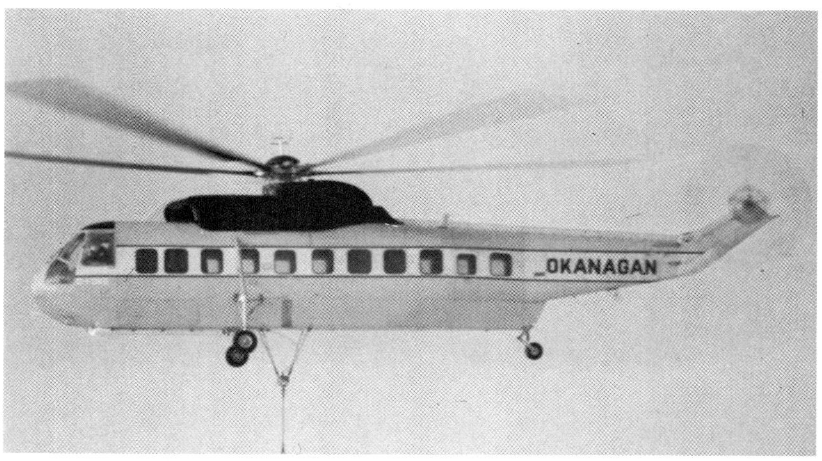

Sikorsky S-61 - 1978 (USA)

Sikorsky S-76 - 1970 (USA)

SO 1120 Ariel - 1950 (F)

SO 1221 Djinn - 1954 (F)

SA 315 Lama - 1969 (F)

SE 3160 Alouette III - 1959 (F)

SE 3200 Frelon - 1959 (F)

SA 330 Puma - 1965 (F)

SA 321 Super Frelon - 1965 (F)

SA 340/341 Gazelle - 1968 (F)

SA 365 Dauphin 2 - 1975 (F)

VFW-Fokker H5 (1 : 1 Attrappe) - 1969 (D)

Westland Wessex - 1960 (GB)

Westland Whirlwind - 1952 (GB)

Westland Scout - 1961 (GB)

Westland Wasp - 1962 (GB)

Anhang

Andere Weiterentwicklungen, Experimental- und erfolglose Wettbewerbshubschrauber

Bell Model 214ST

Aus *Model 214B BigLifter* entwickelten die Ingenieure in Fort Worth noch mit finanzieller Unterstützung der iranischen Regierung den zwanzigsitzigen *Model 214ST (Stretched Twin,* später in *Super Transport* umbenannt), dessen vorläufiger Prototyp im März 1977 erstmals flog. Er besaß einen auf 15,24 m verlängerten und etwas verbreiterten Rumpf. 1979 nahmen drei endgültige Prototypen (einer in militärischer und zwei in ziviler Ausführung) die Flugerprobungen auf, von denen der erste am 21. Juli 1979 seinen Jungfernflug absolvierte. Die zivile Version ist besonders bezüglich der Ausrüstung für die Versorgung von Erdölplattformen im Küstenvorfeld vorgesehen worden. In dieser Version wird er von zwei, je 1625-WPS(1195 WkW)-*General Electric CT7-2A*-Wellenturbinen angetrieben. Seine Rüstmasse beträgt 4300 kg und die max. Startmasse 7937 kg; er kann 18 Passagiere in der Standard-Konfiguration über 750 km weit mit einer Geschwindigkeit von mehr als 260 km/h befördern. Die Zweiblatt-Rotorblätter von 15,85 m Durchmesser sind in GFK-Bauweise gefertigt und durch wartungsfreie Elastomerlager mit dem Rotorkopf verbunden. Die Kraftübertragung verfügt über Eigenschmierung und Trokkenlauffähigkeit bis zu einer Stunde. Der Super-Transporter ist mit zwei Piloten und 18 Passagieren für den IFR-Flugbetrieb zugelassen und kann anstelle des Kufenlandegestells auf Wunsch auch mit einem festen Fahrwerk geliefert werden.

Bell Model 409

Der *Bell Model 409 (YAH-63),* der 1976 gegen Hughes einen Wettbewerb des Advanced-Attack-Helicopter-Programms (AAH) verloren hatte, war eine Ableitung des *309 KingCobra.* Er hatte den Zweiblatt-Haupt- und den Heckrotor des *309* beibehalten, sein Rumpf war dagegen vollständig umgestaltet worden. Er besaß auch größere Stummelflügel, größere vertikale Heckflossen, ein T-Leitwerk und als Bewaffnung eine integrierte dreirohrige 30-mm-XM-188-Gatling-Bugkanone, bis zu acht TOW-Panzerabwehr-Lenkflugkörper konnten unter den Stummelflügeln mitgeführt werden. Es wurden nur zwei Prototypen gebaut, die am 31. Mai 1976 für den AAH-Wettbewerb an die US-Army ausgeliefert worden sind. Antrieb: zwei 1536-WPS(1130 WkW)-*General Electric T700-GE-700*-Wellenturbinen. Rotorkreisdurchmesser: 15,54 m. Länge über alles: 18,51 m. Höhe über alles: 3,73 m. Startmasse: 7237 kg, Höchstgeschwindigkeit: 325 km/h. Reichweite: 483 km.

Boeing Vertol Model 237

Dieser Hubschrauber war ein Mitbewerber der Ausschreibung für den zukünftigen Kampfzonen-Transporthubschrauber der US-Army UTTAS (Utility Tactical Transport Airborne System), die im Dezember 1976 von dem *Sikorsky YUH-60* gewonnen wurde. Einer der drei *YUH-61A*-UTTAS-Prototypen von Boeing Vertol ist für das LAMPS-III-Programm der US-Navy (Light Airborne Multi Purpose System) modifiziert worden. Der Rotorkopf des *YUH-61A* war gelenklos (System *Bölkow),* der Vierblattrotor faltbar, und die beschußsicheren Rotorblätter waren aufgebaut aus glasfaserverstärktem Kunststoff und *Nomex*-Wabenkern mit einer Titan-Vorderkante einschließlich einer elektrischen Enteisungsanlage. Antrieb: Zwei *General Electric T700-GE-700,* je 1500 WPS (1103 WkW). Rotorkreisdurchmesser: 14,94 m. Länge über alles: 18,50 m. Höhe: 2,92 m. Rüstmasse: 4422 kg. Startmasse: 8935 kg. Höchstgeschwindigkeit: 286 km/h. Reichweite: 595 km. Schwebeflughöhe ohne Bodeneffekt: 1966 m. Zuladung: 12–20 Soldaten, Besatzung: 3.

Boeing Vertol Model 301

Dieser große »fliegende Kran«, der im Auftrag der US-Army für ihr Schwerlasthubschrauberprogramm HLH (Heavy Lift Helicopter) entwickelt wurde, ist wegen der Kürzungen des Verteidigungshaushalts 1975 nicht einmal in die Erprobung gekommen, die für August 1975 vorgesehen war. *Model 301 (XCH-62)* war für eine Nutzlast von 20 Tonnen konzipiert, die er über einen Rundkurs von zweimal 28 Meilen (45 km) befördern sollte. 1983 wurde das Programm wieder aufgenommen mit einem vorgesehenen Erstflug für 1985. Antrieb: Drei *Allison XT701-AD-700,* je 8079 WPS (5942 WkW). Rotorkreisdurchmesser: je 28,04 m. Länge über alles: 27,20 m. Höhe: 8,70 m. Rüstmasse: 27025 kg. Startmasse: 53520 kg, mit Überlast: 70000 kg, Nutzlast: 35000 kg.

Hughes 385

Der *Hughes Model 385* mit der militärischen Bezeichnung *XV-9A* wurde im Auftrag der US-Army als Forschungshubschrauber zum Studium des »Hot-cycle«-Antriebs gebaut. Bei diesem Prinzip wurde der Rotor durch die aus den Blattspitzen ausströmenden Turbinenabgase angetrieben. Der Wirkungsgrad des Blattspitzendüsenantriebs lag etwa 35% unter dem des konventionellen Turbinenantriebs, war dafür aber wesentlich leichter, und der Heckrotor konnte entfallen. Einige Bauteile seiner Struktur waren von vorhandenen Modellen übernommen worden, so auch das Cockpit mit Platz für zwei nebeneinandersitzende Piloten. Der Ganzmetall-Dreiblattrotor war von konstanter Breite, und das Rumpfheck trug ein Schmetterlingsleitwerk. Die beiden Strahltriebwerke waren zu beiden Seiten oberhalb des Rumpfes angeordnet. Der Erstflug dieses Versuchshubschraubers fand im November 1964 statt. Antrieb: Zwei *General Electric YT64-GE-6,* je 2850 WPS (2096 WkW). Rotorkreisdurchmesser: 16,76 m. Rumpflänge: 13,72 m. Höhe: 3,66 m. Rüstmasse: 3940 kg. Startmasse: 6946 kg. Höchstgeschwindigkeit: 222 km/h. Schwebeflughöhe mit Bodeneffekt: 1830 m. Dienstgipelhöhe: 5270 m

Hughes XH-17

Dieser »Fliegende Kran« war ein schwerer Hubschrauber, der 1952 zu Versuchszwecken für die US Air Force gebaut wurde, aber über das Erprobungsstadium nicht hinauskam. Zwei zu beiden Seiten des Rumpfes angebrachte *General Electric J35*-Strahltriebwerke dienten als Kompressoren für den Blattspitzenantrieb. Dieser Schwerlasthubschrauber mit Reaktionsantrieb konnte eine Last von bis zu 12000 kg unter dem Rumpf hängend befördern. Der Erstflug gelang am 23. Oktober 1952. Rotorkreisdurchmesser: 39,60 m. Startmasse: 22680 kg. Reisegeschwindigkeit: 96 km/h. Dienstgipfelhöhe: 4570 m. Reichweite: 64 km

Lockheed XH-51

Anfang der 60er Jahre beauftragte die US-Army und -Navy *Lockheed* mit der Entwicklung eines Hochleistungs-Versuchshubschraubers, woraus *Model 186* mit einem starren Dreiblattrotor resultierte, der dem zweisitzigen Hubschrauber eine sehr hohe Manövrierfähigkeit und Flugstabilität verlieh. Am 29. September 1962 hob der Hubschrauber unter Ray Goudy erstmals vom Boden ab, und Donald Segner führte mit ihm am 2. November den ersten Horizontalflug durch. Es wurden drei Prototypen gebaut: zwei *XH-51A* für die Army und Navy und ein *XH-51N* für die NASA. Einer der beiden *XH-51A* erhielt an der linken Rumpfseite ein *Pratt & Whitney J60-P-2*-Strahltriebwerk angebaut und zur Entlastung des Rotors einen Stummelflügel. In dieser Verbundhubschrauber-Konfiguration erreichte er im Juni 1967 eine Geschwindigkeit von 486 km/h. Die fünfsitzige Variante *Model 286* flog erstmals am 30. Juni 1965 und war mit einem starren Vierblattrotor ausgerüstet. Antrieb: *Pratt & Whitney PT6B-9*, 500 WPS(367,7 WkW), Rotorkreisdurchmesser: 10,67m. Rumpflänge: 9,70 m. Höhe: 2,50 m. Rüstmasse: 966 kg. Startmasse: 1588 kg. Höchstgeschwindigkeit: 260 km/h. Reichweite: 555 km.

Piasecki Heli-Stat

Das *Piasecki Heli-Stat*-Projekt begann Mitte 1970 mit der Absicht, die Auftriebskraft eines »Leichter-als-Luft«-Fahrzeugs, hier eines Luftschiffs, mit der präzisen Manövrierfähigkeit von Hubschraubern zu kombinieren. Bei diesem Hybrid-Luftfahrzeug-Projekt bilden vier alte *S-58*-Hubschrauber die Ecken eines viereckigen Stahlrohrgerüsts, an welchem in der Mitte die Luftschiffhülle befestigt ist, die wiederum in ihrem unteren Teil die Last aufnehmen soll. Eine neuere Version, der *Heli-Stat 97-212B,* verwendet vier *UH-1D*-Hubschrauber, die an den Auslegerenden von zwei zu beiden Seiten einer langen Luftschiffgondel angeordneten Tandemträgern befestigt sind. Mit Rückendeckung staatlicher Behörden wurde 1979 in Lakehurst/New Jersey mit der Konstruktion eines *Heli-Stat*-Prototyps begonnen, der 1985 zur Erprobung bereitstehen soll.

Sikorsky S-69

Im Februar 1972 kündigte Sikorsky die Entwicklung eines Experimental-Hubschraubers mit der Firmenbezeichnung *S-69* an, der das »Advancing Blade Concept (ABC)« erproben sollte. Das neue System verwendete zwei gegenläufig drehende Koaxialrotoren (übereinander auf einem gemeinsamen Schaft montiert) mit äußerst steifen Blättern und starrem Rotorkopf. Sein Name resultierte aus der Tatsache, daß die Auftriebslast bei hohen Vorwärtsfluggeschwindigkeiten hauptsächlich von den vorlaufenden Rotorblättern getragen wird. Dadurch kann ein sehr geringer Blattanstellwinkel gewählt werden, wodurch der Strömungsabriß am rücklaufenden Blatt, eine Erscheinung, die einer Geschwindigkeitssteigerung im Wege steht, hinausgeschoben wird. Das ABC-Konzept verbindet so die Vorteile des langsamfliegenden Hubschraubers mit denen des Hochgeschwindigkeits-Jets, wofür weder ein Tragflügel noch der Heckrotor konventioneller Hubschrauber benötigt werden.
Der *S-69* flog am 26. Juli 1973 zum erstenmal. Unglücklicherweise stürzte dieser Erprobungsträger einen Monat später nach knapp vier Flugstunden ab. Aufgrund eines Zusatzauftrages des Forschungsamtes der US-Army wurden verschiedene

Modifikationen am Flugführungssystem vorgenommen, so daß im Juli 1975 das Erprobungsprogramm mit dem zweiten Prototyp wieder aufgenommen werden konnte. Anfang 1977 wurden die Testflüge mit dem inzwischen unter der militärischen Bezeichnung geführten *XH-59A* in der reinen Hubschrauberkonfiguration erfolgreich abgeschlossen. Anfang 1978 erhielt der Hubschrauber zwei an den Außenseiten installierte Hilfstriebwerke *Pratt & Whitney J60-P-3A* von je 1320 kp (13 kN) Schub, um ihm zusätzlichen Vortrieb zu verleihen. In dieser Phase konnten mit den *S-69/XH-59A* Geschwindigkeiten von 555 km/h und eine Flughöhe von bis zu 7700 m erzielt werden. Bei »Nap-of-the-earth (NOE)« Tiefst- und Konturenflügen, mit Geschwindigkeiten von 70 bis 400 km/h, verhielt sich der Versuchsträger wie ein Starrflügler, der sofort auf alle Steuerbewegungen reagierte. Die Forschungen werden für eine spätere Hubschraubergeneration fortgeführt, wozu das *ZH-59B ABC*-Testfluggerät bzw. das LHX-Angriffshubschrauberprogramm (beide Konfigurationen nach dem ABC-Konzept, ummantelte Druckluftschraube und einem Bypass-Triebwerk, das die Hilfsdüsentriebwerke der *XH-59A* ersetzt) gehören.

Sikorsky S-69 (XH-59A ABC Exp)
Hersteller: Sikorsky Aircraft
Verwendungszweck: Versuchsträger
Baujahr: 1975
Antrieb: *Pratt & Whitney Canada PT6T-3 Twin Pac,* 1825 WPS (1342,2 WkW) 2 Hilfstriebwerke *Pratt & Whitney J60-P-3A,* je 1320 kp (13 kN)
Rotorkreisdurchmesser: 10,97 m
Rumpflänge: 12,42 m
Länge über alles: 12,62 m
Höhe über alles: 3,94 m
Startmasse: 5039 kg
Höchstgeschwindigkeit: 520 km/h
Schwebeflughöhe mit Bodeneffekt: 183 m
Zuladung: 2 Testpiloten nebeneinander sitzend

Westland Lynx 3

Der *Westland Lynx 3* ist eine direkte Weiterentwicklung der letzten Heeres- und Marine-Versionen des Standard-*Lynx*-Hubschraubers. Trotz Verwendung der erprobten dynamischen Systeme und eines nur um 30 cm verlängerten Rumpfbugs ist der *Lynx 3* mit seinen stärkeren *Rolls-Royce Gem*-Dreiwellenturbinen und anderen wesentlichen Änderungen, so einer bruchsicheren Zelle und beschußresistentem Rotorkopf zur Erhöhung der Überlebensfähigkeit, praktisch ein neuer Hubschrauber. Die technologisch bedeutendsten Veränderungen betreffen den Rotorbereich, wo neue Rotorblätter aus glas- und kohlefaserverstärkten Kunststoffen mit verbesserten Profilen entwickelt wurden, die zur Verbesserung der (NOE) Tiefstflugeigenschaften paddelförmige Blattenden besitzen und die Leistungsfähigkeit um 40% steigern sollen. Auch der Heckausleger mußte zur Aufnahme des *Westland 30*-Heckrotors wesentlich verstärkt werden.
Zwei Varianten des *Lynx 3* befinden sich derzeit in der Entwicklung. Die erste ist der Heeres-*Lynx 3* mit einem schockabsorbierenden Bugradfahrwerk statt des Standard-Kufenlandegestells, einer hochmodernen Avionik, einem Mastvisier, einem PNVS-Nachtsichtsensor im Rumpfbug und selbstdichtenden Kraftstoffbehältern. Eine große Auswahl an Bewaffnungsmöglichkeiten umfaßt MGs oder Kanonen und zur Panzerabwehr acht Hellfire-, HOT- oder TOW-Lenkwaffen oder vier Stinger zur Selbstverteidigung. Außerdem sind Radar- und Laser-Warnempfänger, abgashitzedämmende Einrichtungen zur Verringerung der IR-Empfindlichkeit, Düppel- und IR-Fackel-Werfer und Panzerungen vorgesehen. Der *Lynx 3*-Prototyp machte am 14. Juni 1984 mit Derek Marpole am Steuer seinen Jungfernflug. Die zweite Variante ist der Marine-*Lynx 3* ohne Mastvisier, dafür mit einem rundum Suchradar und anderen Sensoren zur U-Boot- und Überwasserschiffs-Bekämpfung ausgerüstet, und mit Mk 44; Mk 46- oder Stingray-Torpedos bewaffnet.

Smolensk

Dieser kleine einsitzige Schlepp-Tragschrauber war 1946 von M.A. Kapfer entworfen worden. Er wurde von einem Fahrzeug, dessen Mindestgeschwindigkeit ungefähr 40 km/h betragen mußte, auf Höhe geschleppt, nachdem zuvor der Dreiblattrotor von einer am Boden verankerten Winde in Autorotation versetzt wurde. Das Rumpfgerüst bestand aus einer leichten geschweißten Stahlrohrkonstruktion, deren vorderer Teil mit Segeltuch bespannt war. Der Heckausleger trug ein kleines Leitwerk. Rotorkreisdurchmesser: 5,74 m. Rumpflänge: 4,37 m. Höhe: 1,76 m. Rüstmasse: 80 kg. Dienstgipfelhöhe: 180 m.

Jakowlew Jak-100

Der *Jak-100* war im Wettbewerb mit dem *Mil Mi-1* entwickelt worden. Er hatte eine verblüffende Ähnlichkeit in Größe, Form und Gewicht mit dem amerikanischen *Sikorsky S-51.* Die Kennzeichnung *Jak-100* stammte aus dem Konstruktionsbüro und nicht von der Armee. Der erste Prototyp ist nicht in die Serienproduktion gekommen, und wurde zusammen mit dem zweiten, der 1949 flog, bis Juni 1950 erprobt. Dann entschied man sich, das Projekt aufzugeben. Antrieb: Ein *AI-26 GRFL,* 575 PS (423 kW). Rotorkreisdurchmesser: 14,50 m. Rüstmasse: 1805 kg. Startmasse: 2180 kg. Höchstgeschwindigkeit: 170 km/h. Dienstgipfelhöhe: 5250 m.

Westland Lynx 3
Hersteller: Westland Helicopters Ltd.
Verwendungszweck: Mehrzweckhubschrauber
Baujahr: 1984
Antrieb: 2 *Rolls-Royce Gem60-3,* je 1115 WPS (820 WkW)
Rotorkreisdurchmesser: 12,80 m
Rumpflänge: 13,80 m
Länge über alles: 15,47 m
Höhe über alles: 3,30 m
Rüstmasse: 4300 kg
Startmasse: 5900 kg
Höchstgeschwindigkeit: 270 km/h
Reichweite: 700 km

Kamow Ka-10 (Hat)

Der *Ka-8* trug dazu bei, daß Kamow 1948, neben Bratuchin, Mil und Jakowlew, ein eigenes Hubschrauberkonstruktionsbüro eröffnen konnte. Hier entwarf er zunächst im Auftrag der sowjetischen Kriegsmarine den *Ka-10,* eine vergrößerte Weiterentwicklung des *Ka-8,* die durch die Verwendung des 55-PS(40,4 kW)-*Iwtschenko AI-4W*-Boxermotors möglich geworden war. Der *Ka-10* mit dem späteren NATO-Codenamen *Hat,* flog am 30. August 1949 zum erstenmal und erwies sich als zuverlässig mit guten Flugeigenschaften. Nach drei weiteren Prototypen wurde eine Kleinserie von zwölf *Ka-10M*-Vorserienmodellen begonnen, die sich durch einige Verbesserungen, wie neukonstruierte Rotorblätter, vereinfachte Steuerung und zwei elliptische Stabilisierungsflächen unterschieden. Diese ein- und zweisitzigen Hubschrauber wurden ausgiebig am Boden und auf Schiffen erprobt und auch eingesetzt. Eine weitere Serienproduktion des *Ka-10M* erfolgte jedoch nicht. Antrieb: *Iwtschenko AI-4W,* 55 PS (40,4 kW). Rotorkreisdurchmesser: 6,12 m. Länge: 3,70 m. Höhe: 2,50 m. Rüstmasse: 234 kg. Startmasse: 375 kg. Höchstgeschwindigkeit: 90 km/h. Dienstgipfelhöhe: 500 m. Reichweite: 95 km.

Erklärung der Abkürzungen

AAFSS Advanced Aerial Fire Support System (Entwicklungsprogramm der US-Army für einen bewaffneten Hochgeschwindigkeits-Hubschrauber zur Erdkampfunterstützung)

AAH Advanced Attack Helicopter (Entwicklungsprogramm der US-Army für einen fortschrittlichen Kampfhubschrauber)

ABC Advancing Blade Concept (Fortschrittliches Rotorsystem – System Sikorsky)

ACAP Advanced (All) Composite Aircraft Programme (Entwicklungsprogramm für ganz aus Verbundwerkstoffen hergestellte Hubschrauber)

ADF Automatic Direction Finder (Automatischer Funkpeiler)

AHIP US-Army Helicopter Improvement Program (Leistungssteigerungs-Programm für Hubschrauber der US-Army)

ALAT Aviation Légère de l'Air de Terre (Französische Heeresflieger)

AMCM Airborne Mine Counter Measures (Minensuch- und Räumhubschrauber)

A.O.P. Air Observation Post (Beobachtungs-Flugzeug oder Hubschrauber, brit. Typenbezeichnung)

API Armor Piercing Incendiary (Hartkernbrand-Geschoß)

APU Auxiliary Power-Unit (Hilfstriebwerk-Einheit)

ARRS Aerospace Rescue and Recovery Service (Luft- und Raumfahrt-Rettungs- und Bergungsdienst)

ASW Anti Submarine Warfare (U-Boot-Abwehr)

ATL Applied Technology Laboratory (Institut für angewandte Technologie der US-Army)

BEA British European Airways (Ehemalige britische Luftverkehrsgesellschaft)

BMVg Bundesministerium der Verteidigung in Bonn

CAA Civil Aviation Authority (Britische Zivilluftfahrtbehörde)

CASA Costrucciones Aeronauticas,S.A. in Spanien

CRT Cathode Ray Tube (Kathodenstrahlröhre)

DARPA Defense Advanced Research Projekt Agency (Wehrtechnik-Forschungsbehörde der USA)

DASH Drone Anti-Submarine Helicopter (Ferngelenkter unbemannter Hubschrauber zur U-Boot-Bekämpfung)

EFIM Ente Partecipazionie e Finaziamento Industria Manifatturiera

EloKa Elektronische Kampfführung

ESSS External Stores Support System (Außenlasten-Rüstsatzsystem für Sikorsky-Hubschrauber)

FAA Federal Aviation Administration (Oberste Luftfahrtbehörde der USA)

FFAR Folding-Fin (or Free-Flight) Aircraft Rocket (ungelenkte Flugzeugraketen mit Klappleitwerk)

FK Flugkörper

FLIR Forward-Looking Infra-Red (Infrarot-Vorwärtssichtgerät)

FN French Navy (Französische See-Streitkräfte)

GFK Glasfaserverstärkter Kunststoff

HAA Helicopter Association of America (Amerikanischer-Hubschrauber-Verband)

HAC Hélicoptère Anti-Char (Panzerabwehrhubschrauber)

HAL Hindustan Aircraft Ltd in Indien

HAP Hélicoptère d'Appui Protection (Schutz-/Unterstützungshubschrauber)

HCL Hélicoptère de Combat Légère (Kampfhubschrauber)

HLH Heavy Lift Helicopter (Schwerlasthubschrauber)

HOT Haut Subsonic Optiquement Téléguide tiré d'un Tube (Aus einem Abschußrohr startender Panzerabwehrflugkörper, Infrarot-Ortung, Drahtlenkung)

HTM Helicopter-Technik-München

HUD Head-Up Display (Blickfeldsichtgerät)

IFR Instrument Flight Rules (Instrumentenflugregeln)

ILS Instrument Landing System (Instrumenten-Landesystem)

JASDF Japan Air Self-Defence Force (Japanische Selbstverteidigungs-Luftstreitkräfte)

JCAB Japanese Civil Aviation Board (Japanische Zivilluftfahrtbehörde)

JGSDF Japan Ground Self-Defence Force (Japanische Selbstverteidigungs-Heeresstreitkräfte)

JMSDF Japan Maritime Self-Defence Force (Japanische Selbstverteidigungs-Seestreitkräfte)

JVX Joint Services Advanced Vertical Lift Aircraft (Entwicklungsprogramm für einen fortschrittlichen Senkrechtstarter zur Luftnahunterstützung für die US-Land-, See- und Luftstreitkräfte)

KFK Kohlefaserverstärkter Kunststoff

KHI Kawasaki Heavy Industries (Japan)

LAMPS Light Airborne Multi-Purpose System (Entwicklungsprogramm der US-Navy für einen leichten Mehrzweck- und U-Jagd-Hubschrauber)

LBA Luftfahrt-Bundesamt in Braunschweig

LHX Light High Performance (Entwicklungsprogramm für einen leichten Mehrzweck-, Beobachtungs- und Kampf- (Angriffs-) Hubschrauber)

LLTV Low Light (Level) Television (Restlicht-Sichtsystem)

LOH Light Observation Helicopter (Entwicklungsprogramm für einen leichten Beobachtungshubschrauber der US-Army)

MAD Magnetic Anomaly Detector (Magnet-Störfeld-Sonde zur U-Boot-Ortung)

MATS Military Air Transport Service (Alte Bezeichnung für das US-Lufttransportkommando)

MBB Messerschmitt-Bölkow-Blohm (und VFW)

MFG Marinefliegergeschwader

MK Marker (Markierungsfunkfeuer)

NACA National Advisory Committee for Aeronautics (Nationale wissenschaftliche Luftfahrtinstitution der USA)

NASA National Aeronautics and Space Administration (Amerikanische Behörde für Luft- und Raumfahrtforschung, Nachfolgerin der NACA seit 1958)

NOE Nap of the Earth (Tiefst-Konturenflug)

NOTAR No Tail Rotor (Heckrotorloser-Hubschrauber, System Hughes)

OKB Opitno-Konstruktorski-Bjuro (Versuchs- und Konstruktionsbüro)

PADC Phillippine Aircraft Development Corporation in Manila

PAH Panzerabwehrhubschrauber

PARS 3 Panzerabwehrraketensystem der 3. Generation

PNVS Pilots Night Vision System (Nachtsichtsystem in Verbindung mit TADS)

RAF Royal Air Force (Britische Luftstreitkräfte)

RCAF Royal Canadian Air Force (Kanadische Luftstreitkräfte)

RLM Reichsluftfahrtministerium (1933 bis 1945 in Berlin)

RN Royal Navy (Britische Seestreitkräfte)

RSRA Rotor Systems Research Aircraft (Versuchsträger für hochentwickelte Rotorsysteme von Sikorsky)

SAC Strategic Air Command (Strategisches US-Bomberkommando)

SAR Search and Rescue (Such- und Rettungsdienst)

SFIM Société de Fabrication d'Instruments de Mesure in Massy / Frankreich

SNCAC Société Nationale de Constructions Aéronautiques du Centre

SNCAN Société Nationale de Constructions Aéronautiques du Nord

SNCASE Société Nationale de Constructions Aéronautiques du Sud-Est

SNCASO Société Nationale de Constructions Aéronautiques du Sud-Ouest

SNIAS Société Nationale Industrielle Aérospatiale

SRR Short Range Recovery (Rettungs- und Bergungsdienst im Küstenvorfeld)

TADS Target Aquisition and Designation Sight (Steht in Verbindung mit PNVS, kombiniertes Nachtsicht- und Zielgerät)

TBO Time between Overhauls (Überholungs-Intervallzeit)

TOW Tube-Launched, Optically-Trakked, Wire-Guided, Missile-System (Panzerabwehrflugkörper, Infrarot-Ortung, Drahtlenkung, gestartet aus Abschußrohr)

UACL United Aircraft of Canada Ltd

UH Utility Helicopter (Mehrzweckhubschrauber)

UHF Ultra-High Frequency (Dezimeterwellen)

UKW Ultrakurzwellen

US United States (Vereinigte Staaten von Amerika)

USAF United States Air Force (Amerikanische Luftstreitkräfte)

USCG United States Coast Guard (Amerikanische Küstenwache)

UTTAS Utility Tactical Transport Aircraft System (Entwicklungsprogramm der US-Army für einen taktischen Mehrzweck- und Transporthubschrauber)

VBH Verbindungs- und Beobachtungs-Hubschrauber

VFR Visual Flight Rules (Sichtflugregeln)

VHF Very High Frequency (Ultrakurzwellen)

VIP Very Important Person (Hochgestellte Persönlichkeit)

VOR Very High Frequency Omnidirectional Range (UKW-Drehfunkfeuer)

VTOL Vertical Take-Off and Landing (Senkrechtstart und -landung)

WS Waffensystem

WSK Wytwornia Sprzetu Komunikacyjnego

WWS Sowjetische Heeresluftstreitkräfte

ZAGI Sowjetisches Zentralinstitut für Aero- und Hydrodynamik

Gesamtregister

Die fettgedruckten Seitenzahlen verweisen auf alle Abbildungen, die normalen Seitenzahlen auf Textstellen

A

B

C

D

N

O

P

R

S

T

U

V

W

X

Y

Z